수로측량학

수로측량학

초판 1쇄 발행 2018년 12월 28일

지은이 한국수로학회 | 강년건 · 김재명 · 박요섭 · 서영교 · 유동근 · 이보연 · 최윤수

펴낸이 김선기

펴낸곳 (주)푸른길

출판등록 1996년 4월 12일 제16-1292호

주소 (08377) 서울특별시 구로구 디지털로 33길 48 대륭포스트타워 7차 1008호

전화 02-523-2907, 6942-9570~2

팩스 02-523-2951

이메일 purungilbook@naver.com

홈페이지 www.purungil.co.kr

ISBN 978-89-6291-532-7 93530

■이 책은 국립해양조사원의 지원을 받아 개발되었습니다.

■이 도서의 국립중앙도서관 출판예정도서목록(CIP)은 서지정보유통지원시스템 홈페이지 (http://seoji.nl.go.kr)와 국가자료공동목록시스템(http://www.nl.go.kr/kolisnet)에서 이용 하실 수 있습니다.(CIP제어번호: CIP2018041868)

Hydrographic Surveying

수로측량학

푸른길

　오늘날 세계 각국은 국부 창출의 주요한 기반이 되는 경제영토로 바다를 바라보기 시작했습니다. 그 결과 영해는 물론 배타적 경제수역(EEZ), 대륙붕의 석유, 천연가스 및 심해저 광물자원, 첨단 해양과학기술 개발에 이르는 다양한 분야에서 불꽃 튀는 경쟁이 벌어지고 있습니다. IT와 GNSS 기술 등의 융복합 발전에 따라 수로측량 자료 처리와 분석기술도 비약적으로 발전했습니다. 이제 수로측량학은 단순히 안전 항해 정보뿐만 아니라 해양영토 수호, 해양환경 보호 및 해양자원 개발 등 다양한 분야에서 활용되기 시작하였으며 중요성 역시 부각되고 있습니다.

　이처럼 해양의 가치가 높아지고 해양에 대한 인식도 고부가가치 창출이 가능한 블루오션으로 변화함에 따라 해양력 또는 해양경쟁력을 갖추는 것이 그 어느 때보다 절실히 요구되고 있습니다. 이에 저희는 이론과 실무를 보다 쉽게 이해하고 학습할 수 있게 함으로써 수로측량 분야의 전문지식을 갖춘 인재 양성을 가능하게 해 줄『수로측량학』을 발간하게 되었습니다.

　『수로측량학』은『수로학개론』에서 소개된 수로측량의 내용들을 중심으로 보다 구체화한 심화 교육용 도서입니다. 그렇기에 대학에서 이를 전공하는 학생들과 수로 분야 중·고급기술자들을 대상으로 심화된 이론과 이와 연계한 실무체계를 중점적으로 학습할 수 있도록 구성하였습니다. 수로측량 분야의 심화 교육용 도서임을 고려하여 각 장의 깊이를 조절해 일관된 이해도를 가질 수 있도록 구성하려 노력하였습니다. 수로측량 분야에 특화된 전문용어와 그에 대한 명확한 정의, 핵심이론에 대한 사진과 개념도를 제시해 이를 보다 쉽게 받아들일 수 있도록 집필하였습니다. 무엇보다 실제 해당 분야 전문가의 참여를 바탕으로 실무에서 이용되는 용어와 이론, 방법과 절차까지 포함하여 교육과 실무현장이 분리되는 상황을 최소화하고자 노력하였습니다.

　『수로측량학』은 수로측량학을 배우려는 학생들과 가르치려는 선생님 모두에게 좋은 지침서 역할을 할 수 있다고 생각합니다. 다소 미흡한 부분들은 앞으로 독자들의 많은 충고와 편달을 받아들여 지속적으로 다듬어 나갈 것을 약속합니다.

　『수로측량학』이 수로측량 분야의 내용을 가르치고 전수하는 지침서 역할을 충실히 해냄으로써 국제 경쟁력을 갖춘 많은 수로측량 분야 전문가들이 양성되길 기대합니다. 마지막으로 이 책을 펴내기 위해 수고하신 저자들과 자료 제공에 협조해 주신 국립해양조사원 관계자들에게 감사드립니다.

2018년 12월

사단법인 한국수로학회

회장 최윤수

머리말

    수로측량학(hydrographic survey)은 안전항해를 위한 수심측량 및 해도제작, 해저자원탐사를 위한 해저지질조사, 해양개발 및 보존 등에 필요한 해양의 특성을 조사·측량하여 이를 분석하고 기술하는 학문입니다. 이를 위해 수로측량학은 각종 해양정보 생산과 관련된 측량의 기준과 측량방법, 측량데이터 처리와 시각화 등을 구체적으로 다루고 있습니다. 『수로측량학』은 앞서 발간된 『수로학개론』을 토대로 수로측량 분야에 대하여 보다 구체적이고 실무적인 능력을 배양할 수 있도록 총 5장으로 이루어져 있습니다.

    제1장은 수로측량학의 개요로 수로측량의 기준, 측량계획과 측량작업, 측량성과를 이용한 해도제작 등 수로측량의 전반적 체계를 담아 수로측량의 전체적인 개념을 이해할 수 있도록 구성하였습니다. 또한 중세부터 현대까지 수로측량 발전과정을 소개하고 우리나라 수로측량의 발달과정과 현재의 분야별 활용 방법에 대해 소개하였습니다.

    제2장에서는 수로측량의 기반지식이 되는 측량기준, 투영과 좌표체계를 설명하여 해양의 위치결정에 대한 이해를 돕고자 하였습니다.

    제3장은 수로측량에 대한 기초원리를 다루고 있습니다. 오차 처리방법과 측량의 기초가 되는 각, 거리 및 GNSS 측량 등에 대한 이론을 토대로 육상, 해양측량에 대해 이론과 실무내용을 담아 이론에 기초한 실무능력 배양을 돕도록 구성하였습니다.

    제4장 수심측량과 해저지형에서는 수심측량과 해저지형의 특성, 실무관점에서의 측량부터 데이터처리 및 활용의 전 과정을 담아 책을 통해 이론과 실무 능력을 함께 키울 수 있도록 서술하였습니다.

    제5장에는 해양지구물리탐사에 대한 탄성파탐사, 중력탐사, 자력탐사에 대해서 자료취득부터 처리까지 일련의 과정에 대한 이론과 자료 해석방법 등이 기술되어 있습니다.

    본 도서는 수로측량학에 대한 전문서로 독자가 수로측량에 대한 이론과 실무를 보다 쉽게 이해할 수 있도록 구성하였습니다. 따라서 『수로측량학』을 통해 수로측량 분야에 대한 체계적인 개념과 내용의 충분한 이해가 이루어질 수 있을 것이라고 생각합니다.

    수로 분야의 발전과 전문적인 인재양성이 중요해지고 있는 현 시점에서 본 교재가 해양 강국으로서 경쟁력을 가지는 데 유용한 지침서가 되길 기원합니다. 마지막으로 이 책이 출간될 수 있도록 도와주신 많은 분들께 진심으로 감사의 말씀을 전합니다.

2018년 12월

저자 일동

차 례

제1장

수로측량학 개요

1.1. 수로측량학의 정의

수로측량학이란 해안선의 형상, 지형, 암초의 위치와 높이, 바닷속의 해저지형, 해저지층, 해상중
력, 지구자기, 저질, 해수간만의 유동상태 등을 조사하고 측량하여, 그 성과를 해도 및 항해서지에
나타내고 이를 해상교통안전에 이용함은 물론, 해양영토관리, 관할해역의 이용 및 보전에 대해 연
구하는 학문이다. 따라서 해양의 이용과 개발 및 해양관할권 확보를 위해 중요한 측량활동이며, 수
로측량학은 〈그림 1-1〉과 같이 구성되어 있다.

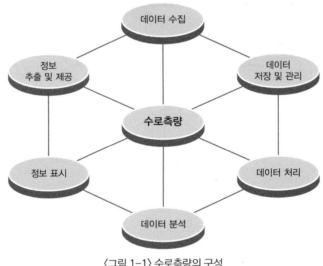

〈그림 1-1〉 수로측량의 구성

1.1.1. 수로측량의 기준

수로측량의 기준은 「공간정보의 구축 및 관리 등에 관한 법률」에 따라 국립해양조사원에서 정한
「수로측량 업무규정(제5조)」에 〈표 1-1〉과 같이 정의되어 있다. 수로기준점은 수로조사 시 해양에
서의 수평위치와 높이를 결정하기 위한 기준점으로, 수로측량기준점, 기본수준점, 해안선기준점으
로 구분한다.
　- 수로측량기준점: 수로조사 시 해양에서의 수평위치 측량의 기준으로 사용하기 위하여 위성기
　　준점, 통합기준점 및 삼각점을 기초로 정한 국가기준점
　- 기본수준점: 수로조사 시 높이 측정의 기준으로 사용하기 위하여 조석관측을 기초로 정한 국가

기준점

– 해안선기준점: 수로조사 시 해안선의 위치 측량을 위하여 위성기준점, 통합기준점 및 삼각점 을 기초로 정한 국가기준점

〈표 1-1〉 수로측량의 기준

1. 좌표계는 세계측지계에 의함을 원칙으로 한다. 다만, 필요한 경우에는 베셀(Bessel)지구타원체에 의한 좌표를 병기할 수 있다.
2. 위치는 지리학적 경도 및 위도로 표시한다. 다만, 필요한 경우에는 직각좌표 또는 극좌표로 표시할 수 있다.
3. 측량의 원점은 대한민국 경위도 원점으로 한다. 다만, 도서나 해양측량, 기타 특별한 사유가 있는 경우 국립해양조사원장의 승인 을 얻은 때에는 그러하지 아니하다.
4. 노출암, 표고 및 지형은 평균해수면으로 부터의 높이로 표시한다.
5. 수심은 기본수준면으로부터의 깊이로 표시한다.
6. 간출암 및 간출퇴 등은 기본수준면으로 부터의 높이로 표시한다.
7. 해안선은 해면이 약최고고조면에 달하였을 때의 육지와 해면과의 경계로 표시한다.
8. 교량 및 가공선의 높이는 약최고고조면으로 부터의 높이로 표시한다.
9. 투영법은 특별한 경우를 제외하고 국제횡메르카토르도법(UTM)을 원칙으로 한다.
※ 측량원점의 수치는 「측량·수로조사 및 지적에 관한 법률 시행령」 제7조 제1항부터 제3항까지의 규정을 따른다.
※ 수로측량에 대한 세부기준은 국제수로기구(IHO)에서 정한 수로측량기준(S-44)을 근거로 정한 수로측량기준을 따른다.

수로측량기준점

기본수준점

해안선기준점

〈그림 1-2〉 기준점

출처: 한국해양조사협회

동판제

주석제

〈그림 1-3〉 우리나라 영해기준점

출처: 한국해양조사협회

영해기준점은 우리나라의 영해를 획정하기 위하여 정한 기준점이다. 대한민국의 영해는 기선으로부터 측정하여 그 외측 12해리의 선까지에 이르는 수역으로 하며, 영해의 폭을 측정하기 위한 통상의 기선은 대한민국이 공식적으로 인정한 대축척 해도에 표시된 해안의 저조선으로 한다.

1.1.2. 수로측량 계획의 수립

해도제작을 위한 계획을 세우기 이전에 충분한 자료 수집이 이루어져야 하며, 이를 토대로 계획을 세워야 한다. 해도제작 해역의 선정을 시작으로 해역 상태에 따라 어떤 축척을 사용하여 수로측량을 시행할 것인지 결정해야 하며, 수심과 해저면의 상태 등 다양한 요소를 고려하여 측심선 간격을 산정해야 한다. 또한 위치측량을 실시할 때 어떤 방법이 가장 효율적인지 판단해야 한다.

1.1.3. 수로측량의 시행

계획 수립이 완료되면 수로측량 시행을 위한 해역답사를 통해 계획의 실행 여부를 점검한다. 조석관측을 위한 조위계 설치의 위치 확보와 같이 현지측량에 필요한 부분을 확인하고 해역의 상황에 맞게 가장 안전하고 작업에 적합한 측량선박을 선정하는 등 답사를 통해 얻은 성과를 토대로 계획을 수정하여 진행한다. 수정이 완료된 최종계획 진행을 위해 측량반 편성을 실시한다. 측량 작업의 특성상 장시간 작업에 임해야 하므로 측량구역 및 측량장비에 따라 여러 기술자가 한 조를 이루게 하여 각 측량선박에 편성하고, 각 조당 해당 작업의 목적을 숙지시키고, 안전교육을 철저히 해야 한다. 정밀한 측량성과를 얻기 위해 현지측량작업에 투입되기 이전에 장비의 성능 검사는 반드시 이루어져야 한다.

현지측량작업은 기준점, 고저, 지형, 해안선, 수심 등을 측량하고 해상중력, 조석, 지자기관측과 조사, 탐사 등 다양한 작업을 수행하게 된다. 이 중 해상작업은 기상의 영향을 많이 받으므로 현지의 기상상태와 해수면의 높이에 유의해야 하며, 암초지역 등 위험이 발생할 수 있는 요소들을 미리 파악해야 한다. 이런 요소들을 정확히 인지하지 않으면 현지측량 중 계획을 변경해야 하는 일이 발생할 수 있다. 현지측량이 완료되면 작업을 통해 얻은 성과를 종합하여 분석을 실시한다.

1.1.4. 해도제작

　현지측량 성과를 토대로 측량원도를 작성한다. 이 측량원도는 「수로측량 업무규정」에 있는 측량원도의 작성기준에 따르며, 작성된 측량원도를 토대로 「해도제작업무지침」에 따라 해도를 제작한다. 해도는 항박도, 해안도, 항해도, 항양도, 총도 등으로 여러 종류가 있으며, 수요자의 요청에 따라 해도를 제작할 수 있다. 「해도제작업무지침」에 따라 도법, 자료의 표기 등을 명시해야 한다.

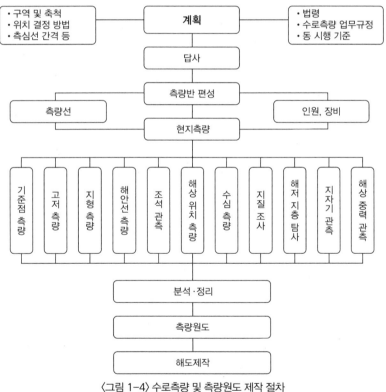

〈그림 1-4〉 수로측량 및 측량원도 제작 절차

출처: 국립해양조사원

1.2. 수로측량의 역사

1.2.1. 중세시대

십자군의 수송에서 시작된 지중해의 해상교통은 베네치아, 제노바 등 이탈리아의 여러 항구를 중심으로 항해술이나 조선술을 발달시키는 계기가 되었다. 또 이 무렵부터 항해에 나침반을 이용하게 됨에 따라 유럽에서는 포르톨라노 해도(Portolan Chart)라 불리는 해도가 제작되어 사용되었다.

현재까지 남아 있는 가장 오래된 포르톨라노 해도는 피사 지도(Carte Pisane)로 13세기 말 동물가죽에 그려진 해도이다. 현재 프랑스 국립도서관에 있으며 피사(Pisa)에 살았던 가문이 이 지도를 소유하고 있었다고 해서 이런 명칭이 사용된 것으로 알려져 있다. 해양지도학 학교가 있던 제노바에서 그려진 것으로 추측되는 이 해도의 가장 뚜렷한 특징은 많은 방위반으로부터 방사상으로 그려진 32갈래의 방위선이 복잡하게 교차하여 그물모양으로 짜여진 점이다. 이 방위선들을 기준으로 삼으면 항해자가 한 항구에서 다른 항구로 향할 때 필요한 방위각(方危角)을 지도상에서 쉽게 읽을 수 있다.

이와 같은 해도는 항해안내서와 더불어 해상교통에서 실제적인 필요성에 의해 생긴 것으로 선박에서 사용하기 쉽도록 양피지 등에 손으로 그려진 것이 많았다. 주로 항해자의 경험이나 관측에 의하여 취득된 해안선의 굴곡이나 암초, 사주 등의 위치, 항만 사이의 거리나 방위 등이 기록되었으

〈그림 1-5〉 현존하는 가장 오래된 포르톨라노 해도인 피사 해도

며, 해안의 지명도 상세하게 기재되었으나 수심은 기재되지 않았다. 내륙은 오늘날의 해도와 같이 대부분 공백으로 두고, 거리를 정확하게 나타내기 위하여 축척을 사용하였는데 눈금이 있는 축척을 사용한 것도 포르톨라노가 시초이다. 포르톨라노 해도에서는 아직 투영법이 적용되지 못하였으나 메르카토르 도법에 의한 근대적인 해도가 발달하기 전인 1600년경까지는 포르톨라노 해도가 널리 이용되었다.

1.2.2. 16세기

16세기 이전까지 이탈리아인들이 주도해 왔던 지도제작의 영역은 지리상의 발견시대를 지나오면서 포르투갈인에게로 넘어왔고, 활발한 활동을 통해 지도제작술이 발달하면서 르네상스의 황금시대를 맞이하게 되었다. 16세기 지도학의 발달은 크게 두 부분으로 나누어 볼 수 있다. 첫째, 항해에 필요한 해도제작술과 둘째, 투영법을 도입한 정확한 세계지도 제작술의 발달이다.

지리상의 발견시대를 지나면서 그동안 인류에게 알려지지 않았던 지역과 교역이 활발해지고 대양을 지나 세계 각지를 연결하는 교통로가 개발되기 시작함에 따라 항해에 필요한 해도에 대한 수요가 더욱 커지게 되었다. 중세 말기부터 유럽의 해상 도시들을 중심으로 카탈루냐(Catalan) 해도가 이용되어 왔으나 항해의 경험이 풍부한 포르투갈인들은 이 해도의 오류를 인식하게 되었다.

항해에 보다 적합한 해도를 제작하기 위한 포르투갈의 천문학자, 수학자, 지도학자들의 노력이 있었다. 포르투갈의 천문학자이며 수학자인 페드로 누네스(Pedro Nunes)는 기존 해도가 지표면이 둥글다는 점과 경도선이 극점에 수렴하고 있다는 사실을 무시한 채 제작되었다는 점을 지적하고 이런 문제점을 해결하려고 노력하였다. 그는 1534년에 항정선의 개념을 이론적으로 제시하였다. 경도선이 극으로 갈수록 모이고 각 지점마다 진북과 자북의 차이가 존재한다는 점은 유럽을 항해하는 데는 큰 문제가 되지 않았지만 신대륙의 해안으로 항해하는 데는 상당한 문제가 되었다.

이러한 문제점을 해결하기 위해 그는 항해사들이 가고자 하는 목적지까지 나침반의 방향을 직선으로 나타내 줄 수 있는 해도를 구축하고자 하였다. 이것을 가능하게 한 기법이 현재 지도제작법의 기틀이라고 볼 수 있는 메르카토르(Mercator) 투영법이다. 메르카토르는 실제로 1569년에 누네스의 이론적 원리를 응용하여 지도를 제작하였다. 그러나 실제로 지도 제작에 이러한 투영법을 처음 도입한 사람은 독일의 에르하르트 에츨라우프(Erhard Etzlaub)이다. 그는 북아프리카와 유럽의 지도를 그릴 때 고위도로 올라갈수록 위선 간의 거리가 멀어지는 투영법을 이용하여 지도를 제작하였다.

메르카토르 투영법이 나타나면서부터 해도의 제작 활동은 매우 활발해졌으며 해도 지도첩들이 발행되었다. 두 지점 간을 직선으로 나타낼 수 있는 항정선은 모든 경선과 정각으로 만나기 때문에 항해사들은 이런 지도를 이용하여 정확하고 쉽게 목적지까지 항해할 수 있게 되었다. 그러나 이 투영법에서는 경선이 평행한 직선이며, 극지방을 나타낼 수 없고, 극으로 갈수록 왜곡도가 매우 큰 단점을 갖고 있었다. 해도제작은 스페인, 이탈리아, 프랑스, 그리고 네덜란드로 확산되어 16세기는 해도제작의 전성기였다고 볼 수 있다.

1.2.3. 17-19세기

해도들을 묶어 최초로 책의 형태로 만든 네덜란드의 루카스 얀스존 바헤나르(Lucas Janszoon Waghenaer)의 뒤를 이은 수많은 네덜란드 지도제작자들의 노력으로 약 100여 년간 네덜란드 지도가 널리 사용되었다. 영국 해역에서도 네덜란드 해도가 사용되는 것을 못마땅하게 여긴 영국의 찰스 2세는 영국 해안과 항만 전체를 측량할 것을 결정하였다. 따라서 당시 해군장교였던 그린빌 콜린스(Greenville Collins)가 1681년부터 11년간 측량을 수행하였다. 이 측량결과는 1693년 'Great Britain's Coasting Pilot'이라는 이름의 지도첩으로 간행되었다. 이 지도첩에는 47도엽의 해도와 조

〈그림 1-6〉 *Great Britain's Coasting Pilot*

출처: http://www.otago.ac.nz/library/exhibitions/insearchofscotland/cabinet1-5.html

석표 30페이지, 항로지 등이 수록되었다. 특히 해도에는 수심값과 항만입구에 대한 측심선(leading line)이 정확히 표시되었다.

1661년 프랑스의 정치가 장 바티스트 콜베르(Jean Baptiste Colbert)는 프랑스 해군을 개혁하라는 임무를 받았는데 임무 중 하나가 프랑스 항구에 수로측량센터를 설립하는 것이었다. 임무를 충실히 수행한 그는 프랑스 해안선 전체를 측량할 수 있었고, 모든 해도는 국가삼각망과 직접적으로 연결되었다. 그는 또한 전 세계 처음으로 프랑스에 수로국(Hydrographic Office)을 설립하였다. 이후 덴마크가 수로국을 설립하였고, 영국은 1795년에 수로국을 설립하였다.

1775년 무렵 두 명의 영국 측량사 머독 매켄지(Murdoch Mackenzie)와 그의 조카는 해안의 고정된 세 점 간의 두 수평각 관측으로 선박의 위치를 정확히 표시할 수 있는 장치인 삼간분도기(station pointers)를 발명하였다. 이것은 전시나 평시에 항해용 해도에 대한 요구가 급격히 증가한 19세기의 해양측량에서 혁신적인 것으로, 중요한 기술적 진보였다.

1.2.4. 20세기

제1차 세계대전 이전, 많은 수로 측량사들은 국제협력의 방법으로 해도제작의 교환과 표준화를 어떻게 이끌 것인가를 생각하였다. 대전 이후, 영국과 프랑스의 수로측량사들은 국제수로총회를 공동으로 개최하였으며, 1919년 6월 런던에서 22개국 대표가 모이게 되었다. 해도표준화에 대한 많은 결의안이 이 총회에서 채택되었으며, 세 명의 이사를 가진 국제수로사무소(International Hydrographic Office)를 결성하자는 결의안을 채택하였다. 모나코의 알베르 1세는 사무소를 위한 건물을 모나코 내에 제공하여 오늘날의 국제수로기구(International Hydrographic Organization: IHO)가 발전할 수 있는 모태가 되었다.

1.2.5. 우리나라 수로측량의 역사

1) 고려시대와 조선시대

바다에 관해 서술한 우리나라의 옛 문헌을 찾아보면 외부와의 교역을 목적으로 간략하게나마 해로안내기나 해로도와 같은 것이 존재했음을 나타내는 기록은 볼 수 있지만, 직접적으로 바다와 해로를 다룬 문헌이 보존된 것은 거의 없다. 그러나 우리 민족은 고대로부터 각 도서 간의 수로를 개척해 왔다. 신라 흥덕왕 시대의 해상왕 장보고는 완도에 청해진을 설치하고 "바다를 제패하는 자만이 세계를 제패할 수 있다."는 신념으로 신라·당·일본을 잇는 해상무역을 개척하고 아라비아·페르시아 등 서아시아 지역과도 교역을 활발히 전개하여 동아시아에서 처음으로 해상질서를 이룩하였다. 그리고 조선시대의 충무공 이순신 장군은 풍부한 조선기술과 조류에 대한 지식을 바탕으로 왜군과의 해전에서 빛나는 전과를 올릴 수 있었다.

2) 구한말–일제 강점기

조선시대 말기에는 대원군의 쇄국정책으로 말미암아 새로운 외국 문명을 받아들이지 못함으로써 해양진출은 극도로 위축되었다. 이 시기에 프랑스, 영국, 미국, 러시아 등 여러 나라는 자국의 영역확대를 위해 통상이나 포교 형식을 취하여 동남아시아를 거쳐 우리나라까지 진출하여 우리 해안에 빈번히 왕래하면서 수로측량을 강행하였다. 이와 같이 우리나라 연안에서 수로측량을 시작한 것은 최초로 구미제국에 의해, 그리고 일제에 의해 이루어지게 되었다.

〈표 1–2〉 프랑스, 영국, 미국, 러시아에 의한 수로측량

구분	시기	주요 내용
프랑스	1875년	울릉도의 발견 및 동해안 측량, 수로측심 및 해도 표기
	1874년	전북 고군산도의 수로측량 및 조석관측
	1866년	인천 작약도에서 손돌목 측량 및 수로도 작성
	1866년	강화 수로측량 및 수심도 제작
영국	1797년	부산항 스케치 및 해도 간행
	1816년	서·남해안 일대 탐색도 작성
	1845년	제주도 실측 및 해도 간행
	1845년	거문도 근해 측량, 해도 및 연해측심도 간행
	1855년	거문도항 대축척으로 정측, 독도 재발견하여 실측
	1866년	교동도수도 및 부근 측량
	1877년	대흑산도 및 부근 측량
	1884년	황해안 일대 측량
미국	1867년	대동강하구 부근 측량, 최초의 미국인에 의한 측량
	1868년	제너럴셔먼호의 생존자 탐색 중 대동강하구 일대 측량
	1871년	인천 염하 수로측량
러시아	1853년	타타르 해협에서 대한해협까지의 연안 측량
	1854년	울릉도 및 독도 측심
	1861년	두만강하구 측량하여 해도 간행
	1885년	제물포와 작약도를 중심으로 측심하여 측심원도 제작
	1886년	무수단에서 마양도까지 측량 및 해도 간행

구분	시기	주요 내용
조선 말기	1869 ~ 1896년	• 우리나라 연해에 침투하여 연안과 항로 등을 측량하기 시작 • 1871년 해군에 수로부 창설하면서 빈번한 측량 실시 • 1873년 조선전도의 해도를 간행 • 1875년 운양호사건을 통한 병자수호조약(강화도조약) • 1894년 청일전쟁을 위한 조선연안의 항만 및 연안항로 등 각지를 측량하고 해도를 정비
대한 제국	1897 ~ 1910년	• 식민지 정책과 대륙침공에 대비한 수로측량 활동 강화 • 1904년 러일전쟁으로 인한 해도 작성을 위해 측량요원 증원 • 1905년 동해안 집중 측량 • 삼각망이 설치되기 이전이므로 육상원점의 경위도는 천측에 의하거나 자오선 경위의에 의해 결정
일제 강점기	1910 ~ 1945년	• 조선토지조사사업으로 삼각망의 설치 완료, 경위도의 원점으로 사용 • 전국에 약 34,447점의 삼각점을 설치하여 토지측량의 수평기준점으로 사용 • 전국 5개소에 검조소를 설치하여 조위자료에 의해 평균해수면을 산출하고 이를 수준기점으로 삼아 전국수준망 구성(1,391점) • 해도의 측량단위와 기준면의 통일 • 국제수로회의에 따른 수심의 기준면은 기본수준면(약최저저조면) 채택 및 표고의 기준면은 평균해수면 채택 • 1943년 우리나라 연안에 대한 수로측량 완료 및 해도 간행(총 41종) • 일본수로부에서 조선연안수로지 및 수로잡지(수로요보), 수로고시 간행

〈표 1-2〉는 구한말 이전 구미 여러 나라가 우리나라 부근 해역에서 수행한 주요 수로측량의 기록을 정리한 것이며, 〈표 1-3〉은 조선 말기에서 일제 강점기까지 일제에 의한 수로측량에 대해 정리한 내용이다.

3) 광복 이후

해방 후 1949년 11월 1일에 해군 작전지원의 일환으로 해군본부 작전국 산하에 수로과가 창설되면서 우리나라의 역사적인 수로업무가 시작되었다. 하지만 1949년 수로과에는 수로업무를 수행하기 위해 필요한 기술직원과 조사장비뿐만 아니라 선박도 확보되지 못한 상태였다. 이후, 1951년 4월에 군작전상의 해상교통안전을 위한 동해안 및 남해안에서의 항만조사를 실시하였고, 이것이 수로조사의 실질적인 효시라 할 수 있다. 이어 8월 4일에는 우리나라 제1호 조위관측소(이전 명칭 검조소)인 진해검조소를 설치하였다.

1951년 수로과에서 수로관실로 승격된 이후 1952년 1월 10일에는 최초의 항로지이자 수로도서지인『한국연안수로지』제1권, 제2권을 간행하였으며, 8월에는 진도수도 및 맹골수도에서 우리나라 최초로 조류관측을 실시하였다. 같은 해 9월 1일에는 해도의 효시인 인천항과 마산항의 해도를

<표 1-4> 우리나라 수로업무의 역사

구분	시기	주요 내용
해군본부 수로과	1949. 11. 1	해군본부 작전국 수로과 창설(국립해양조사원의 효시)
	1951. 4. 4	항만조사 실시(연안항로조사의 효시)
	1951. 8. 4	진해항 검조소 설치(조위관측소의 효시)
해군본부 수로관실	1951. 8. 10	해군본부 수로관실로 승격
	1951. 8. 16	수로고시 제1호 간행(항행통보의 효시)
	1951. 11. 4	교동도 부근 수로측량(수로측량의 효시)
	1951. 11. 25	105정 수로측량 투입(보유선박의 첫 현장투입)
	1952. 1. 10	『한국연안수로지』 제1권, 제2권 간행(항로지, 서지간행의 효시)
	1952. 8. 15	진도수도 및 맹골수도 조류관측(조류관측의 효시)
	1952. 9. 1	인천항, 마산항 해도 간행(해도간행의 효시)
해군본부 수로국	1953. 3. 20	해군본부 수로국으로 승격
	1953. 4. 5	극천해용 정밀음향측심기 SD-3형 도입
	1953. 4. 30	『수로요보』 간행(해양조사기술연보의 효시)
	1954. 9	독도 부근 수로측량
	1955. 2	부산검조소 신설
	1955. 7. 23	인쇄공장 설치
	1957. 1. 1	국제수로기구 가입
	1961. 12. 23	수로업무법 제정 및 공포
	1962. 5. 1	영일만 일대 해양관측(해양관측의 효시)
	1963. 10. 10	교통부 수로국으로 이관

간행하는 등 초창기적 수로업무가 점차 질과 양적인 차원에서 기반을 굳히고 발전하게 되었다.

1953년 수로국으로 승격되면서 수로업무도 각 분야에서 한 단계 발전하고 새로운 기틀을 마련하기 시작하였다. 또한, 1953년에는 최초로 극천해용 정밀음향측심기 SD-3형이 도입되어 연추측심 시대에서 음향측심의 시대로의 전환기를 맞이하게 되었으며, 4월 30일에는 해양조사기술연보의 효시인 『수로요보』 제1호를 간행하였다.

1954년 4월 1일에는 해도도식을 제정하여 초판을 간행하였으며, 1955년 2월에는 부산검조소를 신설하였다. 이어 7월에는 인쇄공장을 설치하면서 자동주자기(mono type)를 도입, 11월에는 자체적으로 최초로 항로고시를 간행하는 단계에 이르렀다.

또한, 1957년 2월 제19차 국회 본회의에서 국제수로기구 가입 비준동의안이 승인되고, 같은 해 1월 1일자로 소급하여 국제수로기구(IHO) 정회원국으로 가입하게 됨으로써 국제간 수로업무에 관한 상호협력과 수로도서지의 국제적 통일 및 정보의 교환 등 획기적인 발전을 가져오게 되었다.

1.3. 수로측량의 종류와 용어의 정리

1.3.1. 수로측량 성과의 종류

「수로측량 업무규정」 제4조에 따른 수로측량의 종류는 대상지역에 따라 항만측량, 항로측량, 연안측량, 대양측량으로 구분된다.

- 항만측량: 항해안전을 위해 항만 및 그 부근에서 실시하는 측량
- 항로측량: 주요항로에 있어서 항해안전을 위해 실시하는 측량
- 연안측량: 연안해역에 있어서 항해안전을 위해 실시하는 측량
- 대양측량: 연안을 벗어나 대양에 있어서의 해저지형 등의 측량

목적에 따라 일반수로조사, 소해측량, 해양기본도측량으로 분류할 수 있으며, 세부 사항은 다음과 같다.

- 일반수로조사: 해도의 보정을 위하여 실시하는 측량으로 주로 인공어초 시설항만의 준설, 매립, 항만시설 공사 후에 실시하는 측량
- 소해측량: 암초, 천소 등에 있어서 항해상 최대안전 수심을 확보하기 위한 측량
- 해양기본도측량: 연안 및 해양의 기본도를 작성하기 위한 해저지형측량, 중력관측, 지자기관측 및 지층탐사 등을 수행하는 측량을 말한다.

또한, 수로측량의 조사 분야는 육상 분야와 해상 분야로 구분되는데, 육상 분야에는 원점 및 항해목표물(해안선측량, 저조선측량 및 해상 위치 측량에 필요한 기준점과 보조 기준점, 항로표지, 산·섬 높이, 노·간출암 등의 항해부표), 기준점 및 항해목표물의 높이, 해안선의 위치 및 형상, 저조선의 위치 및 형상 그리고 육상지형 등이 포함되며, 해상 분야에서는 수심, 해저지형, 지질 및 기준면(조석관측을 실시하여 평균해수면, 기본수준면을 결정하고 수심의 경정자료로 이용)을 포함한다.

1.3.2. 용어의 정의

해도는 바다의 안내도로서 선박이 목적지에 안전하게 도달하는 데 가장 중요한 역할을 하고 있다. 따라서 해도에는 수심, 암초와 여러 가지 위험물, 섬의 모양, 바다 밑의 생김새, 항만시설, 각종 등대 및 부표는 물론, 항해 중에 자기 위치를 알아내기 위한 해안의 여러 가지 목표물과 육지의 모

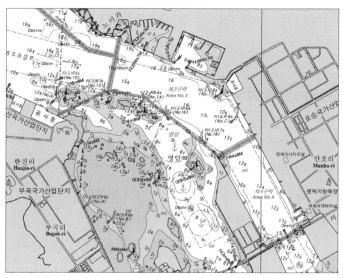

〈그림 1-7〉 평택항 부근 해도와 지도 일부

양이나 바다에서 일어나는 조석 및 유향, 유속을 표시한 조류 또는 해류 등이 기재되어 있다.

국제수로기구에서 발간한 수로사전에는 "해도는 항해의 요구에 부응하여 특별하게 설계된 도면으로 바다의 수심, 해저저질 형태, 높이, 해안의 특성과 구성형태, 항로표지와 위험물 등을 표시하고 있다."라고 정의되어 있다. 바다에서 선박이 항해할 경우에는 해도가 없으면 수면 아래에 어떠한 위험이 있는지 알 수 없다. 따라서 선박에는 항상 해도를 비치하여 사용하도록 법적으로 규정하고 있으며, 항행통보에 의해 해도를 최신으로 유지하도록 하고 있다. 해도가 최신으로 유지되지 않는다면 해도로서의 가치가 없다.

해도는 UN해양법협약에 따라 영해, 배타적경제수역, 대륙붕의 한계를 획선하는 데 사용되며, 영해의 폭을 측정하기 위한 통상 기선은 연안국이 공인한 해도의 저조선으로 정하고 있다. 이러한 국가의 관할 해역을 획선한 해도는 UN에 제출하게 되어 있으므로, 해도의 중요성이 더욱 강조되고 있다.

1) 종이해도

종이해도는 전지 규격으로 1,092×788mm 또는 그 절반 크기인 반지 규격을 사용하고 있다. 해도의 정확도를 유지하기 위하여 종이해도는 용지의 신축이 적으며 습도에 따른 내구성이 충분하여야 하므로 특수용지를 이용하고 있다. 해도는 한정된 규격의 종이에 바다의 형상을 표현해야 하므로 실제 지형을 축소한 축척을 사용하게 된다.

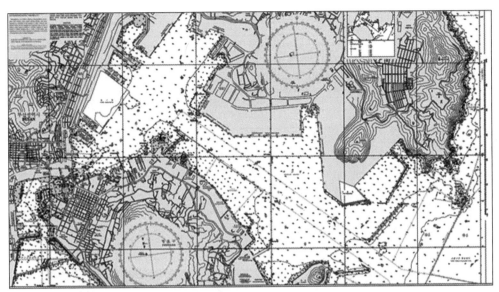

〈그림 1-8〉 부산항 해도

2) 전자해도

전자해도(Electronic Navigational Chart: ENC)란 전자해도 표시시스템(Electronic Chart Display and Information System: ECDIS)에서 사용하기 위해 종이해도상에 나타나는 해안선, 등심선, 수심, 항로표지, 위험물, 항로 등 선박의 항해와 관련된 모든 해도정보를 국제수로기구(IHO)의 표준규격(S-57)에 따라 제작한 디지털 해도를 말한다. 안전 항해에 필수 정보인 전자해도에 참조하는 표준과 제작 기관에 따라 공인전자해도인지 아닌지 여부를 판별할 수 있는데, 먼저 국제수로기구 S-57 표준에 따라 국가 수로국에서 간행한 해도는 SOLAS(국제해상인명안전협약) 규칙의 해도비치 요건을 만족하는 반면, 일반 기업에서 ECS(Electronic Chart System) 탑재를 목적으로 만든 전자해도는 비공인 전자해도로서 SOLAS 해도비치 요건을 만족하지 못한다.

전자해도 표시시스템이란 해도를 전자적인 형태로 표현하는 장비로서 국제수로기구에서 규정한 표준사양서(S-52)에 따라 제작하고 국제해사기구(International Maritime Organization: IMO)에서 정한 성능 표준을 만족하는 시스템을 ECDIS라고 한다.

일반적으로 ECDIS의 기능은 크게 항로 계획, 항로 감시 그리고 항로 기록이라 할 수 있다. 종이해도와 마찬가지로 항해 및 경제적인 관점을 고려한 최적의 항로 선정, 자선 위치 수정, 코스 및 선박의 속도 수정을 통한 안전 항해 기능과 안전관련 계획, 감시 및 조절 기능을 장착하고 있다.

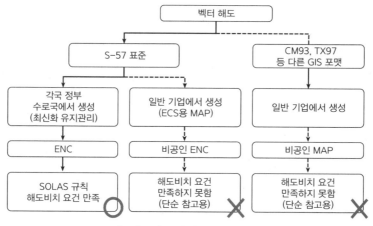

<그림 1-9> 공인 전자해도의 정의

<그림 1-10> ECDIS

출처: sperrymarine.com

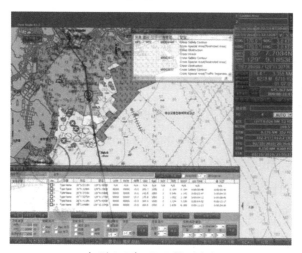

<그림 1-11> ECDIS 항로 감시

출처: emarine.co.kr

제2장

투영과 좌표체계

2.1. 지구의 형상

지구는 적도반경이 약 6,378km, 극반경이 약 6,357km로 적도반경이 약 21km 정도 더 큰 지구타원체라고 알려져 있다. 그러나 실제 지구의 표면은 형상이 불규칙적이고 높낮이가 달라 이를 그대로 표현하는 것은 불가능에 가깝다. 또한 상시적으로 변하는 지구의 지표면은 대상물의 위치 결정을 위한 기준면으로 이용하기에는 부적절하다. 지구 표면의 약 72%를 차지하고 있는 해면은 육지의 표면보다 상대적으로 규칙적으로 구성되어 있다. 조석이나 조류에 의해 주기적인 변화를 가지므로 장기간에 걸친 측정과 분석을 통해 변수를 결정할 수 있으며 이를 활용하여 정지 상태의 평균해면을 결정할 수 있다. 또한 지구의 크기는 장반경(적도반경)과 단반경(극반경)에 의한 수학적 정의로 나타낸다.

2.1.1. 지오이드

지구의 표면이 어떠한 영향을 받지 않고 오직 중력의 힘에 의해서만 유지되는 평형상태의 바다를 생각하고 중력에 의해서만 자유로이 흐르도록 하면, 그 모양은 회전타원체의 모양과 매우 유사한 폐곡면이 이루어지며, 이 곡면은 모든 점에서 퍼텐셜의 크기가 같은 하나의 등퍼텐셜면을 형성한다. 이렇게 형성된 면을 지오이드(geoid)라고 한다. 지오이드는 등퍼텐셜이기 때문에 지오이드면은 모든 점에서 중력퍼텐셜이 같으며, 어느 점에서나 표면을 관통하는 수직선은 중력의 방향(연직선)과 같다.

지오이드는 지구 질량의 분포가 다르므로 불규칙적인 기복이 있으며, 일반적으로 대륙에서는 회전타원체면보다 높고, 해양에서는 회전타원체면보다 낮게 나타난다.

2.1.2. 회전타원체

등퍼텐셜면은 면 위의 모든 점에서 지구의 중력장으로 인한 퍼텐셜과 회전축을 중심으로 하는 회전에 의한 퍼텐셜이 같은 면을 말한다. 그러나 지구는 불규칙적인 지형의 변화와 질량이 다른 물질들로 구성되어 있기 때문에 회전타원체와 지오이드는 일치하지 않는다. 이러한 불일치성은 점의

〈표 2-1〉 기준타원체 상수

타원체 이름	장반경(m)	단반경(m)	편평률
Everest	6,377,276.3	6,356,075.4	1/300.80
Bessel	6,377,397.2	6,356,079.0	1/299.15
Clark	6,378,206.4	6,356,583.8	1/294.98
Hayford	6,378,388.0	6,356,911.9	1/297.00
GRS80	6,378,137.0	6,356,752.3	1/298.26
WGS84	6,378,137.0	6,356,752.3	1/298.26

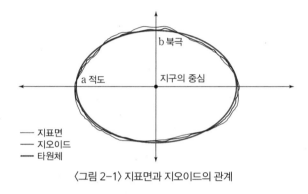

〈그림 2-1〉 지표면과 지오이드의 관계

위치를 결정하는 데 지오이드를 기준면으로 사용할 수 없음을 의미한다. 그러나 부분적으로 또는 지역에 따라 지오이드면에 가장 적합한 타원체를 수학적으로 결정할 수 있으며, 지오이드 대신에 수학적으로 결정된 타원체를 기준면으로 하며 지표 위에 있는 모든 점의 위치를 결정할 수 있다. 이와 같이 수학적으로 정의된 타원체를 기준타원체(회전타원체 또는 지심기준타원체)라 부른다. 타원체는 단축을 회전축으로 하여 회전된 타원에 의하여 정의되며, 그 크기와 형상은 장축, 단축, 그리고 편평률로서 결정된다.

2.1.3. 높이체계

1) 육상수직 기준

(1) 수준원점

우리나라는 높이의 기준면으로 특정 지점에 대한 일정 기간의 평균해수면을 채용한다. 1913년 12월부터 1916년 6월까지 2년 7개월간의 인천만에 대한 조위관측치의 만·간조위를 평균하여 우리나라 육지 높이의 기준면으로 삼고 있으며, 인천만의 평균해수면(또는 인천만 중등조위면)이라고 하고 있다. 우리나라 국토에 대한 높이의 기준이 되는 수준원점은 인천광역시 남구 인하로 100 인하공업전문대학 구내에 설치된 수준원점의 수정판(영눈금)을 원점 수치로 하고 있으며, 그 표고는 인천만 평균해수면상의 높이로부터 26.6871m이다.

(2) 육상 높이체계

지표면의 높이는 기준면과 정의에 따라 다른 값을 가지게 된다. 기준면을 기준타원체로 하여 측정된 높이를 타원체고라 하고, 일반적으로 해수면을 기준으로 지표면상의 임의 지점 표고는 그 지점까지 지오이드면에서 지표면까지의 높이로 정표고라 한다.

GPS 측위 결과는 X, Y, Z 좌표를 얻게 되는데, 이 값은 아래의 식을 이용하여 타원체고를 산출할 수 있다.

$$N = a/\sqrt{1-e^2\sin^2\varphi}$$

$$p = \sqrt{X^2+Y^2}$$

$$h = \frac{p}{\cos\varphi} - N$$

N: 횡곡률반경, e: 이심율, φ: 임의 위도, h: 타원체고

위의 식으로 타원체고를 산출하게 된다면, 〈그림 2-2〉와 같이 지오이드고를 알고 있는 경우 정표고를 산출할 수 있으며, 정표고를 알고 있는 경우 지오이드고를 산출할 수 있게 된다. 해당 식은 좌표체계 부분에서 더 자세하게 다룬다. 즉 타원체고는 타원체면에서 지표면까지의 높이로 GPS측량에서 관측한 높이를 뜻하며 지오이드고는 타원체면에서 지오이드면까지의 높이를 말한다. 정표고는 해발고도라고도 하는데 지오이드면에서 지표면까지의 높이를 말하며, 우리가 일반적으로 알고 있는 높이라고 생각하면 이해하기 쉽다.

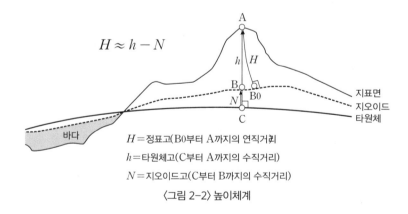

H = 정표고(B0부터 A까지의 연직거리)
h = 타원체고(C부터 A까지의 수직거리)
N = 지오이드고(C부터 B까지의 수직거리)

〈그림 2-2〉 높이체계

2) 해상수직기준

해상에서 사용되는 수직기준면은 기본수준면[약최저저조면(Approximate Lowerst Low Water: ALLW), 조석기준면(Chart Datum: CD)], 평균해수면(Mean Sea Level: MSL), 약최고고조면(Approximate Highest High Water: AHHW)의 3가지가 있다.

(1) 기본수준면

우리나라의 경우 약최저저조면(또는 인도대저조면)을 기본수준면(Datum Level: DL)이라고 하며, 해도의 수심과 간출암의 높이 및 조석표의 조위의 기준면으로 사용한다. 수심의 기준면은 선박의 안전한 항해를 위해 저조시에도 그 이하로 내려가지 않는 면으로 정하도록 국제수로기구에서 규정하고 있다.

(2) 평균해수면

평균수면 또는 평균해면이라고도 한다. 해수면의 높이를 하루, 1개월, 1년 등 특정한 기간 동안에 대한 해수면 높이를 평균한 값으로 항상 해수면 위에 존재하는 노출암, 섬, 등대, 육상 높이의 기준면으로 이용되고 있다.

(3) 약최고고조면

우리나라는 약최고고조면을 육지와 바다의 경계인 해안선을 표시하는 기준으로 삼고 있다. 또한 약최고고조면은 수로를 통과하는 교량, 전력선, 통신케이블 등 가공선의 높이를 표시하는 기준으로 사용하는데, 이것은 고조시에도 선박이 교량이나 가공선 아래를 안전하게 통과할 수 있도록 하기 위함이다.

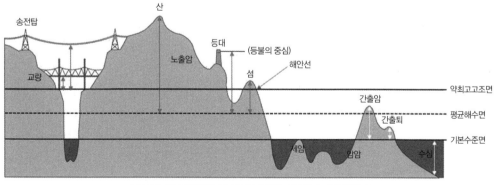

〈그림 2-3〉 평균해수면, 기본수준면 및 약최고고조면 관계

1. **지오이드란 무엇인가?**

   지오이드는 가상적인 면으로 평균해수면의 변동이 없는 상태라고 가정하여 대륙으로 연장된 형태로 실제 지구에 가장 가까운 형상이며 순수하게 중력의 힘으로만 흐르게 한다는 가정으로 중력에 대해 등퍼텐셜면으로 지오이드면 위의 모든 점에서 수직 방향이 항상 중력 방향과 일치한다.

2. **정표고와 지오이드고, 타원체고의 차이를 설명하시오.**

   타원체고는 타원체에서 지표면까지의 거리, 지오이드고는 타원체에서 지오이드까지의 거리, 정표고는 해발고도라고도 하는데 지오이드에서 지표면까지의 거리이다.

3. **수로측량에서 선박의 안전통항을 위한 교량 및 가공선의 높이를 결정하기 위한 기준면으로 이용되는 것은 무엇인가?**

   약최고고조면은 최고해수면을 기준으로 하는 해안선, 교량 설치 등 선박의 안전통항을 위한 높이를 결정하는 기준이다.

2.2. 지도투영법

지도투영법(Map projection, 또는 지도도법)은 지구 전체 및 일부 지역을 지도 또는 해도로 작성하기 위해 3차원인 회전타원체(또는 구로 가정) 형태의 지구를 2차원 평면상에서 표현하는 과정을 말한다.

지도는 회전타원체를 이루는 지구 표면을 평면에 나타낸 것으로 면적·각도·거리·방위·모양 등을 오차 없이 그대로 평면에 전개하는 것은 불가능하기 때문에, 어떤 부분은 실제보다 확대되고, 어떤 부분은 축소되어 나타날 수 밖에 없다. 즉 지도의 왜곡은 구형의 지구를 평면으로 변환하는 과정에서 발생하는 현상이다. 따라서 지도를 제작할 때, 각각의 목적에 맞는 조건에 따라 지구를 투영하게 된다. 지도투영법은 이러한 조건의 표현 방법에 따라 정각도법(conformal projection), 정적도법(equal area projection), 정거도법(equidistant projection)으로 분류하며, 투영 형태에 따라 원통도법(cylindrical projection), 원추도법(conical projection), 방위도법(azimuthal projection)으로 분류한다. 또한 투영축에 따라 정축법(nomal case), 횡축법(transverse case), 사축법(oblique case)이 있다.

구면을 평면으로 표현할 때 수반되는 기하학적인 왜곡은 완전하게 제거할 수 없다. 이로 인해 지도상에서 면적, 형태, 거리 또는 축척 및 방향의 왜곡을 발생시키게 된다. 이를 지도의 왜곡(map distortion)이라고 하며, 나타나는 왜곡의 형태로는 뜯기는 현상(tearing), 휘는 현상(shearing), 크기 변환 현상(compression)이 있다. 이러한 기하학적 왜곡을 모두 제거할 수 있는 지도투영

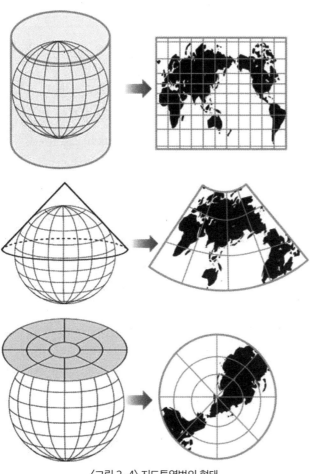

〈그림 2-4〉 지도투영법의 형태

법은 현재 존재하지 않는다.

2.2.1. 원통도법

원통도법은 지구를 원통으로 둘러싸고, 그 원통면에 지구표면을 투영하여 평면상에 지구표면을 그리는 도법이다. 원통도법은 위도선과 경도선이 직각으로 나타나므로 직사각형 형태로 지구 전체를 표현할 수 있다. 그러나 투영면이 적도에 접할 경우, 양 극지방은 무한대로 왜곡되어 양 극부분은 표현할 수 없다. 원통도법은 해도에 널리 쓰이는 정각원통도법인 메르카토르 도법(Mercator projection), 지도에 널리 쓰이는 횡메르카토르 도법(Transverse Mercator projection; TM 도법)과 측량원도 작성에 이용되는 UTM 도법(Universal Transverse Mercator projection) 등이 있다.

1) 메르카토르 도법

메르카토르 도법(Mercator projection: 점장도법)은 네덜란드의 지도학자였던 헤라르뒤스 메르카토르(Gerhardus Mercator)가 1569년 지구 표면을 원통에 투영하여 고안한 도법으로 항정선이 각 자오선과 같은 각도로 표시되기 때문에 정각원통도법(conformal cylindrical projection)으로 분류한다. 메르카토르 도법은 모든 자오선이 등간격의 평행한 직선으로 표시되고, 위도권(거등권)은 자오선에 직교하는 직선으로 표현된다.

이 도법은 위도가 높아질수록 자오선의 확대비에 따른 위도 간의 길이가 점차 증가하므로 점장도법이라 부르며, 고위도(위도 60도 이상) 지방에서는 위도의 길이가 급격히 증가하므로 이 도법의 사용은 부적절하다. 그러나 국제수로기구에서는 항해상 편리한 점 때문에 축척 1/50,000 이하의 해도에 이 도법을 사용하도록 규정하고 있다.

회전타원체상의 점장위도 계산 공식은 다음과 같다.

$$y = a \ln\left[\tan(45 + \frac{\phi}{2})\left(\frac{1 - e\sin\phi}{1 + e\sin\phi}\right)^{e/2}\right] \quad x = a(\lambda - \lambda_0)$$

$$\lambda = a\cos\varphi/(1 - e^2\sin^2\varphi)^{1/2}$$

(a; 장반경, e; 이심률, φ; 기준위도, λ; 경도)

ln: 자연로그($e^1 = 2.7182818……$을 기저로 하는 자연대수)

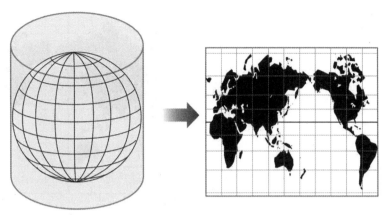

〈그림 2-5〉 메르카토르 도법

2) 횡메르카토르 도법

횡메르카토르 도법(Transverse Mercator projection: TM도법)은 원통을 적도에 접하도록 옆으로 눕혀 지구표면을 원통에 투영한 도법으로 독일의 수학자 요한 하인리히 람베르트(Johann Heinrich Lambert)가 1772년 처음 고안하였고, 그 후 1882년 가우스(Gauss), 1912년 크루거(Kruger), 1945년 톰슨(Tomson)에 의해 정리된 공식이 발표되었다. 이 도법에 의하면 중앙자오선과 적도만 직선이고 그 외의 자오선과 위도선은 곡선으로 전개된다. 이 도법의 특징은 중앙자오선 부근에서는 왜곡이 최소로 되고, 동서방향으로 갈수록 점차 왜곡오차가 증가한다. 따라서 각국에서는 경도 1° 내지 3° 간격의 폭으로 일정한 대역을 설정하여 지도좌표계로 사용하고 있다. 우리나라에서도 경도 폭 2° 간격으로 서부원점(38°, 125°), 중부원점(38°, 127°), 동부원점(38°, 129°), 동해원점(38°, 131°)을 정하여 사용하고 있다.

횡메르카토르 도법의 전개식은 아래와 같이 다소 복잡한 공식으로 계산된다.

$$e'^2 = e^2/(1-e^2)$$
$$N = a/(1-e^2\sin^2\varphi)^{1/2}$$
$$T = \tan^2\varphi$$
$$C = e'^2\cos^2\varphi$$
$$A = (\lambda-\lambda_0)\cos\varphi$$
$$M = a\left[\left(1-\frac{e^2}{4}-\frac{3e^4}{64}-\frac{5e^6}{256}\right)\varphi-\left(\frac{3e^2}{8}+\frac{3e^4}{32}+\frac{45e^6}{1024}\right)\sin2\varphi+\right.$$

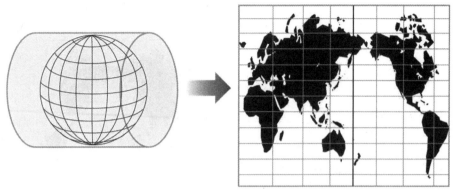

<그림 2-6> 횡메르카토르 도법

$$\left(\frac{15e^4}{256}+\frac{45e^6}{1024}\right)\sin 4\varphi - \left(\frac{35e^6}{3072}\right)\sin 6\varphi\right]$$

$$x = k_0 N\left[A+(1-T-C)\frac{A^3}{6}+(5-18T-T^2+72C-58e'^2)\frac{A^5}{120}\right]$$

$$y = k_0\left[M-M_0+N\tan\varphi\left[\frac{A^2}{2}+(5-T+9C+4C^2)\frac{A^4}{24}+\right.\right.$$

$$(61-58T+T^2+600C+330e'^2)\frac{A^6}{720}\right]$$

k_0: 중앙자오선 축척계수(TM=1 UTM=0.9996)

M: 적도에서 임의위도(φ)까지 중앙자오선 길이

3) UTM 도법

 이 도법은 TM 도법을 응용한 것으로 제2차 세계대전 중 연합국의 전 세계적인 군용좌표계로 쓰이기 시작하여 현재 국제적으로 중·대축척의 지도 및 측량원도의 투영법으로 널리 사용되고 있다.

 이 도법은 지구 전체를 남위 80°부터 북위 80°까지 경도 6°의 폭으로 60존(Zone)으로 나누고, 경도 180°선에서 동쪽으로 순차적인 번호를 부여하고 있다. 우리나라는 51존(Zone, 120°E~126°E)과 52존(126°E~132°E)에 속한다.

 이 도법의 특징은 중앙자오선의 축척계수를 0.9996으로 하고, 중앙자오선에서 동서로 약 180km 떨어진 곳을 축척계수 1.000 정도가 되도록 하여 왜곡오차를 최소화하고 있다는 점이다. 또한 UTM 도법에서 x값은 중앙자오선에서 서측의 500,000m 가상좌표(false grid)에서 동쪽으로 잰 값이다. 이 도법의 계산 전개식은 횡메르카토르 도법과 같다.

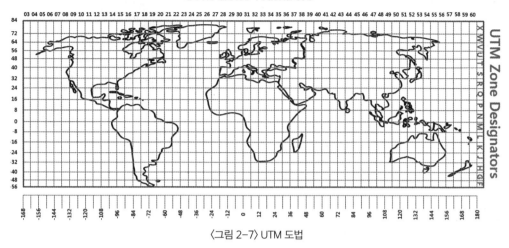

UTM Zone Numbers

〈그림 2-7〉 UTM 도법

2.2.2. 원추도법

원추도법(Conic projection)은 삿갓 모양의 원추를 지구표면에 씌우고 그 원추면에 지구표면을 투영하여 전개한 도법을 말한다. 이 도법에서 경도선은 원추 꼭짓점을 중심으로 방사상의 직선으로 표현되고, 위도선은 위도에 따라 각기 다른 동심원으로 표현된다. 또한 원추가 지구표면에 접하는 면에 따라 1표준위선 또는 2표준위선으로 구분한다. 표준위선에서는 지구표면이 정확하게 표현되지만 표준위선에서 멀어질수록 왜곡이 증가하게 된다. 따라서 중위도 지역의 지도로 2표준위선을 많이 사용한다. 2표준위선의 간격은 사용도면의 상하단 위도에서 전체위도 간격의 1/6이 적당한 것으로 알려져 있다. 또한 원추의 특성상 원추의 반대편 지표면은 표현할 수 없다.

1) 람베르트 정각원추도법

람베르트 정각원추도법(Lambert Conformal Conic Projection)은 1772년 고안한 도법으로 중위도 지역의 국가지도와 국제민간항공기구(International Civil Aviation Organization: ICAO)의 항공도, 해저지형도, 일기도 등에 널리 이용되고 있다. 이 도법의 특징은 2표준위선을 사용하므로 중위도 지방의 지도 왜곡이 적고, 방위각이 거의 정각으로 표현된다.

람베르트 정각원추도법으로 직각좌표를 계산하는 경우, 중앙자오선과 도면의 최하단 위도를 원점으로 하여 x, y의 좌표계산을 수행한다. 그 계산식은 다음과 같다.

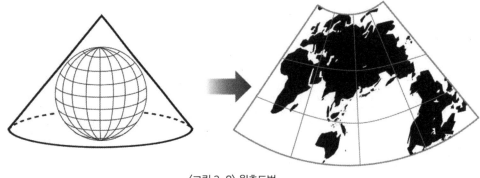

<그림 2-8> 원추도법

$x=r\sin\theta$

$y=R-r\cos\theta$

r: 임의지점의 원추반경, R: 원점의 원추반경, θ: 원추 경도각

$r=aFt^n$

$R=aFt_0^n$

$\theta=n(\lambda-\lambda_0)$

$n=(\ln m_1-\ln m_2)/(\ln t_1-\ln t_2)$

$m=\cos\varphi(1-e^2\sin^2\varphi)^{1/2}$

$t=\tan(\pi/4-\varphi/2)/[(1-e\sin\varphi)/((1+e\sin\varphi)]^{e/2}$

$F=m_1/(nt_1^n)$

2.2.3. 방위도법

방위도법(azimusal projection)은 지구표면에 접한 평면상에 지구중심에서 지구표면을 투영하여 지도를 만드는 도법이다. 이 도법의 특징은 지구에 접한 부분은 비교적 정확하게 표현되지만 접점에서 멀어질수록 왜곡이 점점 커지게 된다. 또한 이 도법에서는 지구의 반구만 표현된다. 그러나 이 도법은 두 지점 간의 최단거리가 직선으로 표현되므로 대권도법(Great Circle Projection)이라고도 불리며, 선박이 대양을 항해할 때, 그들의 최단 항로를 선정하는 데 편리하다. 이 도법에서 모든 경도선과 적도는 대권이므로 직선으로 나타나고, 그 외의 위도선은 곡선으로 표현된다. 또한 극지방의 지도를 나타낼 때에도 이 도법이 사용된다.

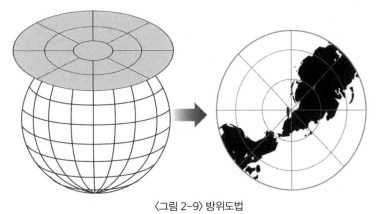

〈그림 2-9〉 방위도법

방위도법의 계산식은 아래와 같다.

$x = Rk'\cos\varphi\sin(\lambda-\lambda_0)$

$y = Rk'[\cos\varphi_1\sin\varphi - \sin\varphi_1\cos\varphi\cos(\lambda-\lambda_0)]$

$k' = 1/\cos c$

$\cos c = \sin\varphi_1\sin\varphi + \cos\varphi_1\cos\varphi\cos(\lambda-\lambda_0)$

φ_1: 원점위도, λ_0: 원점경도,

φ: 임의위도, λ: 임의경도,

R: 지구반경

1. 지도 투영 시 발생하는 왜곡의 종류에는 무엇이 있는가?

　뜯기는 현상(tearing), 휘는 현상(shearing), 크기변환 현상(compression)이 있다.

2. 원통도법 중 극지방으로 갈수록 왜곡이 심해지는 투영법은 무엇인가?

　메르카토르 도법. 적도에서 멀어질수록 축척 및 면적이 크게 확대되어 극을 표시할 수 없는

　단점이 있다.

2.3. 좌표체계

2.3.1. 경위도 좌표계

경위도 좌표계는 지리좌표계라고도 하며, 지구타원체를 동서방향의 위도선과 남북방향의 경도선을 도, 분, 초로 표시하며 투영법의 종류에 관계없이 임의의 위치점을 표현할 수 있다. 경도는 본초자오선(그리니치 천문대를 통과하는 자오선)을 기준으로 하여 어떤 지점을 지나는 자오선까지 적도면의 각거리로 동서쪽으로 0~180°까지 표기하며 이를 동경과 서경이라고 한다. 위도는 자오선을 따라 적도에서 어느 점까지 관측한 각거리로 남북쪽으로 0~90°까지 표기하고 적도를 중심으로 북쪽으로는 북위, 남쪽으로는 남위라고 한다. 동경과 서경이 만나는 경도선은 180°로 이를 날짜변경선이라고 한다.

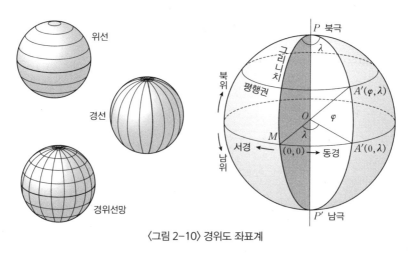

〈그림 2-10〉 경위도 좌표계

2.3.2. TM 좌표계

TM 좌표계는 평면직각 좌표계라고 한다. 임의 지역에 대한 기준지점을 좌표원점으로 정하고 원점을 중심으로 TM 투영한 평면상에서 원점을 지나는 자오선을 x축, 동서방향의 위도 선을 y축으로 각 지점의 위치를 m 단위의 평면직각 좌표계로 표시한다. 여기서 x축은 북쪽 방향이 양의 값을 나타내고 y축은 동쪽 방향이 양의 값을 나타난다. 평면직각 좌표에서 음수 값의 좌표가 나타나지 않도록 하기 위해 각 구역의 좌표원점에서 x좌표는 600,000m N이고 y좌표는 200,000m E로 정한다.

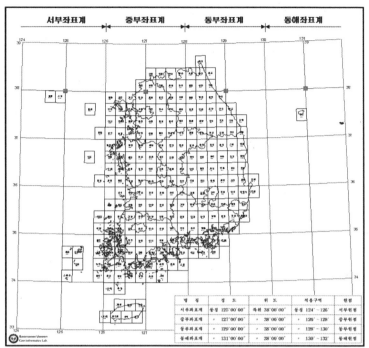

〈그림 2-11〉 TM 좌표계

최근까지 베셀(Bessel) 타원체를 준거 타원체로 하는 경위도 좌표계와 TM 좌표계를 이용하였으나, 지적재조사사업 중 하나인 세계측지계 변환에 따라 현재 세계적으로 표준이 되고 있는 GRS80 타원체로 대체하고 있다.

우리나라 TM 좌표는 일본의 경위도 원점을 기준으로 한 삼각망에 의해 얻어졌으나 일본의 관동 대지진으로 인해 경위도 원점이 파괴되었고 복구하는 과정에서 원점의 경도값이 이전보다 10.405″ (초) 커지게 되면서 원점은 다음과 같이 변하였다.

서부 원점: N38°00'00″/E125°00'10.405″(Map Datum: 도쿄)

중부 원점: N38°00'00″/E127°00'10.405″(Map Datum: 도쿄)

동부 원점: N38°00'00″/E129°00'10.405″(Map Datum: 도쿄)

동해 원점: N38°00'00″/E131°00'10.405″(Map Datum: 도쿄)

세계측지계 도입을 통해 원점의 위치는 각 192° 방향으로 310m 정도 이동된 곳에 위치하게 되며 원점 위치가 바뀜에 따라 이전 TM 좌푯값에 대해 변환이 필요하게 된다.

서부 원점: N38°00'00″/E125°00'00″(Map Datum: 세계측지계)

중부 원점: N38°00′00″/E127°00′00″(Map Datum: 세계측지계)

동부 원점: N38°00′00″/E129°00′00″(Map Datum: 세계측지계)

동해 원점: N38°00′00″/E131°00′00″(Map Datum: 세계측지계)

우리나라 지도는 위의 원점을 기준으로 TM도법에 의한 좌표계를 사용하고 있다.

2.3.3. UTM 좌표계

수로측량 원도와 군용지도의 좌표는 UTM 좌표를 많이 사용하고 있다. UTM 좌표계는 세계를 하나의 통일된 좌표로 표시하기 위한 목적으로 제2차 세계대전 말기 1947년 미국 측지부대에서 사용하기 시작하여 연합군의 군용거리 방안으로 고안되었으며, 이것은 적도를 횡축으로 하고 자오선을 종축으로 하는 국제평면직각좌표이다. 이 좌표계는 남위 80°에서 북위 84°까지의 지역을 경도 6° 간격으로 총 60개의 좌표지역대로 분할하여 UTM 좌표로 표시하고 양 극지방은 극 좌표계인 UPS (Universal Polar Stereographic Grid)를 독립적으로 사용한다. 좌표의 표시는 중앙자오선과 적도를 각각 좌표계의 종축과 횡축으로 정하여 미터로 표기하고 좌표의 음수(−) 표기를 피하기 위하여 횡좌표에 500,000m를 가산한 가상좌표를 사용하며, 남반구에서는 종좌표에 10,000,000m를 가산하

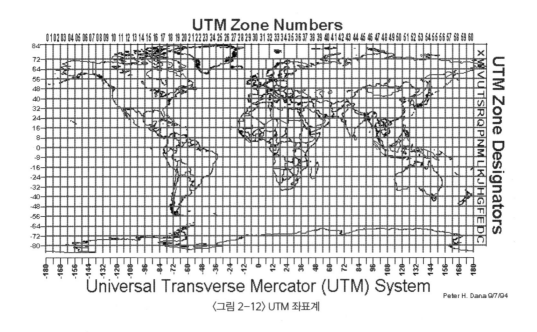

〈그림 2-12〉 UTM 좌표계

여 사용한다. 축척계수는 중앙자오선에서 0.9996으로 최솟값을 나타내며 중앙자오선에서 횡방향으로 멀어짐에 따라 점점 증가하다가 동서 180km 되는 지점에서 1.0000이 되고, 좌표계의 경계에서는 약 1.0010이 된다. 우리나라의 UTM 좌표는 경도 129°와 적도를 좌표계의 원점으로 하는 51S와 52S 지역대에 속한다.

UTM 좌표계는 직사각형 모양을 그대로 유지하여 면적, 거리, 방향 등을 나타내는 데 매우 편리하며 왜곡을 줄이고 정확하게 투영되도록 6°씩 60개의 구역으로 나누어 전 세계가 포함되도록 하였다. UTM 좌표계에서 어느 지점의 경도를 알고 있고 본초자오선의 서쪽에 위치하고 있다면 180°에서 경도를 뺀 후 6으로 나누면 해당 지점의 UTM 구역 번호가 산출된다. 만약 동쪽에 위치하고 있다면 경도에 180°를 더하고 6으로 나누면 해당 지점의 UTM 구역 번호가 산출된다.

예외적으로 노르웨이 남서해안에서 32V 구역은 서쪽으로 더 확장되어 있으며 31V 구역은 바다 부분만을 포함하도록 축소되어 있다. 스발바르 제도 부근에서 32X, 34X, 36X 구역은 사용되지 않으며 31X, 33X, 35X, 37X 구역이 각각 동서로 확장되어 7개의 구역이 아닌 4개의 구역만이 이용된다.

2.3.4. 좌표변환

좌표변환은 동일 좌표계에서의 변환과 다른 좌표계에서의 변환으로 나눌 수 있으며, 2차원 직교좌표계는 극좌표(r, θ)와 평면직각좌표(x, y)와의 관계로부터 기하학적으로 쉽게 변환할 수 있다. 그러나 구면좌표계 또는 3차원직교좌표계에서의 변환은 고려할 매개변수가 많아 복잡한 수식이 요구된다. 여기서는 일반적으로 널리 사용되는 부르사울프(Bursa-Wolf), 몰로덴스키(Molodensky), 베이스(Veis) 변환식을 기술한다.

1) 부르사울프

두 3차원 직교좌표 간의 좌표계원점에 대한 이동량 및 좌표축의 회전량을 구하여 좌표를 변환하는 방법이다. 좌표계 간의 원점이 일치하도록 평행이동할 경우 원점 이동량의 3가지 성분인 △X, △Y, △Z가 있으며 회전량의 3가지 성분인 ε_x, ε_y, ε_z와 두 좌표계 간의 축척변경 △S 등이 매개변수로 나타난다. 이 변환방법은 측지망의 계통오차가 비교적 작을 때 적합하다.

$$\begin{bmatrix} F_x \\ F_y \\ F_z \end{bmatrix} = \begin{bmatrix} x_0 \\ y_0 \\ z_0 \end{bmatrix}_{new} + (1+\kappa) \begin{bmatrix} 1 & \varepsilon_z & -\varepsilon_y \\ -\varepsilon_z & 1 & \varepsilon_x \\ \varepsilon_y & -\varepsilon_x & 1 \end{bmatrix} \begin{bmatrix} x_i \\ y_i \\ z_i \end{bmatrix}_{old} - \begin{bmatrix} x_i \\ y_i \\ z_i \end{bmatrix}_{new} = 0$$

$$F_x^0 = (x_0)_{new} + (1+\kappa)[(x_i)_{old} + \varepsilon_z(y_i)_{old} - \varepsilon_y(z_i)_{old}] - (x_i)_{new}$$

$$F_y^0 = (y_0)_{new} + (1+\kappa)[(y_i)_{old} + \varepsilon_x(z_i)_{old} - \varepsilon_z(x_i)_{old}] - (y_i)_{new}$$

$$F_z^0 = (z_0)_{new} + (1+\kappa)[(z_i)_{old} + \varepsilon_y(x_i)_{old} - \varepsilon_x(y_i)_{old}] - (z_i)_{new}$$

2) 몰로덴스키

3차원 직교좌표계상의 임의의 한점을 고정시키고 이에 대한 회전량 및 이동량을 구하여 좌표를 변환한다. 지상측지기준 좌표계와 위성측지기준 좌표계 간의 변환에 가장 적합한 모델이다. 두 개의 지상좌표계와 한 개의 위성좌표계를 설정한 경우 국지좌표계에서 세계좌표계로의 변환을 적용할 때에는 부르사울프와 비슷하다.

$$\begin{bmatrix} F_x \\ F_y \\ F_z \end{bmatrix} = \begin{bmatrix} x_0 \\ y_0 \\ z_0 \end{bmatrix}_{new} + \begin{bmatrix} x_k \\ y_k \\ z_k \end{bmatrix}_{old} + (1+\kappa) \begin{bmatrix} 1 & \psi_z & -\psi_y \\ -\psi_z & 1 & \psi_x \\ \psi_y & -\psi_x & 1 \end{bmatrix} \begin{bmatrix} x_i-x_k \\ y_i-y_k \\ z_i-z_k \end{bmatrix}_{old} - \begin{bmatrix} x_i \\ y_i \\ z_i \end{bmatrix}_{new} = 0$$

$$F_x^0 = (x_0)_{new} + (x_k)_{old} + (1+\kappa)[(x_{ki})_{old} + \psi_z(y_{ki})_{old} - \psi_y(z_{ki})_{old}] - (x_i)_{new}$$

$$F_y^0 = (y_0)_{new} + (y_k)_{old} + (1+\kappa)[(y_{ki})_{old} + \psi_x(z_{ki})_{old} - \psi_z(x_{ki})_{old}] - (y_i)_{new}$$

$$F_z^0 = (z_0)_{new} + (z_k)_{old} + (1+\kappa)[(z_{ki})_{old} + \psi_y(x_{ki})_{old} - \psi_x(y_{ki})_{old}] - (z_i)_{new}$$

3) 베이스

베이스는 좌표성과와 국소지평좌표계에서의 방위각과 경위도의 미소변화량의 연직선편차를 추출하여 변환에 이용하는 방법으로 국지적 좌표계의 원점이 이미 정의되어 있는 경우 국지적 원점에서의 회전을 고려하여 구 측지 기준점에서 신 측지 기준점의 좌표로 변환하는 경우에 적합하다. 축척은 부르사울프와 동일하나 원점 이동이 다른데 이는 기하학적 관계가 아닌 수학적 수식을 이용하기 때문이다.

$$R_p = R_3(180°-\lambda_k)R_2(90°-\varphi_k)P_2R_1(dv)R_2(d\mu)R_3(dA)P_2R_2(\varphi_k-90°)R_3(\lambda_k-180°)$$

$$F_x^0 = (x_0)_{new} + (x_k)_{old} + (1+\kappa)[R_{11}(x_{ki})_{old} + R_{12}(y_{ki})_{old} + R_{13}(z_{ki})_{old}] - (x_i)_{new}$$

$$F_y^0 = (y_0)_{new} + (y_k)_{old} + (1+\kappa)[R_{21}(x_{ki})_{old} + R_{22}(y_{ki})_{old} + R_{23}(z_{ki})_{old}] - (y_i)_{new}$$

$$F_z^0 = (z_0)_{new} + (z_k)_{old} + (1+\kappa)[R_{31}(x_{ki})_{old} + R_{32}(y_{ki})_{old} + R_{33}(z_{ki})_{old}] - (z_i)_{new}$$

1. 우리나라 육상과 해상의 수직기준체계에 대하여 서술하시오.

2. 우리나라에서 사용하고 있는 TM, UTM 좌표계의 원리와 특징에 대하여 설명하시오.

3. 지구를 표현하는 방법에 대해 설명하시오.

4. 지도 투영 시 왜곡이 발생하게 되는 이유에 대해 설명하시오.

5. 지도 투영법의 종류와 각각의 특징에 대해 설명하시오.

제3장

기초측량 원리

3.1. 오차론

3.1.1. 오차

오차란 참값과 관측값과의 차를 말한다. 측량에 있어서 요구되는 정확도를 미리 정하고, 관측값의 오차가 허용범위 내에 있음을 확인하는 것은 매우 중요하다. 그러나 측량을 실시할 때, 세심한 주의를 기울이더라도 오차를 포함한 값을 얻게 된다. 오차의 종류는 다음과 같다.

(1) 정오차

정오차는 동일한 조건하에 일정하게 발생하는 오차로 원인과 상태를 알면 보정이 가능하다. 규칙적으로 발생하므로 수학적 계산에 의해 소거가 가능하며 온도변화, 표준길이의 변화 등으로 인해 발생하는 오차를 정오차라 할 수 있다.

(2) 부정오차(우연오차)

부정오차는 정오차가 아닌 오차로서 불규칙적으로 발생한다. 오차의 발생과 원인을 알 수 없어 측정값이 분산된다. 여러 번 측정에 의해 나타나는 부정오차는 정규분포를 이루므로 최소제곱법을 통해 최확값을 추정하여 그에 따른 표준편차를 산출할 수 있다.

(3) 착오

관측자의 과실이나 부주의로 인해 발생하는 오차로 동일한 조건하에서 항상 일정하게 포함되므로 반복관측을 통해 소거가 가능하다. 눈금, 야장 기록, 계산 등에서 실수가 발생할 경우 나타나는 오차이며 재관측을 통해 보정을 실시할 수 있다.

(4) 관측값의 처리

부정오차는 소거가 어려우며 최소제곱법 등을 이용하여 보정을 실시해야 한다. 관측값에 최소제곱법을 통해 오차를 보정한 값을 최대 확률로 높은 값으로 판단하게 되는데 이것을 최확값 또는 최확치라고 한다. 이 값은 같은 구간을 관측횟수를 다르게 했을 경우 경중률은 관측횟수에 비례하고 최확값의 평균제곱근오차의 경중률은 평균제곱근오차의 제곱에 반비례한다.

$E_2 = \pm b\sqrt{n}$ (n은 측정횟수, b는 1회 측정 시의 오차)

위의 식으로 도출된 오차는 관측성과와 계산을 통해 올바른 성과를 도출할 수 있다.

3.1.2. 최확값

참값은 이상적인 값으로 측정이 불가한 값이다. 측량에서는 잔차의 제곱의 합이 최소가 되는 값으로 참값에 대해 최대 확률로 근접하는 값인 최확값을 계산한다. 최확값을 계산하는 데 있어서 중요한 요소는 경중률인데, 경중률은 관측값의 신뢰도를 나타내는 값을 의미하며 다음과 같은 성질을 갖는다.

① 경중률은 관측횟수에 비례한다.

② 경중률은 노선길이에 비례한다.

③ 경중률은 평균제곱근 오차의 제곱에 반비례한다.

④ 경중률은 정도의 제곱에 비례한다.

잔차는 최확값과 측정값의 차이를 말한다.

(1) 경중률이 동일한 관측값의 최확값

경중률이 동일한 최확값은 일반적인 산술평균에 의해 산출할 수 있다.

어떤 대상을 n회 관측하였고 그 대상의 값이 $p_1, p_2, \cdots, p_n$이고 경중률이 ω라고 한다면 최확값 $\bar{x}$는 다음과 같이 산출할 수 있다.

$$\bar{x} = \frac{p_1\omega + p_2\omega + \cdots + p_n\omega}{n}$$

(2) 경중률이 다른 관측값의 최확값

관측된 대상의 개별 경중률을 고려해야 한다. 경중률이 ω이고 대상의 값이 $p_1, p_2, \cdots, p_n$라고 하면 다음과 같이 산출할 수 있다.

$$\bar{x} = \frac{p_1\omega_1 + p_2\omega_2 + \cdots + p_n\omega_n}{p_1 + p_2 + \cdots + p_n}$$

(3) 경중률이 동일한 조건부 관측값의 최확값

관측한 어떤 대상의 값이 수학적 조건을 만족시키는 경우 발생된 오차를 개별 관측값에 등배분하여 계산한다.

(4) 경중률이 다른 조건부 관측값의 최확값

서로 다른 경중률로 측정한 값이 수학적 조건에 맞지 않는 경우 경중률을 고려한 보정으로 최확값을 계산한다.

$$오차보정량 = \frac{1}{경중률}$$

(5) 평균제곱근오차

측정값으로부터 최확값을 구하고 측정값들의 데이터 신뢰도를 평가하는 방법으로 잔차의 제곱을 계산한다. 산술평균한 값의 제곱근이 밀도함수 전체의 68.27% 범위 안에 해당하는 값이 평균제곱근오차이다. 이는 표준편차와 같은 의미로 사용되며 독립 관측값의 경우 분산의 제곱근으로 평균표준편차라고 한다.

$$\sigma^2 = \frac{\Sigma v^2}{(n-1)} \text{ (n은 관측횟수, v는 잔차의 합)}$$

3.1.3. 오차전파

한 번 측정할 수 없는 구간을 나누어 관측함에 따라 각각의 관측값에 포함된 오차는 전체 결과에 영향을 미치게 된다. 정오차는 관측횟수에 비례하며 점점 누적되는데 이에 따라 전파된다. 부정오차의 전파식은 다음과 같다.

$y = x_1 + x_2 + x_3 + \cdots + x_n$일 때

$- \delta_1 \neq \delta_2 \neq \cdots \neq \delta_n$이면 $\sigma_y^2 = \delta_1^2 + \delta_2^2 + \cdots + \delta_n^2$

$\therefore \sigma_y = \pm\sqrt{\delta_1^2 + \delta_2^2 + \cdots + \delta_n^2}$

$y = x_1 \cdot x_2$일 때

$- \sigma_y^2 = (x_2\delta_1)^2 + (x_1\delta_2)^2$

$\therefore \sigma_y = \pm\sqrt{(x_2\delta_1)^2 + (x_1\delta_2)^2}$

3.2. 각거리 측량

3.2.1. 각측량

각측량이라 함은 어떤 점에서 시준한 두 방향선이 이루는 각을 여러 가지 방법으로 구하는 것을 의미하며 일반적으로 트랜싯(transit), 세오돌라이트(theodolite), 광파종합관측기(Total Station: TS) 등의 측각기기를 이용하여 측각한다. 정밀도가 가장 높은 경우 1초 미만의 각까지 측정할 수 있다. 거리측량, 수준측량 등과 함께 측량의 기본적인 구성 요소이다.

1) 각의 종류

(1) 평면각
평면각(plane angle)은 두 평면 사이의 각을 말하며 수평각과 수직각이 있다.
① 수평각
수평각(horizontal angle)은 두 측점 사이의 시준선을 수평면에 투영시켰을 때 투영된 선과 시준선 사이에 끼인 각을 말하며 교각, 편각, 방향각, 방위각으로 분류할 수 있다. 교각은 전측선과 다음 측선이 이루는 각을 말하며 편각은 전측선의 연장과 다음 측선이 이루는 각을 말한다. 방향각(direction angle)은 임의의 기준방향(도북)에서 시계방향으로 측정한 각을 말하고 방위각(azimuth angle)은 남북자오선인 진북(N)으로부터 시계방향으로 측정한 각을 말한다. 방위는 어느 측선이 자오선과 이루는 $0 \sim 90°$의 각이다.
② 수직각
수직각(연직각, vertical angle)은 연직면(중력방향면) 내에서 수평선과 시준선이 이루는 각으로 천정각, 천저각, 고저각으로 분류된다. 천정각(zenith angle)은 연직선의 상방향(천정)을 기준으로 연직면 내에서 목표점까지 내려서 측정한 각을 말하며 천저각(nadir angle)은 연직선 아래쪽을 기준으로 시준점까지 올려서 잰 각을 말한다. 고저각(altitudeangle)은 수평선을 기준으로 목표점까지 잰 각을 말하며 상향각과 하향각으로 구분된다. 상향각은 수평선으로부터 상향으로 측정한 각을 말하며 하향각(부각; 俯角)은 수평선으로부터 하향으로 측정한 각을 말한다.

(2) 곡면각

곡면각(spherical angle)은 구면 또는 타원체상의 각을 말하며 구면삼각법을 이용하여 측정한다.

(3) 입체각

입체각(solid angle)은 공간상 전파의 확산 각도 및 광선의 방사휘도 측정에 이용된다.

2) 각 관측방법

(1) 단측법

단측법은 두 방향의 차이로 각을 측정하며 시점과 종점에 대하여 1회 측정하게 된다. 정반관측을 원칙으로 실시한다.

$$\angle AOB = \frac{(a_1-a_0)+(a_2-a_3)}{2}$$

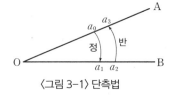

〈그림 3-1〉 단측법

(2) 반복법

반복법은 배각법이라고도 하며 두 측점의 끼인각을 2회 이상 관측하여 평균값을 구하는 방법이다. 방향각법과 비교하였을 때 읽기오차의 영향을 적게 받으며 직접 취득하기 어려운 각 측량 성과의 미소 값을 누적 관측하여 반복횟수로 나누어 보다 세밀한 값을 구할 수 있다. 또한 눈금이 부정확할 시의 오차를 최소화

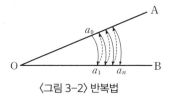

〈그림 3-2〉 반복법

하기 위하여 n회 관측한 성과의 합을 360°에 가깝게 해야 한다. 배각법은 방향 수가 적은 경우에는 편리하게 이용되지만 삼각측량과 같이 많은 방향에서의 관측이 요구될 시에는 부정확하다.

$$\angle AOB = \frac{(a_n-a_0)}{n}$$

(3) 방향각법

방향각법은 한 점에서 많은 각을 관측할 때 사용하는 방법으로 한 점 주위에 여러 개의 각이 존재할 시에 임의의 시준선 방향을 기준으로 정하여 각 시준선 방향의 사잇각을 관측하고 처음 기준 방향선의 관측값과 일치하게 한다. 그리고 발생한 오차가 허용범위에 존재할 경우 각각의 각에 평균을 분배하는 방법이다. 방향

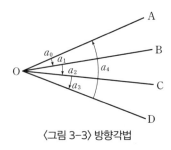

〈그림 3-3〉 방향각법

각법의 경우 3등 이하의 삼각측량이나 천문측량 등에 이용되며 측각의 정확도가 균일하여 한 점에서 여러 각을 관측하고자 할 때 이용된다.

$$\angle AOB = a_1 - a_0$$

$$\angle BOC = a_2 - a_1$$

$$\angle COD = a_3 - a_2$$

(4) 조합각관측법

수평각 관측법 중에 가장 정확한 값을 얻을 수 있으며 1등, 2등 삼각측량에 많이 사용되는 방법이다. 또한 방향각법을 이용하여 한 점에서 모든 방향선에 있는 각들을 차례대로 관측하며 기하학적 조건을 만족할 수 있도록 최소제곱법을 이용하여 각각의 방향선에 대한 각의 최확값을 계산한다.

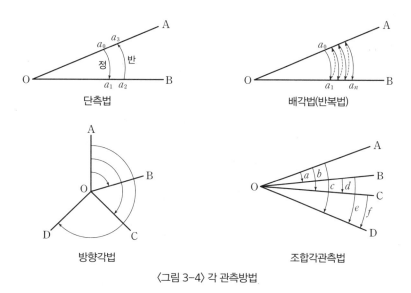

〈그림 3-4〉 각 관측방법

3) 각관측의 오차

(1) 각관측의 오차

① 단측법 오차

각의 관측에 있어서 1각에 포함되는 시준오차(m_1)

$$m_1 = \sqrt{\frac{2\alpha^2}{n}}$$ 여기서 α: 시준오차

각의 관측에 있어서 1각에 포함되는 읽기오차(m_2)

$m_2 = \sqrt{\dfrac{2\beta^2}{n}}$ 여기서 β: 읽기오차

n회 관측한 평균값의 오차

$M_S = \pm \dfrac{1}{n}\sqrt{m_{s1}^2 + m^{2_{s2}} + \cdots + m^{2_{sn}}}$

$\quad = \pm \dfrac{1}{n}\sqrt{2(\alpha^2 + \beta^2)}$

$\quad = \pm \sqrt{\dfrac{2}{n}(\alpha^2 + \beta^2)}$

② 배각법 오차

1회 관측 시 A, B 시준에 대한 관측오차는 시준오차 2회에 초기각 읽기오차 1회 발생

$m_1 = \pm\sqrt{(\alpha^2 + \beta^2) + \alpha^2} = \pm\sqrt{2\alpha^2 + \beta}$

n회 관측 시 시준오차는 매회 2회씩 발생하며 읽기오차는 초기각과 마지막각에만 발생

$m_{rn} = \pm\sqrt{2n\alpha^2 + 2\beta}$

n회 관측하여 평균각에 생기는 배각관측오차

$M_r = \pm \dfrac{1}{n}\sqrt{m^{2_{r1}} + m^{2_{r2}} + \cdots + m^{2_{rn}}}$

$\quad = \pm \dfrac{1}{n}\sqrt{(2\alpha^2 + \beta^2) + 2\alpha^2 + 2\alpha^2 + \cdots + 2\alpha^2 + (2\alpha^2 + \beta^2)}$

$\quad = \pm \dfrac{1}{n}\sqrt{2n\alpha^2 + 2\beta^2}$

$\quad = \pm \sqrt{\dfrac{2}{n}\left(\alpha^2 + \dfrac{\beta^2}{n}\right)}$

③ 방향각법 오차

1방향에 생기는 오차

$m_1 = \pm\sqrt{\alpha^2 + \beta^2}$

각관측(두 방향)의 오차

$m_2 = \pm\sqrt{2(\alpha^2 + \beta^2)}$

n회 관측한 평균값오차

$M = \pm\sqrt{\dfrac{2}{n}(\alpha^2 + \beta^2)}$

(2) 각관측의 거리오차

각관측 오차(ε)에 의해 발생하는 거리오차(e)는 다음과 같은 기하학적 관계를 토대로 발생한다.

거리오차는 관측거리와 각관측 오차에 비례하므로 다음과 같이 표현할 수 있다.

$$e=\frac{b\varepsilon}{\rho} \ (\rho=\frac{180°}{\pi})$$

각관측 정도는 관측거리에 대한 거리오차의 비로 표현한다.

$$정도=\frac{e}{b}$$

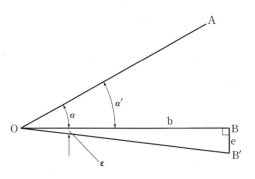

1. 다음 그림에서 OA를 기준으로 45° 각 도상의 B점을 설정한 후, 배각법으로 ∠AOB를 측정하였더니 45°1′30″라면 각 관측 정도는 얼마인가? (단 $\overline{OB}=500m$)

$$e=\frac{b\varepsilon}{\rho} \ (\rho=\frac{180°}{\pi})$$

$$=500\times90″\times\frac{\pi}{180}=0.218m$$

$$정도=\frac{e}{b}=\frac{0.218}{500}=\frac{109}{250000}$$

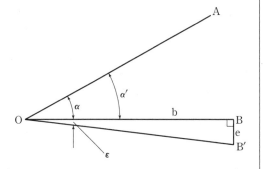

2. 시준오차 ±5″ 눈금읽기오차가 ±10″일 경우 측정횟수가 4회일 때 배각법에 의한 관측 오차는 얼마인가?

$$M_r=\pm\frac{1}{n}\sqrt{m^{2r_1}+m^{2r_2}+\cdots+m^{2r_n}}$$

$$=\pm\frac{1}{n}\sqrt{(2\alpha^2+\beta^2)+2\alpha^2+2\alpha^2+\cdots+2\alpha^2+(2\alpha^2+\beta^2)}$$

$$=\pm\frac{1}{n}\sqrt{2n\alpha^2+2\beta^2}$$

$$=\pm\sqrt{\frac{2}{n}(\alpha^2+\frac{\beta^2}{n})}$$

시준오차가 5″, 읽기오차가 10″이므로 위 식에 대입하면

$$M_r = \pm \sqrt{\frac{2}{4}\left(5^2 + \frac{10^2}{n}\right)}$$

$$= \pm \sqrt{\frac{2}{4}(25+25)}$$

$$= \pm \sqrt{\frac{100}{4}} = \sqrt{25} = 5$$

3. ∠AOB에 대한 각 관측을 실시하여 다음과 같은 성과를 얻었다면 최확값은 얼마인가?

관측번호	관측각	관측횟수
1	40°25′50″	2
2	40°25′45″	3
3	40°25′47″	5

관측횟수는 경중률에 비례한다.

$$\omega_1 : \omega_2 : \omega_3 = 2 : 3 : 5$$

$$\bar{x} = \frac{p_1\omega_1 + p_2\omega_2 + p_3\omega_3}{\omega_1 + \omega_2 + \omega_3}$$

$$= 40°25′ + \frac{50″\times2 + 45″\times3 + 47″\times5}{2+3+5}$$

$$= 40°25′ + 47″ = 40°25′47″$$

3.2.2. 거리측량

두 점 사이의 거리를 재는 측량으로 거리측량에는 크게 직접거리측량과 간접거리측량이 있다. 거리는 어떤 두 점 간의 길이를 말하며 기준타원체면상에서는 상호지점들 간의 거리, 구면상에서는 대원의 호 길이, 중력방향에서는 직교하는 평면상의 상호거리를 의미한다. 또한 측량에서 거리라 하면 수평거리를 의미한다. 직접거리측량에는 일반적으로 줄자를 사용하는데, 줄자의 재료로는 천, 대, 강철, 유리섬유 등이 사용된다. 간접거리측량에는 트랜싯과 경위의가 사용되며, 전자파거리측정기 등도 사용된다.

1) 거리측량 방법

(1) 직접거리측량

줄자를 사용하여 거리를 직접적으로 관측하는 것을 직접거리측량이라고 하며 줄자의 종류로는 베 줄자, 강철테이프, 인바테이프가 있다.

① 평지의 경우

측량하고자 하는 두 점을 이용하여 그 사이에 일직선의 말뚝을 박아 측선을 연결하여 거리를 관측한다.

② 경사지의 경우

경사지의 경우는 계단식방법과 간접관측법으로 나누어진다. 계단식방법은 경사지를 계단처럼 일정한 구간으로 나누어 각 구간의 수평거리를 관측하여 더하는 방법이다. 간접관측법은 경사거리를 측량하여 수평거리로 다시 환산하는 방법이다. 〈그림 3-5〉에서와 같이 경사지가 있을 때 경사거리 j는 줄자를 이용해 지면을 따라 관측하고 사면의 경사각 i는 간단한 경사계로 관측한 후 $d=j\cos i$의 식을 써서 거리 d를 구한다.

(2) 간접거리측량

간접거리측량은 거리를 직접 측정하지 않고 다른 거리나 각을 관측하고 전파, 광학, 삼각법 및 기하학적 방법으로 거리를 간접적으로 구하는 방법으로 종류는 다음과 같다.

① 수평표척에 의한 거리측량

보통 2,000mm±0.1mm

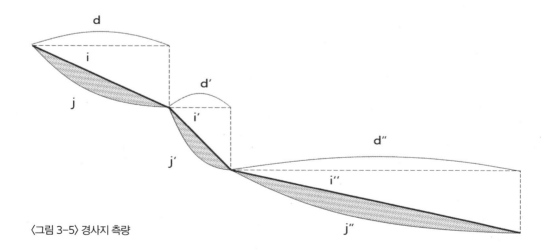

〈그림 3-5〉 경사지 측량

$$S = \frac{b}{2} \cot \frac{a}{2} \quad \text{단, } b\text{는 표척길이}$$

② 앨리데이드(alidade)에 의한 수평거리 측량

③ 시거법(stadia 측량) 지형측량 시 수평, 수직거리 측정

④ 음측

⑤ 전자파 거리측량

⑥ 사진측량(photogrammetry)

⑦ 초장기선거리 간섭계(VLBI)

⑧ GPS

(3) 거리약측

거리의 약측에는 여러 가지 방법이 있으며 각각의 방법에 따라 용도의 차이가 있다. 다음은 거리 약측의 종류를 나타낸 것이다.

① 보측(pacing)은 보수계(pedometer)에 의한 방법으로 인간의 보폭을 이용하는 방법이다.

② 앨리데이드에 의한 수평거리는 다음의 식에 의해서 측량할 수 있다.

$$100 : (n_1 - n_2) = D : l$$

③ 음속법(acoustic measurement)은 수심측량에 많이 이용되며 소리의 속도로 거리를 구하는 방법이다.

$$D = \{340 + 0.6(T - 15)\} \cdot t$$

④ 시각법은 이미 크기를 알고 있는 물체의 시각에 의하여 관측자로부터 대상물에 이르는 거리를 구하는 방법이다.

⑤ 목측(eye-measurement)은 인간의 눈을 활용하여 경험적으로 반복 연습하여 정확도를 높일 수 있는 거리관측 방법이다.

2) 거리측량 기기

(1) 줄자

직접거리측량에 사용하는 줄자의 종류에는 베 줄자, 강철테이프, 인바테이프가 있으며 특징은 다음과 같다.

① 베 줄자(cloth tape): 20~50m 정도로 간단한 거리측량에 쓰이며 신축이 심하다. 정밀측량에서 오차범위는 1/500~1/2,000이다.

② 강철테이프(steel tape): 10~50m 정도로 정밀한 거리측정에 쓰이며 오차범위는 1/5,000~1/10,000, 보정을 하면 1/10,000~1/100,000로 정밀도가 증가한다(표준장력 10kg, 표준온도 15℃). 강철테이프의 장점은 측정 시 온도보정 등으로 높은 정밀도를 얻을 수 있다는 것이고 단점은 온도변화에 의한 신축이 상당히 크며 녹슬기 쉽고 꺾어지기 쉽다는 점이다.

③ 인바테이프(invar tape): 열팽창 계수가 매우 작은 니켈(36%)과 강철(64%)의 합금으로 제작되며 단면 0.5×4mm이다. 전체 길이는 25m이며 눈금은 전체 길이가 8cm인 단척에만 1mm 간격으로 표시를 한다. 인바테이프의 장점은 온도에 따른 신축이 적다는 것이고(팽창률이 강철테이프의 1/20~1/200, 일반 테이프의 1/30~1/60 정도) 단점은 녹슬기 쉬우며 강철테이프보다 강성이 적어 휘거나 파손되기 쉽다. 인바테이프는 삼각측량 등의 정밀기선측정에 사용(1/500,000~1/1,000,000 정도로 작은 양이 요구될 때)하거나 댐의 변형측정 및 긴 교량의 건설 등에 이용하고 있다.

(2) 전자파거리측량기

① 전파거리측량기

전파거리측량기(electronic waves distance measuring device)는 두 대의 전파송수신기를 이용하여 주국과 종국을 양 끝점에 설치한 후 다음 주국으로부터 목표점의 종국에 변조한 주파수를 발사하고 이것이 종국을 지나 다시 주국으로 돌아오는 반사파의 위상과 발사파의 위상차로부터 거리를 구한다. 이 장비는 장거리용으로 관측범위는 30~150km 정도이며, 정확도는 ±(15mm±5ppm)

토털스테이션

전파거리측량기

〈그림 3-6〉 전파거리측량기

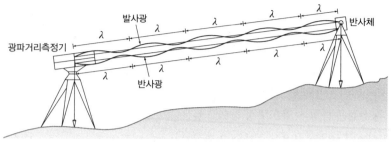

〈그림 3-7〉 광파거리측량기 원리

이내이다.

② 광파거리측량기

광파거리측량기(electro optical distance measuring instrument)는 거리를 측정하는 대표적인 기기로 목표점에 빛을 발사하고, 기기에 반사되어 온 빛의 위상차를 전자적으로 해석하여 거리를 측정하는 기기로 5km 이내의 단거리용과 60km 이내의 중거리용이 있으며, 정확도는 ±(5mm± 5ppm) 이내이다. 이 밖에 거리와 각을 동시에 관측하는 토털스테이션이 있다.

가시광선, 적외선, 레이저광선 등의 강도를 변조한 빛을 강약의 파로 변조하여 연속적으로 측점에 설치한 기계로부터 발사한다. 이러한 파가 목표점에 설치한 반사경으로부터 반사되어 오는 반사광과 발사광의 위상차로부터 두 점 간의 거리를 측정한다.

레이저광파거리측량기는 광원을 He-Ne, Ga-As(Gallium-Arsenic)레이저라 하는 단색광의 강력한 평행광선을 보내는 광원장치를 이용한 거리측량기(야간 80km , 주간 32km, 오차는 ±1mm 이내)이다.

③ 거리측량의 원리

일정한 길이의 주파수(f)를 이용하여 그 파장(λ)의 수(n)와 1파장 미만의 길이(d)를 이용하여 두 점 간의 거리를 계산할 수 있다. 두 점 간의 거리는 다음과 같은 식으로 나타낼 수 있다.

$$D = \frac{\lambda}{2} \cdot n + \frac{d}{2}$$

④ 전자파거리측량기의 보정

전파 및 광파의 굴절률은 대기 중의 온도, 기압, 습도 등의 기상요소에 의해 측정 길이에 영향을 받는다. 이들 기상요소를 측정하여 실제 굴절률을 구하고 측정거리를 보정해야 한다.

– 기상보정(온도, 기압보정)

측량을 실시할 때 기온이 표준기온보다 높으면, 측정 길이는 정확한 길이보다 길어진다. 기온 10°

상승에 1.0mm 정도의 오차가 발생한다. 오차 발생 시 기계 안의 기상 보정상수를 이용해 자동으로 보정한다.

– 반사경 보정

반사경 상수에 따라서 반사경의 두께에 따른 오차가 발생되며 제품마다 반사경의 위치에 따른 보정치가 각각 다르므로 주의해야 한다.

(3) 초장기선간섭계

초장기선간섭계(Very Long Baseline Interferometry: VLBI)란 동일 전파원으로부터 방사된 전파를 멀리 떨어진 두 점에서 동시에 수신하여, 두 점에 전파가 도착하는 시간 차를 정확히 관측함으로써 두 점 사이의 거리를 구하는 기계이다. 측정하려는 두 점 A, B에 수신안테나를 설치한 뒤 24시간 전파를 관측하여 관측된 전파신호를 디지털화함으로써 위치를 관측한다. 시각신호와 함께 자기테이프에 기록하고 컴퓨터를 이용해 A, B지점에 도달한 동일 신호의 시각차(지연시간: τg)를 높은 정확도로 산출하면 $\tau g = D \cdot e / C$의 관계에서 기선벡터 D가 얻어진다.

(방향벡터: e, 전파의 속도(광속도): C)

〈그림 3-8〉 VLBI 안테나

3) 거리측량의 정확도와 오차보정

(1) 거리측량의 허용정밀도(표준)
① 평탄지: 1/2,500 양호, 1/5,000 우량
② 산지: 1/500 가능, 1/1,000 양호
③ 시가지: 1/10,000~1/50,000 정밀도 필요

(2) 거리측량 방법과 일반적인 정확도
① 베 줄자: 1/500~1/2,000
② 강철테이프: 1/5,000~1/30,000

③ 스타디아 측량: 1/200~1/1,000

(3) 정오차의 원인
① 줄자길이가 표준길이와 다른 경우(줄자의 특성값 보정)
② 관측 시 쇠줄자의 온도가 검정 시 온도와 다른 경우(온도보정)
③ 줄자가 수평으로 되지 않는 경우(경사보정)
④ 쇠 줄자에 가해진 장력이 검정 시의 장력과 다른 경우(장력보정)
⑤ 줄자의 처짐(처짐보정)
⑥ 줄자가 기준면상(평균해수면)의 길이로 되지 않은 경우(표고보정)

(4) 정오차의 보정
① 줄자의 정수(특성값) 보정

줄자의 정수란 줄자의 정확한 길이에 대한 늘어난 길이 또는 줄어든 길이를 말하며, 이를 보정하는 것을 줄자의 특성값 보정이라고도 한다. 줄자의 정수 보정은 테이프 길이와 표준자 길이와의 차를 보정한다.

정수의 보정량: $C_i = (\dfrac{\Delta l}{l})L$

줄자 1m에 대한 보정수: $\dfrac{\Delta l}{l}$

측정길이: L

② 온도보정

테이프의 표준온도와 측정 시의 온도가 다를 때 온도를 보정한다.

온도보정량: $C_i = a(t-t_0) \cdot L$

줄자의 열팽창계수: α

측정 시의 온도: t

표준온도: t_0

측정길이: L

③ 경사보정

양단에 표고차(고저차) h가 있는 두 지점 간의 경사거리를 수평거리로 보정한다.

경사보정량: $C_g = -\dfrac{h^2}{2L}$

경사거리: L

표고차: h

④ 장력보정

관측한 줄자수 검정 시 같은 장력이 가해져 수평상태의 거리를 관측한다. 이러한 경우에는 장력 및 처짐의 보정이 필요하지 않다.

장력보정량: $C_p = \dfrac{L}{A \cdot E}(P - P_0)$

관측길이(m): L

줄자의 단면적(cm^2): A

줄자의 탄성계수(2,100,000kg/cm^2): E

측정 시 장력(kg): P

표준장력(검정 시 장력; kg): P_0

⑤ 처짐보정

거리측량 시에 테이프의 처짐량을 보정한다.

처짐보정량: $C_s = \dfrac{W^2}{24} \cdot \dfrac{L^3}{n^2 P^2}$

쇠줄자의 자중(g/m): W

구간 수: n

장력(kg): P

지지말뚝간격(등간격): d

관측길이: L

⑥ 표고보정(기준면상 길이로의 보정)

측정면에서 거리와 평균해수면에서 투영한 거리와의 차를 구하여 보정을 한다.

표고보정량: $C_h = -\dfrac{L_0 H}{r}$

수평거리: L_0

평균해수면으로부터의 높이(평균표고): H

곡률반경(6,370km): r

(5) 부정오차(우연오차)

① 오차의 발생 원인이 불분명하며 소거방법도 불분명하다.

② 부정오차는 측정 횟수의 제곱근에 비례한다.

부정오차: $E_2 = \pm b\sqrt{n}$

1회 측정 시 오차: b

측정횟수: n

③ 최소제곱법 원리로 오차를 배분할 수 있다.

예제

1. 경사지에서의 거리측량을 실시하여 비탈거리(L): 25m, 경사도는 45°의 관측값을 얻었다면 수평거리 D는 얼마인가?

경사지에서 수평거리를 구하기 위해서는 $D = L\cos i$를 이용하여 $25\cos 45° = 17.678m$를 구할 수 있다.

2. 경사거리가 1500m이고 표고차가 12.3m일 때 경사보정 후 거리는 얼마인가?

$$C_g = -\frac{h^2}{2L} = -\frac{13^2}{2 \times 1500} = -0.056m$$

$$L' = L + C_g = 1500 - 0.056 = 1499.944m$$

3. 평탄지에서 관측한 거리 2000m를 측정한 지반의 평균표고가 535m이다. 이 기선을 평균해면상의 길이로 환산한 보정량을 계산하면 얼마인가?(지구의 곡률반경은 6370km)

$$C_h = -\frac{LH}{r} = -\frac{2000 \times 535}{6370000} = -0.168m$$

$$L_i = L + C_h = 2000 - 0.168 = 1999.832m$$

3.2.3. 삼각측량

삼각측량은 넓은 지역에서 높은 정확도의 기준점을 얻기 위하여 각 점을 삼각형으로 연결하여 각 삼각형의 내각을 정밀하게 측정한 다음, 미지변의 거리를 정현의 법칙에 의해 구할 수 있으며, 거리와 각으로 미지점의 좌표도 산출을 할 수 있다. 이러한 삼각측량은 삼각점의 지역이나 여건에 따라 단열삼각망, 유심다각망, 사변형망 등으로 구성한다. 삼각측량은 먼저 측량지역을 적절한 크기의 삼각형으로 된 망의 형태로 만들고 삼각형의 꼭짓점에서 내각과 한 변의 길이를 정밀하게 측정하여 나머지 변의 길이는 삼각함수(사인 법칙)에 의하여 계산하고 각 점의 위치를 정하게 된다.

이때 삼각형의 꼭짓점을 삼각점(triangulation station), 삼각형들로 만들어진 망의 형태를 삼각망(triangulation net), 직접 측정하거나 또는 측량하여 그 값을 알고 있는 변을 기선이라 한다.

삼각망을 구성한 다음 삼각형의 내각과 한 변의 길이를 정밀하게 측정하여 다른 모든 미지변의 거리를 사인 법칙에 따라 구한다. 기선을 정확하게 관측하고 삼각형의 세 각을 관측하면 다음과 같이 전개된다.

$$\frac{BC}{\sin\alpha_1}=\frac{AB}{\sin\beta_1}=\frac{AC}{\sin\gamma_1} \text{ 로부터}$$

$$AC=\frac{AB}{\sin\beta_1}\sin\gamma_1$$

$$BC=\frac{AB}{\sin\beta_1}\sin\alpha_1$$

$$CD=\frac{BC}{\sin\beta_1}\sin\alpha_2=\frac{AB}{\sin\beta_1\sin\beta_2}\sin\alpha_1\sin\alpha_2$$

$$DE=\frac{AB}{\sin\beta_1\sin\beta_2\sin\beta_3}\sin\alpha_1\sin\alpha_2\sin\beta_3$$

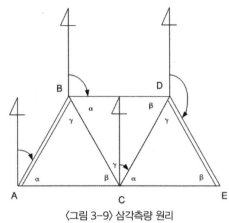

〈그림 3-9〉 삼각측량 원리

측지 삼각측량에서는 지구의 곡률을 고려해야 하며 이에 따라 구과량에 대해 인지하고 있어야 한다. 구과량은 구면 삼각형의 내각의 합과 평면 삼각형의 내각의 합과의 차를 말하는 것으로 보통 초(″) 단위로 나타난다.

삼각형의 두 변을 a와 b, 끼인각을 C, 삼각형의 면적을 F, 지구의 평균 곡률반경을 R이라고 할 때 구과량 E는 다음과 같다.

$$E=\frac{F}{R^2}\rho'' \text{ 또는 } E''=\frac{ab\sin C}{2R^2}\rho''$$

1) 삼각점

기본측량에 의해 설치된 삼각점을 국가기준점이라고 하며 삼각점은 관측정밀도에 따라 4등급(1등, 2등, 3등, 4등 삼각점)으로 분류된다. 이 삼각점들을 통해 경도와 위도를 결정하게 되면 수준원점을 기준으로 높이를 결정하게 된다.

〈표 3-1〉 삼각점 제반요소

등급	삼각점수	평균변장	측각법
1등 삼각점	400	30km	각관측법
2등 삼각점	2401	10km	방향관측법
3등 삼각점	6297	5km	방향관측법
4등 삼각점	25349	2.5km	방향관측법

2) 삼각망의 종류

삼각망을 구성하는 삼각형은 가능한 한 정삼각형으로 하며 한 각의 크기를 25~130°(정밀도 40~100°) 내의 범위로 한다. 이것은 각이 지니는 오차가 변에 미치는 영향을 작게 하기 위함이다. 즉, 변의 길이 계산에서는 사인 법칙을 사용할 때 각 관측오차가 같은 경우 이 오차가 변의 길이에 미치는 영향은 각이 작을수록 큰 것을 알 수 있다.

$1''$표차$=\log\sin(\alpha+1'')-\log\sin(\alpha)$

(1) 단삼각망
특수한 경우에만 사용하며 정확도가 낮다.

(2) 단열 삼각망
동일 측점 수에 비하여 도달거리가 가장 길기 때문에 하천측량, 노선측량, 터널측량 등과 같이 폭이 좁고 거리가 긴 지역에 적합하며, 거리에 비하여 관측 수가 적으므로 측량이 신속하고 경비가 적게 드는 반면 정밀도는 낮다.

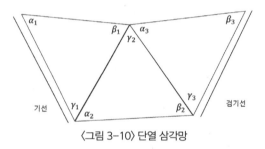

〈그림 3-10〉 단열 삼각망

(3) 사변형 삼각망(교차 삼각망)
조건식의 수가 가장 많기 때문에 가장 높은 정밀도를 얻을 수 있으나, 조정이 복잡하고 피복 면적이 적으며 많은 노력과 시간 그리고 경비가 필요하다. 따라서 특별히 높은 정밀도를 필요로 하는 측량이나 기선 삼각망 등에 사용된다. 교차점은 측점으로 사용하지 않는다.

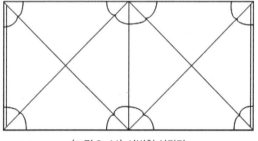

〈그림 3-11〉 사변형 삼각망

(4) 유심 삼각망(육각형 삼각망)
동일 측점 수에 비하여 피복 면적이 가장 넓다. 따라서 넓은 지역의 측량에 적당하고, 정밀도는 단열 삼각망과 사변형 삼각망의 중간이다. 교차점을 측점으로 사용한다.

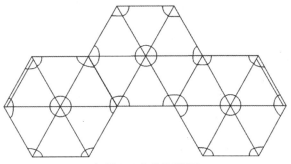

<그림 3-12> 유심 삼각망

3) 편심관측

고층 건물 또는 피뢰침 등을 삼각점으로 선정한 경우나 지형적 특성으로 인해 삼각점에 기계를
세울 수 없거나 또는 시준점이 보이지 않는 경우가 발생하게 된다. 즉 삼각형의 다른 두 각은 관측
할 수 있으나 다른 한 각은 위와 같은 이유로 인해 측정을 실시하지 못할 경우 기계를 삼각점으로부
터 약간 떨어진 위치에 세우고 관측을 하게 되는데 이를 편심관측이라고 한다.

(1) 편심관측의 종류

기계의 중심을 B, 표석의 중심을 C, 측표의 중심을 P라고 하면 4가지로 분류할 수 있다.

① B≠(C=P) 표석의 중심과 측표의 중심은 일치되어 있으나 시준장애로 인하여 기계의 중심을
이동시킨 경우

② (B=C)≠P 표석의 중심에 기계를 세워 관측할 수는 있으나, 측표의 중심이 편심되어 있는 경우

③ (B=P)≠C 표석의 중심 바로 옆에 장애물 같은 것이 있어서 측표를 설치할 수도 없고, 기계도
세울 수 없어서 관측할 수 없을 때, 인접한 다른 곳에 측표를 설치하고 관측하는 경우

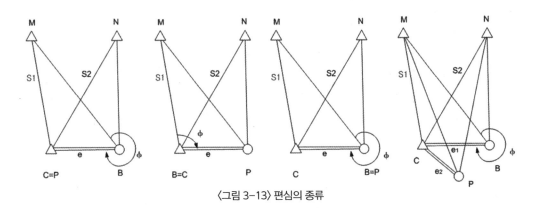

<그림 3-13> 편심의 종류

④ B≠C≠P 기계의 중심, 표석의 중심, 측표의 중심이 모두 편심되어 있는 경우

(2) 편심보정

기계의 중심을 B, 표석의 중심을 C, 측표의 중심을 P라고 하고, 기계 설치점이 편심되어 있으므로 관측각 T를 편심되지 않은 삼각점 C에서의 참각 T′를 산출하기 위해서 B, C, M, N을 동일한 평면으로 가정하면 다음과 같은 식이 유도된다.

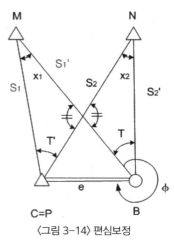

$$T'+x_1=T+x_z$$
$$T'=T+x_z-x_1$$

$$S_1'≒S_1,\ S_z'≒S_z$$

△CBM에서 사인 법칙을 적용하면

$$\sin x_1=\frac{e}{S_1}\sin(360°-\Phi)$$

△CBN에서 사인 법칙을 적용하면

$$\sin x_2=\frac{e}{S_2}\sin(360°-\Phi+T)$$

〈그림 3-14〉 편심보정

4) 삼각측량 조정

측정된 각은 항상 오차를 포함하고 있으므로 조정이 필요하다. 삼각형의 내각을 측정했을 때, 측정된 각을 이용하여 내각의 합이 기하학적인 삼각형 내각의 합과 일치하지 않는다. 삼각측량에서 반드시 만족해야 할 기하학적 조건은 다음과 같다.
 - 측점 조건: 어느 한 측점 주위에 형성된 모든 각의 합은 반드시 360°
 - 각 조건: 다각형의 내각의 합은 180°(n-2)
 - 변 조건: 삼각형의 어느 한 변의 길이는 계산 경로에 관계없이 항상 일정

(1) 기하학적 조건
① 측점 조건
어느 한 측점에서 여러 방향의 협각을 측정했을 때, 이들 여러 각 사이의 관계를 표시하는 조건
(a) 한 측점에서 측정한 여러 각의 합은 그 전체를 한 각으로 측정한 각과 같다.

$$a_0 = a_1 + a_2 + a_3$$

(b) 한 측점의 둘레에 있는 모든 각을 합한 것은 360°

$$a_1 + a_2 + a_3 + a_4 = 360°$$

② 도형 조건

삼각망의 도형이 폐합하기 위하여 필요한 여러 각 사이의 상호 관계는 다음과 같다.

(a) 각 조건: 삼각형 내각의 합은 180°

(b) 변 조건: 삼각망 중 한 변의 길이는 계산 순서에 관계없이 일정

(2) 조건식의 수

삼각망의 조정 계산에 필요한 각 조건식, 변 조건식, 측점 조건식의 수는 다음과 같다.

① 각 조건식의 수

변의 한 끝에서만 각이 관측된 변은 다각형의 조건을 만들 수 없으므로, 생각할 필요가 없다. 따라서 변의 총수를 L, 한쪽 끝에서만 관측된 변수를 L′라 할 때, 양끝에서 관측된 변의 수는(L−L′)가 된다. 삼각점 P개 중에서 임의의 한 점에 다음 삼각점을 연결하면 P−1개의 변이 생기고, 이들 가운데 두 변을 연결하면 한 개의 삼각형이 되며, 조건식이 하나씩 생기게 되므로 각 조건식의 수는 다음과 같다.

각 조건식의 수 $= L - L' - (P-1)$

② 변 조건식의 수

기선의 양끝에 있는 두 점 이외에 각 삼각점의 위치를 정하려면 두 개의 변이 필요하다. 삼각점의 총수를 P라 하면, 이들 모든 점의 위치를 정하는데, 필요한 변수는 기선을 합하여 2(P−2)+1이 되므로, 이보다 많은 변수는 변의 조건이 된다. 이때, 변의 총수를 L이라 하면

변 조건식의 수 $= L - 2P + 3$

기선의 수가 2개 이상일 때 기선의 수를 B라 하면, (B−1)의 조건이 더 붙는다.

변 조건식의 수 $= B - L - 2P + 2$

③ 조건식의 총수

기선의 양끝을 제외한 모든 삼각점의 위치를 결정하려면, 각 삼각점마다 두개의 각을 관측하여

정하면 된다. P를 삼각점의 총수라 하면, 모든 점의 위치를 정하는 데 필요한 각의 수 2(P−2)가 되므로, 관측각의 총수를 A라고 할 때

조건식의 총수 $=A-2P+4$

기선의 수를 B라 하면 아래와 같은 식으로 변경된다.

조건식의 총수 $=B+A-2P+3$

④ 측점 조건식의 수

1측점에서 나간 변의 수를 l이라 하면, 이것에 의하여 생기는 각의 수는 l−1이다. 따라서 한 개의 측점에서 관측한 각의 총수를 w, 그 측점에서 전개된 변수를 l로 하면, 다음 식으로 구할 수 있다.

측점 조건식의 수=조건식의 총수−(각 조건식의 수+변 조건식의 수)

$$=A-P-2L+L'$$
$$=W-1+1$$

1. **유심삼각망 조건식의 수를 구하시오.**

(기선의 수 B=1, 관측각의 수 A=9, 변의 총수 L=6,
편관측 변의 수 L′=0, 삼각점의 수 P=4,
중심에서 관측된 각의 수 w=3, 중심 전개된 변수의 수 l=3)

각 조건식의 수=L−L′−(P−1)=6−0−(4−1)=3
변 조건식의 수=B+L−2P+2=1+6−8+2=1
조건방정식의 총수=B+A−2P+3=1+9−8+3=5
측점방정식의 수=w−l+1=3−3 +1=1

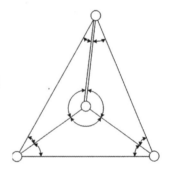

② 복합망의 조건식

B=2, A=17, P=7, L=12, L′=0

각 조건식의 수=12−0−(7−1)=6
변 조건식의 수=2+12−14+2=2
조건방정식의 총수
=2+17−14+3=8

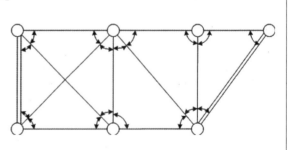

측점방정식의 수=A+P−2L+L′=17+7−24=0

2. 다음 그림의 C점에서 관측이 곤란하여 편심거리 e만큼 떨어진 B점에서 편심관측을 하였다. C점의 각 T′를 구하시오. (e=4.5m, T=40°13′25″, φ=320°15′, $S_1′$=1.5km, $S_2′$ =1km)

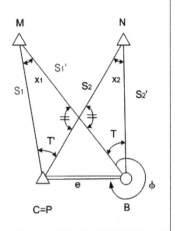

$$x_1 = \frac{0.45 \times \sin(360° - 320°15′)}{1500} \times \frac{180°}{\pi} = 39.57″$$

$$x_2 = \frac{0.45 \sin(360° - 320°15′ + 40°13′25″)}{1000} \times \frac{180°}{\pi} = 1′31″$$

$$T′ = 40°13′25″ + 1′31″ - 39.57″ = 40°14′16.43″$$

3.2.4. 트래버스 측량

트래버스 측량(traverse surveying)이란 한 측점에서 나중 측점까지의 거리와 방향을 차례로 관측해서 각 측점의 평면위치를 결정하는 기준점 측량의 일종으로 다각측량이라고도 한다. 일반적으로 정확한 측량을 위해서는 일찍이 골조측량을 실시하고 그 결과를 조정하여 조정된 골조를 기지점으로 세부측량을 수행한다. 트래버스 측량은 이러한 골조를 형성하기 위한 측량으로 지형에 보조기준점을 자유롭게 설치하여 간단하게 측량할 수 있으며, 계산을 통해 소요의 정도를 지닌 결과를 얻을 수 있다.

트래버스 측량은 일반적으로 삼각측량과 골고루 세부측량의 기준이 부합하는 기준점의 위치를 결정하기 위한 골조측량의 하나지만 삼각측량이나 삼변측량에 의해 결정된 기준점으로부터 좁은 지역에 보조기준점을 결정하는 경우 대체로 사용된다.

트래버스 측량은 각과 거리의 측정 정밀도가 측량의 결과에 결정적인 영향을 준다. 1960년대까지는 각과 거리 측정 정밀도의 한계가 존재했기 때문이다. 삼각측량이나 삼변측량보다는 정확도가 떨어졌으므로 산림, 시가지, 도로, 해안선, 수로 등의 지형측량을 위한 보조 기준점측량과 같은 낮은 정밀도를 요하는 측량이나 소규모의 측량 등에만 사용되고 있었다. 그러나 측각기기의 발전과 더불어 전파거리측정기에 의한 고정밀도의 거리 측정이 가능해졌으며 변장거리 50km 이상의 1등 기준점까지의 측량도 가능하게 되었다.

또한 트래버스 측량은 삼각측량에 비해 작업이 간편하고 진행속도가 빨라 다음과 같은 경우의 기준점측량에 많이 이용되고 있다.

1) 트래버스의 종류

(1) 폐합트래버스

임의의 한 점에서 출발하여 최후에 다시 시작점에 폐합되는 트래버스 형태를 가진다. 폐합트래버스는 다각형의 내각의 합과 같은 기하학적인 조건에 의해 각에 대한 측정 오차는 보정이 가능하나 거리나 방향에 대한 오차는 보정이 불가능하다. 오차를 최소화하기 위해 주기적인 천체 관측을 통해 방향오차를 극소화하고 측정 기구에 대한 검사와 조정이 필요하다. 폐합트래버스는 토지 분할 등 소규모 지역의 측량에 적합하다.

(2) 결합트래버스

좌표를 미리 알고 있는 기지점에서 출발하여 다른 기지점에 결합시키는 트래버스를 말하며 가장 정확도가 높은 트래버스이다. 기지점은 일반적으로 삼각점을 이용하며 TM 좌표계 또는 경위도 좌표계를 이용하여 위치를 표시한다. 결합트래버스는 정확도가 높아 대규모 지역에 주로 이용된다.

(3) 개방트래버스

임의의 기지점에서 출발하여 출발점과 전혀 관계가 없는 미지점에서 종료되는 트래버스를 말한다. 거리, 각 등 오차에 대한 보정이 불가능하여 정확도가 가장 낮다. 따라서 측정 결과의 신뢰도를 위해 거리, 각 등에 대한 측정을 실시할 때 반복적인 수행이 필요하다.

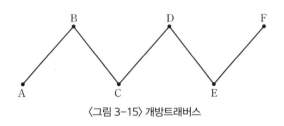
〈그림 3-15〉 개방트래버스

노선측량 답사 등 정확도가 크게 요구되지 않는 측량일 때 개방트래버스를 실시한다.

2) 트래버스 측량 오차 배분

(1) 각 관측값 오차 배분

각 관측성과는 트래버스 종류에 따라 적합한 조건식을 이용하여 배분을 실시한다.

① 폐합트래버스

내각과 외각은 총합이 기하학적인 조건인 180°(n−2)를 바탕으로 오차가 발생하였을 경우 크기를 각별로 등분배하여 조정하며 편각의 경우 총합이 360°가 되는지 확인 후 그에 따라 각별로 오차를 배분한다.

– 기하학적 조건에 따른 폐합트래버스의 측각오차(E_a)

내각 관측 시: $E_a=[a]-180°(n-2)$

외각 관측 시: $E_a=[a]-180°(n+2)$

편각 관측 시: $E_a=[a]-360°$

② 결합트래버스

A와 B에서 각 기준점인 L과 M을 시준하여 관측하였을 때, 다음과 같이 계산을 실시한다.

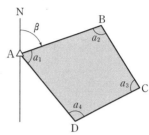

〈그림 3-16〉 폐합트래버스

– 기지점 L, M이 N, S 기준 밖에 위치할 경우

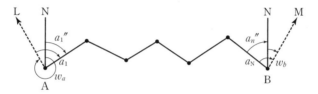

〈그림 3-17〉 결합트래버스 ①

$$E_a=\omega_a-\omega_b+[a]-180°(n+1)$$

– 기지점 L, M 중 한 점이 N, S 기준 밖에 위치한 경우

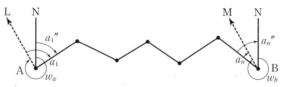

〈그림 3-18〉 결합트래버스 ②

$$E_a=\omega_a-\omega_b+[a]-180°(n-1)$$

– 기지점 L, M 모두 N, S 기준 안에 위치한 경우

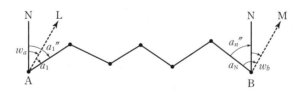

〈그림 3-19〉 결합트래버스 ③

$$E_a=\omega_a-\omega_b+[a]-180°(n-3)$$

3) 트래버스 측량 계산

(1) 방위각 계산

관측각이 방위각이 아니고 교각이나 편각일 경우에는 방위로 변환해야 한다. 변환할 경우 각을 측정하였을 때, 우회교각인지 좌회교각인지에 따라 180°를 기준으로 계산을 실시한다.

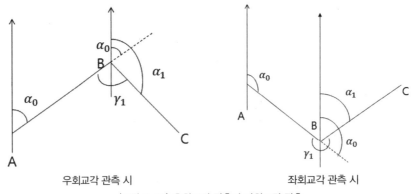

우회교각 관측 시   좌회교각 관측 시

〈그림 3-20〉 우회교각 관측과 자회교각 관측

(2) 방위 계산

방위는 방위각을 4상한으로 나누고 남북선을 기준으로 하여 90° 이하의 각으로 표시하여 다음 측점의 위치를 표현한다.

측선	상한	측선 AB의 방위각	측선의 방위
OA	1	$0° < a_1 < 90°$	$N a_1 E$
OB	2	$90° < a_2 < 180°$	$S(180° - a_2)E$
OC	3	$180° < a_3 < 270°$	$S(a_3 - 180°)W$
OD	4	$270° < a_4 < 360°$	$N(360° - a_4)W$

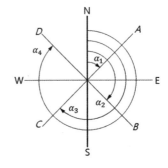

〈그림 3-21〉 측선과 방위각

(3) 위거와 경거 계산

측선의 위치는 방위각 및 방위와 측선의 거리를 토대로 X축과 Y축 방향으로 구분한다. 이를 각각 위거와 경거라고 하며 이를 통해 상대좌표를 산출할 수 있다. 산출한 위거와 경거는 합위거, 합경거로 계산되는데 이는 최종 좌표성과를 의미한다.

① 위거

한 측선 $\alpha\beta$에서 수직 방향으로 투영한 길이로 $l=\alpha\beta\cos\theta$로 계산할 수 있다. 여기서 θ는 방위를 뜻하며 좌표 원점에서 남쪽(S)으로 향하면 (−) 부호, 북쪽(N)으로 향하면 (+) 부호를 붙여 표현한다. 단, 방위각을 이용할 경우 방위로 변환해야 한다.

② 경거

한 측선 $\alpha\beta$에서 수평 방향으로 투영한 길이로 $d=\alpha\beta$ $\cos\theta$로 계산된다. 여기서 θ는 방위를 나타내며 좌표 원점에서 서쪽(W)으로 향할 경우 (−) 부호, 동쪽(E)으로 향할 경우 (+) 부호를 붙여 표현한다. 단, 방위각을 이용할 경우 방위각으로 변환해야 한다.

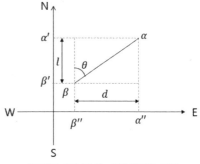

〈그림 3-22〉 직선 $\alpha\beta$의 위거와 경거

③ 측선 길이 및 방위각 계산

측선의 길이는 피타고라스 정의에 따라 다음과 같이 계산할 수 있다.

$$\overline{\alpha\beta}=\sqrt{l^2+d^2}$$

또한 방위각은 위거와 경거의 부호를 토대로 측선의 위치를 고려하여 산출하여야 한다.

$$\tan\phi=\frac{d}{l}$$

④ 미지점 좌표 산출(기지점 활용)

기지점의 좌표를 알고 있을 경우 좌표 값을 토대로 미지점의 좌표를 산출할 수 있다.

$$X_B=X_A+\overline{AB}\cos\theta$$

$$Y_B=Y_A+\overline{AB}\sin\theta$$

여기서 X_B, Y_B는 미지점(B)의 X, Y 좌표이며, X_A, Y_A는 기지점(A)의 X, Y 좌표이고, AB는 측선의 거리, θ는 AB 측선의 방위각을 말한다.

4) 트래버스의 오차와 조정

(1) 허용오차

트래버스 형태에 따라 기하학적인 조건이 만족되도록 각을 조정할 때, 측정된 각의 오차가 허용오차 범위 내에 있을 경우 기하학적 조건에 맞게 조정을 수행할 수 있으며, 허용오차를 벗어난 경우 재측을 실시하여야 한다.

트래버스의 측점수를 n, 각 측점에서의 측각오차를 e라고 하면 측점 n개에 대한 오차의 합은 오차 전파법칙에 의해 다음과 같은 식으로 나타난다.

$$E^2 = e_1^2 + e_2^2 + \cdots + e_n^2$$

모든 각의 관측값이 동일한 조건에서 독립적으로 이루어졌다면

$$e = e_1 = e_2 = \cdots = e_n$$
$$E^2 = \neq e^2 x$$
$$E = \pm e \sqrt{n}$$

(2) 폐합트래버스

① 폐합오차

거리측량과 각측량 성과에 오차가 없다고 하면 폐합오차는 발생하지 않는다. 하지만 거리와 각의 관측오차로 인하여 위거의 합과 경거의 합이 0이 되지 않기 때문에 폐합오차가 발생하게 된다.

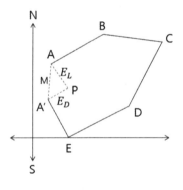

$M = \sqrt{(E_L)^2 + (E_D)^2}$ 으로 폐합오차를 산출할 수 있으며 E_L은 위거오차, E_D는 경거오차이다.

② 폐합비

폐합비는 폐합트래버스의 정밀도를 의미한다. 보통 분자를 1로 표시하며, 폐합비가 허용 한계를 넘을 경우 재측을 실시해야 한다. 폐합비가 크다면 측정 또는 계산에서 착오가 발생하였을 경우가 대다수이다. 폐합비는 폐합오차 M과 측선 길이의 총합 Σl이라고 하면 식은 다음과 같다.

$$\text{폐합비} = \frac{M}{\Sigma l} = \frac{\sqrt{(E_L)^2 + (E_M)^2}}{\Sigma l} = \frac{1}{m}$$

트래버스 측량에서 폐합 오차의 허용 범위를 설정하는 것은 측량의 목적이나 지형적 특성을 고려하여 결정하여야 한다. 소규모 측량의 경우 다음과 같은 표준을 따른다.

– 장해물이 적은 탄탄한 장소, 시가지: 1/5,000~1/40,000
– 산지와 같이 장해물이 많고 측량 작업이 어려운 장소: 1/1,000 이하

– 급경사가 없는 일반적인 지형, 토지측량, 노선측량 등: 1/3,000~1/5,000

(3) 결합트래버스

측점 A에서 B로 결합하는 트래버스가 있고 A점의 좌표를 (X_a, Y_a), B점의 좌표를 (X_b, Y_b)라고 하며 임의의 측선에 대한 변장을 $l_{1...n}$ 방위각을 $a_{1...n}$이라고 하면 다음과 같은 관계가 성립된다.

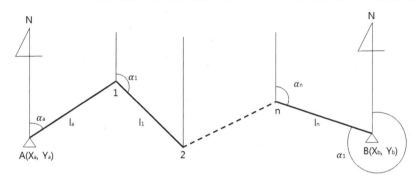

$$l_i\cos\alpha_i = X_{n+1} - X_n$$

$$l_i\sin\alpha_i = Y_{n+1} - Y_i$$

이때 (X_0, Y_0), (X_n, Y_n)은 이미 알고 있는 고정 값이나, 오차가 항상 포함되므로 다음과 같은 폐합 오차가 발생한다.

$$\Delta X = \sum_{i=0}^{n-1}(l_i\cos\alpha_i) - (X_n - X_1)$$

$$\Delta Y = \sum_{i=0}^{n-1}(l_i\sin\alpha_i) - (Y_n - Y_1)$$

(4) 트래버스 조정

트래버스 측량에서 위거, 경거를 산출하면 이론적으로 폐합이 되어야 하나 실제 폐합이 되지 않고 오차가 발생한다. 이때 폐합 오차가 허용 범위 안에 있을 경우 폐합이 되도록 조정을 실시하여야 한다.

① 컴퍼스 법칙

컴퍼스 법칙(compass rule)은 가장 일반적으로 사용되는 방법으로 각과 거리가 같은 정밀도로 측정되었을 때, 발생하는 오차는 각 관측선길이(다각변의 길이)에 비례하여 오차를 배분한다. 단, 거리가 같을 경우 오차를 등배분한다.

위거에 대한 조정량 $= \Sigma l = \dfrac{-\Sigma L}{\Sigma S}S$

경거에 대한 조정량$=\Sigma d=\dfrac{-\Sigma D}{\Sigma S}S$

$\Sigma l, \Sigma d$: 위거에 대한 조정량

$\Sigma L, \Sigma D$: 위거 및 경거의 폐합오차

ΣS: 관측선 길이 총합

S: 어떤 관측선의 길이

② 트랜싯 법칙

트랜싯 법칙(transit rule)은 각의 측정이 거리의 측정보다 더 정밀할 경우, 측정을 실시하였을 때 발생하는 오차는 위거와 경거의 크기에 비례하여 배분한다.

위거에 대한 조정량$=\Sigma l=\dfrac{-\Sigma L}{\Sigma|L|}\cdot|L_i|$

경거에 대한 조정량$=\Sigma d=\dfrac{-\Sigma D}{\Sigma|D|}\cdot|D_i|$

$\Sigma|L|, \Sigma|D|$: 위거 및 경거의 절댓값의 총합

L_i, D_i: 어떤 관측선의 위거 및 경거

예제

1. 다각형의 각 수가 25개인 트래버스를 20″ 읽기 트랜싯으로 관측하였을 때 허용오차는?

    n이 25e가 20″이므로 $E=\pm20\sqrt{25}=\pm20\times5=\pm100''$

2. 다음과 같은 결합트래버스를 관측하였다. 각 관측값을 토대로 조정을 실시하시오.

    $w_a=25°11'30''$, $w_b=98°33'17''$

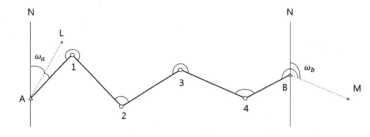

측점	관측각	조정량	조정각
A	20°11′30″		
1	256°23′20″		
2	132°03′25″		

3	228°33′35″		
4	145°12′45″		
B	190°18′15″		
Σ	973°21′35″		

위의 결합트래버스는 다음과 같은 각 조정 식을 따른다.

$$E_a = w_a - w_b + [\alpha] - 180°(n-1)$$

$$= 25°11′30″ - 98°33′17″ + 973°21′35″ - 180°(6-1)$$

12″만큼 조정해야 하면 각 관측각당 조정량은

$$\varepsilon = -\frac{12}{6} = 2″$$

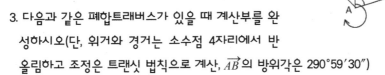

3. 다음과 같은 폐합트래버스가 있을 때 계산부를 완성하시오(단, 위거와 경거는 소수점 4자리에서 반올림하고 조정은 트랜싯 법칙으로 계산, $\overrightarrow{AB}$의 방위각은 290°59′30″)

측점	측정각	조정량	조정각	측선	방위각	거리(m)
A	144°20′12″			AB	290°59′30″	161.276
B	78°11′31″			BC		182.617
C	122°18′47″			CD		205.064
D	99°35′24″			DE		152.932
E	95°35′36″			EA		179.548
계						

측선	위거	경거	위거조정량	경거조정량	조정위거	조정경거
AB						
BC						
CD						
DE						
EA						
계						

측선	조정위거	조정경거	합위거	합경거	배횡거	배면적
AB			0.000	0.000		
BC						
CD						
DE						
EA						
계						

3.3. 육상측량

3.3.1. 기준점측량

1) 개요

기준점측량은 수로측량 및 항해에 이용되는 목표물의 위치 등을 결정하기 위하여 육상에 매설된 기준점을 측량하는 것으로 기준점은 수로기준점과 영해기준점이 있으며, 수로기준점에는 수로측량기준점, 기본수준점, 해안선기준점이 있다.

2) 전자파거리 측량

전자파거리 측량(Electromagnetic Distance Measurement: EDM)은 가시광선, 적외선, 레이저 광선, 극초단파(microwave) 등의 전자기파를 이용하여 거리를 관측하는 방법으로 장거리 관측을 높은 정밀도로 간편·신속하게 할 수 있다. 최근 미국의 경우 변관측을 EDM으로 하는 다각측량 방식을 이용하여 국가 기준망을 구성하고 있으며, 전자세오돌라이트와 EDM을 결합한 토털스테이션(Total Station: TS)이 측량 현장에서 널리 사용되고 있다.

(1) 전자파거리 측량의 분류

전자파거리 측량은 전자파거리 측거의를 사용하여 두 점 간 거리를 측정하는 작업으로 측정 장치는 반송파의 종류에 따라 다음과 같이 분류한다.

〈그림 3-23〉 측정 장치의 종류와 분류

① 전파측거의(Microwave distance meter)

3~35GHz의 진동수를 갖는 파를 사용하여 보통 파장 λ=3cm인 10GHz를 이용하여 주국과 종국에서 발사 및 반사하는 장치로 두 점 간을 전파가 왕복한 위상차로부터 거리를 구하는 장치이다. 비, 눈, 안개 등의 기상조건에 좌우되지 않기 때문에 장거리(30~150km)의 측거에 유리하나 전파 처짐 현상 때문에 광파측거의보다 정확도가 떨어진다.

② 광파측거의(Electro-optical distance meter)

가시광선이나 적외선을 사용한다. 보통 0.9㎛ 부근의 파장을 이용하는데 He-Ne 레이저($λ$=0.63㎛), Ga-As 적외선($λ$=0.9㎛)이 많이 쓰인다. 두 점 간을 광선이 왕복하여 측거되는 것으로 사용법이 간편하고 정밀도도 좋기 때문에 널리 보급되고 있다. 목표점에 반사경을 설치하면 기계수 단독으로도 측거가 가능하다. 두 점 간의 시통이 완전해야 하고, 안개 등에 좌우되며, 태양광선의 강도가 강할 때는 능력이 저하된다. 레이저 광선을 사용한 기종은 10~30km 정도 중거리 측거가 가능하나 장치가 대형이며 소비전력이 크다. 근적외선을 사용한 기종은 2~5km 정도까지이나 경량이며 소형으로 소비전력이 작기 때문에 측량용으로서 가장 많이 이용되고 있다.

〈표 3-2〉 광파측거의 및 전파측거의의 특징 비교

	광파측거의	전파측거의
반송파(carrierwave)	적외선, 레이저광선, 가시광선(Xenon-flash)	극초단파(microwave)
장비의 구성	기계(station), 반사경(reflector)	주국(masterstation), 종국(slavestation)
관측범위(range)	단거리용(적외선,가시광선) 5km 이내 중거리용(레이저광선) 30km	장거리용 30~150km
정확도 ±(a(mm)±b(ppm))	±(5mm+5ppm) 내외	±(15mm+5ppm) 내외
대표적 기종(최초모델)	Geodimeter	Tellurometer

〈표 3-3〉 광파측거의 및 전파측거의의 장단점 비교

	광파측거의	전파측거의
장점	• 정확도가 높다. • 경량, 작업 신속, 트랜싯과 병용이 가능하다. • 지형이나 측점 부근의 장해물의 영향을 받지 않는다.	• 장거리 관측에 적합하다. • 기상(안개, 가벼운 비)이나 지형의 시통성에 영향을 크게 받지 않는다.
단점	• 기상(안개, 비 등)이나 지형의 시통성에 영향을 받는다.	• 단거리 관측 시 정확도가 비교적 낮다. • 움직이는 장애물, 송전선 부근, 지면의 반사파 등의 간섭을 받는다.
최소 조작 인원	1명(목표지점 반사경 설치 시)	2명(주국, 종국에 각 1명)
조작 시간	한 변 10~20분 1회 관측시간 8초 내외	한 변 20~30분 1회 관측시간 30초 내외

(2) 거리측거의의 원리

① 전파측거의의 원리

고주파의 전파를 두 점 간에 왕복시킨다. 거리 D구간에서 파장 λ를 왕복시킴으로써 파의 수 n개와 단수부분(위상차) $\Delta\lambda$로부터 다음과 같은 식을 얻을 수 있다.

$2D = n \cdot \lambda + \Delta\lambda$

$\therefore D = \dfrac{\lambda}{2} \cdot n + \dfrac{\Delta\lambda}{2}$

측거의 중에는 n과 $\Delta\lambda$를 결정하는 전자기구가 장치되어 있어 D가 자동적으로 측정된다.

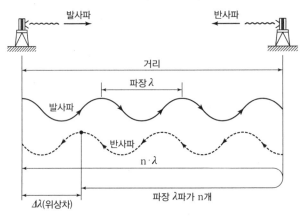

〈그림 3-24〉 전자파 측거의의 원리

② 광파측거의의 원리

광을 강약의 파로 변조하고 이 파를 두 점 간에 왕복시킨 거리를 측정한다. 변조파의 파장을 λ, 주파수를 f, 파속을 c라 하면 다음 관계를 얻는다.

$\lambda = \dfrac{c}{f}$

이것을 앞 식에 대입하면 다음 식이 얻어진다.

$D = \dfrac{c}{2f} \cdot n + \dfrac{\Delta\lambda}{2}$

여기서, c: 파속(광속: 299,790km/hr)

    f: 변조파의 주파수

    $f_1 = 10,662,872$Hz(cycle/sec)

    $f_2 = 10,661,373$Hz(cycle/sec)

③ 관련 시스템

(a) 광파측거의와 관련 시스템

광파측거의는 두 점 간에 맺은 경사거리가 측정되기 때문에 연직각을 측정하여 수평거리 및 고저 차를 구하게 된다. 광파거리의, 세오돌라이트, 소형컴퓨터를 조합한 시스템으로 사용한다. 디지털 타키오미터는 측각, 측거, 계산, 기억장치 모두가 전자기구로 되어 있다. 망원경의 시준축과 광파의 발신·수신축을 일치시켜 놓고, 목표점에 설치한 반사 프리즘을 시준한 후 기관(key board)을 조작 해 보면 수평거리, 고저차, 수평각, 연직각, 경위거, 표고 등의 수치가 표시되며 기억된다. 기억된 데 이터를 실내의 컴퓨터에 입력하면 필요계산, 서류작성, 도면작성 등이 이루어진다. 또 이 기계에는 소형 전산기가 조합되어 있어 야외에서도 여러 측점을 측설할 수가 있다. 이와 같은 기계는 측량에 필요한 모든 측정과 계산을 하도록 설계되어 있기 때문에 토털스테이션(Total Station: TS)이라고 도 부른다.

(b) 반사경

반사경(reflecter)은 목표점의 측점에 설치하며 광파측거의로부터 보낸 광선을 입사방향으로 반 사시키는 장치이다. 프리즘(prism) 1개의 것을 1소자, 3개의 것을 3소자라 한다. 측거장이 길어지면 프리즘의 수는 많아야 한다. 세오돌라이트 위에 광파측거의를 장치하여 측정할 경우는 타깃(target) 을 붙인다. 타깃의 중심과 프리즘의 중심 간 거리는 세오돌라이트의 시준축과 측거의의 광축과의 편심량을 같게 취한다.

④ 전자파거리 관측값의 보정

(a) 기상보정

전자파의 속도는 대기의 굴절률에 의하여 변화되고, 굴절률은 기온, 기압, 습도 등의 기상조건의 영향을 받기 때문에 기상보정(atmospheric correction)이 필요하다. 측거의에 있어서는 정해진 기 상요소의 표준상태에서의 편차가 측거치 D에 주는 오차 ΔD는 다음 식으로 표시된다.

전파측거의 $\Delta D = (\pm 1.4\Delta t \mp 0.4\Delta p \pm 6.2\Delta e) \cdot D \cdot 10^{-6}$

광파측거의 $\Delta D = (\pm 0.0055\Delta\lambda \pm 0.1\Delta t \mp 0.4\Delta p \pm 0.05\Delta e) \cdot D \cdot 10^{-6}$

여기서, $\Delta\lambda$=파장의 편차, Δt=기온의 편차, Δp=기압의 편차, Δe=수중기압의 편차이다.

위 식에서 전파측거의에서는 기온, 기압, 수중기압의 보정을 행하고, 광파측거의에서는 기온, 기 압에 관한 보정을 행하며 파장과 수중기압의 변화에 의한 영향은 미소하므로 무시할 때도 있다. 기 상보정 장치가 붙은 기계에서는 측점부근에서 측정한 기상요소의 수치를 기계에 바로 입력시켜 측 거를 행한다. 이 경우 Δt, Δp, Δe를 기상요소의 측정오차로 본다.

(b) 굴절률

0℃, 760mmHg, 이산화탄소 농도 0.03%인 건조한 공기에 대한 표준상태의 군굴절률(group refractive index) n_0는 코시(Cauchy) 방정식으로부터 다음 식으로 주어진다.

$$n_0 = 1 + (287.604 + 4.8864/\lambda^2 + 0.068\lambda^4)10^{-6}$$

여기서, 전자파의 파장 λ는 ㎛ 단위의 값이다.

예로서 λ=0.6328㎛인 He-Ne레이저 광선인 경우 n_0=1.000290이다. 통상 대기의 굴절률은 1.003 내외이므로 굴절률에서 1을 뺀 값을 사용하면 계산상 편리하므로 수정굴절계수 N_0는 다음과 같다.

$$N_0 = n_0 - 1 = (287.604 + 4.8864/\lambda^2 + 0.068\lambda^4)10^{-6}$$

일반적인 대기 조건하에서 광파의 대기굴절률 n(Barrel 과 Sears의 식)은 다음과 같다.

$$N_0 = n_0 - 1 = (287.604 + 4.8864/\lambda^2 + 0.068/\lambda^4)10^{-6}$$

일반적인 대기 조건하에서 광파의 대기굴절률 n(Barrel 과 Sears의 식)은 다음과 같다.

$$n = 1 + \frac{273.15}{T} \cdot \frac{P}{760}(n_0 - 1) - \frac{15.02E \times 10^{-6}}{T}$$

여기서, P= 대기압(mmHg)

T: 대기의 절대온도 = 273.15 + t(t는 대기의 섭씨온도)

E: 수증기압(mmHg) = $e' - (c/755)p(t_D - t_W)$

e': 수분 상태에서의 포화수증기압

t_W: 수분 상태의 섭씨온도

t_D: 건조 상태의 섭씨온도

C: 진공관의 상수(수분 상태에서 0.5, 빙점에서 0.43)

온도, 대기압 및 수증기압의 변화에 대한 굴절률의 변화는 〈표 3-4〉와 같다.

〈표 3-4〉 대기조건 변화에 따른 굴절률의 변화

항목	조건	가시광선의 굴절률 변화	극초단파의 굴절률 변화
온도차	+1℃	-1.00×10^{-6}	-1.25×10^{-6}
대기압차	+1mmHg	$+0.40 \times 10^{-6}$	$+0.40 \times 10^{-6}$
수증기압차	+1mmHg	-0.05×10^{-6}	$+6.60 \times 10^{-6}$

(c) 영점보정

전자파거리 측량기의 설치점인 기점(영점)이나 반사경의 중심이 보통 지상측점과 일치하지 않아 생기는 오차로 이러한 영점오차는 광파측거의의 경우 2~3mm, 전파측거의의 경우 최대 30cm에 이르기도 한다. 일반적으로 다음과 같은 방법으로 영점보정(zero correction)을 수행한다. 평탄한 지역에 기선을 설치하고 여러 구간으로 분할하여 거리를 관측한다. 기선길이는 광파측거의의 경우 500m, 전파측거의의 경우 1,000m 정도가 좋다. 두 점 A, E 간에 기선을 설치하고 각 구간의 거리와 전체 거리를 관측한다. 각 구간의 관측값을 di, 전체 구간길이의 관측값을 D, 영점보정량을 C_0라 하면 아래와 같이 된다.

$D+C_0=(d_3+C_0)+(d_4+C_0)$

$C_0=D-(d_3+d_4)$, $C_0=d_4-(d_1+d_2)$, $C_0=d_5-(d_2+d_3)$

실제로 이와 같은 값들은 서로 일치하지 않으므로 최소 4구간 이상을 관측하여 최소제곱법을 적용하는 것이 바람직하다. 또는 간단하게 구하기 위하여 n개 구간으로 나누어 관측했을 경우 $C_0=(D-\Sigma d)/(n-1)$의 식을 적용할 수도 있다.

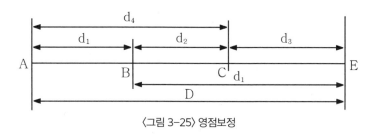

〈그림 3-25〉 영점보정

(d) 경사보정

일반적으로 전파측거의 관측한 값은 경사거리이므로 두 지점 간의 높이 차에 의한 오차를 보정하여 수평거리로 환산한다. 경사보정량 C_i는 다음과 같다.

$C_i=-h^2/2D$ 또는 $C_i=-\dfrac{D}{2}(\theta^2/\rho^2)$

(e) 양차보정(대기굴절 및 지구곡률에 의한 오차의 보정)

간접거리측량에서와 같이 전파거리 측량에도 대기굴절 및 지구곡률의 영향으로 거리 관측값에 오차가 포함된다. 이 오차는 10km 이하의 단거리 측량 시에서는 1mm 이하로 거의 무시할 수 있는 양이지만 장거리 측량 시에는 고려할 필요가 있다. 대기의 굴절계수(coefficient of refraction)를 K, 지구곡률반경을 R, 거리관측 값을 D라 하면 양차보정량 C_c는 다음 식으로 주어진다.

$C_c = (1-K)^2 D^3 / 24R^2$

여기서 굴절계수 K는 거리를 측량하는 두 점 A, B에서 상호관측에 의하여 구하는 것이 바람직하며, 이때 굴절계수는 다음 식으로 구할 수 있다.

$K = 1 - (z_A + z_B - \pi)R/s'$

여기서 z_A 및 z_B는 두 점 A, B에서 측정한 천정각으로 라디안(radian) 단위이며, s'는 두 점 A, B의 평균해수면상 투영점 간의 현 길이이다. 일반적인 값으로 R=6,370km, K=0.125(광파인 경우), 또는 K=0.25(전파인 경우)를 고려하면 양차보정량은 다음 식으로 주어진다. 단 R은 km 단위이다.

광파의 경우: $C_c = D^3 / 31R^2 = (7.95 \times 10^{-7})D^3 \text{(m)}$
전파의 경우: $C_c = D^3 / 43R^2 = (5.73 \times 10^{-7})D^3 \text{(m)}$

거리 관측값 10km 대하여 이 식을 적용해 보면 다음과 같다.

광파의 경우: $C_c = (7.95 \times 10^{-7}) \times 10^3 = 0.000795\text{m}$
전파의 경우: $C_c = (5.73 \times 10^{-7}) \times 10^3 = 0.000573\text{m}$

3) 토털스테이션

최근 전자기술 및 컴퓨터의 발달로 측량 분야에는 GPS, 관성측량 시스템 및 각과 거리를 자동으로 관측하는 토털스테이션(Total Station: TS)이 개발되었다. 토털스테이션은 관측된 데이터를 직접 저장하고 처리할 수 있으므로 3차원 지형 정보 획득으로부터 데이터베이스의 구축 및 지형도 제작까지 일괄적으로 처리할 수 있는 최신 측량 기법이다. 토털스테이션은 종래 거리, 각 측량 장비에 비해 다음과 같은 특징이 있다.

① 토털스테이션은 거리뿐만 아니라 수평 및 연직각을 관측할 수 있는 측량기계이다.

② 관측된 데이터가 자동적으로 저장되며 현장 데이터 수집으로부터 지도의 작성까지 자동적인 데이터의 흐름을 가능케 하는 최초의 지상 측량기계이다.

③ 토털스테이션에 의한 지형측량의 경우 현장 측량작업이 사전에 적절히 계획된다면 트래버스 측량은 세부측량과 함께 수행될 수 있다.

④ 현장에서 자동화에 의하여 관측이 이루어지기 때문에 인력과 작업시간을 줄일 수 있고 정확도를 높일 수 있다.

⑤ 현장에서 기록된 수치데이터는 지형공간정보체계의 주요한 입력원이 된다. 여러 응용 분야에 즉시 활용될 수 있으며, 주된 측량기능으로서는 거리 및 각도관측, 좌표측량, 응용측량 등이 있다.

⑥ 거리 및 각도관측: 사거리, 수평거리, 고저차와 각도의 동시관측이 가능

⑦ 좌표측량: 수평각, 연직각, 경사거리 측량에 따라 3차원 좌표 결정

⑧ 응용측량: 후방교회법, 좌표측량, 지거측량, 원경높이 측량, 대변측량, 보정관측

⑨ 자료저장: 마지막 관측값의 보존기능

(1) 각의 관측

① 수평각관측: 수평각관측 시 기준선의 방향각(0°)을 설정 입력하고 수평각 우회전/좌회전/배각/고정을 선택한 다음 관측한다.

② 방위각관측: 방위각관측은 기계점의 좌표와 기지점의 좌표를 입력시키면 두 점 간의 방위각이 자동적으로 역계산되어 표시된다.

③ 배각관측: 배각관측 시 관측 횟수, 통합각, 평균각이 동시에 표시된다.

(2) 거리관측

① 정밀거리관측

– 1회 관측: 처음 4.7초만 관측(단위 1mm)

– 연속관측: 처음 4.7초 그 후 3.2초마다 관측(단위 1mm)

② 간이거리관측

– 1회 관측: 처음 1.7초만 관측(단위 1mm)

– 연속관측: 처음 1.7초 그 후 0.7초마다 관측(단위 1mm)

③ 트래킹관측

해양 위치 결정에 용이하며, 처음 1.6초 그 후 0.3초마다 관측(단위 10mm)

④ 좌표관측

좌표관측은 미리 입력된 기계고, 프리즘고 및 기계점 좌표에서 목표점까지의 사거리, 수평각(방위각), 고도각을 관측함에 따라 목표점의 3차원 좌푯값이 바로 결정된다. 기계점을 순차적으로 이동하면서 관측할 때 관측점의 좌표 및 방위각이 자동적으로 계산되어 기계점 이동 시 별도의 기계점 좌표 입력이 필요치 않다.

(3) 방위각의 설정

$$방위각 = \tan^{-1}\frac{(Y_2 - Y_1)}{(X_2 - X_1)}$$

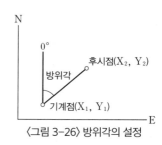

〈그림 3-26〉 방위각의 설정

(4) 3차원 좌표관측

입력된 기계점 좌표, 설정된 방위각, 목표점까지의 각도와 거리에 따라 목표점의 좌표는 다음과 같이 구할 수 있다.

$$N_1(X좌표) = N_0 + S \times \sin\theta_z \times \cos\theta_h$$

$$E_1(Y좌표) = E_0 + S \times \sin\theta_z \times \sin\theta_h$$

$$Z_1(Z좌표) = Z_0 + M_h + S \times \cos\theta_z - P_h$$

여기서, N_0, E_0, Z_0: 기계점 좌표

S: 사거리, θ_h: 방위각, θ_z: 천정각, M_h: 기계고, P_h: 프리즘고

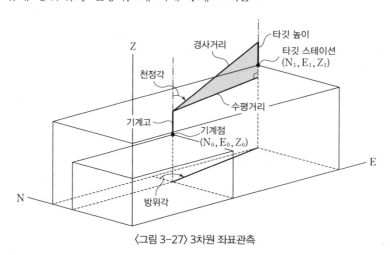

〈그림 3-27〉 3차원 좌표관측

(5) 응용관측

① 후방교회법

후방교회법(resection)은 두 점 이상의 기지점을 관측하여 현재 기계점의 위치를 결정하는 방법이다.

(a) 처리방법

– 최소자승법의 원리를 이용하여 처리

〈그림 3-28〉 후방교회법

– 거리관측이 가능한 경우 적어도 2개 이상의 기지점이 필요

– 거리관측이 불가능한 경우 적어도 3개의 기지점이 필요

– Z값의 좌표를 필요로 할 경우 최소한 한 점에 대한 Z값의 입력과 두 점 이상의 거리관측이 필요

(b) 정밀도를 높이기 위한 방법

– 기지점의 수가 많을수록 정밀도가 높음

– 기지점의 배치상태가 정삼각형에 가까울수록 정확한 성과를 얻을 수 있음

– 3개의 기지점들에 대한 각도만으로 기지점을 산출하고자 할 경우 만약 기계점과 기지점이 동
 심원상에 있다면 오차 발생

② 트래버스 좌표관측

트래버스(Traverse) 좌표관측은 좌표를 관측한 목표점(No.1)에 기계를 이동시켜 후시한 다음 그
위치에서부터 다음의 목표점(No.2)을 시준하면 좌표가 결정되며, 폐합이나 결합일 경우 오차조정
이 가능하다.

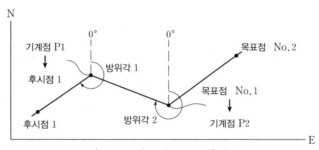

〈그림 3-29〉 트래버스 좌표측정

③ 지거관측

어떤 이유로 관측하고자 하는 측점에 프리즘을 세울 수 없을 때나, 장애물 등으로 측점에 세운 프
리즘을 시준하지 못할 때 이용하는 방법이다. 지거측점(offset point)의 각은 반드시 직각이라야 한
다. 지거측점(임시점)까지의 거리는 전자파거리 측량기(EDM) 기능에 의해 결정하고 오프셋(offset)
거리를 관측하여 기계점과 구점까지의 거리 및 경사거리를 결정한다.

 – 방법 1: 지거측점에서 찾고자 하는 측점까지의 방향과 거리를 입력하
  는 방법

 – 방법 2: 찾고자 하는 측점방향으로 망원경을 돌리는 방법

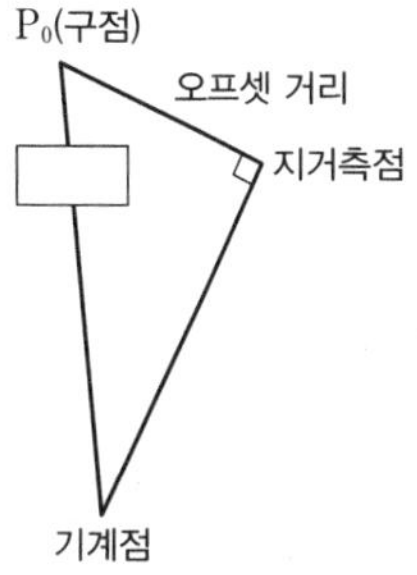

④ 원격고도측량

원격고도측량(Remote Elevation Measurement: REM)은 송전선, 교량,
케이블 등 프리즘을 직접 설치할 수 없는 점까지의 높이를 빠르게 관측하

〈그림 3-30〉 오프셋 측량

는 방법으로 관측 시 프리즘을 목표점 연직선 아래에 설치하여 측정한 후 목표점을 시준하면 높이가 표시된다.

계산식: $H_t = h_1 + h_2$

$h_2 = S\sin\theta_{Z1} \times \cot\theta_{Z2} - S\cos\theta_{Z1}$

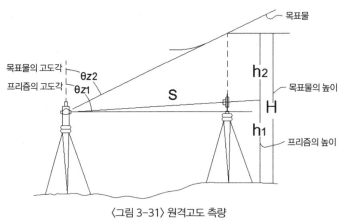

〈그림 3-31〉 원격고도 측량

⑤ 대변측량

대변측량(Missing Line Measurement: MLM)은 기계를 이동시키지 않고 기준이 되는 프리즘(원점)으로부터 다른 프리즘(목표점)까지의 사거리(SD), 수평거리(HD), 고저차(VD)를 무제한으로 결정하는 측량(평판과 병용한 지형측량에 이용)이다.

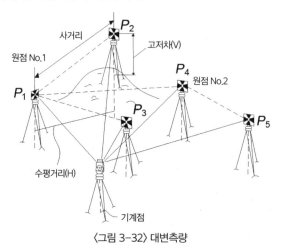

〈그림 3-32〉 대변측량

⑥ 보정관측

보정관측(stake out)은 미리 기계에 입력해 둔 수치, 거리와 방위각, 또는 좌표 등과 관측한 수치의 차이를 구하여 미지점의 위치를 찾는 방법이다. 보정관측에는 수평각과 거리의 보정관측, 좌표 보정관측 등이 있다.

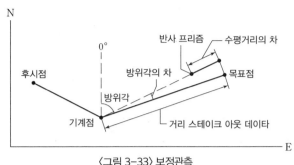

〈그림 3-33〉 보정관측

⑦ 기타응용측량

전자 평판과 컴퓨터의 연결로 지형측량에 응용할 수 있다(3차원 지형도 작성). 도로공사에서 시공 시 없어진 측점을 찾을 수 있고, 횡단상의 데이터를 체인, 오프셋, 레벨 형태로 측량하여 저장함으로써 도로횡단 측량이 가능하다. 두 개의 지점과 각각의 방위각 및 거리를 가지고 교차점의 좌표를 계산한다. 좌표에 의한 두 점 간의 각과 거리를 역계산과 두 점에 대한 방위각 및 거리를 계산할 수 있다.

3.3.2. 수준측량

수준측량은 지구상에 있는 점들의 고저차를 관측하는 것을 말한다. 측량방법에 따라 직접수준측량과 간접수준측량으로 분류되며 목적에 따라 고저수준측량과 단면수준측량으로 분류된다.

1) 수준측량의 분류

(1) 측량 방법에 의한 분류

① 직접수준측량(direct leveling): 레벨을 사용하여 두 점에 세운 표척의 눈금차로부터 직접 고저차를 구한다.

② 간접수준측량(indirect leveling): 삼각법, 시거법, 평판앨리데이드, 기압수준측량, 중력에 의한 방법, 사진측량 등에 의해 간접적으로 고저차를 구한다.

③ 교호수준측량(reciprocal leveling): 강, 바다 등 접근 곤란한 두 점 간의 고저차를 직접 또는 간접 수준측량으로 구한다.

④ 약수준측량(approximate leveling): 간단한 레벨로서 정밀을 요하지 않는 점 간의 고저차를 구

하는 방법이다.

(2) 측량 목적에 의한 분류
① 고저차수준측량

두 점 사이의 고저차를 구하는 측량방법이다.

② 단면수준측량
- 종단측량(profile leveling): 도로, 철도, 하천 등과 같이 일정한 선을 따라 측점의 높이와 거리를 관측하여 종단면도를 작성하는 측량방법이다.
- 횡단측량(cross leveling): 노선 위의 각 측점에서 그 노선의 직각방향으로 고저차를 관측하여 횡단면도를 작성하는 측량방법이다.

2) 레벨의 조정

레벨은 공장에서 아주 정밀하고 매우 세심하게 제작되었지만 오랫동안 사용하면 조정상태가 달라지므로 주기적으로 검사하여야 하며 조정법으로는 주로 항정법이 이용된다.

(1) 레벨의 조건
① 기포관축과 연직축은 서로 직교할 것
② 시준선과 기포관축은 서로 평행할 것

(2) 조정법

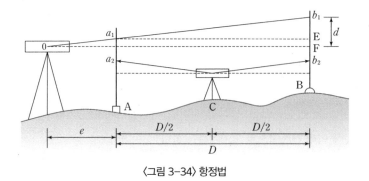

〈그림 3-34〉 항정법

여기서, a_1, b_1: 시준선 오차에 의한 A, B 표척 읽음값

a_2, b_2: 등거리상에 있는 A, B 표척 읽음값

d: B 점 표척상에서 보정되어야 할 높이

$\Delta a_1 b_1 E$와 $\Delta b_1 F$는 닮은꼴이며 $b_1 E$는 관측값−최확값이므로

$$D: (a_1-b_1)-(a_2-b_2)=(D+e):d$$

$$\therefore d = \frac{D+e}{D}[(a_1-b_1)-(a_2-b_2)]$$

3) 직접수준측량

(1) 수준측량 용어

수준측량의 용어는 아래와 같다.

① 수준점(Bench Mark: B.M): 기준수준점(평균해수면)에서의 높이를 정확히 구한 점으로 수준측량의 기준이 되는 점이다. 이를 수준기표라고도 한다. 우리나라에는 국토지리정보원에서 전국의 국도 및 철도를 따라 4km마다 1등 수준점, 2km마다 2등 수준점을 설치해 놓고 있다.

② 수준망(Leveling Net: L.N): 수준점수가 많으면 오차가 누적되므로 허용오차 이내가 되도록 폐합된 노선을 연결하여 망을 이룬다. 이를 수준망이라 한다.

③ 후시(Back Sight: B.S): 방향에는 관계없이 표고 기지점에 세운 표척의 읽음값

④ 전시(Fore Sight: F.S): 관측방향에는 관계없이 표고를 구하고자 하는 점(미지점)에 세운 표척의 읽음값

⑤ 지반고(Ground Height: G. H): 각 점의 표고를 지반고라 한다.

　– 미지점 지반고(G.H)=기계고(I.H)−전시(F.S)

⑥ 기계고(Instrument Height: I.H): 기계가 수평일 때 망원경의 시준선까지의 높이로 표고 및 후시와의 관계는 다음과 같다.

　– 기계고(I.H)=기지점 지반고(G.H)+후시(B.S)

⑦ 이기점(또는 전환점 Turning Point: T.P): 전후시의 측량을 연결하기 위하여 전시, 후시를 함께 취하는 표척점을 이기점(T.P)이라 한다.

⑧ 중간점(Intermediate Point: I.P): 지반의 표고만을 알기 위하여 전시만을 행하는 점을 중간점이라 한다.

⑨ 표고(Elevation): 기준면에서 어떤 점까지의 연직거리

(2) 직접수준측량의 원리

A, B 두 점이 경사지인 경우에 중앙에다 레벨을 정준하여 A, B 두 점에 표척을 세우고 A점(표고 기지점) 표척의 읽음치 a, B점(표고미지점) 표척의 읽음치 b를 읽고 A점 표고를 HA라 하면 B점의 표고 HB는 다음 식으로 구할 수 있다.

HB=HA+(a-b)   a:B.S, b:F.S

또 A, B의 고저차 h는 다음 식으로 구한다.

HB-HA=h=a-b=B.S-F.S

만약 이 값이 (+)이면 B점이 높고, (-)이면 B점이 낮다. 두 점 간의 거리가 멀거나 높이차가 심하여 한번에 관측이 곤란한 경우에는 여러 구간으로 구분하여 후시의 합 ΣF.S로 두 점의 높이차를 구할 수 있다.

HB-HA=ΣB.S-ΣF.S

(3) 야장기입법

① 고차식 또는 2단식(differential or two column system): 가장 간단한 방법으로 중간점 지반고는 필요없이 시작점과 최종점의 높이차를 구하는 방법으로 B.M의 이설, 가B.M의 설치에 이용된다.

HB=HA+ΣB.S-ΣF.S

② 기고식(instrumental height system): 지반고를 구하고 이것에 각점의 전시를 빼서 지반고를 구하는 방법으로 중간점이 많을 때 적당하다.

기계고(I.H)=B.M+B.S
지반고(G.H)=I.H-F.S=B.M+B.S-F.S

③ 승강식(rise and fall system): 매 구간의 후시와 전시차를 구하여 순차적으로 지반고를 구하는 방법으로 중간점이 적을 때나 검산할 때 편리하다.

ΣB.S-ΣF.S=±h   (+)이면 승, (-)이면 강

4) 간접수준측량

간접수준측량(삼각수준측량)은 트랜싯을 이용하여 고저각과 수평거리를 관측하여 삼각법에 의해 두 점 간의 고저차를 구하는 방법이다.

(1) 특징

삼각측량의 보조수단으로 멀리 떨어진 측점 간의 고저차를 구할 때 사용한다. 직접고저측량에 비해 내용, 시간은 절약되지만 정도가 낮다. 대기 중 광선이 굴절오차로 정확도가 저하되므로 공기밀도의 변화가 큰 아침, 저녁은 피한다. 정밀관측을 하려면 고저관측을 트랜싯을 사용하여 정반관측 후 평균을 취한다.

(2) 방법

① 수평거리 D와 수직각 α를 잰 경우

HP=HA+I+Dtanα+k

여기서, HA: 기지점 표고, HP: 미지점 표고, k: 양차(수평거리가 먼 경우 고려)

② 세 점 A, B, P가 동일 수직면 내에 있을 경우

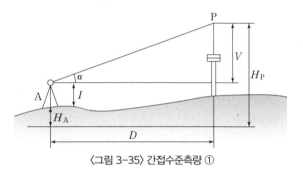

〈그림 3-35〉 간접수준측량 ①

$$V_1=\frac{D+\Delta I\cos\beta_1}{\cot\alpha_1-\cot\beta_1} \quad V_2=\frac{D+\Delta I\cos\beta_2}{\cot\alpha_2-\cot\beta_2}$$

∴ 탑의 비교=V_1+V_2

여기서, α, $\alpha 2$: A점에서 관측한 수직각

$\beta 1$, $\beta 2$: B점에서 관측한 수직각

ΔI: A, B의 표고차, b: A, B의 수평거리

③ 세 점 A, B, P가 경사면을 이룰 경우

$V=D_1\tan_A=D_2\tan_B$

$$\frac{D_1}{\sin B}=\frac{D_2}{\sin A}=\frac{D}{\sin(A+B)}$$

$H=D_1\tan\alpha_A+I_A=D_2\tan\alpha_B+I_B$

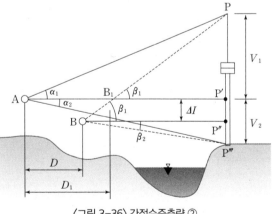

〈그림 3-36〉 간접수준측량 ②

$$H = \frac{\sin B}{\sin(A+B)} D_1 \tan\alpha_A + I_A$$

$$= \frac{\sin A}{\sin(A+B)} D \tan\alpha_B + I_B$$

여기서, $I_A = I_B$이고 $\alpha_A = \alpha_B$이므로 둘을 비교하여 평균값을 취한다.

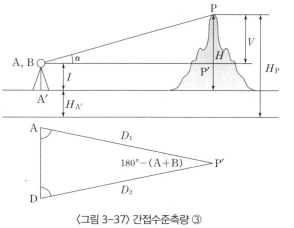

〈그림 3-37〉 간접수준측량 ③

(4) 표고차를 구하는 두 지점에서 고저차를 잰 경우

A→B: $\Delta H = D\tan\alpha_A + I_A - h_B + k$

B→A: $\Delta H = D\tan\alpha_B + I_B + h_A - k$

이를 평균하면 정확한 표고차 ΔH를 구할 수 있다.

$$\Delta H = \frac{D}{2}(\tan\alpha_A + \tan\alpha_B) + \frac{1}{2}(I_A - I_B) + \frac{1}{2}(h_A - h_B)$$

여기서, H_A, H_B: 표고, I_A, I_B: 기계고, h_A, h_B: 시준고

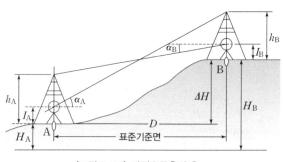

〈그림 3-38〉 간접수준측량 ④

5) 교호수준측량

두 점 A, B의 고저차를 구할 때, 전시와 후시를 같게 취하여 높이를 구하나, 중간에 하천 등이 있으면 중앙에 레벨을 세울 수 없다. 이 경우 높은 정밀도를 요하지 않는 경우는 한쪽에서만 관측하여도 좋으나, 높은 정밀도를 필요로 할 경우에는 교호수준측량을 행하여 양단의 높이차를 관측한다. 교호수준측량의 장점은 기계오차 제거와 구차 및 기차 제거이다.

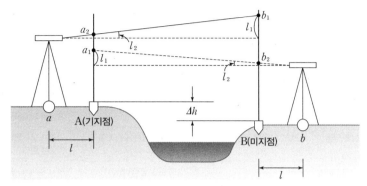

〈그림 3-39〉 교호수준측량

여기서, a_1, a_2: A점의 표척 읽음값

　　　　b_1, b_2: B점의 표척 읽음값

　　　　l_1, l_2: A, B표척 읽음값과 정확히 읽은 표척 눈금값의 차이(오차)

A→B: 표고차 Δh를 정확한 눈금값으로 계산하면

$$\Delta h = (a_1 - l_2) - (b_1 - l_1)$$

B→A: 표고차 Δh를 정확한 눈금값으로 계산하면

$$\Delta h = (a_2 - l_1) - (b_2 - l_2)$$

두 식을 더하여 평균하면 오차가 소거되어 다음과 같다.

$$\Delta h = \frac{1}{2} \left[(a_1 - b_1) - (a_2 - b_2) \right] \quad \therefore \quad H_B = H_A \pm \Delta h$$

이를 통해 a1, a2, b1, b2는 부정확한 표척의 읽음값이지만 동시에 수준측량결과를 평균하면 오차가 소거된 정확한 높이차가 선정됨을 알 수 있다.

6) 수준측량에서 발생되는 오차

(1) 개설

수준측량에서 발생되는 오차의 원인으로서는 기계적인 원인, 자연적인 원인, 인위적인 원인이 있으며, 오차의 종류로서 부정오차(우차, 상차), 정오차(정차, 누차), 과실(착오)이 있다. 보정방법으로서는 주로 측량거리의 제곱근에 비례 배분한다. 수준측량은 허용오차 범위를 정해 놓고 허용범위

<표 3-5> 수준측량의 오차

발생원	원인	성질	형태	소거법 또는 감소법
기계적	기포관축과 시준축이 평행이 아닐 때	시준 거리에 비례하여 커짐	여러 구간으로 분할 관측하면 부정오차, 전시 후시 거리가 일정하면 정오차	전시와 후시거리를 같게 취한다.
	표척의 길이가 표준길이와 다를 때	고저차에 비례하여 커짐	누가적으로 작용하기 때문에 정오차	검정척과 비교하여 보정한다. 또는 두 개의 표척을 교대로 사용하되 기계설치 횟수를 짝수로 한다.
자연적	직사광선의 영향	레벨과 표척이 팽창함	직사광선에 의한 팽창률을 검정할 수 없을 경우에 부정오차	기계가 오랫동안 직사광선을 받지 않도록 한다.
	지구의 곡률, 대기 중의 광선 굴절	거리의 제곱에 비례하여 커짐	여러 구간으로 분할 관측하면 부정오차, 전시후시의 거리가 일정하면 정오차	전시 후시의 거리를 같게 하고, 시준거리를 짧게 한다.
인위적	표척이 연직이 아닐 때	시준값이 커짐	표척경사각을 알면 정오차	될 수 있는 한 연직으로 세우고, 부득이할 경우 경사각을 측정하여 보정한다.
	레벨과 표척의 침하	침하량에 따라 결정됨	후시한 후 시간이 경과한 다음 시준하면 오차가 커짐	기계를 견고하게 세우고, 후시한 후 즉시 전시한다.

내에 있을 때 보정하며, 허용범위를 벗어나면 재측해야 한다.

(2) 기계에 의한 오차

① 시준축 오차

망원경의 시준축이 기포관축에 평행하지 않을 때의 오차로서 기계의 불완전 조정으로 생기는 오차이다. 시준거리에 비례하므로 전시와 후시의 시준거리를 같게 한다.

② 시차에 의한 오차

망원경의 시차에 의한 오차로서 망원경의 시차가 없도록 조정해야 한다. 허공이나 흰 곳에 망원경을 향하고 접안경을 조절하여 십자선을 명백히 한 다음에 목표가 명확히 보이도록 대물경을 조절한다.

③ 표척의 눈금이 정확하지 않을 때의 오차

눈금오차는 직접 고저차에 영향을 주며 정오차로서 고저차에 비례하여 증가한다. 표척을 제작할 때 또는 온도나 습도에 의해 표척의 눈금에 변화가 생겨 발생하는 오차로서 정확한 길이로 검정하고 거리관측 시와 같이 보정한다.

④ 표척의 영눈금오차

저면이 마모, 변형, 쐐기 박힘이 생길 경우는 표척의 눈금이 아래면과 일치하지 않아 생기는 오차로 정오차이며, 이 오차를 없애기 위해서는 최초에 사용한 표척을 최후에 사용하는 것이 좋다(기계의 정수치를 짝수화).

(3) 인위적인 오차

① 관측 순간에 기포관이 중앙에 있지 않을 때의 오차

시준거리에 비례하며, 관측 직전에 기포의 위치를 점검해야 한다.

② 표척의 경사에 의한 오차

표척을 연직으로 세우지 못하여 읽음값에 오차가 발생한다. 이 오차는 표척의 읽음값의 크기에 비례하며, 경사각의 제곱에 비례한다.

③ 기계 및 표척의 침하에 의한 오차

후시한 후 전시하는 동안에 기계가 침하하여 생기는 오차(이 경우는 전시의 읽음이 작다)나 기계를 옮기는 동안에 T.P점의 표척대가 침하하여 생기는 오차(이 경우는 후시가 크게 읽힌다)로 기계 및 표척을 설치하는 점은 견고한 곳을 택하여 단시간 내에 관측을 마쳐야 한다.

④ 관측자에 의한 오차

관측자의 개인오차, 기계의 수평설치오차, 표척의 읽기오차가 있으며, 숙련에 의해 허용오차 범위 내에 둘 수 있다.

⑤ 부주의로 인한 과실

표척을 잘못 읽은 경우(예를 들면 3.92m를 2.92m로 하는 것), 전시와 후시의 난을 잘못 기입하는 경우, 전시를 읽고 후시할 동안에 표척의 위치가 변하는 경우, 함척일 때 완전히 뽑지 않았을 경우, 밑에 표시한 눈금을 알지 못하고 위를 읽는 경우 등이 있다. 관측에 과실이 있으면 관측결과를 점검할 때 매우 큰 오차가 생긴다.

(4) 자연적 원인에 의한 오차

① 기상 상태에 기인하는 오차

태양의 광선, 바람, 습도 및 온도의 변화 등이 기계나 표척에 미치는 영향은 일정하지 않으며, 측량 결과에 각각 오차를 유발시킨다. 레벨의 생명인 기포관 내에 온도차가 있으면 온도가 높은 쪽은 액체의 표면장력이 감소하기 때문에 기포는 온도가 높은 쪽으로 끌려가 올바른 수평을 나타낼 수가 없다. 높은 정확도의 측량에서는 우산 등을 이용해 기계를 태양이나 바람으로부터 막고, 또 왕복관측은 오전과 오후에 하되 그 평균값을 구하여 측량 결과로 이용함으로 가능한 오차를 작게 할 필요가 있다.

② 구면오차(지구곡률오차, 구차)

지구의 곡률에 의한 오차, 즉 수평선과 수준선이 지구의 곡률에 의해 생기는 높이의 차이를 말한다. 이 곡률오차는 직접수준측량이나 간접수준측량 모두에 포함되며 측선거리가 멀면 더욱 큰 오차가 생긴다. 지구곡률반경 r, 측점 간의 거리 D, 곡률오차를 Δc로 하면 다음 식과 같다.

$$\Delta c = +\frac{D^2}{2r}$$

③ 굴절오차(빛의 굴절, 기차)

광선이 대기 중을 진행할 때는 밀도가 다른 공기층을 통과하면서 일종의 곡선을 그린다. 그러므로 물체를 이 곡선의 접선방향에 서서 보면 시준방향과 진방향과는 다소 다르게 되는 것을 알 수 있다. 이 차를 굴절오차(reflection error)라 한다. 지구곡률반경 r, 두 점 간의 거리 D, 굴절계수 k(기온 15℃일 때 k=0.14), 굴절오차 Δr로 하면 다음 식이 유도된다.

$$\Delta r = -\frac{k}{2r}D^2$$

④ 양차

곡률오차 Δc와 굴절오차 Δr은 거리의 제곱에 비례한다. 곡률오차 Δc는 (+)로 보정하고 굴절오차 Δr은 (−)로 보정하며, 곡률오차 Δc와 굴절오차 Δr을 합하여 양차로 하고 양차 K는 다음과 같이 구한다.

$$K = \frac{D^2}{2r} - \frac{kD^2}{2r} = \frac{D^2}{2r}(1-k)$$

7) 허용오차

수준측량의 정확도는 관측차, 측량방법, 사용기계, 관측자의 경험 등에 따라 다르며, 동일조건일 때 생기는 오차는 부정오차로 작용한다. 1회 관측 시의 오차를 C, 관측횟수를 n이라 하면 전 노선의 오차 E는 다음 식과 같다.

$$E = C\sqrt{n}$$

또, 전시와 후시의 시준거리(S)를 일정하게 하면

$$n = \frac{L}{2S} \quad E = C\sqrt{\frac{L}{2S}} = \frac{C}{\sqrt{2S}} \cdot \sqrt{L} = k\sqrt{L}$$

단, k는 관측거리(L) 1km에 대한 부정오차

즉, 시준거리를 일정하게 하고, 동일기계를 동일상태에서 측정하면 수준측량의 오차는 $\sqrt{L}$에 비례함을 알 수 있다.

(1) 지형측량의 허용오차

〈표 3-6〉 지형에 따른 k값 표준

지형	k값(mm)	비고
산악지	50	임야로서 정밀을 요하지 않을 때
고지	10	평탄지에서 보통의 경우
평탄지	2	평탄지에서 높은 정밀도를 요할 때

(2) 기본수준측량의 허용오차

〈표 3-7〉 기본수준측량의 허용오차

구분	1등 수준측량	2등 수준측량	비고
왕복	5mm	10mm	2km 왕복 측정한 값으로 노
폐합차	$2.5mm\sqrt{L}$	$5mm\sqrt{L}$	선거리(L)는 km

(3) 공공수준측량의 허용오차

〈표 3-8〉 공공수준측량의 허용오차

구분	1급 수준측량	2급 수준측량	3급 수준측량	4급 수준측량	간이수준측량
왕복차	$2.5mm\sqrt{S}$	$5mm\sqrt{S}$	$10mm\sqrt{S}$	$20mm\sqrt{S}$	$40mm\sqrt{S}$
폐합차	$2.5mm\sqrt{L}$	$5mm\sqrt{L}$	$10mm\sqrt{L}$	$20mm\sqrt{L}$	$50mm\sim40mm\sqrt{L}$

※ 주: S(편도거리), L(노선거리)

(4) 하천수준측량 시의 허용오차

하천측량 시 종단수준측량에서는 2회 이상을 실시하여 그 평균을 4km에 대하여 다음과 같이 규정하고 있다.

〈표 3-9〉 하천수준측량의 허용오차

	유조부(하류)	무조부(중류)	급류부(상류)	비고
한국	10mm	15mm	20mm	4km에 대하여
일본	12mm	15mm	20mm	5km에 대하여

3.3.3. 지형현황측량

1) 개요

지형현황측량이란 육지부의 지형지물을 실측하여 도화하는 작업을 말한다. 육지부 지형현황측량은 평판 또는 토털스테이션(이하 TS)을 사용하여 지형지물을 관 측하고 도시하여 지형도를 작성하는 작업을 말한다. GPS 수신기만으로 육지부 지형현황측량을 실시할 때는 RTK-GPS를 이용하는 지형현황측량을 적용하며, TS와 GPS를 병용하여 실시할 경우에도 동일하게 적용한다.

2) TS에 의한 지형측량

(1) 기준점
TS에 의한 지형측량은 4급 기준점 또는 이와 동등 이상의 정확도를 가진 기준점을 기준으로 하여 수행한다.

(2) 지형도의 축척
지형도의 축척은 원칙적으로 1/2,500 이상으로 하며 1/1,000 및 1/500을 표준으로 한다.

(3) 공정별 작업구분 및 순서
순서는 다음과 같으며, 현장의 상황을 고려하여 적절히 수행해야 한다.
① 작업계획
② 기준점 설치
③ 세부측량
④ 편집 및 지형도원도 작성
⑤ 성과 정리 검사

(4) 측량기기
세부측량, 편집 또는 지형도원도를 작성할 때는 〈표 3-10〉에서 열거한 것 또는 이것과 동등(이상)한 것이어야 한다.

〈표 3-10〉 세부측량, 편집 또는 지형도원도 작성에 사용하는 측량기기

측량기기	성능
3급 TS	국토지리정보원 측량기기 성능 기준에 의함
수동독취기	해상도 0.1mm 이내: 독취정확도 0.3mm 이내
자동제도기	묘사정확도 0.1mm 이내: 위치정확도 0.2mm 이내
도형편집장치	컴퓨터, 컴퓨터 모니터 및 수동독취기로 구성된 것

(5) 기준점 설치

세부측량에 필요한 기준점을 매설하는 작업을 말한다. 기준점의 배점밀도는 〈표 3-11〉을 표준으로 한다. 다만, 길고 좁은 지역에 대해서는 연장과 폭을 고려하여 배점밀도를 정한다. 또한 TS를 사용하는 지형측량에서는 현지의 시통이 양호한 경우에는 배점밀도를 표준보다 저하시킬 수 있다.

〈표 3-11〉 세부측량 기준점의 배점밀도

축척＼지역	시가지	시가지 근교	산지
1/250	7점	6점	7점
1/500	6점	5점	6점
1/1,000	5점	4점	4점
1/5,000	3점	2점	1점

(6) TS에 의한 세부측량

기준점 또는 TS를 사용하여 구한 점(이하 TS점)에 TS를 설치하고 지형지물 등을 관측하여 지형도 등의 작성에 필요한 데이터를 취득하는 작업을 말하며, TS를 사용하는 방법에 의한 세부측량은 다음 중 한 가지 방법에 의한다.

① 온라인 방식

온라인(on-line) 방식에 있어서는 관측 시에 도형편집장치와 TS를 온라인으로 직접 연결하고 관측 결과를 도형편집장치에 직접 도시하면서 편집과 점검을 한 후 출력도를 작성한다.

② 오프라인 방식

오프라인(off-line) 방식에 있어서는 관측 시에 데이터를 취득하기만 한 후 도형편집장치를 사용하여 편집과 점검을 행한다.

③ 기준점에 TS를 설치하여 세부측량을 하기 곤란할 경우에는 TS점을 설치할 수 있다. 이 경우, TS점은 교회법에 의해 설치하여야 하며, TS에 의한 지형지물의 수평위치 및 표고의 관측은 방사법, 지거법 또는 전방교회법에 의한다. 오프라인 방식으로 세부측량을 실시한 경우에는 수치데이터 편집 후에 주요사항의 확인 또는 필요부분의 보완측량을 현지에서 작업할 수 있다.

(7) 편집

TS에 의한 지형측량에 있어서 편집이란 관측위치 확인 자료를 참고로 하여 세부측량으로 얻어진 지형지물의 데이터를 편집하고 편집완료데이터를 작성하는 작업을 말한다.

(8) 지형도원도 작성

TS에 의한 지형측량에서의 지형도원도 작성이란 「공공측량 작업규정」에 따라 작성된 편집완료 데이터를 사용하여 소정의 도식에 따라 원도를 작성하는 작업을 말한다. 지형도원도는 다음 중 한 가지 방법을 사용하여 작성한다.

① 편집 후 데이터를 근거로 자동제도기를 사용하여 작성한다.

② 편집 후 데이터의 출력도를 투사 제도하여 작성한다.

③ 지형도원도의 점검은 원도의 오기 및 탈락 등 도식의 오류 유·무선의 착묵 불량상태 등에 대해서 시행한다.

(9) 성과 등의 정리

① 관측 성과표 및 조정 성과표

② 성과 수치데이터

③ 수준노선도

④ 관측기록부

⑤ 계산부

⑥ 기타 자료

⑦ 성과표 및 성과수치 데이터는 표준양식에 기초해 정리한다. 다음의 전자기억장치를 제출한다.

– 관측 데이터 파일

– 관측 성과표 파일

– 조정계산 데이터 파일

⑧ 성과수치 데이터 이외의 성과를 전자기억장치로 제출하는 경우는, 해당 기억장치의 설명서 및 양식을 나타내는 출력 용지의 일부를 첨가한다.

3) RTK–GPS에 의한 지형측량

RTK–GPS에 의한 지형측량은 RTK–GPS에 의해 지형지물 등을 측정하여 지형측량의 일부 또는 전부를 하는 작업을 의미한다.

(1) 측량기기

RTK–GPS에 의한 지형측량에 사용하는 GPS 측량기는 〈표 3–12〉와 같거나 이상인 것으로 한다.

〈표 3-12〉 RTK-GPS에 의한 지형측량에 사용하는 GPS 측량기

2급 GPS 측량기	국토지리정보원 측량기기 성능 기준에 의한 것 RTK-GPS의 기능을 가진다.

(2) 기준점

RTK-GPS를 이용하는 지형측량은 4급 기준점 또는 그 이상의 정밀도를 가지는 기준점에 근거해 실시한다. RTK-GPS에 의한 관측이 불가능한 장소에서는 측정 가능한 주변 지역에 RTK-GPS에 의해 3·4급 기준점을 설치한 후 이 기준점에서 평판 및 TS 등을 이용하는 측량방법에 의해 지형측 량을 실시한다.

(3) 작업순서

공정별 작업구분 및 순서는 다음과 같으며, 현장의 상황을 고려하여 적절히 수행하여야 한다.
① 작업 계획
② 기준점의 설치
③ 세부측량
④ 수치 편집
⑤ DM 데이터 파일의 작성
⑥ 지형도원도 작성
⑦ 성과 등의 정리

(4) 작업 계획

RTK-GPS를 병용하는 작업 계획은 공공측량 작업규정에 의거하여 수행한다.

(5) 기준점 설치

기준점의 설치는 세부측량에 필요한 기준점을 매설하는 작업을 말한다. 기준점의 설치는 1~4급 기준점측량에 의해 하는 것이라고 한다. 다만, 필요에 따라서 1~4급 수준측량 또는 간이수준측량 에 의해 할 수 있다. 기준점의 설치는 「공공측량 작업규정」의 공공기준점측량을 적용한다. 기준점 의 배점밀도는 평판 및 TS에 의한 지형측량의 〈표 3-13〉에 따른다.

(6) RTK-GPS에 의한 세부측량

RTK-GPS에 의한 세부측량은 RTK-GPS 관측에 의해 기준점 또는 TS점과 지형지물 등의 상대적 위치 관계를 측정하여 지형도 등 작성에 필요한 수치 데이터를 취득하는 작업을 말한다. 세부측량(수치 데이터의 취득)에서 좌푯값의 최소 단위는 1mm 단위라고 한다.

(7) 측량방법

RTK-GPS 관측은 다음과 같이 실시한다. 다만 기타 사항은 이동측위법에 의한 GPS 관측법을 준용한다. 기지점 등에서의 관측은 불확실정수를 초기화한 후 이를 기준으로 일련의 관측이 종료될 때까지 기준점 등에 관측기기를 고정(이하 고정점)하는 것으로 한다. 미지점 등에서의 관측은 불확실정수를 초기화한 후 다음의 관측점에 순차적으로 이동(이하 이동점)하는 방식으로 실시한다. 안테나는 고정점에서는 삼각을 사용하고 이동점에서는 삼각 또는 폴 안테나를 사용하는 것을 표준으로 한다. RTK-GPS 관측은 고정점에서의 수신데이터를 무선장치 등을 이용하여 이동점으로 실시간 전송하며, 이동점에서는 고정점과 이동점의 수신데이터를 이용하여 즉시 기선해석을 실시하고 상대위치를 산출한다. 관측은 각 기선에서 2세트 실시하며 세트 내의 관측횟수 등은 다음 〈표 3-13〉을 표준으로 한다. 안테나고는 cm 단위까지 측정한다. 세트 간의 관측은 첫 번째 관측이 종료된 후에 두 번째의 관측을 실시한다. 두 번째 관측의 결과는 점검값으로 한다.

〈표 3-13〉 RTK-GPS에 의한 지형측량에서 세트 내 관측횟수 및 데이터 취득 간격

구분	관측 회수	데이터 취득 간격
3-4급 기준점측량	고정해를 얻은 후 10번의 변동시점 이상	1초

4) RTK-GPS와 TS를 병용하는 지형현황측량

RTK-GPS를 병용하는 지형측량(이하 병용법)은 RTK-GPS와 TS를 이용하는 측량으로 지형지물 등을 측정하고 도시하여 지형도 등을 작성하는 작업을 말한다.

(1) 작업순서

공정별 작업 구분 및 순서는 다음과 같이 한다. 다만, 지시하거나 허락할 경우에는 일부를 생략할 수 있다.

① 작업 계획
② 기준점의 설치

③ 병용법에 의한 세부측량

④ 병용법에 의한 수치 편집

⑤ DM 데이터 파일의 작성

⑥ 지형도원도 작성

⑦ 성과 등의 정리

(2) 작업 계획

RTK-GPS와 TS를 병용하는 지형측량 작업 계획은 「공공측량 작업규정」 측량작업계획을 따른다.

(3) 기준점 설치

기준점의 설치는 공공측량 작업규정 RTK-GPS에 의한 지형측량의 기준점 설치를 따른다.

(4) 병용법에 의한 세부측량

병용법에 의한 세부측량은 RTK-GPS, TS 등에 의한 측량 및 평판 측량에 의해 지형지물 등을 측정하여 지형도 등 작성에 필요한 수치 데이터를 취득하는 작업을 말한다.

① TS점 및 평판점의 설치

- 지형지물 등의 상황에 의해 기준점에 GPS 측량기, TS 또는 평판을 설치하여 세부측량을 하는 것이 곤란한 경우는 TS점 및 평판점을 설치할 수 있다.

- TS점 및 평판점은 기준점에 GPS 측량기, TS 또는 평판을 위치시키고 방사법에 의해 설치하는 것이라고 한다.

- TS점의 정밀도는 평판 및 TS에 의한 지형측량, TS에 의한 세부측량을 따른다.

- 평판점의 수평 위치의 오차는 도상 0.3mm 이내(표준편차)라고 한다.

(5) RTK-GPS에 의한 병용 지형측량방법

공공측량 작업규정 RTK-GPS에 의한 지형측량의 측량방법을 따른다.

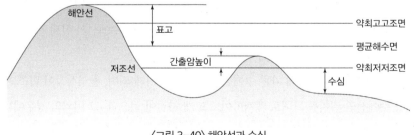

〈그림 3-40〉 해안선과 수심

3.3.4. 해안선측량

1) 개요

해안선측량(coast line survey)은 해안선의 형상과 그 종별을 확인하여 도면화하기 위한 측량으로 해안선 부근의 육상지형, 소도, 이암, 간출암, 저조선(간출선) 등도 함께 관측하는 것이 일반적이다. 부근 지형은 일반적으로 사진측량에 의함을 원칙으로 하며, 사진측량에 의할 수 없는 경우에는 실측에 의한다.

해안선 및 육지의 표고는 평균해수면으로부터의 높이로 하고, 해안선은 해면이 약최고고조면에 달하였을 때의 육지와 해면의 경계로 표시한다. 또한 해저 수심, 간출암의 높이, 저조선은 약최저저조면을 기준으로 한다.

해안선의 종별은 그 지형과 지질에 따라 경사안, 절벽안, 모래해안(사빈), 석빈, 암해안, 군석안, 수목암, 인공안 등으로 구분되며, 해안선의 형태와 함께 이들 종별이 해도나 연안지도상에 표기되어야 한다.

급사안(sleep coast)은 해안지형의 경사가 45° 이상이며, 그 높이가 그다지 높지 않은 것으로 암질안 또는 토질안으로 구분된다.

절벽안(cliffy coast)은 급사안보다 경사가 더욱 급하여 90°에 가까운 해안으로 일반적으로 높이 10m 이상의 것을 말한다.

해안선 중에는 그 경계를 뚜렷이 정하기 힘든 것이 있는데, 수목안, 덤불안 및 군석안이 이런 성질의 대표적인 것들이다. 수목안은 맹그로브(mangrove)와 같은 수중생장수목이, 덤불안에서는 갈대와 같은 수초가 무성하여 해안선의 경계가 뚜렷하지 못하며, 군석안의 경우는 크고 작은 암석이 산재하여 해안선을 획일적으로 결정하기 곤란하다.

2) 항측에 의한 해안선측량

항공사진상에 나타난 수애선이 바로 정의에 맞는 해안선이라면 문제가 없으나 실제로 해수면은 조석현상에 따라 변동을 거듭하므로 촬영 당시 항공사진에 나타난 수애선과 실제 지도상에 표시해야 할 해안선의 관계를 정확하게 규명해 두어야 한다.

해안의 경사가 작을수록 조석에 따른 수애선의 변동이 커지게 되며, 촬영시각이 만조 시일 때는 대략 사진상 수애선의 위치를 그대로 채택하여도 크게 차질이 없으나, 그 이외의 경우에는 촬영시각과 현지의 조석시간을 비교하여 해안지형의 경사에 따른 보정을 해 주어야 한다. 또한 해안의 종별이 암해안 등과 같은 경우에는 해안지형이 크게 달라지지 않지만, 모래사장 등의 경우에는 연안류, 파랑, 바람 등에 의하여 해안지형의 변동이 커지게 된다. 따라서 항공사진으로부터 해안선을 결정하려면 위에 언급한 사항과 함께 다음과 같은 요소들을 잘 고려하여 항공사진을 판독해야 한다.

① 항만, 방파제 등의 인공안선은 그 형태 그대로 해안선으로 결정한다.

② 촬영시각이 약최고고조시와 일치할 때는 사진상 해면과 육지의 경계를 해안선으로 채용한다.

③ 해안경사가 완만한 바위 또는 모래해안에서는 해안에 떠 밀려온 부유물의 흔적, 즉 고조흔을 해안선으로 한다.

④ 고조흔이 없는 지역에서는 촬영 시의 조고와 약최고고조면의 조차(l)를 현지의 조석표에서 구하고, 도화기로 해안선과 직각방향의 평균경사각(θ)을 구하여 보정량(s)를 다음 식으로 정한다.

$$S=l\cot\theta \quad \theta=\tan^{-1}(h/d)$$

⑤ 대축척항공사진(1/1,000~1/5,000)일 경우, 사진상 기준점의 높이를 기준으로 하여 약최고고조면의 높이를 도화기에 입력한 다음, 등고선도화와 같은 원리로 해안선의 위치를 결정한다.

⑥ 천연색 또는 적외선 사진을 사용하면 판독이 더욱 용이하다.

⑦ 촬영시각을 저조시로 선택하면 저조선과 함께 암초, 간출암, 모래톱 등의 발견에 도움이 된다.

3) 실측법에 의한 해안선측량

(1) 개요

실측법에 의한 해안선측량은 지형측량과 대체로 유사한 방법으로 실시된다. 해안선측량에서 원점측량과 보조점 측량은 지형측량의 기준점측량과 도근점측량에 해당한다. 즉, 일반적으로 해안선측량에서는 해안선 결정을 위한 기준점 측량을 원점측량이라 하며, 해안에 가까운 지역에 설치된 원점(기준점 및 보조기준점)은 삼각, 삼변, 다각측량 등의 방법으로 그 위치가 결정된다. 또한 해안선의 특징을 나타내는 주요지점인 보조점(안측점)은 원점 위치를 기준으로 하여 대체로 교회법 또한 다각측량에 의하여 결정된다. 보조점의 위치가 결정되면 이를 기준으로 하여 해안선상 각 점의 위치를 결정하는데, 일반적으로 해안선 측량의 축척은 1/10,000~1/50,000인 경우가 많고, 해안선 부근에서는 평판측량작업이 용이하지 않기 때문에 평판측량보다는 기장식 안측법이 더 많이 사용된다. 기장식 안측법은 육분의, 트랜싯, 줄자 등을 사용하여 원점 및 보조점으로부터 각 측점까지의 거리와 방향을 관측하여 그 관측값을 현지에서 기장한 다음, 이 자료를 가지고 내업에 의하여 해안선 위치를 결정하는 방법이다. 기장식 안측법에서는 위의 관측값과 함께 안측도(스케치도)를 함께 작성하며, 해안선의 종별과 형상의 특징도 기록해 놓는다.

(2) 보조점관측

보조점은 원점과 원점 사이에 해안 특성을 잘 나타내는 곳으로서, 해안지형의 돌출점, 곶 또는 이암(離岩) 등 해안선 형상을 형성하는 중요지점에 선정하여야 한다. 보조점은 가능한 주위 지형과 뚜렷이 구분되는 천연물 또는 인공물을 선택하는 것이 좋으며, 현저한 물표가 없을 때는 소형의 백도표를 설치한다. 따라서 해상에서 목표로 삼기에 적당한 바위, 나무, 가옥, 첨탑, 산정 등을 보조점으로 취하는 것이 바람직하다. 보조관측법으로는 전방교회법, 후방교회법(삼점양각법), 측방교회법(현각법), 직선일각법, 거리일각법 등이 사용되며, 일반적으로 보조기준점 또는 해상에서 육분의 각관측에 의한 3방향 이상의 교회법이 많이 이용된다.

① 전방교회법

위치가 결정된 다수의 원점에서 미지점인 보조점의 방향을 관측하고 그 방향선의 교회에 의하여 보조점 위치를 결정하는 방법이다. 방향선은 3개 이상, 교각은 30° 이상 90°에 가까운 것이 좋다.

② 후방교회법(삼점양각법)

보조점상에서 기지점인 원점 3개 이상에 대한 방향을 관측하여 보조점 위치를 결정하는 방법이며, 최소 3점에 대한 방향선 또는 그 사이 2개의 각을 알면 위치가 결정되므로 3점 양각법이라고도 한다. 이 방법은 직선상 모래해안이나 수목해안 등과 같이, 해안선의 특징점이 없는 곳에서 많이 사용된다. 측량원도상에 이미 표시된 원점 위치에 3개의 방향선이 동시에 지나도록 하는 투사지법 또는 삼간분도의에 의하여 보조점 위치를 결정한다. 또한 일반적으로 최소한 1점의 원점에서 관측한 보조점에 대한 방향선을 병용하여 도상 위치 결정 오차를 점검하는 것이 필요하다.

③ 측방교회법

두 원점상에서 각기 다른 원점방향을 기준으로 관측한 보조점에 대한 방향을 교회법에 따라 보조점의 위치를 결정하는 방법으로, 보조점에서도 두 원점에 대한 교각을 관측하여 삼각형 내각이 180°가 되도록 조정하는 것이 좋다. 주로 만 외측에 있는 두 원점에서 만 내측의 보조점 위치를 결정하는 데 많이 사용되는 방법이다.

④ 직선일각법

두 원점을 지나는 일직연장선상에 있는 보조점에서 그 직선을 기준으로 다른 원점에 대한 방향각을 관측하여 보조점 위치를 결정하는 방법이다. 가능한 직선상 두 원점 사이의 거리와 교각이 클수록 좋다.

⑤ 거리일각법

한 원점에서 보조점에 대한 거리와 방향을 관측하여 보조점 위치를 결정하는 방법이며, 일반적으로 방향은 다른 원점을 기준으로 한 방향각으로 하며, 거리는 EDM, 줄자, 시거법 또는 수평표척 등을 이용하여 관측한다.

4) 고도의 관측

절벽, 암초, 소도, 등대, 기타 목표물의 높이는 가능한 관측해 두는 것이 좋다. 이들 높이는 대개 줄자로 직접 수면까지의 높이를 잰 다음 조고보정을 행하여 확정하게 되며, 줄자로 직접 재기 힘든 경우에는 각종 간접수준측량방법 중 적당한 방법을 선택하여 이용한다.

실제에 있어서는 신속함이 요구될 때 육분의에 의한 방법도 많이 사용된다. 해면으로부터 높이 h인 관측점에서 육분의로 수면에서 수평선, 수면에서 목표물 정상 사이의 연직각 A 및 x를 관측하고, 앞의 보조점 관측방법에 의하여 결정된 수평거리 D 및 d를 알면 목표물의 높이 H는 다음 식으로 구해진다.

$$H = D\tan(A-x) + h \quad \tan x = \frac{h}{d}$$

간접수준측량 또는 육분의 등 어떤 방법으로 구해진 높이에는 조고보정과 함께 양차(지구곡률오차 및 대기굴절오차)의 영향을 보정해 주어야 한다.

5) 저조선의 관측

저조선(간출선)은 해면이 약최저저조면에 달하였을 때 육지와 해면의 경계를 나타내는 선이며 영해를 나타내는 기준선이 된다. 또한 저조선은 일종의 위험선으로서 조석간만의 차이가 큰 지역에서는 선박의 안전통행을 위하여 반드시 해도상에 기입되어야 하며, 해안선의 전면에 기입된다. 해안선과 저조선 사이는 조석에 따라 간출되는 구역으로서 간출역 또는 해빈이라 한다.

저조선의 기준이 되는 약최저저조면은 약최고고조면과 마찬가지로, 연중 일시적으로만 나타나므로 정확한 저조선측량을 위해서는 현지에서 상당기간 정확한 조석관측기록을 확보하여야 하며, 이 기록으로부터 현지측량결과에 적절한 조고보정을 시행하여야 한다. 저조선 관측에는 측심법과 수준법이 있다.

(1) 측심법

측심법은 수심측량기록에서 수심이 0.0m가 되는 곳을 찾아서 이를 연결하여 저조선을 결정하는 방법이다. 저조선 부근의 지형기복이 복잡하지 않을 경우에 적합하며, 대개의 경우 연안지역의 수심측량과 동시에 시행하게 된다. 또한 선상측심작업을 위해서는 측량선의 통행이 가능한 고조시에 실시하게 되며, 따라서 고조와 저조의 조차가 상당히 큰 지역에 적합하다. 일반적으로 측심노선은 저조선 또는 해안선을 횡단하는 방향으로 하며, 저조선 부근에서는 저조선 위치를 파악하기에 편리하도록 측심간격을 조밀하게 하여야 한다.

측량지역의 조석관측기록에서 구해진 평균해면과 약최저저조면의 조차를 d_L, 평균해수면과 수심측량 시 조위에 대한 조차를 d_w라 하면 측심기록으로부터 D로 되는 곳이 수심 0.0m인 곳이 되므로 이를 찾아 연결하면 저조선이 된다.

$$D=d_w+d_L$$

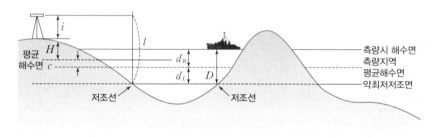

〈그림 3-41〉 저조선측량

(2) 수준법

직접수준측량에 의한 저조선 관측은 암초가 많은 지역과 같이 해안지형이 복잡하여 측량선 통행이 곤란하거나 조차가 크지 않은 지역에 주로 사용된다. 해안선 부근에 레벨을 세우고 표척을 해안선 및 저조선과 횡단하는 방향으로 움직여 가면서 표척눈금이

$$l=H+i\pm c+d_L$$

되는 위치를 찾으면 저조선의 위치가 되는 방법이다. 여기서 H는 레벨을 세운 지점의 표고, i는 레벨의 기계고, c는 국토 전체 표고의 기준이 되는 평균해수면과 측량지역 조석관측으로 구한 평균해수면의 차이이다.

3.3.5. 지리조사

1) 지리조사의 개요

　지리조사는 연안 및 관련 각종 계획수립, 민원처리, 재해대책수립, 과학적 관리 등의 기초자료로 삼기 위하여 자연환경, 인문환경 및 사회환경 등의 실태를 조사하는 작업을 말한다. 해안 또는 연안의 효율적 이용과 관리를 목적으로 하고 있는 연안역조사의 공간적 범위는 연안관리법에서 정의한 연안역을 대상으로 아래와 같은 사항을 조사한다.
　① 연안생태계정보
　② 어업현황정보
　③ 관광정보
　④ 항만 및 어항이용정보
　⑤ 토지이용 현황정보
　⑥ 환경오염정보
　⑦ 재해 및 방제정보
　⑧ 해안선 주변의 지명 등

2) 조사방법

　지리조사의 방법은 아래와 같다.

(1) 연안생태계정보
　① 갯벌의 면적 및 형상과 습지 및 사구 현황 등을 조사한다.
　② 철새 서식지 현지조사를 통하여 육안으로 확인하고 사진 촬영을 한다.
　③ 조사대장 작성 시 1/5,000 도면 위에 조사 위치를 표기하고 조사대장에 기록한다.
　④ 사진은 생태를 잘 표현하도록 촬영한다.
　⑤ 모든 대상은 사진과 함께 위치, 면적, 형상 등을 조사대장에 기입한다.

(2) 어업현황정보(근거: 「어장관리법」, 「어업면허 및 어장관리에 관한 규칙」)
　① 조사 해역 일대 바다낚시터 현황 및 양식어장의 위치, 면적을 조사한다.

② 지자체의 협조를 얻어 면허대장과 수면위치 및 구역도 자료를 입수한다.

③ 어업권관리대장에 등재된 면허번호(또는 허가번호)와 수면위치 및 구역도에 등재된 면허번호(또는 허가번호)가 일치여부를 확인한다.

④ 대장자료(어업권관리대장)와 도면자료(수면위치 및 구역도)를 면허번호(또는 허가번호)가 일치된 하나의 묶음으로 정비한다.

⑤ 어업현황정보 조사대장은 하나의 묶음으로 정비된 어업권관리대장과 수면위치 및 구역도로부터 입수된 자료를 바탕으로 작성한다.

⑥ 사진은 어장의 형태를 잘 표현하도록 촬영한다.

(3) 관광정보

① 관광지 정보

– 연안 해역에 인접한 관광지 현황 등을 조사한다.

– 지자체 및 지역관광안내소의 협조를 얻어 조사대상지역의 관광 및 배후지의 관광지 정보(소개책자, 브로슈어 등)를 입수한다.

– 조사대장 작성 시 1/5,000 도면 위에 조사 위치를 표기하고 도면의 도엽번호를 조사대장에 기록한다.

– 현지조사를 수행할 관광지 목록을 작성하고 현지조사를 통하여 조사대장을 작성한다.

– 사진은 관광지의 형상을 잘 표현하도록 촬영한다.

② 해수욕장 정보

– 해수욕장의 크기, 규모, 해빈 폭, 해변의 구성저질 및 부대시설 등을 조사한다.

– 지자체 및 지역관광안내소의 협조를 얻어 조사대상지역의 해수욕장 정보(소개책자, 브로슈어 등)를 입수한다.

– 조사대장 작성 시 1/5,000 도면 위에 조사 위치를 표기하고 도면의 도엽번호를 조사대장에 기록한다.

– 현지조사를 수행할 해수욕장 목록을 작성하고 현지조사를 통하여 조사대장을 작성한다.

– 사진은 해수욕장의 전경을 잘 표현할 수 있도록 한다.

(4) 항만 및 어항이용정보

① 이용 범위가 전국적인 어항인 제1종 어항은 국토해양부로부터 자료를 입수한다.

② 이용 범위가 지역적인 어항인 제2종 어항은 해당지역 관할 도청 또는 지자체로부터 자료를 입

수한다.

③ 소규모어항은 지자체로부터 자료를 입수한다.

④ 항만 및 어항정보 조사대장은 항만대장 및 어항시설관리대장 등 입수된 자료를 바탕으로 작성한다.

⑤ 사진은 항만 및 어항의 형태를 잘 표현하도록 촬영한다.

⑥ 현상 및 인화는 최소 30×50mm 이상으로 한다.

⑦ 조사대장 작성 시 현지조사 측량성과를 조사대장에 기록한다.

(5) 토지이용 현황정보

① 해안가에 인접한 위락시설, 임해산업단지, 바닷가, 매립지, 육지양식장 및 염전 등의 현황과 위치 및 면적을 조사한다.

② 지자체의 협조를 얻어 조사대상지역의 토지이용현황통계정보(통계연보 등) 및 도면정보를 입수한다.

③ 조사대장에 기록된 토지지목별 명칭과 입수된 도면자료를 비교하여 일치시킨다.

④ 조사대장 작성 시 입수된 도면자료를 첨부한다.

(6) 환경오염정보

연안해역으로 유출되는 오폐수처리장, 오폐수 유출구, 유입하천, 폐기선박, 폐기물 투기장 폐양식장 현황 등의 위치와 크기를 조사한다.

(7) 재해 및 방제정보

해안선 일대에 자연적인 조건(해일, 태풍, 이상 고조위, 풍화 등)에 의하여 해수범람 및 해안선 침식 및 붕괴가능성이 있는 지역 등을 조사한다.

(8) 해안선 지명

해안선 주변의 지명(노출암, 간출암 등의 이름)을 조사하여 해양지명 조사표를 작성한다.

3) 조사대장 작성

각종 지리조사 자료에 의해 각 항목별 조사대장(양식 참조)을 작성하여야 한다. 지리조사의 목적은 연안역에 대한 기본정보조사로, 현지에서 직접 조사·측량하여 연안정보의 활용을 극대화하는 데 있다. 지리조사는 연안생태계 정보, 어업현황정보, 관광정보, 항만 및 어항정보, 토지이용현황정보, 환경오염정보, 재해 및 방제정보를 통해 갯벌의 면적 및 현황, 습지현황, 사구현황, 양식어장의 현황, 관광지 및 해수욕장의 현황, 인공해안선을 구성하는 항만 및 어항시설, 토지이용현황, 매립지 및 포락지 현황, 오폐수 유출구 현황, 해안의 침식 및 퇴적, 붕괴가능지구 등에 대한 조사를 실시하여 이에 대한 요약정보와 DB를 구축한다.

3.4. 해양측량

3.4.1. 해상 위치 결정 기준

1) 수평 위치

수로측량에 이용하는 기준점은 수로기준점이라는 명칭으로 통일되어 「공간정보의 구축 및 관리 등에 관한 법률」 시행령 제8조(측량기준점의 구분)에 규정되어 있다. 수로기준점은 수로측량기준점, 기본수준점, 해안선기준점, 영해기준점, 수로측량보조점으로 구성되어 있다. 수로측량을 실시할 때, 수평 위치, 즉 좌표를 결정하기 위해서는 좌표의 원점이 필요하며 이는 「수로측량 업무규정」 제5조에 정의되어 있다. 수로측량을 실시할 경우, 좌표계는 세계측지계를 원칙으로 하며, 필요한 경우에만 베셀타원체에 의한 좌표를 병기할 수 있으며, 수로측량의 원점은 특별한 사유가 있는 경우를 제외하고 대한민국 경위도 원점을 이용한다.

〈그림 3-42〉 대한민국 경위도 원점

출처: 국토지리정보원

〈표 3-14〉 경위도 원점(세계측지계 기준)

구분	내용
소재지	수원시 영통구 월드컵로 92 국토지리정보원 구내
경도	동경 127°03′14.8913″
위도	북위 37°16′33.3659″
원방위각	서울산업대 3°17′32.194″ 원점으로부터 진북을 기준으로 우회측정

2) 수직 위치

(1) 조위기준면

조위기준면(tidal datum)은 해수면 높이의 기준이 되는 면으로서 추산하는 경우의 조위는 기본 수준면을 기준으로 하고 실측하는 경우 검조소에서 관측된 최저조면에 가까운 값을 기준으로 한다. 조위기준면을 설정하는 방법은 기준면을 잡고자 하는 지역에서 1개월 이상의 조석관측을 실시하여 얻은 자료를 조화분해하면 그 지역에 대한 조화상수가 나오며, 이 조화상수는 그 지역의 조석에 관한 특성들이 들어간 자료이므로 이 값을 기본으로 기준면을 잡고 조석을 예보할 수 있다. 산출되는 조화상수는 관측기간에 따라 다르며 우리나라의 경우 기준면을 설정하는 데 4개(M2, S2, K1, O1)의 조화상수를 사용한다. 기본수준면의 경우 조화상수의 반조차를 이용하여 관측된 기간의 평균해수면(A_0)에서 4대분조의 반조차만큼 아래로 내려간 면으로 표현된다.

조위기준면을 결정할 때에 일반적으로 단기 조석관측에 의한 결과를 그대로 사용하면, 관측한 계절 및 월에 따라서 10cm 이상의 오차가 발생할 수 있다. 그러므로 단기 조석관측에 의한 임시 조위관측소의 평균해수면과 주요 4대분조의 반조차에 대하여 장기 조석관측 자료를 이용하여 연보정한다. 또한 조위기준면은 지역적인 기준면으로서 실제 조석관측이 이루어지지 않은 해역 또는 수리학적 특성이 다른 해역으로 확대 적용하여서는 안 된다.

(2) 약최저저조면

우리나라의 경우 약최저저조면(Approximate Lowest Low Water: ALLW)을 기본수준면(Datum Level: DL)이라고 하며 조석표의 조위 및 해도에서 수심을 표시하는 기준면으로 사용한다. 국제수로회의에서 수심기준면은 조석이 그 이하로는 내려가지 않는 면으로 해야 한다고 규정하고 있으며 수심기준면은 각국에서 그들의 규정에 따라 다르다.

기본수준면의 경우 각 지역마다 조차가 다르기 때문에 기준면이 다르며 기본수준점표(TBM)를 매설하여 각 지역의 기본수준면 높이를 표시한다. 기본수준면을 기준으로 하방향으로는 수심을 나타내며 기본수심면을 기준으로 상방향으로는 간출암의 높이와 조위의 기준으로 활용하게 된다.

(3) 평균해수면

평균해수면은 해수면의 높이를 하루, 1개월, 1년 등 일정 기간 동안 평균한 값이다. 일평균해수면은 매일 다른 값을 나타내며, 월평균해수면은 계절마다 변화를 보이고 연평균해면은 그 변화가 적다. 평균해면의 영향을 주는 요인으로는 바람의 영향, 하천수의 영향, 기압의 변화, 표층해수의 밀도변화 등으로 인해 하루하루의 평균해수면은 변하며, 계절에 따라서도 차이가 있다. 장기간 관측을 통하여 관측지점 부근의 지반의 융기, 침강 등을 조사할 수 있다. 평균해수면의 종류로는 관측평균해수면(A_0)과 천문조평균해수면(S_0)이 있다. 관측평균해수면은 천문조와 기상조 등의 모든 성분이 포함된 일정기간의 평균해면을 의미하며, 천문조평균해면은 기상 등의 영향이 없는 조석성분 중 4대분조의 합을 의미한다.

(4) 약최고고조면

약최고고조면(Approximate Highest High water: AHHW)의 경우 우리나라 해안선의 기준으로 「공간정보의 구축 및 관리 등에 관한 법률」에 의하면 육지와 해수면의 경계로 표시하는 데 기준이 되는 조위기준면을 의미한다. 약최고고조면의 경우 교량건설에도 매우 중요한 역할을 하는 기준면이다. 그 이유는 약최고고조면은 일정기간 조석을 관측하여 분석한 결과 가장 높은 해수면으로 선박이 교량을 지날 때 반드시 고려해야 하는 기준면이 되기 때문이다. 약최고고조면은 1개월 이상의 조석관측 자료로부터 구한 해당 지역의 평균해수면에서 4대분조(M2, S2, K1, O1)의 반조차 합만큼 올라간 면으로 정의한다.

(5) 해도의 기준면

해도에서 사용되는 기준면은 기본수준면(DL), 평균해수면(MSL), 약최고고조면(AHHW)을 이용한다. 기본수준면은 선박의 안전한 운항을 위해 일시라도 해수면 아래 존재하는 것의 기준으로 수심과 간출암의 기준이 되는 기준면이다. 평균해수면은 항상 해수면에 위에 존재하는 것의 기준으로 노출암, 섬, 등대, 육상높이의 기준이 된다. 약최고고조면의 경우 최고해수면을 기준으로 하는 해안선, 교량, 전력선의 기준이 되며, 선박의 통항이 가능한 높이의 기준을 의미한다.

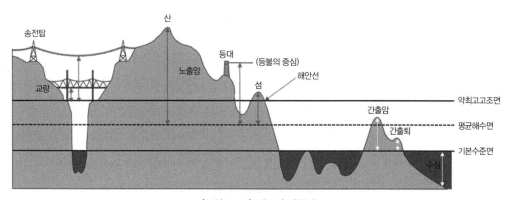

〈그림 3-43〉 해도의 기준면

3) 기본수준점

기본수준점(Tidal Bench Mark: TBM)은 수로조사에서 높이의 기준이 되는 기준점으로 법적 지위는 다음과 같다. 기본수준점은 「공간정보의 구축 및 관리 등에 관한 법률」 제7조에 측량기준점 중 국가기준점의 범위에 해당하며, 국가기준점이란 "측량의 정확도를 확보하고 효율성을 높이기 위하여 국토교통부장관 및 해양수산부장관이 전 국토를 대상으로 주요 지점마다 정한 측량의 기본이 되는 측량기준점"으로 정의되어 있다.

「공간정보의 구축 및 관리 등에 관한 법률」 시행령 제8조 측량기준점의 구분에는 기본수준점을 국가기준점에서 수로기준점으로 분류하고 있다.

제8조(측량기준점의 구분) ① 법 제7조 제1항에 따른 측량기준점은 다음 각 호의 구분에 따른다.

1. 국가기준점

아. 수로기준점: 수로조사 시 해양에서의 수평위치와 높이, 수심 측정 및 해안선 결정 기준으로 사용하기 위하여 위성기준점과 법 제6조 제1항 제3호의 기본수준면을 기초로 정한 기준점으로서 수로측량기준점, 기본수준점, 해안선기준점으로 구분한다.

국립해양조사원 예규 제126호 수로측량 업무규정에 따르면 "수로기준점측량" 이란 수로측량 및 항해에 이용되는 목표물의 위치 등을 결정하기 위한 수로측량기준점, 기본수준점, 해안선기준점 등의 기준점 측량을 말한다고 정의되어 있다. 또한 "기본수준점"이란 수로조사 시 높이 측정의 기준으로 사용하기 위하여 조석관측을 기초로 정한 국가기준점을 말한다고 정의되어 있다.

즉, 기본수준점은 수심 측정의 기준으로 사용하기 위하여 기본수준면을 기초로 정한 기준점이며 조석관측지역 주변에 동관 또는 주석제의 기본수준점표를 매설하고, 명칭·번호·위치좌표와 기본수준면·평균해면으로부터 높이를 산출하여 관리·유지한다.

(1) 타원체 기반의 새로운 해상 수직기준 체계

기본수준점은 주요 항만 및 연안 지역에 주변해역의 수심측정 기준으로 사용하기 위해 국가에서 관리하는 기준점으로 신규매설 및 관리·유지를 통해 기본수준면 및 평균해수면, 약최고고조면 등의 정보를 제공하고 있다. GNSS는 위치 결정 기술의 발전과 다양한 활용을 주도해 왔으며 우리 생활에서도 다양하게 사용되고 있다. 또한 인공위성을 이용한 전 지구적이고 다양한 공간적 자료는 측위·항해·운항·지구의 물리적 현상을 이해하고 분석하는 데 많은 도움을 주고 있다.

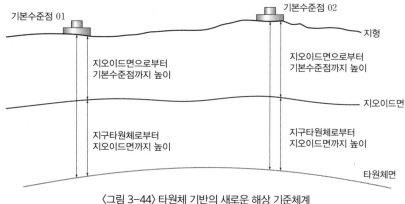

기본수준점 01

기본수준점 02

지형

지오이드면으로부터
기본수준점까지 높이

지오이드면으로부터
기본수준점까지 높이

지오이드면

지구타원체로부터
지오이드면까지 높이

지구타원체로부터
지오이드면까지 높이

타원체면

〈그림 3-44〉 타원체 기반의 새로운 해상 기준체계

하지만 기본수준점이 제공하는 정보는 기본수준점 주변 지역까지만 제공되어 기본수준점이 없는 지역이나 외해에서는 수직기준 정보를 제공받을 수 없다. 그렇기 때문에 해양수직기준면의 공간적 정보제공을 위해서는 현재 기본수준점에서 제공하는 점(point) 기반의 수직기준정보 체계에서 연속된 면(area) 기반의 수직기준 정보 제공 체계로 전환할 필요가 있다. 이는 해역별로 조차나 해류 및 지형적 특성 등의 원인으로 기준면이 다르기 때문에 서로 다른 기준면을 통합하여 하나의 연속된 면으로 표현한 해상 수직기준 체계를 구축한다는 의미이다.

즉, 타원체 기반의 새로운 해상 수직기준 체계는 기본수준점(TBM)에서 GNSS 관측을 통해 지구타원체(WGS84)로부터 기본수준점까지의 높이 값을 측량하여 공간보간법(Interpolation)을 통해 우리나라 전 해역 어느 곳에서나 동일한 기준면에서의 공간상 위치를 나타낼 수 있는 단일한 기준면이다. 공간보간법이란 일부 지정된 위치에서 관측한 측정데이터를 통해 관측이 이루어지지 않은 대부분의 공간에 대하여 관측값을 예측하는 것을 말하며, 해안지역에 분포한 기본수준점 자료를 이용하여 지구타원체로부터 기본수준면, 평균해수면, 약최고고조면의 관계를 공간적으로 분석하여 공간보간법을 통해 기존의 점 형태의 정보를 연속된 면 형태의 정보로 제공하는 것이다.

하나의 연속된 면으로 표현한 해상 수직기준 체계를 사용한다면 기본수준점이 없는 곳에서도 조석관측 없이 기본수준면, 평균해수면 및 약최고고조면으로부터 높이를 알 수 있으며 수심측량 보정자료나 전자해도에서 안전항해를 위한 정보로 사용될 수 있다.

3.4.2. 전통적인 해상 위치 결정

전통적 방법에 의한 해상위치 측량이란 해상에서 수심 및 저질, 그밖의 침선, 탐초 및 필요한 위치를 구하기 위하여 측량선의 위치를 측량하는 것을 말한다.

해상에서는 육상에서와 같이 고정되어 있는 측점을 설정할 수 없으므로 멀리 육상에 있는 측점(목표물)으로부터 두 개 이상 위치의 선의 교점으로부터 위치를 구한다.

넓은 해양에서 자선의 위치가 어디에 있는가는 수로측량에서 가장 중요하다. 초기에는 연안항법 등에 의하였으나 목표물이 적은 해역에서 측량선의 침로, 속력, 항주방위와 거리만으로 위치를 결정하는 데는 어려움이 있을 뿐 아니라 바람이나 해류 및 조류의 영향을 받아 선위는 점차 불확실하게 된다. 따라서 고정된 육상물표로부터 측량선의 위치를 정확히 결정하여 침로를 수정해야 한다.

또한 오래전부터 육분의와 삼각분도기를 사용한 삼점양각법이 수로측량의 수단으로 이용되어 왔다. 이 방법은 간단하지만 외해로 나감에 따라 오차가 증대되고 해안선에 아주 가까운 곳에서는 측정이 불가능하며, 위치정확도가 낮아 정밀한 측량에서는 적합하지 않다.

항만측량 등 정밀한 수로측량을 실시하는 경우 궤적항법을 사용하며, 한 줄의 위치의 선은 항상 예정 측심선상으로 유도하고, 다른 하나의 위치의 선은 임의의 점에서 측심선과 교차하도록 하여 그 교점의 위치를 구하는 방법이다.

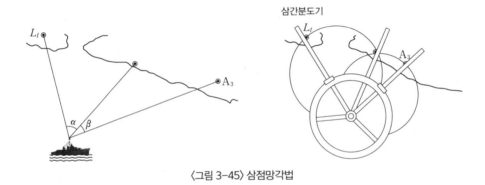

〈그림 3-45〉 삼점망각법

1) 평행성유도법

경위의나 육분의 등 시통선을 예정측심선 방향으로 일치하게 설치하여 무선전화에 의하여 측량선을 유도하는 방법으로, 측심선을 평행한 직선군으로 선택하기 위해서는 〈그림 3-46〉과 같이 유도기선을 설정하며 이 기선은 방파제 등과 같은 비교적 긴 안벽상에 유도점을 설치하여 측량한다. 선위는 계획 측심선으로부터 전파에 의한 거리측정 또는 각도의 측정에 의하여 구해진다.

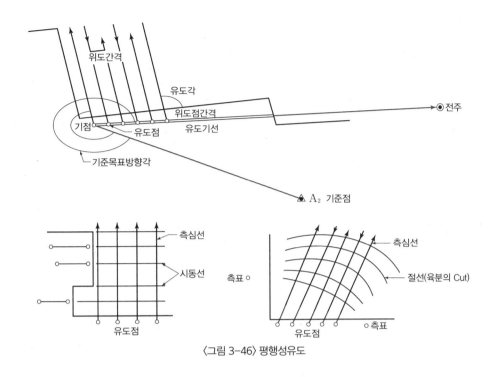

〈그림 3-46〉 평행성유도

2) 방사선유도법

　유도에 적합한 기지원점을 선택한 후 측심선은 방사유도점으로부터 유도기준점 간의 방위각에 의해 방사선 형태로 설정하고, 그 측심선 위로 측량선을 유도하는 방법이다.

　방사선유도법은 일정한 범위 내에서 측량기계를 이동할 필요가 없다는 이점이 있으나 유도점을 향하여 측심선이 모이므로 유도점 가까이에서는 측심선이 조밀하게 된다. 따라서 능률면을 고려하여 유도점을 여러 개 예정하여 둘 필요가 있다.

　여기서

　$\angle\beta$: 유도기점으로부터 여러 측심선까지의 각

　θ: 각간격

　d: 가장 먼 측량지점에서의 측심선 간격

　s: 방사유도점에서 가장 먼 측량지점까지의 거리

　$\theta=\dfrac{d}{s}\rho'$ $(\rho'=3437)$에서 각 측심선 간격의 각을 구한다.

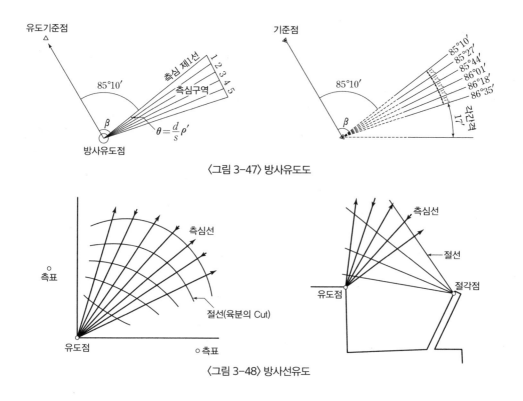

<그림 3-47> 방사유도도

<그림 3-48> 방사선유도

3) 원호유도법

측량선박에서 육분의로 두 측표 간의 협각을 일정 각도로 유지하면서 원호로 유도하는 방법과 전
파기기(Auto tape, Audister, Electroposik, Raydist)로 한 레인(Lane)상으로 원호유도하는 방법이
있다. 육분의에 의한 원호유도법은 삼점양각법의 일종으로 계획측심선으로부터 편차량, 즉 측량선

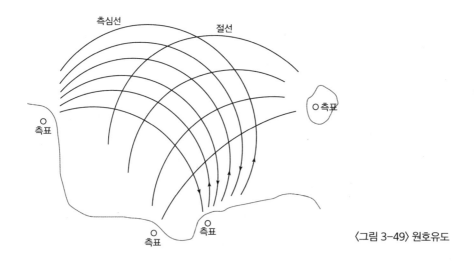

<그림 3-49> 원호유도

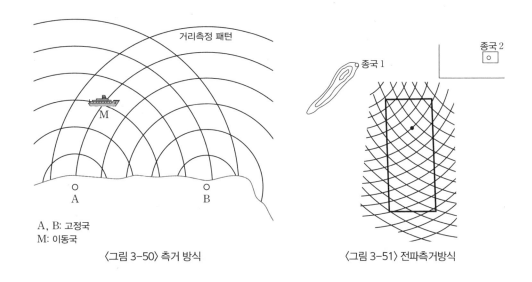

<table>
<tr><td>A, B: 고정국
M: 이동국</td></tr>
</table>

〈그림 3-50〉 측거 방식　　　　〈그림 3-51〉 전파측거방식

의 사행, 육분의의 측각오차가 크기 때문에 항로, 묘박지, 준설구역에서 시행하는 고정밀도측량에는 적합하지 않다.

　전파기기에 의한 원호유도법은 육상에 두 개의 기지가 필요하며, 전파측거의에 의하기 때문에 높은 정확도로 작업의 능률을 향상시킨다.

4) 쌍곡선유도법

　쌍곡선은 수학적 정의된 두 개의 고정점에서 거리 차가 일정한 점의 궤적을 말하며, 이때 두 고정점은 초점으로 육상의 고정국이 된다. 두 개 이상의 고정국에서 발사한 전파를 측량선에서 수신하여 그 시간 차를 구하여 위치를 결정하는 방법이다.

　A: master stastion(fixed)

　B and C: slave station(fixed)

　M: mobile station

　전파기기(Decca, Hi-fix, Raydist)에서 발사하는 쌍곡선을 따라 측량선이 항해하도록 유도하며, 다른 쌍곡선과의 교점에 의하여 선위를 구한다. 이 방식은 위치의 선이 쌍곡선이기 때문에 계산상 작도하는 데 불편하지만 한 쌍의 육상국에 의해 다수의 측량선박이 동시에 측위가 가능한 이점이 있다. 하지만 쌍곡선의 기선에서 멀어질수록 위치정확도가 낮아지는 단점도 있다.

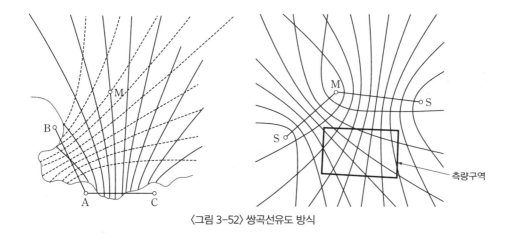

〈그림 3-52〉 쌍곡선유도 방식

3.4.3. 전파를 이용한 해상 위치 결정

1) 전파를 이용한 위치 결정 원리

　전파위치측량은 전파(광파, 적외선, 레이저 등 포함)를 이용하여 무선국 간의 거리, 거리 차 또는 방위를 관측하여 해상에서 위치를 결정하는 방법으로, 야간이나 기상의 조건에 구애 없이 항상 측량선의 위치를 결정할 수 있고 측위정확도가 높은 장점이 있다. 전파위치측량은 위치선에 따라 원호방식과 쌍곡선 방식이 있다.

(1) 원호방식
　두 개의 육상 기지점에 설치된 무선국으로부터 발사되는 전파의 왕복시간 차에 의하여 거리를 구하면 위치선은 하나의 무선국을 중심으로 원호가 만들어지며, 해상에서 위치는 두 개 원호의 교점으로 정해진다. 이 방식은 주로 근거리 해역에서의 수심측량, 지구물리해양조사 또는 토목공사 등에 이용된다.
　육상국과 선박국과의 거리(D)는 다음 식과 같다.

$$D = \frac{V(T_1 - T_2)}{2}$$

D: 육상국에서 선박까지 거리

V: 전파의 속도

T_1, T_2: 육상국으로부터 전파 수신시간

이 방식의 장비는 Trisponder, Audister, Auto tape, Raydist 등이 있으며 주로 100km 범위 이내에서 사용된다.

(2) 쌍곡선 방식

두 개의 기지국과 하나의 이동국 사이에서 각각의 거리 차가 일정한 점의 궤적을 이루면 두 개의 기지국을 집점으로 하는 쌍곡선이 된다. 쌍곡선 방식에서는 육상의 두 송신국으로부터 선박수신국까지의 전파 수신 시간 차를 관측하여 위치선을 구한다.

$$D_A = V(T_a - T_0)$$
$$D_B = V(T_b - T_0)$$
$$D_A - D_B = V(T_a - T_b)$$

D_A, D_B: 선박에서 두 송신국까지 거리

V: 전파의 전파속도

T_a, T_b: 선박에서 두 송신국으로부터 전파수신시간

T_0: 두 송신국의 전파송신시간

이 방식의 장비는 Hi-Fix, Decca, Loran 등이 있으며, 주로 100km 이상의 범위에서 사용된다.

2) 레이디스트

〈그림 3-53〉 레이디스트(Raydist)로 멕시코의 걸프에서 수문 지도를 보고 있는 모습

레이디스트(Raydist)는 주국인 측량선에서 두 개 종국의 육상국에 전파를 발사하여, 그 반송되어 온 전파의 위상을 비교하여 거리를 구하는 방식이다. 두 개의 육상국에서 반송된 전파를 구별하기 위해 Red Sta에서는 $\frac{F_m - a}{2}$, Green Sta에서는 $\frac{F_m + a}{2}$로 주파수를 바꾸어 반송하므로, 선박의 이동국에서 양국 신호의 식별이 용이하다.

위상폭은 $Lw = \frac{V}{2F_m}$이다.

F_m은 이동국에서 발사하는 기본주파수(3304.4

khz)이다.

전파속도 V=299,670km/sec이다. 레이디스트의 정확도는 4.5~45.7m이며, 최대 탐지거리는 주간에 약 140km, 야간에 약 90km이다.

3) 트리스폰더

트리스폰더(Trisponder)는 거리에 의한 원호방식으로 위치를 측정한다. 선박국에서 전파를 발사하여 두 개 육상국 전파의 수신 시간을 측정함으로써 육상국과 선박 간의 거리를 구하게 된다.

트리스폰더의 유효거리를 최대로 하기 위해서는 선박 안테나 또는 육상국의 위치를 높이는 방법이 있다.

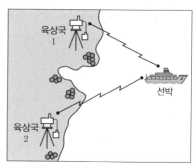

〈그림 3-54〉 두 거리를 이용한 위치 결정

$$거리(km)\ D = 4.12(\sqrt{h_1} + \sqrt{h_2})$$

h_1, h_2: 육상국 및 선박국 안테나 높이(m)

트리스폰더의 정확도는 ±3m이며, 최대 탐지거리는 80km이다.

3.4.4. 위성을 이용한 해상 위치 결정

1) GNSS

GNSS(Global Navigation Satellite System)는 우주 궤도를 돌고 있는 인공위성을 이용하여 지상에 있는 물체의 위치·고도·속도에 관한 정보를 제공하는 시스템이다. 1m 이하 공간해상도를 바탕으로 위성정보를 통해 정밀한 위치 정보를 파악할 수 있는 장점을 지니고 있다. GNSS는 과거에 군사적 용도로만 이용하였으나, 인공위성을 통해 취득하는 위성정보를 개방함에 따라 항공기, 선박 등 교통수단의 위치 안내나 측지, 통신 등 민간 분야에서도 활용할 수 있다. 이 시스템은 하나 또는 그 이상의 인공위성 신호를 받을 수 있는 수신기, 지상감시국 및 시스템보전성 감시시스템 등으로 구성되어 있다. 인공위성에서 송신하는 전파를 수신기를 통해 전달받아, 이를 바탕으로 위성으로부터의 거리를 산출하여 수신기의 위치를 결정하는 방식이다.

현재 서비스되고 있는 GNSS는 미국 국방부가 개발하여 운영하고 있는 GPS(Global Positioning

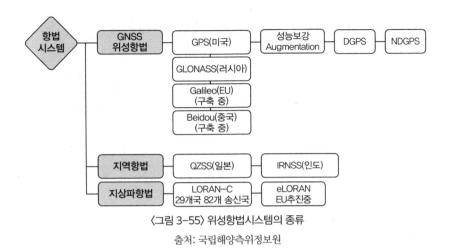

〈그림 3-55〉 위성항법시스템의 종류

출처: 국립해양측위정보원

System)가 있으며, GPS는 대중적으로 많이 알려져 있는 GNSS 중 하나이다. 그외에도 러시아에서 운영하는 GLONASS(GLObal NAvigation Satellite System)와 유럽연합의 갈릴레오(Galileo), 중국의 베이더우(北斗, Beidou) 등이 있다.

2) GPS

GPS(Global Positioning System)는 초기에 군사적인 용도로 이용하기 위해 개발되었으나 미국 의회에서 GPS를 민간 분야에서 활용할 수 있도록 허가함에 따라, 다양한 분야에서 GPS를 활용하게 되면서 엄청난 발전을 가져왔다. 2000년 5월 2일 SA(Selective Availability)가 해제되면서 민간 분야에서의 활용이 더욱 더 가속화되기 이르렀다. 민간 분야에서 GPS는 측지, 측량, 항법, 통신, 기상 등 다양한 분야에 적용하여 이용하고 있다.

이러한 GPS 기술은 밀리미터 단위의 정밀도를 제공함에 따라, 지각 및 단층 등의 위치 및 변위 측정을 수행할 수 있다. 현재 전 세계적으로 지진과 같은 지각 변동에 대한 모니터링을 수행하기 위해 GPS 기술을 이용하고 있으며, 최근에는 스마트기기의 보급이 활발해짐에 따라 정밀한 3차원 공간 정보를 이용하는 애플리케이션의 수요도 지속적으로 증가하고 있다.

(1) GPS 구성

GPS는 위성으로 구성된 우주부문과 시스템 전체를 제어하는 제어부문, 신호를 수신하는 사용자 부문으로 구성되어 있다. 우주부문은 적도면을 기준으로 약 55° 경사를 이루는 6개의 궤도면에 각각 4개의 위성과 1~2개의 예비위성으로 구성되어 있다. 위성은 약 20,200km 고도에서 12시간 주

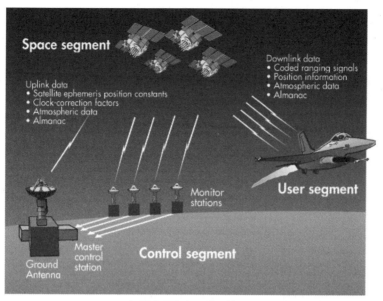

<그림 3-56> GPS의 구성

기로 궤도운동을 하고 있다. 즉 우주부문은 위성을 관리하는 부문으로, 6개의 궤도면에 배치된 4개의 위성은 지구상 어느 위치에서 관측을 실시하더라도 최소 4개의 위성을 이용할 수 있도록 설계되어 있다.

시스템 전체를 제어하는 부문인 제어부문은 지상에 위치한 5개의 제어국으로 구성되어 있다. 제어국에서는 위성들의 궤도 추적, 시각동기, 데이터송수신 등을 담당하고 있다. 제어국에서 취득된 위성궤도 추적 데이터는 주관제국에 보내져 궤도 및 시각 파라미터를 산출한 뒤, GPS 안테나를 이용하여 위성으로 정보를 송신한다.

사용자부문은 위성에서 송신하는 신호를 수신하여 위치 및 시간 정보를 취득할 수 있다. GPS 이용 초기에는 항공기, 선박, 육상차량, 보병 등과 같은 군사용도로 활용되었으나 최근에는 측량, 차량항법, GIS, 지진감지 및 방재 분야 등 다양한 분야의 민간에서 많은 활용을 하고 있다.

(2) GPS 위성신호

GPS 위성에서 송신하는 신호는 반송파와 PRN(Pseudo Random Noise), 위성의 상태와 시각 및 궤도와 같은 항법메세지로 구성된다. 반송파는 기본 주파수에 각각 154와 120의 정수배를 통해 산출되는 L1, L2의 두 가지 반송파로 구성된다.

L1 반송파에는 항법메시지, C/A코드, P코드를 전송하며, L2 반송파는 항법메시지와 P코드를 전

송한다. C/A코드는 민간에 개방되었지만, P코드는 여
전히 군사용으로 이용할 수 있도록 암호화되어 접근할
수 없는 상태이다. 그러나 최근 미국에서 GPS의 고도화
된 발전을 도모할 수 있도록 L2 반송파 신호를 민간 분
야에서 사용할 수 있도록 허가하는 방안(L2C)을 준비하

<표 3-15> 주파수

구분	주파수
반송파 기본 주파수	10.23MHz
L1	1572.42MHz
L2	1227.60MHz
L5	1176.45MHz

고 있으며, 별도로 군사용도로 사용가능한 M(military)코드를 추가하는 계획을 세우고 있다. 또한
항공기 등의 운용을 안전하고 유용하게 하기 위해 새로운 반송파인 L5 서비스를 준비 중에 있다.

(3) GPS 측위 기본원리

위성에서 수신기까지의 거리에 대한 관측성과와 위상차에 대한 관측성과를 취득할 수 있다. 위
상차는 위성에서 송신한 위성의 신호가 지상에 설치되어 있는 수신기의 발진기에서 생성된 신호와
의 위상변위를 뜻하며, 이를 바탕으로 위성에서 수신기까지 거리를 산출하게 된다. GPS 측위는 위
성으로부터 수신기까지의 거리를 이용하여 수신기의 위치를 결정하는 방법이다. 후방교회법을 이
용하여 미지점의 좌표를 구하는 방법으로 위성의 위치가 기지점이 되고 수신기의 위치가 미지점이
된다. GPS에 의한 3차원 측위법은 단독측위(또는 절대측위, point positioning)와 상대측위(relative
positioning 또는 differential positioning)로 구분할 수 있다. 단독측위에서는 한 개의 수신기에서
최소 4개 이상의 위성을 관측하여 위치를 결정하는 방법으로 상대측위에 비하여 정밀도가 낮다.

상대측위는 단독측위와는 다르게 두 개의 수신기를 이용하여, 동일한 한 개의 위성을 동시에 관
측하여 위치를 결정하는 방법으로 단독측위보다 정밀도가 높은 편이다. 상대측위를 할 경우, 수신
기 두 개 중 한 개는 기지점으로 사용하여야 한다.

① 단독측위법

단독측위는 WGS84 기준계상에서 위치 좌표를 결정하는 방법이다. 위치 결정을 위해 신호 간의
펄스를 이용하거나 반송파 L1과 L2 분석을 통해 결정한다.

위성과 수신기 사이의 거리를 의사거리(pseudo range)라고 하며, 이 값은 위성에서 송신한 신
호가 수신기에 도달할 때까지의 시간을 토대로 산출된다. 이때 시간은 수신된 신호와 수신기
의 발진기에서 만든 신호 사이의 상관관계 분석을 실시하며, 수신기의 발진기 신호는 위상을 옮
겨 위성 신호와 결합된다. 이렇게 계산된 시간 차는 위성과 수신기의 시계들 사이의 비동기 오차
(asynchronous error)에 영향을 받는다. 수신기 시계는 위성의 원자시계에 비해서 정확도가 떨어
진다. 이러한 이유로 인해 한 지점의 위치를 결정할 때, 삼각측량을 바탕으로 이론적으로는 3개의
미지수로 위치를 결정할 수 있으나, 비동기 오차 등의 이유로 인해 필요한 미지수는 4개가 된다. 즉

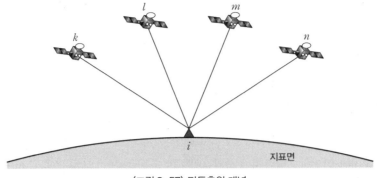

〈그림 3-57〉 단독측위 개념

절대적인 위치를 결정하기 위해서는 동시에 최소 4개의 위성을 이용하여 관측해야 한다.

다른 방법으로는 두 개의 반송 주파수의 위상을 분석하고, 위성과 수신기 사이의 거리는 송신되는 순간 신호의 위상과 수신되는 순간 신호의 위상을 비교하여 산출할 수 있다. 이때 모든 관측 위성에 대하여 초기모호정수(initial integer ambiguity)라는 미지수를 고려해야 한다. 모호정수는 측정이 시작될 때 위성에서 수신기까지 횡단하는 신호 사이클의 정수를 뜻하는데, 모든 위성에 대한 관측을 실시할 때, 각기 다른 거리로 인해 새로운 모호정수들이 나타나게 된다. 즉 위상 측정에 의한 실시간 절대측위는 위치 파악에 사용되는 위성들의 모호정수들을 알고 있는 경우에만 가능하며, 모호정수를 결정하는 절차를 초기화(initialization)라고 한다.

② 상대측위법

상대측위법은 고정된 기지점의 위치좌표를 기준으로 이에 대한 미지점의 위치좌표를 상대적으로 결정하는 것이다. 즉 기선벡터 또는 단순히 기선이라 불리는 두 점 간의 벡터를 결정하는 것이다. 좌표를 알고 있는 기준점을 A, 미지점을 B, 두 점 간의 기선벡터를 $\underline{b_{AB}}$라고 하고, 각 점의 위치벡터를 $\underline{X_A}$, $\underline{X_B}$라고 표기하면 다음과 같은 관계를 갖는다.

$\underline{X_B} = \underline{X_A} + \underline{b_{AB}}$

여기서 기선벡터 $\underline{b_{AB}}$의 성분은 다음과 같이 표현된다.

$$\underline{b_{AB}} = \begin{bmatrix} X_B - X_A \\ Y_B - Y_A \\ Z_B - Z_A \end{bmatrix} = \begin{array}{c} \Delta X_{AB} \\ \Delta Y_{AB} \\ \Delta Z_{AB} \end{array}$$

측량개시 시 위성과 GPS 수신기 사이에 존재했던 반송파의 정현파수, 즉 위상수를 모호정수(integer ambiguity)라고 부르는데, 이를 알면 상대측위에 의하여 두 점 간 기선 벡터의 계산이 가능하게 된다. 문제는 반송파는 모든 파장의 파형이 고르기 때문에 파장의 개수를 정확히 구하기가 어렵다. 따라서 GPS 측량계산의 기본은 모호정수를 빨리 또는 적은 양의 데이터로 구하는 데 있다. 모호정수치를 구하기 위한 상대측위법에는 단일차분, 이중차분, 삼중차분이 있다.

- 단일차분(single difference)은 2개의 관측점과 1개의 위성이 관계된다. 수신기 간 차분의 위상 관측식을 계산함으로서 위성시계의 오차항을 제거하거나 1개의 관측점과 2개의 위성 간(위성 간 차분)의 위상관측식을 계산함으로써 수신기 시계의 오차항을 제거한다. GPS 위성의 고도에 비해 두 수신기 사이의 거리가 짧다면 궤도오차와 대기권 지연오차를 줄일 수 있다.
- 이중차분(double difference)은 2개 이상의 단일차분을 계산하여 수신기 및 위성시계의 오차 항을 모두 제거하고, 미지항은 모호정수항만을 남기게 된다. 따라서 n(n≥4)개의 위성에 대한 관측식으로 (n-1)개의 이중차분을 이용하여 측량 계산을 실시한다.
- 삼중차분(triple difference)은 이중차분을 연속된 시간에 따라 빼는 것으로 정보의 내용이 빈약 해서 이중차분을 이용하는 것보다 부정확하다. 관측 도중 발생하는 사이클슬립(cycle slip)을 보정하는 데 이용한다. 사이클슬립은 관측 도중 나무와 같은 장애물을 통과하거나, 전리층의 활발한 활동 또는 전파가 많이 발사되는 지역에서 전자파 장애로 인하여 생긴다.

③ DGPS

DGPS(Differential GPS)는 단독측위의 정밀도 한계를 극복하기 위해 개발된 상대측위 방식의 GPS 측량기법이다. 이미 알고 있는 기지점의 좌표를 이용하여 오차를 최대한 줄이는 위치 결정 방식으로, 기지점에 기준국용 GPS 수신기를 설치하여 위성을 관측한다. 기지점에서 관측한 위성 각각의 의사거리 보정값을 구하고 이를 이용하여 이동국용 GPS 수신기의 위치 결정 오차를 개선하는 의사거리보정(Pseudo-Range Corrections: PRC)과 의사거리의 변동률을 이용하여 보정하는 거리 변화율보정(Range Rate Correction: RRC)이 사용된다.

의사거리보정 방식은 기준국에 고정되어 있는 수신기에서 이동국에 수신된 위성신호와 시간정보 및 궤도 데이터에서 오차를 검출하여 보정하는 방식이며, 보정 데이터의 유효성이 높다. 거리변화율보정 방식은 의사거리보정값에서 변화비율을 예측하여 보정값을 적용하여 편차를 상쇄시키는 것으로 계산이 복잡하여 효율성은 떨어지나 정확도가 높다. PRC와 RRC는 실시간으로 이동국의 원격 수신기에 전송되거나 기준국의 수신기에 저장되어 후처리 절차에서 사용할 수 있다.

실시간으로 절차를 수행할 때, 두 기지국은(기준국-이동국)은 무선 모뎀이나 전화선 모뎀을 통해 연결된다. 어떤 경우든 원격 수신기(실시간) 또는 후처리 소프트웨어가 장착된 수신기나 PC(시간 지연)는 의사범위측정의 보정을 적용하고 보정된 관측을 이용하여 단일 지점의 위치를 계산한다.

우리나라의 경우 전국에 분포된 기준국에서 GPS 오차성분을 관측하여 보정정보를 생성하고 사용자에게 방송하는 기능을 수행한다.

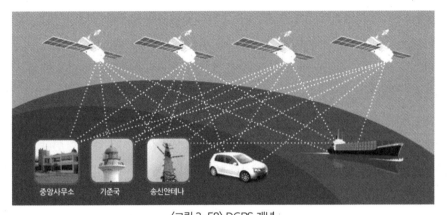

〈그림 3-58〉 DGPS 개념

출처 : 국립해양측위정보원

④ 실시간 이동측위

실시간 이동측위(Realtime Kinematic: RTK)는 정밀한 위치정보를 가지고 있는 기준국의 반송파 위상에 대한 보정치를 이용하여 이동국(rover)에서 실시간으로 1~2cm 정확도의 측위결과를 얻는 일련의 측량 과정을 말한다. 이 측위방식은 광범위한 측량지역의 정밀 좌표를 신속하게 획득할 수 있기 때문에 그 활용범위가 넓다. 실시간 이동측위는 기준국과 이동국의 측정오차 중 공통성분이 상쇄되어 결과적으로 정확도가 높아지게 되는데, 기준국과 이동국 간의 거리가 멀어질수록 두 수신기 간 전리층과 대류권 지연효과와 같은 측위오차의 영향이 달라지기 때문에 정확도가 저하된다. 따라서 cm 단위의 정확도를 확보하기 위해서는 기선거리가 짧아야 한다는 단점이 있다.

전리층과 대류권의 공통적인 오차 요인을 제거하기 위해서는 기준국과 이동국 사이의 거리를 줄이는 것이 효과적이나, 기준국은 고정되어 있기 때문에 이동국과의 거리를 줄이기 위해 기준국을 이동시키는 것이 불가능하다. 실질적인 대안으로 기준국을 조밀하게 설치하는 방법이 있으나 경제적인 이유 등 여러 가지 상황들로 인해 쉽지 않다.

네트워크 RTK 시스템은 실시간 이동측위 방법에 따르는 거리에 따라 오차가 증대하는 문제를 보완하기 위해 개발되었다. 이 방법은 이동국에서 멀리 떨어진 여러 개의 실제 기준국 관측 데이터를 이용하여 이동국 근처에 가상으로 기준국을 만든다. 소프트웨어적으로 만들어 낸 가상 기준국 데이터와

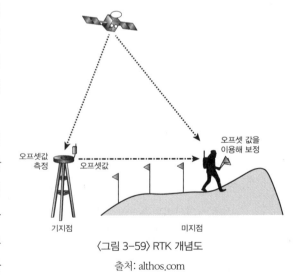

〈그림 3-59〉 RTK 개념도

출처: althos.com

보정 정보를 사용자에게 전송하여 기준국과 이동국 간의 거리와 관계없이 단거리 측량과 동일한 수준의 높은 정확도의 측위결과를 얻을 수 있다.

(4) GPS 관측방법

① Static

관측 장소가 고정되는 것을 의미한다. Static은 정적이라는 말로 정의되며 상대측위, 단독측위로 구분된다. 정적단독측위(static point positioning)는 그리 높지 않은 측위 정밀도를 필요로 하는 경우에 효과적인 방법이다. 반송파 위상을 이용한 정적상대측위(static relative positioning)는 가장 정밀도가 높은 측위기술로서 측량에 가장 자주 사용되는 방법이다. 이 방법을 흔히 정적측량(static surveying)이라고 하며 두 개의 고정된 수신기 사이의 기선벡터를 결정하게 된다.

② Kinematic

관측 장소가 이동하는 것을 의미한다. Kinematic은 동적이라는 말로 정의되며 Static과 마찬가지로 상대측위, 단독측위로 구분할 수 있다. 동적단독측위(kinematic point positioning)는 시간에 따라 변화하는 이동체의 궤도결정에 이용된다. 동적상대측위(kinematic relative positioning)는 고정된 한 대의 수신기와 이동체에 부착된 한 대의 수신기를 이용하여 측위를 실시한다. 동적단독측위와 동일한 분야에서 활용되나 보다 더 정밀한 데이터 취득을 위해 사용한다.

Static과 Kinematic에서 수신기의 성능과 측량 목적에 따라 현장관측방법이 구분되는데 보편적으로 사용하고 있는 것으로는 Rapid Static, Pseudo Kinematic, Real time Kinematic 등이 있다.

3) GPS 위치 측정의 오차

GPS 수신기에서 위치를 계산하기 위해서는 위성과 동기된 시각, 위성 위치, 신호 지연량을 모두 정확히 알아야 한다. 위치오차는 이 가운데 주로 위성 위치 오차와 신호지연 측정의 부정확으로부터 발생하며 신호의 지연 시간은 GPS 위성으로부터 수신한 신호와 동일한 신호를 GPS 수신기에서 발생시켜 비교하여 측정한다. 측정 정밀도는 수신 상태가 양호한 경우에는 코드 길이의 1%까지 측정할 수 있으며 1MHz를 사용하는 C/A코드는 약 3m(10ns) 정도까지 측정하며, 10MHz인 P코드로는 약 30cm까지 측정할 수 있다.

GPS를 이용한 거리측정에 영향을 미치는 오차들을 정리하면 다음과 같다.

- 전리층의 영향: ±5m
- 대류권의 영향: ±0.5m

- 천체력 오차: ±2.5m

- 위성의 시계 오차: ±2m

- 다중경로 오차: ±1m

- 수신기회로 오차: ±1m 이하

(1) 전리층과 대류권의 영향

전리층과 대류권 오차를 합쳐서 대기권 오차(atmospheric delays)라고 한다. 의사거리로부터 실제거리를 구할 때는 대기권 오차를 줄이는 것이 가장 효과적이다. 대기권의 영향은 위성이 수신기 바로 위에 있을 때 가장 작고 위성이 지평선 부근에 있으면 가장 크다. 이것은 대기권을 통과하는 경로의 거리 차이 때문이다.

전리층 오차는 약 350km 고도상에 집중적으로 분포되어 있는 자유 전자(free electron)와 GPS 위성 신호와의 간섭(interference) 현상에 의해 발생한다. 전리층 오차는 코드 측정치에서는 지연(delay), 반송파 위상 측정치에서는 앞섬(advance) 형태로 발생한다. 전리층 오차의 크기는 7m 내외로 오후 2시경에 최댓값을 지니며 밤에는 전리층 활동량이 적으므로 최솟값을 지닌다. 전리층 오차는 고의 잡음 제거 이후 가장 큰 오차 요인으로 작용하고 있다. 전리층 오차는 전리층을 통과하는 신호의 주파수에 의해 결정되므로 이중 주파수에 대한 측정치를 이용하면 전리층 오차를 계산할 수 있다. 일반적으로 전리층 지연을 보정하는 데 쓰이는 전리층 모형식(model)으로서 클로버샤(Klobuchar) 모형식이 있으며 이것을 사용하면 약 50% 정도까지의 오차 보정 효과가 나타난다.

대류층 오차는 고도 50km까지의 대류층에 의한 GPS 위성 신호 굴절(refraction) 현상으로 인해 발생하며 코드 측정치 및 반송파 위상 측정치 모두에서 지연 형태로 나타난다. 대류층 오차의 크기는 약 3~20m로서 기저선의 길이가 짧고 기준국과 사용자 사이의 고도 차이가 작을 경우, 오차 상관관계가 크므로 차분 기법에 의해 상쇄된다.

SA가 해제된 이후, GPS에서 발생할 수 있는 가장 큰 오차는 전리층으로 인한 것이다. 물론 GPS 위성에서 오차보정 계수를 송신하지만, 전리층의 불확실한 조건으로 인해 오차가 발생하는 것을 완전히 막을 수는 없다. 이는 GPS 위성에서 L1과 L2 두 개의 반송파로 동시에 신호를 보내는 이유가 여기에 있다. 신호가 전달되는 경로에 따른 전리층 오차는 신호의 주파수와 총 전자 함유량의 함수이다. 그러므로 수신기에서 주파수가 다른 두 대역의 신호가 도달하는 시간 차이를 측정함으로써 총 전자 함유량을 구하고 전리층 지연도 계산할 수 있다. 암호해독 장치가 달려 있는 수신기는 L1과 L2대에 실려 송신되는 P코드를 수신할 수 있지만, 해독장치가 없는 경우라도 코드리스(codeless)기법(코드 내의 정보는 무시)을 사용해 L1과 L2대의 P코드를 비교하여 두 대역의 전송 지연을 계산한다. 대기 중인 GPS 위성에는 민간용의 새로운 코드가 L2 및 새로운 L5 대역에 추가될 것이라고 한다. 그렇게 될 경우, 모든 사용자가 두 가지 주파수를 직접 측정하는 방법으로 전리층 지연을 계산할 수 있게 된다.

(2) 다중경로 오차

GPS 신호는 수신기 안테나까지 도달하는 데 직접 수신되는 것도 있으나 안테나 주변의 건물, 나무, 지면 등으로부터 반사·굴절되어 오는 다중경로(multi path) 신호가 있어 거리오차를 만든다. 다중경로 신호는 유효신호의 대역 폭을 소프트웨어로 조정하거나 다중경로 신호가 차단되게 안테나를 제작함으로써 그 영향을 줄일 수 있다. 움직이는 물체(차량, 항공기, 선박)에 장착된 GPS 수신기의 경우는 플랫폼에서 반사되는 신호 외에는 주변형상으로부터 반사하는 다중경로 효과는 심각하지 않다.

(3) 위성 궤도 및 위성 시계 오차

항법메시지는 50Hz로 전송되는 코드로 전체 메시지를 전송하는 데 12.5분이 소요된다. 만약 다음 항법메시지를 받기 전에 그 GPS 위성이 궤도를 수정하면, 항법메시지의 예정 위치정보만 의존하는 수신기는 실제와 다른 위치를 계산하게 된다. 그러므로 더 정확한 위성의 궤도 정보와 이력(almanac)을 이용하는 방법을 사용하면 쉽게 오차를 보정할 수 있다.

위성에 탑재된 시계는 대단히 정밀한 시계이지만 시간이 지남에 따라 시계 오차(clock drift)가 발생한다. 이 때문에 위치 결정에 최대 2m 정도의 오차가 생길 수 있다. 위성시계 오차는 전리층 오차와 달리 몇 날 또는 몇 주간에 걸쳐서 일정한 변화를 보이므로 안정적인 편에 속한다.

(4) 기타 간섭과 전파 방해

지상에 도달하는 GPS 신호는 약하기 때문에 다른 강한 전자파가 있는 경우 GPS 신호를 추적하는 것이 매우 어려워진다. 태양플레어는 GPS 수신을 저해할 수 있는 자연적인 원인 중의 하나로, 태양 쪽을 향하는 지구의 절반 지역이 태양플레어의 영향을 받게 된다. 지자기폭풍 역시 GPS 신호 수신을 저해하는 원인의 하나이다.

또, 차량 내부에 장착된 수신기 안테나는 앞 유리의 결빙을 방지하기 위해 내장된 열선 때문에 GPS 신호를 수신하는 데 장애가 될 수 있다. 전파교란 역시 GPS 신호에 영향을 미친다. 자연적 또는 인공적인 이유로 발생하는 GPS 수신 장애에 대처하기 위해 많은 방법들이 개발되었다. 한 가지 방법은 GPS만을 사용하지 않고 러시아의 GLONASS, 유럽연합이 개발하는 갈릴레오 등과 같은 다른 대체 위성 시스템을 함께 사용하는 것이다.

(5) 사이클슬립

사이클슬립은 GPS 반송파 위상 추적 회로(Phase Lock Loop: PLL)에서 반송파 위상치의 값을 순간적으로 놓침으로 인해 발생하는 오차이다. 사이클슬립은 주로 GPS 안테나 주위의 지형지물에 의한 신호 단절, 높은 신호 잡음 및 낮은 신호 강도로 인해 발생한다. 이러한 사이클슬립은 반송파 위상 데이터를 사용하는 정밀 위치 측정 분야에서는 매우 큰 영향을 미칠 수 있으므로 사이클슬립의 검출은 매우 중요하다.

사이클슬립의 원인과 처리방법은 다음과 같다.

① 사이클슬립의 발생 원인

– 상공 시계 미확보로 인한 GPS 안테나 신호단절

– 높은 신호 잡음(Noise)

– 낮은 신호 강도(GPS와 연결되는 케이블 선이 길거나 저항이 클 경우)

– 낮은 위성 고도각(임계고도각인 15°이하의 상공에서 위성 신호를 수신할 경우)

② 사이클슬립 처리 방법

– 후처리 시에 소트트웨어가 수동 또는 자동으로 발견하여 편집한다.

– 실시간 측량 시 RTK 장비에서 사이클슬립을 찾아 초기화를 시도한다.

(6) DOP

측위 시에 위성들의 배치에 따라 오차가 발생하게 된다. 이는 독도법으로 위치를 나타낼 때 적정한 간격의 물표를 정하여 독도법을 실시하게 되면 오차가 줄어들어 정확한 위치를 알 수 있으며, 밀집해 있는 물표를 이용할 경우에는 오차가 증가하여 자신이 알고자 하는 위치가 부정확해진다. 또한 위성들 사이의 공간이 증가하게 되면 수신기에서의 위치정밀도가 높아진다고 할 수 있다. 즉 위성이 적절하게 배치되어 있는 정도를 DOP(Dilution of Precision)라고 한다.

① DOP의 종류와 산술식

– 기하학적 정확도 저하율 GDOP(Geometrical DOP)$=\dfrac{1}{\sigma_{UERE}}\sqrt{\sigma_E^2+\sigma_N^2+\sigma_U^2+\sigma_t^2}$

– 위치 정확도 저하율 PDOP(Position DOP)$=\dfrac{1}{\sigma_{UERE}}\sqrt{\sigma_E^2+\sigma_N^2+\sigma_U^2}$

– 수평 정확도 저하율 HDOP(Horizontal DOP)$=\dfrac{1}{\sigma_{UERE}}\sqrt{\sigma_E^2+\sigma_N^2}$

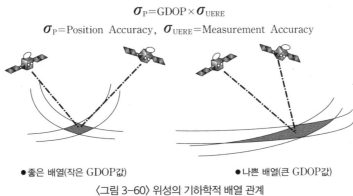

$$\sigma_P = GDOP \times \sigma_{UERE}$$

σ_P=Position Accuracy, σ_{UERE}=Measurement Accuracy

●좋은 배열(작은 GDOP값)　　　　　　●나쁜 배열(큰 GDOP값)

〈그림 3-60〉 위성의 기하학적 배열 관계

－ 수직 정확도 저하율 VDOP(Vertical DOP)=$\dfrac{\sigma_U}{\sigma_{UERE}}$

－ 시각 정확도 저하율 TDOP(Time DOP)=$\dfrac{\sigma_t}{\sigma_{UERE}}$

DOP 중에서 위치 정확도 저하율(PDOP)이 가장 많이 사용되고 있으며 PDOP에 rms UERE를 곱하게 되면 rms의 위치오차가 된다. 그리고 GPS 수신기가 관측된 데이터를 이용하여 PDOP를 계산하고, 이를 거리오차에 곱하면 측위오차가 된다.

따라서 수신기의 PDOP는 작은 위성의 조합을 선택하여 측위를 계산한 결과를 나타내야 한다. 또한 최근에는 수신기의 성능이 좋기 때문에 PDOP가 3일 경우에는 위치오차가 약 15m CEP(Circular Error Probability)가 된다. 이는 50%의 오차확률일 때 평면으로는 대략 15m라는 것을 나타낸다.

4) DGPS

DGPS(Difference GPS)는 상대측위 GPS 관측이라고 하며 일본에서는 과거에 트랜스 로케이션 방식이라고 하였다. 트랜스 로케이션은 제1세대 위성항법시스템 NNSS(Navy Navigation Satellite System)를 측지에 이용할 경우와 비슷한 방법이라는 점에서 상용된 명칭이다. 이러한 트랜스 로케이션은 영어로 쓰이지만 외국에서는 거의 상용되지 않는 전형적인 일본식 영어이다. 또한 일부에서는 반송파 위상 DGPS(carrier phase DGPS)라는 명칭을 사용하고 있다.

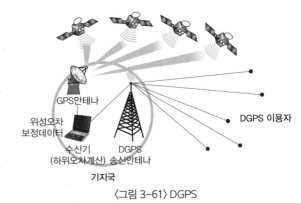

〈그림 3-61〉 DGPS

DGPS 상대측위는 1대의 수신기만 사용한다고 가정하면 선박에서든 비행기에서든 1점 측위를 하여야 하며 이 경우 정확성이 떨어지게 된다. GPS에 의하여 mm 단위의 정도로 줄이기 위해서는 항상 상대측위를 사용하며 이때는 최소한 2대의 수신기를 필요로 한다. 2대의 수신기로 위치를 구하는 대신에 실제적으로 이들 두점 간의 위치 변화를 알 수 있게 하는 것이다. 즉 하나의 수신기 위치를 알면 상대적으로 다른 수신기의 위치를 알 수 있게 된다. 이러한 상대측위 GPS 관측은 많은 오차를 갖고 있으며 오차의 크기 또한 순간마다 항상 변하기 때문에 알기 어렵다. 하지만 2대의 수신기로 동시에 관측하게 된다면 거의 동일한 오차의 영향을 받게 되므로 오차의 크기가 줄어들 것이다.

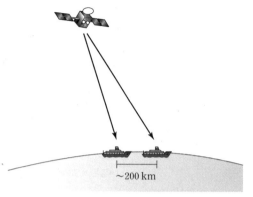

〈그림 3-62〉 동일한 오차조건

위성에서의 수신기 시계, 위성궤도, 전리층, 대기층에서도 차이가 발생하게 되는데, 이들은 거의 동일한 지역에서는 수신기에 같은 영향을 주게 된다. 이 때문에 보다 나은 정밀한 거리를 측정하기 위해서 상대적 위치 결정은 GPS 측량의 1/2밖에 해당되지 않는다. GPS를 이용하여 mm 단위의 오차 정도로 줄이기 위해서는 위성까지

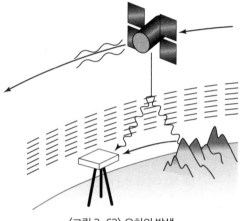

〈그림 3-63〉 오차의 발생

정확한 거리를 측정할 방법을 모색해야 된다. 즉 의사거리는 정밀하지 못하기 때문에 사용할 수 없고, 운송과 측정을 사용해야 한다. 다르게 표현하자면 L1파와 L2파에서 오는 파장을 단순히 측정한다는 것을 의미한다. 이것은 전혀 새로운 것이 아니며 EDM 작업과 거의 유사하다고 볼 수 있다. 위성거리 측정에 차등측정기술을 적용하여 오차요인이 되는 것을 완전히 소거하거나 최대한 줄일 수 있게 된다. 일반적으로 DGPS의 경우 100m의 위치정확도를 2~3m 이하로 향상시켜 많은 민간 부문에서도 사용할 수 있게 되었다.

(1) DGPS 측위방법

DGPS의 측위방법은 ① 기준국을 운영하기 위하여 이전에 측정하여 이미 알고 있는 기지점에 세운다 ② 수신기에 전원을 켜 놓은 상태에서 위성신호를 수신하기 시작하여 단독점으로 계산을 실시한다. 이 점은 이미 알고 있는 점이기 때문에 여러 위성까지의 거리를 매우 정확하게 예측할 수

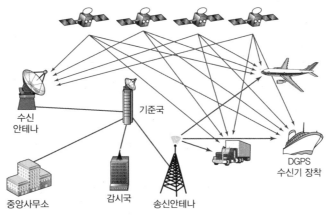

<그림 3-64> DGPS 시스템 구성도

있게 된다. 따라서 기준국은 계산과 측정값의 차이를 알 수 있으며 이것이 곧 보정량이 된다. ③ 기준국에서 보정량을 방송하기 위하여 라디오 모뎀을 부착하고 이동국에서도 마찬가지의 이러한 보정량이 있기 때문에 이를 기준국과 같이 이동국에서도 라디오 모뎀을 부착하여 기준국에서 방송한 보정량을 수신한다. ④ 이동국 수신기에서 위성까지의 거리측정은 기준국으로부터 받은 보정량을 적용시켜 미보정의 경우보다 정확한 위치를 계산할 수 있게 된다. 이러한 기술을 적용하게 되면 앞서 말한 여러 오차의 원인들을 최소화할 수 있으며 보다 정확한 위치를 측정할 수 있다. 또한 1개의 기준국을 사용하는 것보다 여러 기준국을 사용하면 오차의 크기를 줄일 수 있기 때문에 의미가 있다. DGPS에 대하여 간략하게 설명하였지만 실제로는 더 복잡하며 라디오 모뎀통신에 있어서 다양한 거리범위와 주파수가 있다.

여기에서 라디오모뎀은 라디오 주파수, 전원의 세기, 안테나의 이득 및 높이에 따라서 성능에 차이가 있다. 해양 선박항해를 하기 위하여 GPS 수신기망과 연안지역 선박운항을 지원하기 위한 강력한 무전망으로 구성된 비콘 서비스를 하고 있다.

선박이나 이동국 사용자는 비콘 수신기만 구입하면 보다 정확한 측위를 할 수 있게 된다. 이와 같은 시스템은 세계 각국의 해안에 설치되어 있으며 다른 장치로는 휴대형 전화기로서 이러한 보정자료의 방송에 사용할 수도 있다. 그뿐만 아니라 비콘은 상업적으로 육상지역까지 확대하여 사용하도록 하는 개인회사도 있다. 미국에서는 WASS에 따른 연방항공운행 체계의 위성은 정부기관이 담당하고 있으며 유럽의 경우 ESA 시스템이 있다. GPS 방송 데이터는 일반적으로 RTCM 양식을 사용하며 이것은 전 세계에서 공통양식으로 사용한다.

(2) DGPS의 종류

여러 가지의 오차가 발생하는 요인이 복합적인 영향을 미치는 이유 중 C/A 코드 하나만을 사용하는 경우에 10~30m 이상의 정밀도로 위치를 결정하는 것은 현실적으로 가능성이 없다. 특히 고의적으로 민간 GPS 이용에 관련하여 미 국방성에서 SA(Selective Availability)를 시행하였다. 이는 본래의 정밀도를 보다 저하시키는 것이므로 단독으로 작동하는 수신기를 통해 누군가가 원하는 위치를 계산하고 있을 경우 그 위치 정보가 정확한지 아닌지를 판단할 수 있는 방법이 없다. 하지만 2대의 장치 중 하나가 수신기 근처에 존재한다고 가정하면 지금 현재 수신 자료가 얼마나 정확한지 아닌지를 판단할 수 있게 되며 이를 다른 수신기에 송신만 해 준다면 오차의 크기를 크게 줄일 수 있게 되는데 이러한 방법을 DGPS(Differential GPS) 또는 상대측위 GPS라고 한다.

① 후처리 DGPS

DGPS의 응용 분야에서 실시간으로 정밀한 위치측정을 군이 수행할 필요는 없다. 만약 새로 건설된 도로가 있다고 가정했을 때 이를 지도에 삽입할 경우 관측이 우선되어야 하고 이때 저장했던 측량을 통해 얻은 자료를 후처리(post processing)하여 위치를 계산하는 경우도 있다. 또한 위성 신호의 수신자료와 시간만 저장하는 이동 수신기는 기준국을 통하여 동시에 보정값을 계산하여 저장한다. 정밀한 위치정보를 얻으려면 측량을 마친 후에 측량을 통해 얻은 자료를 보정값을 이용하여 후처리하면 된다. 기준 수신기와 이동 수신기 간의 전파를 이용한 연결(radio link)은 필요하지 않으며 직접 보정값을 얻을 수 있는 기지국이 근처에 없어도 가능하다. 인터넷을 이용하여 보정값을 전송하는 방법이 현재 활발한 연구 중에 있다.

DGPS는 같은 시간에 같은 인공위성으로부터 2대의 수신기로 자료를 수신해야 하는데 이동 수신기같은 경우에는 자료가 모이면 기준 수신기는 작동을 멈추고 두 수신기에서 모인 자료는 컴퓨터

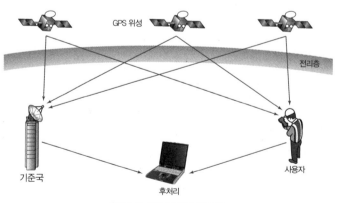

〈그림 3-65〉 후처리 DGPS

로 받게 된다. 이때 받은 자료는 수신기를 제작한 기업별로 형식이 다르기 때문에 형식에 상관없이 사용할 수 있는 RINEX(Receiver INdependent EXchange) 표준 형식으로 변환되어 전송된다. 반드시 후처리를 해야 DGPS 위치를 정확하게 얻을 수 있으며, GIS용 데이터 취득에도 이용되어 가스관, 수도관, 전신주 조사 등의 관련 분야에서도 누구나 언제 어디서든 손쉽게 사용할 수 있다.

② 실시간 DGPS

DGPS는 실시간 측위가 가능하며 원칙적으로 단독측위 수신기를 그대로 사용할 수 있다. 대신에 측위를 했을 때 나온 데이터와 의사거리를 출력할 수 있는 요소가 필요하다. 소형 수신기에는 출력할 수 있는 요소가 없지만 측위 결과를 사람이 수동적으로 읽어서 기록하고 이를 무전기를 통해 연락하는 방식을 사용하게 된다면 DGPS 방식으로 활용할 수 있다.

특히 고정밀 위치 결정을 할 경우 P코드나 반송파 위상을 이용하는 DGPS 방식은 최근에 SA가 해제됨에 따라 단독측위 정확도가 개선되었지만 시스템이 복잡하고 수요가 많지 않아 거의 보급되지 않았다. 또한 실시간 GPS 측량기술이 발전하게 됨으로써 DGPS 방식이 위협받고 있다. 이에 따라 향후 DGPS의 가치를 살리기 위해서는 L2대에 일반용 코드가 탑재되고 L5대가 신설된 후 1m급 정확도가 확보되어야 할 것이다.

실시간 DGPS는 해양측량 및 지하매설물 보수, 도로보수와 같은 현장에서 정확한 위치를 구할 수 있는 공사에 이용된다. 후처리 DGPS와 기본적인 개념은 동일하지만 차이점을 살펴보면 2개의 수신기에 수신된 데이터가 후처리에서는 프로세싱을 위하여 늦게 받아지는 것과 다르게 수신기에 수신을 받았다고 가정하면 그 즉시 기준 수신기는 보정값을 계산해서 바로 이동 수신기가 수신할 수 있도록 전송시킨다. 이때 기준이 되는 수신기를 통해 이동 수신기로 전송하는 방법은 라디오 수신기를 이용하거나 전송시간은 짧지만 비용이 많이 드는 셀룰러 전화선을 이용하여 전송하는 방법이

〈그림 3-66〉 GPS 측량용 수신기 SET(Topcon, Trimble)

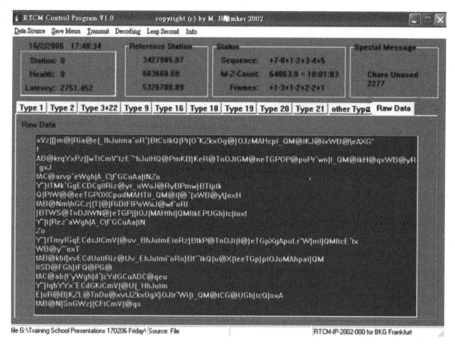

〈그림 3-67〉 RTCM 컨트롤 프로그램

있다. 실시간 DGPS에서 가장 많이 사용되는 표준형식은 RTCM SC-104(Maritime Service Special Committee 104)이며 간략하게 RTCM이라고 한다.

5) DGPS 처리 개념

DGPS라고 약칭되는 차분측위는 2대 이상의 수신기를 사용하는 실시간 측위기술을 말한다. 일반적으로 1대의 수신기를 좌표를 알고 있는 기준점 A(기준국)에 고정시키고, 이를 기준으로 이동하는 수신기의 위치 B(이동국)를 구하게 된다. 기준국에서는 의사거리 보정량(Pseudo Range Correction: PRC)과 거리비 보정량(Range Rate Correction: RRC)을 계산하며, 이를 이동 수신기에 거의 실시간으로 전송한다. 이동 수신기에서는 측정한 의사거리에 전송된 보정량을 적용한 후, 보정된 의사거리를 사용하여 최종적인 위치 결정을 수행하게 된다. 이러한 보정된 의사거리를 사용하는 것에 의해 위치 결정 정확도가 향상된다.

(1) 코드거리에 의한 DGPS
시점 t_0에서 기준국 A와 임의의 위성 j 간의 코드 의사거리는 다음과 같이 표현된다.

$$R_A^j(t_0)=\rho_A^j(t_0)+\Delta\rho_A^j(t_0)+\Delta\rho^j(t_0)+\Delta\rho_A(t_0)$$

이 식에서 $\Delta\rho_A^j(t_0)$는 기하학적 거리, $\Delta\rho_A^j(t_0)$는 기준국과 위성의 위치에 의존하는 오차(궤도오차, 대류권 영향 등), $\Delta\rho^j(t_0)$는 위성에 의존하는 오차(위성 시각오차 등), $\Delta\rho_A(t_0)$는 수신기에 의존하는 오차(수신기 시각오차, 다중경로 등)를 나타내며, 우연오차에 대한 항목은 고려하지 않았다. 시점 t_0에서의 임의의 위성 j에 대한 의사거리 보정량은 다음과 같이 정의된다.

$$PRC^j(t_0)=\rho_A^j(t_0)+\Delta R_A^j(t_0)=-\Delta\rho_A^j(t_0)-\rho(t_0)+\Delta\rho_A(t_0)$$

여기에서 $\rho_A^j(t_0)$는 기지의 기준국 위치좌표와 위성의 궤도정보를 이용하여 얻어지며, $\Delta R_A^j(t_0)$은 실제 관측에 의해 얻어지는 값이다. 따라서 이 두 값의 차를 계산하면 의사거리 보정량을 얻을 수 있다. 또한 기지국에서는 이러한 의사거리 보정량 $RRC^j(t_0)$을 시간에 대하여 미분한 값인 거리비 보정량 $RRC^j(t_0)$도 함께 결정된다.

시점 t_0에서 거리와 거리비 보정량은 실시간으로 이동국 B에 송신된다. 그 후 다음의 식을 이용하여 임의의 관측시점 t에 대한 B점의 의사거리 보정량을 예측할 수 있다.

$$PRC^j(t)=PRC^j(t_0)+RRC^j(t-t_0)$$

여기에서 $t-t_0$는 보정량이 전송된 시점에서부터 경과된 시간을 나타낸다. 이를 통해 계산된 보정량의 정확도는 거리비가 작고, 경과시간이 보다 작을수록 좋아진다.

시점 t에 대하여 관측된 이동점 B의 코드 의사거리는 코드거리에 의한 DGPS 기본식과 유사하게 표현된다.

$$R_A^j(t_0)=\rho_B^j(t)+\Delta\rho_B^j(t_0)+\Delta\rho^j(t)+\Delta\rho_B(t)$$

의사거리 보정량 예측 식에 관측된 의사거리 $R_B^j(t)$에 적용하면, 최종적으로 보정된 의사거리는 다음과 같다.

$$R_B^j(t_0)_{corr}=R_B^j(t)+PRC^j(t)$$

여기에 코드 의사거리 식과 의사거리 보정량 식을 각각 대입하면 다음을 얻을 수 있다.

$$R_B^j(t)_{corr}=\rho_B^j(t)+[\Delta\rho_B^j(t)-\Delta\rho_A^j(t)]+[\Delta\rho_B(t)-\Delta\rho_A(t)]$$

여기에서 위성에 의존하는 오차(위성 시각오차 등)는 서로 상쇄되어 사라지게 된다. 또한 기준국과 이동국 간의 거리가 서로 가깝다면, 위성과 수신기의 위치에 의존하는 오차(궤도오차, 대류권 지연 등)는 두 지점에서 높은 상관성을 가지거나 동일하게 된다. 대입식의 우변에 두 번째 항도 서로 상쇄되므로, 다음과 같이 간략하게 정리할 수 있다.

$$R_B^j(t)_{corr} = \rho_B^j(t) + \Delta\rho_{AB}(t)$$

여기에서 $\Delta\rho_{AB}(t) = \Delta\rho_B(t) - \Delta\rho_A(t)$로 측정 시 다중경로가 발생하지 않았다면, 이를 다음과 같이 간단하게 거리의 단위 $\Delta\rho_{AB}(t) = c\delta_B(t) - c\delta_A(t)$로 나타낼 수 있다. 이때 $\Delta\rho_{AB}(t)$는 A와 B에서 관측된 코드거리 간의 차이, 즉 수신기 간의 단일차분을 의미한다. 만약 보정량 전송 시 시간의 경과가 발생하지 않으면 ($t-t_0=0$), 이러한 차분측위는 상대측위로 간주된다.

이동국 B에서의 측위는 보정된 코드 의사거리 $R_B^j(t)_{corr}$을 사용하여 수행되며, 이를 통해 측위 정밀도가 개선된다. 코드를 이용한 DGPS에 대한 기초조건은 코드를 이용한 동적 단독측위에 대한 기초조건과 동일하다.

(2) 위상에 의한 DGPS

시점 t_0에서 기준국 A와 임의의 위성 j 간의 위상 의사거리는 다음과 같이 표현된다.

$$\lambda\Phi_A^j(t_0) = \rho_A^j(t_0) + \Delta\rho_A^j(t_0) + \Delta\rho^j(t_0) + \Delta\rho_A(t_0) + \lambda N_A^j$$

코드거리 관측의 경우와 마찬가지로 $\rho_A^j(t_0)$는 기하학적 거리, $\Delta\rho_A^j(t_0)$는 기준국과 위성의 위치에 의존하는 오차, $\Delta\rho^j(t_0)$는 위성에 의존하는 오차, $\Delta\rho_A(t)$는 수신기에 의존하는 오차를 나타내며, N_A^j는 위상의 모호정수를 나타낸다. 따라서 시점 t_0에서 임의의 위성 j에 대한 위상거리 보정량은 다음과 같이 표현할 수 있다.

$$PRC^j(t_0) = \rho_A^j(t_0) - \lambda\Phi_A^j(t_0) = -\Delta\rho_A^j(t_0) + \Delta\rho^j(t_0) - \Delta\rho_A(t_0) + \lambda N_A^j$$

또한 기준국 A에서 거리비 보정량과 이동국 B에 대하여 예측되는 위상거리 보정량은 코드 의사거리의 경우와 동일한 방법으로 계산된다. 따라서 시점 t에 대한 이동국 B의 보정된 위상 의사거리는 다음과 같이 표현될 수 있다.

$$\lambda\Phi_B^j(t)_{corr} = \rho_B^j(t) + \Delta\rho_{AB}(t) + \lambda N_{AB}^j$$

여기에서 $\Delta\rho_{AB}(t) = \Delta\rho_B(t) - \Delta\rho_A(t)$이고, $N_{AB}^j = N_B^j - N_A^j$는 위상 모호정수의 단일차분을 의미한다. 또한 코드 의사거리의 경우와 마찬가지로 다중경로가 발생하지 않는다면, $\Delta\rho_{AB}(t)$는 다음의 식 $\Delta\rho_{AB}(t) = c\delta_{AB}(t) = c\delta_B(t) - c\delta_A(t)$을 통해 거리 단위로 표현될 수 있다.

이동점 B에서의 측위는 보정된 위상 의사거리 $\lambda\Phi_B^j(t)_{corr}$을 이용하여 수행되며, 이를 통해 측위 정밀도가 개선된다. 위상 의사거리를 이용한 DGPS에 대한 기초조건은 위상 의사거리를 이용한 동적 단독측위에 대한 기초조건과 동일하다.

위상거리를 사용한 DGPS는 가장 정확한 RTK 측량에 사용되지만, 모호정수를 해석하기 위해서는 OTF 기법을 적용하여야 한다. 따라서 기준국과 이동국에서 최소한 다섯 개의 위성을 동시에 관측할 수 있어야 한다. RTK 방법을 종종 반송파 위상 차분기술(carrier phase differential technique)이라고도 부르고 있다. 만약 여기에서도 경과시간(latency) $t-t_0$가 0이 되면, 이러한 차분측위는 상대측위로 간주된다.

(3) 위상차분
① 단일차분
단일차분에는 2개의 관측점과 하나의 위성이 관계된다. 각 관측점을 A, B로 표기하고, 관측되는 위성을 j로 표기하면, A와 B에서 위상의 관측방정식은 다음과 같이 표현된다.

$$\Phi_A^j(t)+f^j\delta^j(t)=\frac{1}{\lambda}\rho_A^j(t)+N_A^j+f^j\delta_A(t)$$

$$\Phi_B^j(t)+f^j\delta^j(t)=\frac{1}{\lambda}\rho_B^j(t)+N_B^j+f^j\delta_B(t)$$

따라서 이 두 방정식의 차, 즉 차분은 다음과 같이 표현된다.

$$\Phi_B^j(t)-\Phi_A^j(t)=\frac{1}{\lambda}[\rho_B^j(t)-\rho_A^j(t)]+N_B^j-N_A^j+f^j[\delta_B(t)-\delta_A(t)]$$

상기의 식을 단일차분의 방정식이라 부르고 있다. 이러한 방정식은 우변의 미지량에 대한 해석에만 관련된다. 또한 이 방정식의 행렬은 매우 많은 잉여관측량(redundancy)이 존재할 경우에도 계수부족을 발생시키며, 이러한 현상은 모호정수의 계수 및 수신기 시각편의량의 계수에서 모두 나타나게 된다. 두 경우 모두 계수의 절댓값은 두 관측점에 대해 동일하다. 이는 조정을 위한 설계행렬이 열(column) 성분과 선형관계를 가지며, 이에 의해 계수부족이 발생한다는 것을 의미하고 있다. 그러므로 두 관측점 간의 상대적인 양은 다음과 같이 표현된다.

$$N_{AB}^j=N_B^j-N_A^j$$

$$\delta_{AB}(t)=\delta_B(t)-\delta_A(t)$$

또한 위상 및 코드거리에 대한 간략화된 표현은 다음과 같다.

$$\Phi_{AB}(t) = \Phi_B^j(t) - \Phi_A^j(t)$$

$$\rho^{jAB}(t) = \rho_B^j(t) - \rho_A^j(t)$$

상기의 표현을 이용하여 모든 식을 대입하면 다음과 같은 최종적인 단일차분 방정식을 얻게 된다.

$$\Phi_{AB}^j(t) = \frac{1}{\lambda}\rho_{AB}^j(t) + N_{AB}^j + f^j \delta_{AB}(t)$$

위성에 대한 시각편의량은 소거되어 있다는 것을 알 수 있다.

② 이중차분

2개의 관측점 A, B에서 동시에 관측된 2개의 위성 j, k를 고려하면, 단일차분 방정식에 의하여 다음과 같은 2개의 단일차분이 형성된다.

$$\Phi_{AB}^j(t) = \frac{1}{\lambda}\rho_{AB}^j(t) + N_{AB}^j + f_{AB}^{j\delta}(t)$$

$$\Phi_{AB}^k(t) = \frac{1}{\lambda}\rho_{AB}^k(t) + N_{AB}^k + f_{AB}^{k\delta}(t)$$

이중차분은 이러한 단일차분을 다시 차분하는 것에 의하여 얻어진다. 이때 두 위성신호가 동일한 주파수 $f^j = f^k$를 가진다고 가정하면, 이중차분은 다음과 같이 표현된다.

$$\Phi_{AB}^k(t) - \Phi_{AB}^j(t) = \frac{1}{\lambda}[\rho_{AB}^k(t) + \rho_{AB}^j(t)] + N_{AB}^k - N_{AB}^j$$

위성 j, k에 대하여 간략화된 표기를 적용하면, 최종적인 이중차분 방정식은 다음과 같이 얻을 수 있다.

$$\Phi_{AB}^{jk}(t) = \frac{1}{\lambda}\rho_{AB}^{jk}(t) + N_{AB}^{jk}$$

이러한 이중차분에서는 수신기 시각편의량에 의한 영향이 소거되기 때문에, 상대측위를 위해서 가장 자주 이용되고 있다. 단 이러한 영향의 소거는 두 위성의 신호가 동시에 관측되며, 그 신호의 주파수가 서로 동일할 경우에만 가능하다.

이중차분을 위해서 다음과 같은 표기가 상징적으로 사용되고 있는데, 여기서 *기호는 상황에 따라 기호 Φ, ρ, N로 바꾸어 표현될 수 있다.

$$*^{jk}_{AB}=*^k_B-*^j_B-*^k_A+*^j_A$$

이러한 상징적 표기는 이중차분 방정식의 각 항들에 대하여 특정화되어 사용되며, 이를 표현하면 다음과 같다.

$$\Phi^{jk}_{AB}=\Phi^k_B-\Phi^j_B-\Phi^k_A+\Phi^j_A$$

$$\rho^{jk}_{AB}=\rho^k_B-\rho^j_B-\rho^k_A+\rho^j_A$$

$$N^{jk}_{AB}=N^k_B-N^j_B-N^k_A+N^j_A$$

③ 삼중차분

단일차분과 이중차분에서는 1개의 관측시점만을 고려한다. 하지만 이러한 차분법들은 시간에 의존하는 모호성을 소거하지 못하기 때문에 2개의 관측시점 간의 이중차분을 다시 차분하는 방법, 즉 삼중차분이 제안되었다. 2개의 시점을 각각 t_1과 t_2라고 하면, 각 시점에 대한 이중차분은 다음과 같이 표현된다.

$$\Phi^{jk}_{AB}(t_1)=\frac{1}{\lambda}\rho^{jk}_{AB}(t_1)+N^{jk}_{AB}$$

$$\Phi^{jk}_{AB}(t_2)=\frac{1}{\lambda}\rho^{jk}_{AB}(t_2)+N^{jk}_{AB}$$

따라서 이를 다시 차분한 삼중차분 방정식은 다음과 나타낼 수 있다.

$$\Phi^{jk}_{AB}(t_2)-\Phi^{jk}_{AB}(t_1)=\frac{1}{\lambda}[\rho^{jk}_{AB}(t_2)-\rho^{jk}_{AB}(t_1)]$$

이를 다시 간략화하여 표현하면 다음과 같다.

$$\Phi^{jk}_{AB}(t_{12})=\frac{1}{\lambda}\rho^{jk}_{AB}(t_{12})$$

기호를 이용한 표기법으로 바꾸어 쓰면 다음과 같이 표현된다.

$$*(t_{12})=*(t_2)-*(t_1)$$

여기서 $\Phi^{jk}_{AB}(t_{12})$와 $\rho^{jk}_{AB}(t_{12})$는 모두 각 8개의 항으로 이루어져 있으며, 각각의 식 대입을 통해 정리하면 다음과 같이 변형된다.

$$\Phi^{jk}_{AB}(t_{12})=+\Phi^k_B(t_2)-\Phi^j_B(t_2)-\Phi^k_A(t_2)+\Phi^j_A(t_2)-\Phi^k_B(t_1)+\Phi^j_B(t_1)+\Phi^k_A(t_1)-\Phi^j_A(t_1)$$

$$\rho^{jk}_{AB}(t_{12})=+\rho^k_B(t_2)-\rho^j_B(t_2)-\rho^k_A(t_2)+\rho^j_A(t_2)-\rho^k_B(t_1)+\rho^j_B(t_1)+\rho^k_A(t_1)-\rho^j_A(t_1)$$

삼중차분의 장점은 모호성, 즉 모호정수에 의한 영향을 소거시킬 수 있다는 것이며, 이에 따라 모호정수의 변동으로 인한 영향을 회피할 수 있게 된다. 이러한 모호정수의 변동은 사이클슬립이라고 한다.

3.4.5. 항공레이저측량

항공기의 위치 및 자세가 정확하게 얻어지는 센서에서 지표에 있는 지형지물(자연지형, 인공지물)로 레이저를 발사하여 거리를 측정하고, 그 수치를 측량좌표계 등으로 나타내는 계측기기를 항공레이저측량 시스템이라 한다.

항공레이저측량 시스템은 일반적으로 GPS와 IMU(Inertial Measurement Unit), 레이저 거리측량기의 3가지 계측센서로 구성되며, 여기에 디지털카메라 등의 영상취득장치를 추가로 부착할 수 있다.

항공레이저측량은 높은 빈도로 레이저를 발사하여 고밀도의 점군(point clouds) 자료를 취득한다. 수집되는 점군 자료는 높이 정확도가 높고, 삼림지대에서도 수목 사이를 관통할 수 있으며 고밀도로 레이저 점을 취득할 수 있는 등의 장점이 있으나, 정해진 곳을 조사할 수는 없으며 구름이나 대기 중의 부유물에도 반사되는 등의 단점이 있다.

1) 항공레이저측량 시스템의 구성

(1) 항공레이저측량 시스템의 구성

항공레이저측량 시스템은 레이저 거리측정장치와 GPS/IMU장치 및 기록제어장치로 구성된다. 레이저 거리측정장치는 전자광학식 거리측정기능과 빔 스캐닝 기능을 보유하고 있다. GPS/IMU장치는 거리를 측정한 레이저광이 언제(시간정보) 어디에서(위치정보) 어떻게(자세정보) 발사되었는가를 구하기 위한 것이다. 기록제어장치는 각각의 기기를 제어하여 취득한 자료를 기록하는 것으

〈표 3-16〉 각 센서에 따른 자료

센서명	계측대상 및 취득되는 자료
GPS	0.5~1초 간격 항공기의 3차원 위치
IMU	1/200초 간격 항공기의 3방향 기울기와 가속도
레이저 거리측량기	초당 수만회의 항공기와 지표면 사이의 거리
디지털카메라	레이저계측과 동시에 취득되는 연속된 지표면영상

로, 높은 정확도의 시간정보를 이용하여 각 장치의 기능 및 동작을 연결시킴과 동시에 GPS 시간정보에 관한 자료를 가지고 있다. 관련 서브시스템으로는 비디오카메라, 디지털카메라 등을 이용할 수 있다.

(2) GPS/IMU

계측성과의 정확도를 확보하기 위해서는 레이저를 발사하는 위치가 정밀하게 측정되어야 한다. 그러나 항공기는 고속으로 이동하며 비행자세도 시시각각 변화한다. 따라서 항공기에 탑재된 레이저 장치의 움직임을 포착하기 위해서 GPS/IMU장치를 이용한다. GPS/IMU는 GPS와 IMU로 구성되어 있으며 각각의 시스템에 대한 결점을 상호 보완하여 높은 정확도를 가진다. 여기서 수집한 자료를 해석하여 이동하는 항공기의 위치와 자세를 정밀하게 파악할 수 있다.

GPS는 위치정보에 대한 실시간 취득이 가능하나, 고속으로 이동하는 대상을 단독측위할 경우 정확도가 수십 cm 정도로 낮다. 또한 잡음이나 위성전파의 누락 등으로 위치추정이 불가능한 경우도 있다. 반면 IMU는 높은 빈도(200Hz 정도)의 관성자료를 가지고 있는 대신 시간의 경과 및 위치 이동에 따른 오차가 발생한다. 따라서 GPS와 IMU를 합성하여 IMU에서 발생하는 오차를 보정하고 GPS 위치 결정의 정확도나 빈도를 향상시킨다.

(3) 레이저 거리측량장치

레이저 거리측량장치는 지표의 물체에 레이저광을 조사(照射)하고 그 반사광의 도달시간과 방향을 기록하는 장치이다. 회전 반사경을 이용하여 레이저광의 비행 직각 방향으로 스캔하여 항공기가 스캔 방향과 직교하는 방향으로 이동함으로써 레이저가 지면 전체를 스캐닝할 수 있다. 이때 조사지점의 형상은 스캔 반사경의 회전기구에 따라 달라지고, 왕복회전반사경에서는 지그재그 모양 또는 사인파(sinusoidal) 모양이 되고, 1축회전 반사경의 경우 평행선(parallel) 모양이 된다.

항공레이저장치는 반사경(프리즘)을 사용하지 않는 펄스 레이저 거리측정방식으로 지상에 반사경을 설치할 필요가 없다. 또한 자료취득밀도에 크게 영향을 미치는 레이저의 발사횟수는 기기에 따라 다양하지만 주로 5~150kHz가 활용되고 있으며 레이저 거리측량장치 자체의 계측정확도가 매우 높아 거의 수 cm의 정확도로 거리측정을 할 수 있다.

(4) 디지털카메라

항공레이저측량 시스템 중에는 디지털카메라가 탑재된 것도 있다. 이런 카메라는 항공사진측량에서 사용되고 있는 디지털카메라처럼 정확도가 높은 것은 아니지만, 단순하다는 장점이 있어 레이저측량장치와 동일한 위치에 부착하여 레이저측량과 동시에 영상자료를 취득하게 된다. 디지털 카메라를 이용하면 GPS/IMU 해석성과와 레이저에 의한 수치표고모델(DEM)을 그대로 이용할 수 있으므로 좌표를 부여한 항공사진영상(정사영상)을 신속하게 작성할 수 있고 카메라에 따라 가시영역의 RGB영상뿐만 아니라 근적외영역의 영상도 취득할 수 있다.

(5) 기타 탑재센서

항공기 중량 및 공간에 여유가 있으면 그 밖의 다른 센서를 함께 탑재할 수 있다. 레이저 거리측정장치에는 일반적으로 비디오카메라가 부착되어 있으므로 레이저 측거장치의 수직 하부 영상을 확인할 수 있다. 이때 비디오카메라는 레이저 측거장치에 비해 전방에 설치되는 경우가 많으며 비디오영상에 구름이나 장애물을 확인하여 레이저 조사를 정지시킬 수 있도록 되어 있다. 또 항공사진 촬영을 동시에 실시할 경우에는 아날로그카메라나 디지털카메라의 항공측량용 카메라 기재를 탑재할 수도 있다.

2) 측량계획

(1) 측량계획 수립
① 측량시기

항공레이저측량의 목적에 따라 계측의 실시시기에 유의해야 한다. 실시시기는 계측대상물에 따라서도 달라지지만 식생피복, 날씨, 적설유무, 조석, 수위 등에 따라 변한다. 특히 날씨와 적설에 대해서는 지역성을 충분히 고려해야 하며, 레이저광은 구름을 투과하지 않으므로 계측비행고도보다 아래(항공기와 지상 사이)에 구름이 없는 조건에서 실시하여야 한다.

② 취득자료의 종류

대부분의 항공레이저측량장치는 각각의 발사펄스에 대하여 복수의 반사펄스와 반사강도를 동시에 취득할 수 있다. 측량계획을 수립할 때는 계측목적에 따라 취득하는 반사펄스의 종류와 부수되는 반사강도에 수득여부에 대해에 있느기 확인하고 이를 고려해 센서를 설정해야 한다. 예를 들어 식빈높이 추출만이 목적인 경우 중간펄스가 수요 센서 나보 보다 하는 세비사르 센어 가능하나

항공레이저측량장치에 디지털카메라 또는 항공측량용 카메라를 동시에 탑재하여 지표면 영상을 취득하는 경우 이들 기기의 계측 사양도 함께 계획해야 한다. 만약 계측폭이 다른 경우 레이저측량과 동시 탑재 계측센서 중 계측폭이 넓은 쪽은 일정 단계를 건너뛰게 하거나, 측량코스를 개별적으로 설정하여 레이저와 센서를 별도로 계측하는 방법을 사용한다.

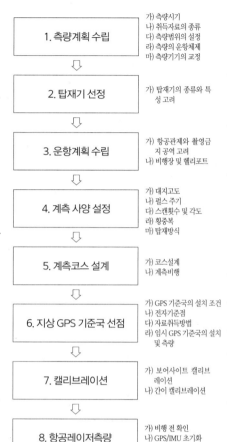

1. 측량계획 수립	가) 측량시기 나) 취득자료의 종류 다) 측량범위의 설정 라) 측량의 운항체제 마) 측량기기의 교정
2. 탑재기 선정	가) 탑재기의 종류와 특성 고려
3. 운항계획 수립	가) 항공관제와 촬영금지 공역 고려 나) 비행장 및 헬리포트
4. 계측 사양 설정	가) 대지고도 나) 펄스 주기 다) 스캔횟수 및 각도 라) 횡중복 마) 탑재방식
5. 계측코스 설계	가) 코스설계 나) 계측비행
6. 지상 GPS 기준국 선점	가) GPS 기준국의 설치 조건 나) 전자기준점 다) 자료취득방법 라) 임시 GPS 기준국의 설치 및 측량
7. 캘리브레이션	가) 보어사이트 캘리브레이션 나) 간이 캘리브레이션
8. 항공레이저측량	가) 비행 전 확인 나) GPS/IMU 초기화 다) 자료취득

〈그림 3-68〉 항공레이저측량 실시계획 흐름도

③ 측량범위의 설정

필터링이나 내삽보간과 같은 계측자료의 처리 또는 인접지구와의 접합에 대비하기 위해서, 실제 측량코스를 설정할 때 계측대상범위의 주변부까지 확대(코스연장)하여 촬영하기도 한다. 산간부와 같이 계측범위 내에서 검증점을 확보할 수 없는 경우 평지부까지 측량코스를 연장하기도 한다. 연장 폭은 계측점 밀도를 고려하여 설정하며 기준은 약 50~100m 정도이다.

(2) 탑재기 선정

항공레이저측량장치를 탑재할 수 있는 항공기에는 고정익(비행기) 및 회전익(헬리콥터)이 있다. 고정익과 회전익은 업무의 특성이나 경제성에 따라 구분하여 사용한다. 일반적으로 고정익의 경우 회전익에 비해 체공시간이 길고 비행속도가 빠르기 때문에 원격지에 있는 넓은 면적을 계측할 때 효율성이 뛰어나다. 고정익은 원칙적으로 직선상을 등속 수평 비행하는 측량코스를 이용한다.

반면 회전익은 속도나 고도의 조절이 고정익에 비해 쉽기 때문에 고밀도(좁은 계측점 간격) 계측이 가능하다. 또 선회반경이 짧고 기동성이 좋으므로 지형에 따라 대지고도를 일정하게 유지하면서 계측점 밀도를 유지할 수 있어 산악, 하천, 도로 등 굴곡이 있는 지형이나 좁은 계측범위가 산재되어 있는 경우에 고정익보다 효율적으로 계측할 수 있다. 비행고도를 낮추어 구름 아래를 비행할 수 있으므로 계측가능일수가 길고, 기체 아래의 포드(pod)에 계측장치 센서부를 탑재하여 수직방향 이외에 측방향 또는 전방향 계측도 쉽게 할 수 있다. 그러나 시간당 운항비용이 고정익보다 비싼 편이다.

(3) 운항계획 수립

① 항공관제와 촬영금지 공역 고려

우리나라에서는 비행금지구역과 관제권, 150m 이상의 고도를 비행하는 경우에 승인이 필요하며 항공촬영을 할 때에 국방부의 허가를 받아야 한다. 또한 일몰 후부터 일출 전까지의 야간시간에는 비행을 할 수 없으며 비행장으로부터 반경 9.3km 이내 관제권과 휴전선 인근, 서울 도심 상공 일부의 비행금지구역, 고도 150m 이상, 인구 밀집 지역 또는 사람이 많이 모인 곳의 상공에서는 비행을 할 수 없다.

② 비행장 및 헬리포트

항공기의 운항에 앞서 비행장 또는 헬리포트의 확보가 필요하다. 고정익을 사용할 경우 비행장의 활주로 길이, 운영시간, 연료공급 상황을 확인해야 한다. 회전익의 경우 고정익에 비해 항속거리가 짧으므로 계측대상영역으로부터 가까운 위치에 비행장, 헬리포트가 존재하지 않는 경우 현지 부근에 임시 헬리포트를 마련하기도 한다.

(4) 계측 사양 결정

① 대지고도

대지고도란 항공기의 비행고도와 그 바로 아래 지표의 표고와의 차이이다. 대지고도가 높으면 스캔폭이 넓고 비행직교방향의 계측점 간격이 커지며, 대지고도가 낮으면 스캔폭이 좁고 비행직교방향의 계측점 간격이 좁다.

〈그림 3-69〉 항공관제와 촬영금지 공역

② 펄스 주기

펄스 주기란 단위시간당 레이저 펄스의 발사횟수를 말하며 일반적으로 Hz 또는 kHz로 나타낸다. 같은 대지고도, 비행속도, 스캔각도라면 펄스 주기가 높을수록 고밀도의 레이저계측점을 취득할 수 있고 같은 밀도로 계측하는 경우 보다 짧은 시간에 계측을 끝낼 수 있다.

③ 스캔횟수 및 각도

스캔횟수는 단위시간당 레이저 반사경의 진동횟수이고 스캔각도는 레이저를 좌우로 어느 정도 넓힐지를 의미한다. 스캔각도에 따라 스캔 라인의 점 간격과 계측폭이 달라진다. 레이저 계측장치의 중심(수평으로 부착한 기기의 경우는 수직 방향)으로부터 최대각(기본적으로 좌우 동일각도)을 나타내고 20° 등으로 표시한다.

④ 횡중복

계측 중 측량코스로부터 벗어나거나 항공기가 요동쳐 코스 간 계측 누락이 발생하는 현상을 막기 위해 코스 중복부가 생기도록 자료를 취득한다. 측량코스에서 벗어나는 이유는 주로 항공기의 조종특성이나 옆바람 때문에 발생하는데 약 수십m에서 수백m 정도이며 기류의 영향으로 요동치는 경우 ±5°, 저속비행 시에 ±10° 정도이다.

이와 같은 이유로 발생하는 계측 누락은 스캔폭이 좁은 경우나 스캔각도가 작을 경우에 발생하기 쉽다. 따라서 대지고도가 높거나 저속도로 계측하거나 스캔각도가 작거나 기상조건이 나쁜 경우에는 횡중복률을 크게 한다.

(5) 계측 코스 설계

① 코스 설계

항공레이저측량은 항공기의 비행방향에 따라 직사각형으로 자료를 취득하므로 계측대상이 불규칙한 형태이거나 선 모양, 산재되어 있는 경우 계측비행 코스의 형태가 달라진다. 특정 자치단체나 관할지역 전체 등 계측대상이 넓으면 측량코스를 중복하여 순차적으로 채워 나가야 한다. 또한 계측대상이 여러 지역일 경우에도 어느 정도 근접되어 있으면 연속적으로 코스를 설정하는 것이 효율성이 높다. 지역이 단 하나일 경우에도 표고 차가 크면 계측점 밀도부족이나 계측 누락을 막기 위해 측량코스의 중복도나 코스방향을 변경해 이를 조합하여 계측한다.

② 계측비행

코스 설계가 완료되면 코스 및 레이저계측장치의 사양을 항공기의 내비게이션 시스템 등에 설정하고 비행을 실시한다. 계측비행 실시 중 계획한 계측사양을 유지하면서 계획범위를 빠짐없이 촬영할 수 있도록 비행경로와 자세, 속도 등을 통제해야 한다. 또 계측비행의 효율성을 높이기 위해 기체의 항법장치와 별도의 네비게이션 시스템을 탑재하고 조종사가 그 화면을 수시로 참조하면서 비행하는 경우가 많다.

(6) 지상 GPS 기준국 선점

항공기의 레이저 발사 위치를 구하려면 GPS 기선해석이 필요하다. 이를 위해 필요한 정보로는 이동국(플랫폼)과 지상에 설치하는 GPS 기준국과의 거리(기선길이) 및 지상 GPS의 설치환경이 있다.

GPS기준국은 계측지역의 상황에 따라 선점하되 측지좌표를 이미 알고 있는 기준점 및 삼각점을 이용하는 것이 일반적이다. 그러나 기지점을 이용할 수 없는 경우에는 임시 GPS 기준국을 설치할 수 있다. 임시 GPS기준국은 계측지역으로부터의 거리가 대략 50km 이내여야 하고, 상공시계를 확보할 수 있으며 GPS 수신장애를 일으키는 잡음전파가 적은 곳에 설치해 1초 간격으로 관측을 실시해야 한다.

(7) 캘리브레이션

IMU의 좌표축과 레이저 측거장치의 좌표축의 차(어긋난 각)를 미리 구해 놓으면 레이저 거리측량기의 위치 및 기울기를 직접 취득할 수 있다.

① 보어사이트 캘리브레이션

어긋난 각을 구하는 작업을 보어사이트 캘리브레이션이라 한다. 일정한 고도 이상에서 계측한 자료와 저고도에서 계측한 자료를 이용해 항공삼각측량과 동일한 방법으로 실시한다.

(8) 항공레이저측량

항공레이저측량은 항공기에 항공레이저측량 시스템을 탑재하여 대상 지역 상공으로 비행한 후 작성된 계측계획에 따라 기재(器材)조작 및 비행을 실시하여 계측자료를 취득하는 공정이다.

① 비행 전 확인

항공레이저측량을 실시할 때에는 안전하게 운항하기 위한 확인이나 계측에 필요한 기기의 확인 작업을 실시해야 한다. 비행 전 안전운항을 위해 기체에 이상이 없는지 점검한다. 정비사에 의한 외관점검이나 연료점검, 오일점검 등 기체를 점검하고 레이저 조사구 확인, 기체 하부 확인, 제어장치 확인, 카메라 도어록 확인, 기체 도어록 확인 등 기기를 확인한다.

GPS의 배치상황은 사전에 위성배치예측 상태를 확인하고 최종적으로 기체 내에서 재확인한다. 포착된 위성의 수와 DOP(Dilution Of Precision) 및 SNR(Signal to Noise Ratio)의 상황을 확인하고 계획대로 실행될 수 있는지 확인한다.

날씨는 수시로 조사해야 하는데 주로 위성영상을 통한 구름의 상황이나 항공기상 정보를 확인해 비행 가능 여부를 판단한다.

② GPS/IMU의 초기화

계측 전에 GPS의 초기값 및 IMU의 누적오차를 제거해야 한다. 이착륙하는 비행장 및 계측대상 지구로부터 GPS기준국까지의 거리에 따라 지상 초기화와 공중 초기화로 나뉜다. 지상 초기화는 GPS 기준국으로부터 비행장 및 계측대상지구가 50km 범위 내인 경우에 실시하는데 비행장의 주기장에서 GPS/IMU를 기동시킨 후 기체를 수 분간 정지시켜 초기화한다. 이후 고정익이면 지상주행을 실시하고 회전익이면 공중의 1점에 정지하도록 한다. 거리가 50km 이상인 경우 비행장을 이륙한 후 GPS 기준국 근방 상공에서 등속수평비행과 8자 비행 등을 실시하여 GPS/IMU 초기화를 실시한다.

③ 자료취득

자료취득에 앞서 계측지역 부근에서 레이저광을 조사(照射)한 후 레이저 반사가 충분한지(대략 90% 이상), 구름이나 구름으로 인한 그늘과 같은 장애물이 없는지 확인해야 한다. 또한 항공레이저 측량은 지표면이나 지물의 고정밀도 3차원 정보를 취득한다는 점에서는 매우 뛰어난 기기이나, 레이저계측 점군만으로는 지형을 정확하게 파악할 수 없기 때문에 이를 보완하기 위해 지표면 영상을 이용한다.

항공레이저측량을 통해 취득하는 자료는 GPS/IMU 계측자료와 레이저 거리측량자료, 디지털 영상자료의 3종류이다. GPS/IMU 자료는 시간정보, 상태, 위치정보(GPS 자료), 대지고도, 비행속도, 강도, 관성측정값(IMU 자료) 등이다. 레이저 거리측량자료는 레이저를 발사한 시간(GPS Time)을 바탕으로 발사 후 되돌아올 때까지의 시간과 조사거리 및 조사각도, 리턴 펄스정보, 반사강도정보 등을 저장하고 있다. GPS/IMU 자료 및 레이저 거리측량자료는 바이너리 포맷이며 일정한 파일 크기로 분할되어 있다. 디지털영상자료는 촬영된 디지털영상과 촬영시간(GPS Time) 및 사진번호, 촬영위치, 대지고도, 사진 주점의 기울기 등이며 디지털영상자료의 파일 포맷은 압축 TIFF 형식의 영상으로, 촬영시간 등은 CSV형식의 텍스트파일로 저장된다.

![연습문제 아이콘] .... **연습문제**

1. 상대적 위치를 결정할 때 이용되는 관측법에 대한 설명이다. (1), (2)는 각각 무엇인가?

    (1)은 상대적 위치를 측정에서 한 개의 위성과 두 대의 수신기를 이용한 위성과 수신기 간의 거리 측
    정차를 이용한다.

    (2)는 (1)을 바탕으로 한 개의 위성을 더 추가하여 두 개의 위성과 두 대의 수신기 사이의 1중차끼리
    의 차이 값을 이용한다.

2. DGPS에 이용되는 보정방법에 대해 논하시오.

3. Static과 Kinematic의 차이는 무엇인가?

4. GNSS란 무엇이며, 대표적인 GNSS로는 어떤 것들이 있는가?

5. 삼각점 A, B를 연결하는 결합트래버스 측량을 통해 다음과 같은 결과를 얻었다. 측각오차를 구하시
    오. $T_A = 33°54'17''$, $T_B = 34°36'42''$ 관측각의 총합은 $900°42'35''$

6. 고정익과 회전익 무인항공기의 차이점에 대해 논하시오.

참고문헌

건설교통부, 2004, 도서 및 해양지역의 세계측지계(WGS-84) 국가좌표변환계수값 산출연구.

국립해양조사원, 2011, 수로측량 업무규정집.

국립해양조사원, 2012, 수로측량 업무규정집.

서승남·김상익, 2001, 우리나라 측지좌표계의 좌표변환, Ocean and Polar Research, 23(2), pp.121-130.

서완수, 2014, 횡원통상사투영함수의 왜곡특성을 고려한 지적측량 분야 평면직교좌표 체계 설정과 적용, 창원대학교 박사학위논문.

서울시 강동구, 2014, 지적공부 세계측지계 변환 실시 계획, 강동구청 도시관리국 부동산정보과.

㈜선도소프트 고객지원본부, 2005, 세계측지계와 ArcGIS를 이용한 좌표변환.

송무영, 1979, 한국근해에서의 전파항법 적용에 관한 고찰, 바다:한국해양학회지, 14(2).

양철수, 2014, 지적도면의 세계측지계 좌표변환 프로세스에 대한 연구: 조정좌표의 활용을 통해서, 한국측량학회지, 32(4-2), 401-412.

양철수·허준·백성준, 2014, 세계측지계 기반 지적측량성과의 평면투영 좌표체계 연구, 대한지적공사 공간정보연구원.

유복모·박홍기·정수·백상호, 1995, 지구타원체를 기준으로 한 위성 SAR 영상의 지형보정, 대한토목학회 학술발표회 논문집, 3, 26-29.

이동하·윤홍식·민관식·정운철, 2013, 정밀 합성지오이드모델을 이용한 육·해상 수직기준 변환, 한국측량학회 학술대회자료집, 4, 141-144.

이상준, 2015, 통합기준점을 활용한 국내 지오이드고 비교 연구, 인천대학교 석사학위논문.

일본측량조사기술협회, 서용철·최윤수·허민 옮김, 2009, 항공레이저측량의 기초와 응용, 대한측량협회.

츠시야 야쯔시, 최윤수·허민·서용철 옮김, 2007, 신 GPS측량의 기초, 대한측량협회.

B. Hofmann-Wellwnhof, H. Lichtenegger, J. Collins, 서용철 옮김, 2009, GPS 이론과 응용, 시그마프레스.

Eshagh, Mehdi, Zoghi, Sedigheh, 2016, Local error calibration of EGM08 geoid using GNSS/levelling data, Journal of applied geophysics, Vol.130 No.-, 209-217

Mijaail Perez, A., Pujol, P., Lopez, A. 2000, UTM cartography and its application to zoogeographic studies on continental molluscs of Nicaragua. A correction, BIOGEOGRAPHICA -PARIS- 76(2), 95-96.

THE NAVIGATOR, October 2013, The Nautical Institute.

Xiong. Y. -q., Du. D. -w., Jiang. L -l., 2006, Conversion of Geodetic Coordinates to UTM Rectangular Coordinates in Processing the Multi-beam Bathymetric Data, ADVANCES IN MARINE SCIENCE, 24(2), 246-253.

국립해양조사원 해양교실 www.khoa.go.kr

국토교통부 정책Q&A www.molit.go.kr/USR/policyTarget/dtl.jsp?idx=584

서울특별시 네트워크 RTK 시스템 gnss.seoul.go.kr

한국해양조사협회 www.koha.or.kr

함께 서울지도 gis.seoul.go.kr

제4장

수심측량과
해저지형

4.1. 수심측량

4.1.1. 수심측량의 활용 분야

1) 해도의 제작

해상교통 및 해양 개발의 가장 기본이 되는 지도가 해도(nautical chart)이다. 해도에는 측량을 통해 취득된 수심과 수심의 분포 형태, 해저의 저질 및 해안선의 형태 등이 다양한 축척으로 표현되어 있다. 해양정보의 총아이며, 국가의 핵심 지리정보로서 정밀한 수심정보는 국가의 중요 정보로 관리되고 있다. 해도제작 시 가장 기본이 되는 정보는 수심이며, 해당 위치에서 가장 낮은 수심을 수치로 표기하고 있다.

2) 해양토목환경학

다중빔 음향측심 시스템에 의한 3차원 지형 측량 정보는 해양엔지니어링 분야의 기초자료로 제공된다. 해양구조물의 시공에 앞서, 환경영향 평가, 기초설계 기반 지형측량, 상세 설계용 지형측량, 시공지원 측량, 준공 검사용 지형측량 등 다양한 분야에서 활용된다. 구체적인 예로서, 해상교량 교각 위치 선정, 해상풍력 및 조류발전단지 위치 선정, 해저배관 및 해저케이블 노선상 수심 변화, 수심에 다른 공법 분석, 수중사면 안정화 분석, 주변 방파제 및 방사제에 의한 어항내 침퇴적 분석 등에서 활용된다. 다중빔 음향측심 시스템은 기준 좌표계상의 정밀한 3차원적 계측정보를 제공하기 때문에 수중 구조물의 관리측면이나 시설물 유지관리의 객관적 자료가 된다. 최근에는 육상의 라이다 자료와 함께 구조물의 연속적인 정보를 제공해 주기도 한다. 또한 시계열 반복 측량을 통해 해저지형의 침퇴적, 시공구조물 주변부의 변화양상을 정량적으로 계산할 수 있는 정보를 제공한다.

3) 해양지질학

지구의 생성 역사를 연구하는 해양지질학에서 해저지형정보는 가장 기초적이고 핵심적인 정

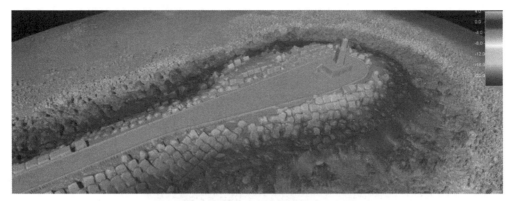

〈그림 4-1〉 방파제에 대한 다중빔 수심 및 육상 라이다 측량 자료 사례

출처: International Hydro

〈그림 4-2〉 ROV에 탑재된 다중빔으로 조사된 댐 시설물

출처: ROV Pro

보이다. 지형의 형태는 땅이 거쳐 온 역사를 직관적으로 보여 준다. 대서양 심해 단열대(fracture zone) 지역에 대한 정밀한 해저지형 관측을 통해 대륙이동설의 결정적 증거를 찾을 수 있었던 것은 수심측량의 가치를 보여 주는 대표적 사례이다. 해양지질학에서는 다양한 축척으로 해저를 시각화하기 위해 수심을 사용하고 있다. 수심에 대한 일반적인 수치보다 단층의 위치, 경사와 물리적 형태를 분석하는 것이 해양지질학자에게 더 중요하다.

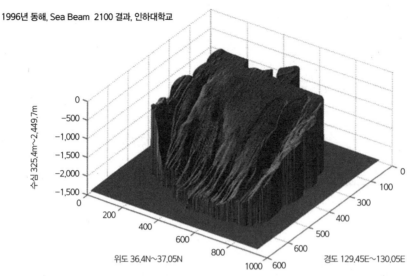

1996년 동해, Sea Beam 2100 결과, 인하대학교

〈그림 4-3〉 다중빔 음향측심 자료로 구축한 동해 대륙사면 모델

출처: 박요섭, 1996

4) 해양생물학

해양생물학에서 해저를 어족자원 서식처로서 중요성을 갖는 지역으로 분할하기 위하여 상세한 해저지형과 후방산란 자료를 점차 많이 사용하고 있다. 지형의 형태, 해저 표층 저질 형태, 수심에 따라 서식하는 생물상이 다르므로, 이를 수치화하고 지도화하기 위한 노력이 전 세계적으로 이루어지고 있다. 다중빔 음향측심 시스템은 저서생물의 거주 공간인 해저면의 형상, 피복상태, 수심 등을 동시에 계측하고 가시화하기 때문에 수산자원 보전구역, 해양 보호구역 등의 정책기준을 설정하는 데 기본 자료로 사용될 수 있다.

5) 해양고고학

해양고고학은 전통적으로 수중 인공물의 빠른 정찰 매핑을 위해 측면주사 소나(Side Scan Sonar: SSS)로부터 나오는 후방산란 이미지를 사용해 왔다. 다중빔 음향측심기의 해상도가 증가함에 따라, 일부 연구자들은 얕은 수역에서 고고학적 유적지를 매핑하는 데 고해상도 측심 자료를 사용하고 있다. 이러한 경우에서 높은 해상도 수치지형표고모델(Digital Terrain Model: DTM, 이하 DTM)이 고고학적 표적을 담고 있는 수심 데이터를 시각화하고 분석하는 데 사용되었다.

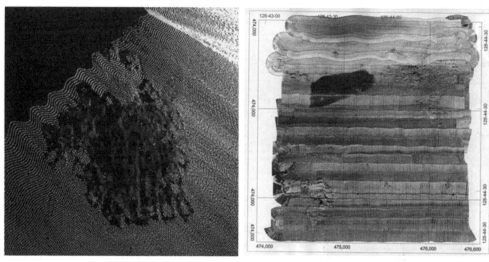

인공어초 3차원모델   해저면 후방산란 영상도

〈그림 4-4〉 수산자원 관리를 위한 수심측량자료의 활용 사례

〈그림 4-5〉 해전사 구축을 위한 침몰선 측량 사례

출처: Crown

6) 해양 수치모델링

해류, 퇴적물 수송, 음향 전파, 또는 오염 확산과 같은 다른 값의 모델을 생성하는 알고리즘에 서 경계 조건으로 수심을 사용한다. 각종 모델의 운용을 위해 고해상도 DTM의 이용이 불가능하기 때 문에 시중에 판매되고 있는 해도를 이용한 저품질의 DTM 자료를 사용할 수 밖에 없다. DTM의 해 상도와 정확성은 예측 알고리즘의 성능에 큰 영향을 미친다.

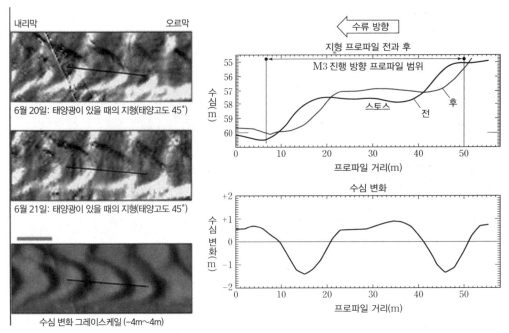

내리막   오르막

6월 20일: 태양광이 있을 때의 지형(태양고도 45°)

6월 21일: 태양광이 있을 때의 지형(태양고도 45°)

수심 변화 그레이스케일 (-4m~4m)

〈그림 4-6〉 지형변화 관측을 위한 모델구축 사례

7) 국방 분야

기뢰와 같은 물체를 탐색하는 데 고해상도의 DTM을 사용하기도 한다. 측량 전후를 번갈아 가며 반복적으로 비교할 수 있도록 DTM으로부터 만든 의사 태양 조사 이미지를 고해상도 디스플레이 용으로 만드는 것이다. 이것은 거짓접촉률(false contact ratio)을 줄이고, 수평·수직 방향 오차의 영향을 저감함으로써 검출 확률을 높일 수 있다.

〈그림 4-7〉기뢰 탐색을 위한 소해탐사 모식도

출처: Teledyne Reson

〈표 4-1〉수심측량자료의 활용 분야

활용 분야	세부 분야
해양지리정보	– 해양관리 및 경계설정 – 관측자료의 표준화 및 호환기술 – 3차원 통항 지원
해양토목환경학	– 항만시설물 설계 및 시공지원 – 준설 및 해양투기 모니터링 – 해저시설물(케이블, 배관 등) 유지·관리 – 수주원 관리, 퇴사량 측정
지질해양학	– 해양의 분류(해양법) – 지질재해 분석 – 지사분석(해수면 상승/하강, 고해안선 추정) – 표층퇴적 현황분석(시추위치 선정)
해양고고학	– 수중유물 탐색 – 침선 3차원 복원
해양자원학	– 심해저 자원 광구 설정 – 바다골재 광구 설정 – 석유·가스·메탄하이드레이트 탐사 – 바다목장화 – 심층수 취배수관 노선

4.1.2. 계측 대상과 계측 기준좌표계

1) 계측의 대상

(1) 지구의 형상

지구의 표면은 약 72%가 해면으로 조석이나 해류 등에 의하여 끊임없이 변화하고 있어 그 형상이 매우 복잡하여 수학적으로 정의할 수 없다. 이들 변수들은 시간의 함수로서 장시간에 걸친 측정과 분석에 의하여 결정될 수 있고, 이로부터 정지상태의 평균해면을 얻을 수 있는데, 이것을 지오이드(geoid)라 하며 지구의 형상으로 채용하고 있다.

지오이드란 조석, 온도 차, 해류 등의 영향이 없다고 가정하여 운하를 내륙까지 연결할 때 이루어지는 해면을 말하며, 대략 회전타원체를 이루고 있다. 이 지오이드면은 모든 지표면에서 중력방향에 수직이며, 지구 내부의 불균질 때문에 수학적으로 표현하는 데 대단히 많은 변수들이 필요한 불규칙한 면이다. 지오이드는 해발고도와 수준측량의 기준이다.

지오이드고는 지오이드면으로부터의 높이를 나타내며, 일반적으로 중력측량을 통해 확정된다. GPS 측량이 일반화된 현대에서는 타원체와 지오이드 간의 차이를 관측하여, 정밀한 수준측량에 활용하고 있다.

(2) 지구타원체

형상과 크기가 지구에 가까운 회전타원체를 지구타원체라 한다. 지구타원체는 적도반경, 극반경, 편평률 등으로 정의될 수 있는 회전타원체이며, 현재 국내 수심측량에서 사용하는 지구타원체는 GRS80이다.

종전까지는 측량 기술의 제약 등으로 자국에서만 이용이 가능한 측량 기준(도쿄 측지계 등)을 사용함에 따라 국가별로 위치(경위도 등)를 측정한 값이 상이하였다. 그러나 GPS 기술의 발달로 인하여 지구 중심을 기준으로 하는 세계측지계를 사용할 수 있게 되었고, 이는 세계적으로 동일한 위치 값이 측정되어 정보의 공동 활용 등이 용이한 기준 체계이다.

즉, 지구의 중심으로부터 지구 표면의 위치(X, Y, Z의 3차원)를 산출하는 방식으로서, 각국은 특정한 한 점을 그 나라의 측량 기준(원점)으로 정하는데, GPS에 의하여 구축·운영되므로 위치 측정에 편리하다.

세계측지계는 ITRF2000 좌표계(International Terrestrial Reference Frame, 국제지구기준좌표

계)와 GRS80(Geodetic Reference System 1980, 측지기준계 1980)의 타원체를 사용하는데, 표고는 현재와 같이 인천만 평균 해면을 기준으로 나타낸다. 세계측지계의 수평 위치는 우주 측지 기술을 구사한 초장기선 간섭계(Very Long Baseline Interferometer: VLBI)나 GPS를 이용한 GPS 상시 관측소의 관측치에 근거해 전국의 삼각점을 새롭게 계산해야 한다.

2) 수심측량에 사용되는 좌표계

(1) 경도와 위도

지구타원체를 남북으로 가르는 선을 자오선이라 하며, 기준 자오선과 특정 지점의 자오선 간 각도를 경도라 한다. 경도의 0은 영국 그리니치 천문대로 정의하고 있으며, 이를 경계로 동경과 서경으로 나눈다. 위도는 적도에서 극까지의 변화를 각도로 표현한 것이며, 0~90°까지로 표현한다. 지구타원체상의 특정 위치는 지구타원체 중심과 적도면이 이루는 각도로 표현한다. 지구타원체상의 한 점의 위치는 경도와 위도로 특정할 수 있으며, 그 표기는 60진법(도, 분, 초)으로 표현한다.

지구는 24시간에 대체로 360° 회전하므로, 그 회전각도와 경과시간은 비례한다. 그래서 경도는 각도 대신 시간으로 표시하는 일이 있다. 경도 15°는 1시간, 15′은 1분, 15″는 1초에 해당한다. 따라서 어떤 지점의 지방시(地方時)와 그리니치시(時)의 시차로 그 지점의 경도를 알 수 있다. 배 위에서는 크로노미터를 그리니치시에 맞추고, 천문관측으로 측정한 지방시와 비교해서 임의 지점의 경도를 구할 수 있다. 중위도 1′은 1,852m이며, 이를 해리(nautical mile)라고 표현한다.

(2) UTM 좌표계

UTM(Universal Transverse Mercator) 좌표계는 적도를 횡축으로 하고 자오선을 종축으로 하는 국제평면직각좌표이다. UTM 좌표계는 구역(zone)의 고유 번호와 가상적인 준거점으로부터 북과 동으로 각각 떨어진 거리(m)를 나타내는 좌표 체계를 말한다.

1947년 미국 측지부대에서 UTM 좌표를 사용해 연합군의 군사지도를 제작하였다. 적도를 횡축으로 하고 자오선을 종축으로 하는 국제평면직각좌표로 남위 80°에서 북위 84°까지의 지역을 경도 6° 간격으로 총 60개의 좌표지역대로 분할하여 UTM 좌표로 표시하고 양 극지방은 극좌표계인 UPS(Universal polar Stereographic Grid)를 독립적으로 사용한다. 좌표의 표시는 중앙자오선과 적도를 각각 좌표계의 종축과 횡축으로 정하여 m로 표기하고 좌표의 음수(−) 표기를 피하기 위하여 횡좌표에 500,000m를 가산한 (500,000mE, 0mN) 좌표를 사용하며, 남반구에서는 종 좌표에 10,000,000m를 가산한 (500,000mE, 10,000,000mN) 좌표를 사용한다. 축척계수는 중앙자오선에서 0.9996으로 최솟값을 나타내며 중앙자오선에서 횡방향으로 멀어짐에 따라 점점 증가하다가 동서 180km 되는 지점에서 1.0000이 되고, 좌표계의 경계에서는 약 1.0010이 된다. 우리나라의 UTM 좌표는 경도 129°와 적도를 좌표계의 원점으로 하는 51S와 52S 지역대에 속한다.

(3) 길이와 속도

수로측량에서 깊이의 단위는 나라마다 다르다. 세계적인 표준은 미터 체계이나, 미국이나 영국의 경우, 피트(feet, 1ft=30.480cm)나 패덤(fathom, 1F=6ft, 1.8288m)을 사용한다. 거리는 야드(yard, 1yd=0.9144m)나 피트를 사용하며, 해상에서의 거리는 자오선상 위도의 1′에 대한 평균거리에 해당하는 해리(1n mile=1,852m)를 주된 단위로 사용한다.

해리 단위를 사용할 때는 육상에서 사용되는 마일(mile, 1mile=1.6km)과 해상에서 사용하는 마일은 거리가 다름에 주의해야 한다. 속도 단위는 노트(knot, 1kn=1.852km/h, 이하 kn)를 사용하여 표시하기도 한다.

3) 선박좌표계와 센서좌표계

수심측량은 선박에 장착된 센서를 이용해서 수행된다. 선박의 해상위치는 GPS를 통해 관측되며, 선박 내 특정 위치에 거치된 측심 센서까지 위치 보정을 수행하여 센서의 지구좌표계상의 위치를 결정하게 된다. 센서의 위치는 선박좌표계상의 한 지점으로 표현되며, 선박좌표계는 선수 방향을 X(혹은 Y), 현 방향을 Y(혹은 X), 중력 방향을 Z로 하며, 그 중심이 무게중심(Center of Gravity: COG, 선박 내 측정 기준)이 된다. 선수축을 중심으로 좌우 회전하는 것을 롤링(Rolling)이라 하며, 현축을 기준으로 회전하는 것은 피칭(Pitching)이라 한다. 배 전체가 Z축을 중심으로 상하 운동하는 것을 히빙(Heaving)이라고 하며, 수심 측량에서는 기준 높이의 변화를 야기하는 히브에 대한 보정이 특히 중요하다.

센서들은 센서 고유의 좌표계를 가지고 있다. 센서 고유의 좌표계는 제조사마다 상이하나, 센서 좌표와 선박좌표 간의 정렬은 관측 정보의 품질을 좌우하기 때문에 매우 중요한 품질관리 항목이다. 초기 센서 장착 시에 사용하는 장비의 센서 좌표계와 원점을 확인하여 각 센서들 간의 정렬을 최대한 정밀하게 수행하고, 이를 확인하는 과정을 반드시 수행해야 한다. 다중빔 음향측심기를 사용할 때에는 특히, 이러한 센서 간 정렬 상태를 확인하기 위하여 패치테스트(patch test)를 수행하며, 이를 통해 트랜스듀서와 모션센서 그리고 GPS 간의 상호 정렬을 확인한다. 〈그림 4-8〉은 센서 좌표계 사례를 보여 주고 있다. 센서 제조사마다 계측의 기준(원점)을 다르게 적용하고 있으므로,

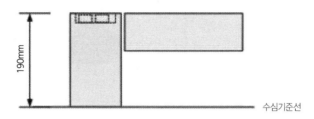

소닉 2024 측면도

190mm

수심기준선

소닉 2024 평면도

240mm

배의 종단 기준면

하단부 커넥터

120mm

39mm

선미

배의 횡단 기준선

선수

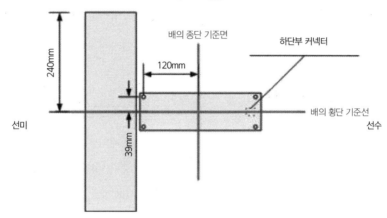

〈그림 4-8〉 다중빔 트랜스듀서 측정 기준 좌표계

출처: R2Sonic, 2011

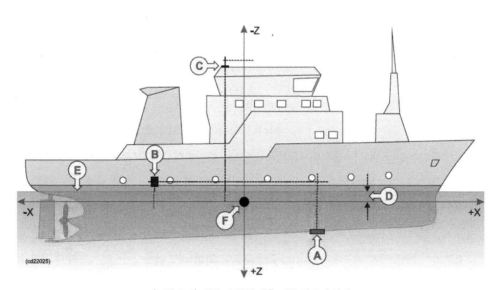

-Z

C

B

E

-X

+X

F

D

A

(cd22025)

+Z

〈그림 4-9〉 선박 내 위치 계측 기준 좌표계 사례

출처: Simrad

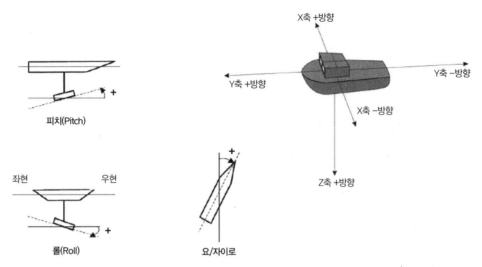

〈그림 4-10〉 선박 거동 계측 기준 사례(양의 부호 결정 기준은 자료취득 시스템마다 정의가 다름)

제조사 설명서를 반드시 참조해야 한다. 〈그림 4-9〉는 선박좌표계의 사례를 보여 주고 있다. 본 사례에서는 배의 선수 방향을 X축, 배의 현 방향을 Y축, 그리고 중력 방향을 Z축으로 채용하고 있으나, 배의 선수 방향을 Y축으로 삼는 시스템도 있으므로, 선박좌표계를 어떤 식으로 사용하는지 시스템마다 확인이 필요하다. 〈그림 4-10〉은 선박의 회전 및 이동에 대한 기준 좌표계와 양의 방향을 나타내는 그림이다. 일반적으로 선수가 해수면 위로 들릴 때(Pitch +), 우현이 아래로 내려갈 때(Roll +), 배가 아래로 내려갈 때(Heave +)를 양의 부호로 결정하여 사용하고 있다.

4) 시각기준

시각의 기준은 여러 가지가 있으며, 측량 현장에서는 각 장비들이 고유의 시각기준을 채용하고 있기 때문에 이에 대한 명확한 이해가 필수적이다. 복합적인 센서 관측자료들 간의 실시간 통합 및 후처리 시에 재통합할 때에는 생성된 시각을 기준으로 통합한다. 그러므로 시각의 통일은 매우 중요한 현대 측량의 요소이다. 현장에서 사용하는 시각 기준은 한국표준시, 협정세계시가 있다.

1972년 1월 1일부터 협정세계시(Universal Time Coordinated: UTC)는 1967년 국제도량형총회가 정한 세슘원자의 진동수에 의거한 초의 길이(원자초)를 기준으로 한다. 그때까지 시간의 기준으로는 지구의 자전에 의한 평균태양시와 지구의 공전에 의한 태양년에서 산출한 초의 길이가 쓰였다. 영국 그리니치 천문대를 기준으로 한 그리니치표준시(GMT)는 원래 평균태양시를 기준으로 한 것이었다. 따라서 원자시계를 표준으로 하면서부터 그리니치표준시가 실체(實體)를 바르게 나타내지 못하는 불합리한 점이 생겼다. 이러한 문제를 없애기 위해서 1978년 국제무선통신자문위원회(CCIR) 총회는 통신 분야에서는 금후 그리니치표준시를 협정세계시(UTC)로 바꾸어 쓰자는 권고안을 채택하였다.

시간대(時間帶, Time Zone)는 영국의 그리니치 천문대를 기준으로(경도 0°) 지역에 따른 시간의 차이, 다시 말해 지구의 자전에 따른 지역 사이에 생기는 낮과 밤의 차이를 인위적으로 조정하기 위해 고안된 시간의 구분선을 일컫는다. 시간대는 협정세계시(UTC)를 기준으로 한 상대적인 차이로 나타낸다.

한국표준시(韓國標準時, Korea Standard Time: KST)는 대한민국의 표준시로 UTC보다 9시간 빠른 동경 135°를 기준으로 하고 있다. 일광 절약 시간제는 현재 사용하고 있지 않으며, UTC+09와 같은 시간대이다. 서울의 경도는 동경 127°로, 1908년 대한제국이 표준시를 첫 시행할 때는 한반도의 중앙을 지나는 동경 127°30′을 기준으로 표준시를 정하였다. 일제 강점기인 1912년 1월 1일 조선총독부가 동경 135° 기준인 일본 표준시에 맞춰 표준시를 변경하였고, 대한민국에서는 1954년 3월 21일 이승만 정부가 동경 127°30′ 기준으로 되돌렸다가 1961년 8월 10일 박정희 군사정부가 동경 135° 기준으로 다시 변경하였다.

해양관측에서는 한 번의 탐사에 여러 시간대를 넘나들 수 있기 때문에 협정세계시(UTC)를 기준으로 야장을 기록하기도 한다.

5) 수심 측정의 기준

해도에서 수심을 표시하는 기준면을 기본수준면 또는 기준해수면이라고도 한다. 조석표의 조고도 이 면을 기준으로 한다. 국제수로회의에서는 수심 기준면은 조석이 그 이하로는 내려가지 않는 면으로 해야 한다고 규정하고 있다. 수심 기준면은 국가마다 규정에 따라 다르며 우리나라의 수심 기준면은 약최저저조면으로 규정하였다. 참고로 해도에서는 항해 안전상 저조해안선을 육지의 연변으로서 그린다.

6) 측심 신뢰성 관리

측심의 과정에는 반드시 오차가 수반된다. 수반되는 오차의 정도가 작을수록 최종 성과물의 신뢰성을 확보할 수 있다. 수심측량의 전 과정에서 오차의 발생 여지를 인지하고, 이를 줄이기 위한 노력 혹은 보다 높은 정확도의 장비로 측정 시스템을 구축하기 위한 노력이 수반될 때 고정밀, 고정확

수심 정보를 제공할 수 있다. 최신 전자해도에 기재되는 수심은 수심값 자체뿐 아니라, 수심을 얻게 되기까지의 과정과 측심 시스템 그리고 추정되는 오차의 범위까지 기재하도록 되어 있다. 수로측량 기술자는 자신이 다루는 장비가 가지는 오차와 장비들 간의 통합으로 인해 발생되는 오차를 알고, 최종 오차를 줄일 수 있는 방안을 지속적으로 확보해야 한다. 본 절에서는 오차에 대하여 문헌적인 정의를 기술하고 이에 대한 정보를 제공하고자 한다.

(1) 오차의 정의

신뢰성이 있는 측정 결과를 얻기 위해 많은 관측과 측정방법들을 사용하여도 정확한 측정값을 한 번에 얻을 수 없다. 숙련된 기술자가 정밀한 기계로 주의 깊게 측정한 관측치도 측정치마다 차이가 있어 이를 오차라 하며 이를 최소화하기 위해 측량을 할 때마다 오차의 원인과 오차의 영향을 고려하여 측량방법을 결정하며 또 관측의 결과를 정확치와 비교하여 관리한다.

(2) 정밀도와 정확도

정밀도란 어떤 값을 측정할 때 측정의 정교성과 균질성을 표시하는 척도이며, 측정값들의 상대적인 편차가 적으면 그 측정은 정밀하다고 하며, 반대로 크면 정밀하지 못하다고 한다. 따라서 정밀도는 측정의 과정과 밀접한 관계가 있으며, 측정 장비와 측정방법에 크게 영향을 받는다. 측정값들의 분포상태가 평균값 주변에 밀집되어 있으면 정밀하고 분포상태가 널리 퍼져 있으면 정밀하지 못한 것이다. 그러므로 이것은 우연오차와 매우 밀접한 관계가 있다.

정확도는 측정값이 참값에 얼마나 일치되는가를 표시하는 척도이며, 측정의 정교성이나 균질성과는 아무 관계가 없다. 다만 측정의 결과에 관련된 사항으로서 정오차와 착오를 제거하기 위하여 얼마나 노력을 하였는가와 관련이 있다.

(3) 오차의 원인

동일한 수심을 여러 차례 측정하여 산술평균하여도 정확치와 약간의 오차가 있다고 예상할 수 있다. 이와 같은 오차는 여러 원인에 의해 발생할 수 있겠지만 일반적으로 다음과 같이 분류한다.

① 자연적 원인

온도, 습도, 기압변화, 광선의 굴절, 바람 등에 의해서 생긴다. 음파를 이용하는 측심의 경우, 수층별 수온의 변화와 밀도의 차이에 따라 같은 지역이라도 다른 수심값이 계측되는데, 이는 자연적인 원인에 근거한 것이다.

② 기계적 원인

기계구조의 결함, 조정불량 등에 의해서 발생한다. 예를 들어, 음향센서 트랜스듀서의 센서 방향과 방위 센서의 센서 방향 간의 정렬 불량으로 측심 위치의 오차가 발생할 수 있다.

③ 인위적 원인

조작 미숙, 착오, 측정자의 시각 및 감각의 불완전에 의해 발생한다. 예를 들어, 음향측심기의 탐지 거리 한계를 잘못 조정함으로써 실제 해저면보다 깊거나 얕게 측심값을 얻을 수 있다.

(4) 오차의 종류

① 착오(mistake): 측량자의 부주의, 미숙 등으로 발생하는 오차로서 제거가 가능하고 쉽게 발견할 수 있다.

② 정오차(systematic error): 기계, 기구 등에 의해서 발생하는 오차로서 원인을 조사하여 조정방법을 알아두면 제거 가능하다.

③ 우연오차(accidental error): 너울, 내부파에 의한 음파의 굴절 등에 의해서 발생하며, 발생 원인이 불명확하다. 동일 지점에 대한 반복 관측을 통해 오차를 확인하여, 최확값으로 추정해야 한다.

(5) 최확치와 확률오차

최확치란 다른 어떤 값보다 정확치에 가까울 확률이 가장 큰 값을 말하여, 확률의 기댓값으로 표현될 수 있다. 같은 조건에서 계측한 값의 산술평균으로도 사용 가능하며, 계측한 값에 대한 비중을 고려하여 거리비례평균 등의 다양한 최확값 설정이 가능하다.

대부분의 오차는 확률의 일반법칙을 따르고 있으며, 오차의 일반법칙은 다음과 같다.

① 아주 큰 오차는 거의 발생하지 않는다.

② 작은 오차는 큰 오차보다 생기는 빈도가 크다.

③ +오차와 −오차는 같은 빈도로 발생한다.

오차를 표현할 때, 평균오차, 표준오차, 확률오차의 세 가지 방식으로 표현할 수 있다. 평균오차는 오차의 절대치의 산술평균치이고, 식은 다음과 같다.

$$E = \frac{|\epsilon_1| + |\epsilon_2| + |\epsilon_3| + \cdots + |\epsilon_n|}{n} \quad \text{식 (1)}$$

표준오차는 어떠한 값을 여러 번 측정하여 생긴 오차를 제곱한 후 이들을 합하고, 그 값의 제곱근에서 얻어지는 값이다.

확률오차는 같은 양의 정, 부의 오차가 일어날 확률이 같은 오차이다.

(6) 오차전파법칙

몇 개의 독립된 측정값의 확률오차 $E_1, E_2, \cdots, E_n$을 알고 있을 때, 이것들의 관측값을 합한 값의 확률오차는 다음과 같이 구한다.

$$E = \sqrt{E_1{}^2 + E_1{}^2 + \cdots + E_n{}^2} \quad \text{식 (2)}$$

4.1.3. 음향측심 시스템

1) 음향측심기

음향측심기는 수심을 측정하는 측심기 이외에도, 측정 위치를 알려 주는 GPS, 측심기가 부착된 배의 롤링과 피칭 그리고 위 아래로의 움직임을 계측하는 거동계측센서, 음파의 속도를 계측하는 음속측정기, 두 개 이상의 측심기나 다중빔 음향측심기를 이용할 경우 필요한 방위센서 등의 다양한 부속 센서들을 동시에 이용한다. 또한 우리가 계측하고자 하는 것은 해수면으로부터 해저면까지의 거리이므로, 측심기를 배에 부착했을 때 해수면 아래 얼마쯤에 놓여 있는지를 확인하고(이를 흘수라 한다), 이를 보정해 주어야 한다. 육상 측량과 같이 삼발이 위에 고정된 센서 하나만 가지고 거리와 각을 측량하는 것이 아니기 때문에, 각 부속 시스템의 역할과 한계를 정확히 알고 운영해야 정확한 수심을 계측할 수 있다. 본 절에서는 〈그림 4-11〉과 같은 음향측심 시스템에서 사용하는 부속장비의 기능과 역할을 설명할 것이다.

(1) GPS

GPS는 이제 대중화되어 작은 핸드폰에서부터 드론의 제어까지 위치가 필요한 모든 분야에 사용되는 시스템이다. 수로측량 현장에서 GPS 오차의 원인은 수신기의 시계가 가지는 부정확도에 기인한다. 이를 해결하기 위하여 DGPS(Differential GPS) 방식이 고안되었다. DGPS 방식도 사용하는 기법과 보정신호의 내용에 따라 여러 가지이다. 현업에서 사용하는 DGPS 방식은 다음과 같다.

- Beacon DGPS
- Precise Post Processing
- Radio Linked RTK DGPS
- Network Based RTK DGPS

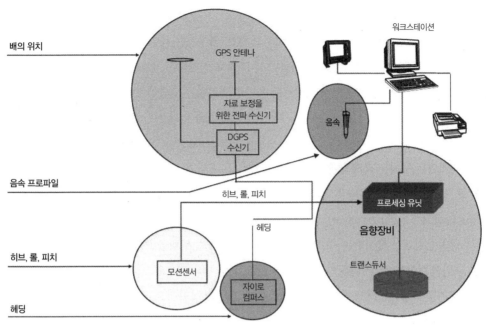

<그림 4-11> 음향측심기 구성 시스템 사례

출처: Simrad

- Precise Point Positioning

- Precise Point Kinematic

음향측심기의 위치를 가장 정확하게 계산해 내는 방식은 후처리 DGPS 방식이지만, 현장에서 바로 해를 내어 사용할 때에는 실시간 RTK DGPS 기법을 이용한다. 수로측량의 국제적 수평오차 기준은 비콘(Beacon) DGPS 방식의 1m 내외의 정확도를 인정하고 있다. 하지만 해상공사 및 정밀한 항만시설 내측의 수심측량 시에는 RTK DGPS를 이용한 센티미터급 위치정확도를 제공해야 하기 때문에 RTK DGPS 기법이 대중화될 것이다.

PPP(Precise Point Positioning)는 단일한 GNSS 수신기를 사용하여 정확한 위치를 확인하는 후처리 방식의 측위법이다. GNSS 위성의 정확한 궤도와 시각 정보를 제공하는 국제적인 기지국으로부터 관련 자료를 인터넷을 통해 수신받아, 현장에서 운영한 GNSS의 원자료(포맷은 RTCM 3.0)와 연동하여 수 센티미터 내의 위치해를 얻을 수 있다. 미국 NASA의 JPL(Jet Propulsion Laboratory)에서 정확한 위성의 궤도정보를 확인하고, IGS(International GNSS Service)에서 데이터를 공여받아 후처리에 무상으로 활용할 수 있어, 별도의 기지국을 설치하지 않고 고정도의 위치해를 얻을 수 있는 기법이다.

(2) 음향측심 트랜스듀서

음향측심 트랜스듀서라는 명칭 자체가 가지고 있는 의미처럼 음향, 즉 소리를 이용하여 수심을 계측할 수 있게 고안된 장치이다. 전기적 신호를 소리로 변환하는 재료를 이용하여 구현되었으며, 특정 주파수와 의미로 변환된 전기적 신호를 음파로 변환하여 수중에 방사한 후, 해저면에서 반사 혹은 산란되어 되돌아 온 음파를 다시 전기적 신호로 변환하여 그 시간 간격을 거리로 환산하는 기능을 한다.

탐지거리와 요구되는 분해능에 따라 사용 주파수와 에너지 강도가 다르고 음파를 특정한 방향으로 모으는 능력에 따라 음향 트랜스듀서의 크기와 모양이 다르다. 음향트랜스듀서는 주파수(frequency), 강도(source power), 빔 앵글(beam angle)에 따라 구분된다.

원추형의 음향빔을 생성하는 음향트랜스듀서는 원형이며, 부채꼴 모양으로 앞뒤로 좁고, 옆으로는 넓은 빔의 형상을 만들어 내는 것은 사각형이다. 또한 빔의 강도와 빔의 퍼짐각을 좁히기 위하여 전기에너지를 음향에너지로 전환하는 압전소자를 여러 개 복합적으로 사용해 배열한 타입이 있는데, 빔의 형상을 추구하는 트랜스듀서는 내부적으로 압전소자의 배열을 이용하고 있다.

빔 앵글은 탐지 대상에 대한 해상력을 결정짓는 주요한 요소이다. 원래의 형상에 가까운 계측을 위해서는 가능한 빔 앵글이 좁은 장비를 사용해야 한다.

단빔 음향측심기는 다중빔 음향측심기에 비하여 매우 폭이 넓은 음향빔을 사용하고 있으며, 탐지 면적이 크기 때문에 선박의 요동에 따른 계측 위치의 변동이 크지 않고, 넓은 지역에 대한 평균 수심을 기록하기 때문에 반복 조사에 따른 재현률이 다중빔 음향측심시스템보다 높다. 〈그림 4-12〉는 기존 단빔 음향측심기와 다중빔 음향측심기의 차이를 대별적으로 보여 주고 있다. 다중빔 음향측심기는 매우 좁은 빔을 이용하기 때문에 해상도가 매우 높고, 탐지 면적이 좁기 때문에 선박의 움직임에 따라 계측 위치가 지속적으로 변화된다. 다중빔 음향측심기를 이용한 수심측량에서 선박의 움직임을 계측하는 모션센서가 중요한 이유이다. 또한 단빔 음향측심기는 직하방 수심만 관측하기 때문에 선박의 선수 방향을 고려할 필요가 없으나, 복수의 빔을 현 방향으로 방사 수신하는 다중빔 음향측심기의 경우, 선수 방향의 직각 방향으로 빔을 방사 수신하기 때문에 선수각의 정확한 방위를 실시간으로 계측하는 방위센서가 추가적으로 필요하다. 이러한 모션센서 및 방위센서(자이로컴퍼스)의 정확도와 각 부하시스템 간의 정렬 정도에 따라 최종 측심 성과의 정확도가 달라지기 때문에, 단빔 음향측심기에 비하여 복잡한 현장보정 과정이 요구된다.

다중빔 음향측심기는 직하방 수심 계측만이 아니라, 사각으로도 음파를 송수신하기 때문에, 성층된 해수의 물리적 경계층에서 음파 굴절이 발생된다. 음파의 전달경로가 직선이 아니라, 층마다 음향임피던스에 따라 굴절률이 달라지므로, 조사 지역의 성층 상태를 확인하고, 음파 전달경로 보

	단빔 음향측심기 Single Beam Echo Sounder(SBES)	다중빔 음향측심기 Multi Beam Echo Sounder(MBES)
특성	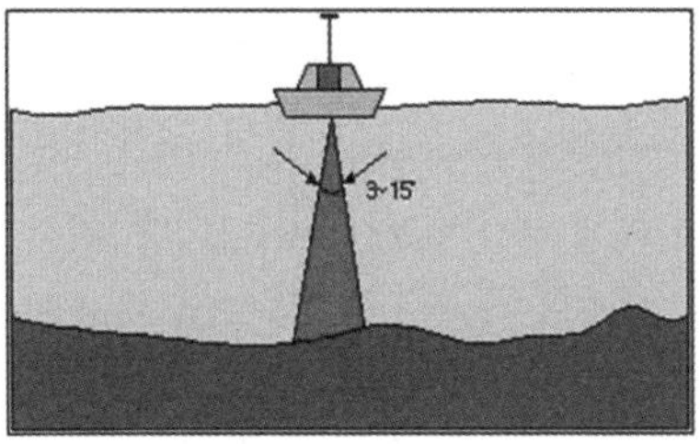 – 원추형 소나빔 이용 – 빔의 탐사 면적 넓음(해상도 불량) – 탐사 범위 내 최천소 계측치를 대표수심으로 관측 – 한 번의 송수신으로 하나의 계측치 취득 – 자이로나 모션센서 불필요	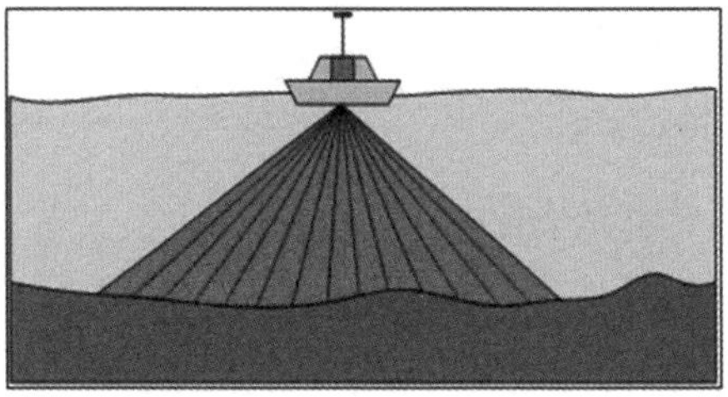 – 부채꼴형 소나빔 이용 – 선수 방향 탐사각 0.5°~3.0° – 현 방향 탐사각 90°~150° – 한 번의 송수신으로 지형 프로파일 취득 – 측심 방법에 따라 음압강도 계측방식과 위상차 계측방식으로 나뉨 – 고정밀 부가센서 필요
자이로 컴퍼스의 필요성	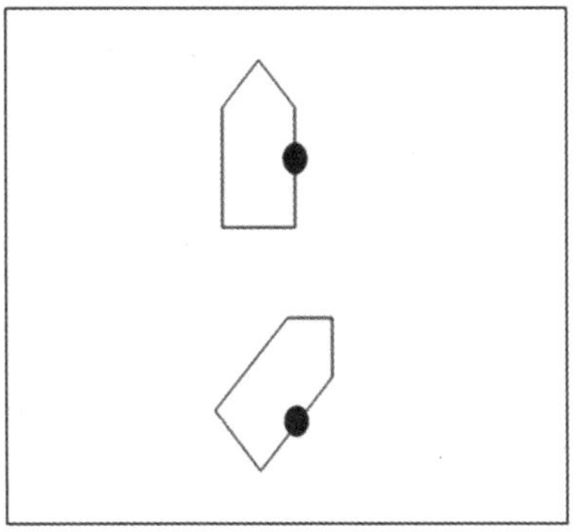 송수파기 직하방만 관측하므로 선수각 계측 불필요	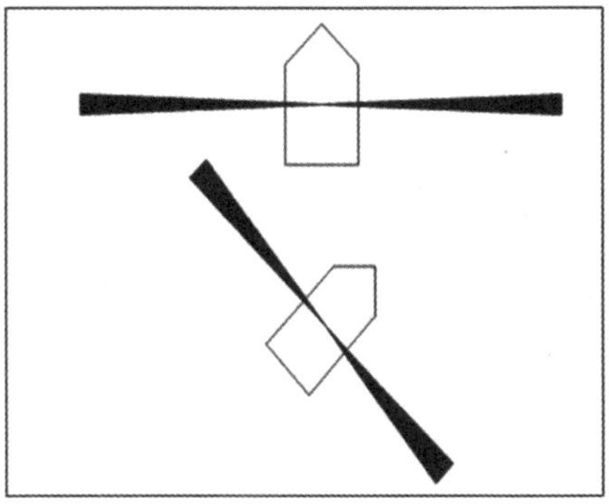 측량선 진행 방향의 직각방향으로 관측하므로 정밀 선수각 계측 필요
성과 비	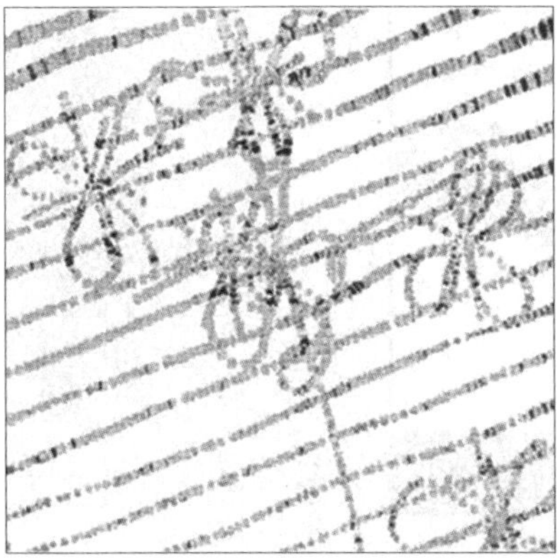 피치에 따라 측심 밀도 결정	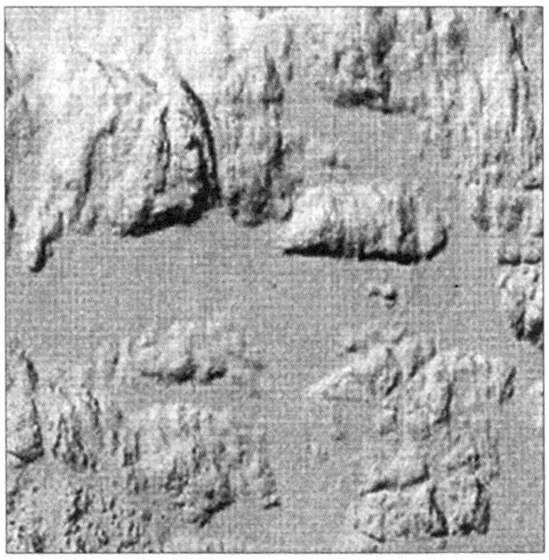 100% 소해탐사

〈그림 4-12〉 단빔과 다중빔 음향측심 비교

출처: John Huge Clark

정을 수행해야 한다. 이를 위해 성층을 판별하는 수온 및 염분계측기(Conductivity, Temperature, Depth: CTD, 이하 CTD) 혹은 음파속도계(Sound Velocity Profiler: SVP, 이하 SVP)를 현장에서 운영해야 한다.

다중빔 음향측심은 시스템의 복잡도에 비하여, 그 효율은 매우 높다. 특히, 시간 대비 탐사되는 영역과 단위 면적당 측심 자료의 밀도는 단빔 측량 성과에 비하여 200배 이상이다. 기존 단빔 음향측심은 측선 직하방에서만 수심을 계측하고, 나머지 지역은 계측된 수심자료를 기반으로 모델을 만들어 등심선으로 지형의 형태를 추정하는 방법을 적용하였다. 다중빔 음향측심기는 사용자가 목적하는 공간해상도에 복수의 빔으로 중복 관측하여, 통계적으로 대표수심을 추출할 수 있기 때문에 지형 모델 작성 시 보간이 아니라 측심 샘플링 기법이 적용된다. 고밀도의 측심 자료는 디지털 고도 모델 생성 시에도 원래 지형이 갖는 복잡도를 그대로 표현할 수 있기 때문에, 등심선으로 표현되던 지형 묘사를 격자수심모델로 한다. 이를 일컬어 100% 소해탐사라 말한다. 〈그림 4-12〉는 동일지역에서 수행한 단빔 음향측심기와 다중빔 음향측심기의 최종 성과를 단적으로 비교하여 보여 주고 있다.

(3) 방위센서

방위센서는 진북을 기준으로 방위를 지시하는 계측 센서이다. 일반적으로 방향을 지시할 때 사용하는 나침반에서의 북쪽 방향은 자북이며, 실제 북쪽과는 차이가 있고, 그 차이는 계측하는 지점마다 다르다. 이를 자기편차라 하며, 해도상에 항시 표현되어 있다. 국내에서는 약 7° 서측편향되어 있다. 기존에 한 번에 하나의 수심을 계측하는 시스템에서는 방위센서가 별도로 필요치 않았다. 음향측심기가 장착된 조사선이 어느 방향으로 위치해 있어도, 하나의 정점 측량에서는 GPS 위치 측정으로 3차원의 위치를 결정할 수 있었다. 그러나 동시에 두 개 이상 병렬로 수심을 관측하거나(다소자측심기), 다중빔 음향측심기처럼 선박 진행 방향의 수직 방향으로 복수의 빔을 수·발신하는 시스템에서는 선박의 진행 방향에 대한 관측이 매우 중요한 요소이다. 육상 측량에서의 각 측량이 중요하듯, 다중빔 음향측심에서는 트랜스듀서가 장착된 조사선 진행 방향에 대한 계측이 매우 중요하다. 단거리 관측에서는 작은 각도의 차이가 그리 영향을 끼치지 않으나, 관측 거리가 멀어질수록 각도 오차에 의한 수평위치 오차는 비례적으로 커진다.

방위와 관련된 용어 세 가지가 있다. 보통 GPS에서 방위는 일정시간 이동한 경로 방위를 알려 주며 이는 진북을 기준으로 한 이동벡터의 방위이며 코스(Course)로 알려져 있다. 실제 조사선이 지향하는 방향은 헤딩(Heading)이라 하며, 코스와 헤딩은 서로 다른 값임을 알고 있어야 한다. 또한 배의 선수를 기준으로 특정 물표의 방위를 지시하는 단어는 베어링(Bearing)이 있다. 베어링은 특정 좌표계 기준과의 사잇각을 의미하므로 극좌표계상에서 거리와 함께 특정 지점을 알려 주는 요소로 사용된다.

(4) 모션센서

해수면은 바람, 해류, 조류, 파도에 의해 끊임없이 움직인다. 이런 해수면 위에서 항행하는 모든 선박은 물의 움직임과 대응하면서 전진한다. 수심측량은 이런 움직이는 플랫폼 위에서 실시되므로 수심을 정확히 관측하기 위해서는 물의 움직임에 모션센서(Motion Sensor)의 동작을 보상해 주어야 한다.

선박의 거동계측에서 일반적으로 사용되는 선박좌표계는 카르테시안 오른손 좌표계를 이용해서 선수 선미가 이루는 축을 X, 선수와 선미를 직교하는 축을 Y, X축과 Y축이 교차하는 평면에 직각으로 Z축이 정의된다. X축의 양방향은 선수, Y축의 양방향은 우현, Z축의 양방향은 아래로 정의한다. 이는 육상에서 사용되는 Z축의 부호와 반대됨을 유의해야 한다.

선박의 움직임은 〈그림 4-13〉과 같이 6자유도 운동으로 구분할 수 있다. 이들 동요는 단독으로 발생하는 경우는 거의 드물며, 한 가지 동요가 발생하면 다른 동요를 유발한다.

① 횡동요(rolling): x축에 대한 회전운동

② 종동요(pitching): y축에 대한 회전운동

③ 선수동요(yawing): z축에 대한 회전운동

④ 상하동요(heaving): z축 방향의 상하운동

⑤ 좌우동요(swaying): y축 방향의 좌우운동

⑥ 전후동요(surging): x축 방향의 전후운동

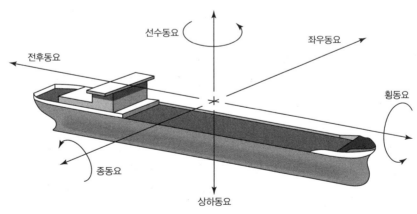

〈그림 4-13〉 선박의 동요를 지칭하는 명칭들

횡동요에서 양방향은 우현이 내려가는 방향이며, 종동요에서 양방향은 선수가 내려가는 방향이고, 상하동요에서는 올라가는 방향이 양방향이다.

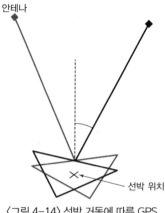

〈그림 4-14〉 선박 거동에 따른 GPS
안테나의 위치 변동 사례

선박의 움직임을 계측하는 센서는 항시 선박의 운동 중심(혹은 무게중심)에서 정확한 회전량을 계측할 수 있으며, 운동 중심에서 벗어나면 이에 대한 적절한 보상을 해 주어야 정확한 회전량을 계측할 수 있다. 일례로, 〈그림 4-14〉와 같이 선박이 롤링을 하게 되면, 선박의 현측에 부착된 송수파기의 수직위치가 변화한다. 이는 관측 기준과 대상 간의 관계를 변화시키며 관측오차를 증가시킬 수 있다.

또한 음향측심기와 선박 회전 중심 간의 관계를 정확하게 계측하여, 선박의 운동이 계측센서의 3차원적인 위치 변화를 보상할 수 있어야 한다. 대부분의 측심 오차는 선박의 거동을 정확하게 반영하지 않아서 발생하며, 선박의 거동은 주기적인 패턴을 가지고 있으므로 측심 성과에도 주기적인 이상 패턴이 나타나면 이는 선박의 거동 보상이 적절히 수행되지 않은 결과임을 알 수 있다.

(5) 음속측정기

음속측정기는 음파에너지를 전달하는 매질의 음속을 측정하는 장비이다. 음속측정기의 기본 원리는 해저면을 향해 발사된 음파가 해저면에 반사 혹은 산란되어 되돌아오는 데 걸리는 시간을 계측하는 것이다. 여기에 음파의 전달 속도를 곱하면 거리가 되는데 음파의 전달속도는 매질의 특성에 따라 다르다. 해수에서의 음파 속도는 1,500m/s이고 공기 중 음파의 속도는 340m/s라고 알려져 있지만, 공기 중의 속도 또한 공기의 온도에 따라 달라진다. 매질의 온도가 높으면 음파의 속도는 빨라지고, 매질의 온도가 낮으면 음파의 속도가 느려진다.

물은 태양의 복사열을 빨리 흡수하여 전체 수괴로 대류시킨다. 대류의 강도와 물의 혼합 양상에 따라 다르지만, 수심이 깊어지면 수온이 낮아지고, 수심이 얕아지면 태양 복사열의 영향으로 온도가 증가한다. 동일 지점이지만, 수심에 따라 수온이 다르다. 이를 측정해서 음파가 전달된 시간을 곱해 거리로 환산하면 그 지점의 계측 수심이 된다.

수심에 따른 음파의 속도를 계측하는 장비가 음속측정기이다. 음속측정기에는 특정거리만큼 이격된 작은 송수파기와 반사판이 있고, 반사거리를 지속적으로 계측하여 실제 우리가 알고 있는 거리가 나오도록 음속을 조정하는 과정을 거친다. 조정된 음속이 현 시점의 음속이며, 이렇게 취득된 음속을 평균해서 사용하거나 층별로 나누어 계산하여 거리를 합산해서 최종 거리를 계산한다.

단순히 대표음속을 알고 있고, 신호가 왕복전달된 시각을 알고 있다면, 계측 수심(d)은 다음과 같이 구할 수 있다.

$$d = \frac{1}{2} c \cdot t \quad 식\ (3)$$

여기서, c는 음속(m/s)이고, t는 걸린 시간(s)이다.

이를 조금 더 음속층별로 나누어 계산하게 되면 다음과 같은 식으로 변환할 수 있다.

$$d = \frac{1}{2} \sum_{n=1}^{n} (C_n \cdot t_n) \quad 식\ (4)$$

여기서, n은 수층의 개수이다.

또한 음파는 음속이 급격하게 변하는 경계에서 굴절하는 특성이 있다. 특정 수층에서 음파의 전달거리를 해석하는 것은 음파를 이용해서 수중을 탐지하는 모든 관계자들의 주요 고충이다. 음파의 굴절은 음파가 직선으로 이동한다는 가정을 넘어서 실제적으로는 곡선으로 이동하기 때문에, 직선을 가정하면 쉽게 계산되는 기하학적 위치계산에 기반한 관측은 많은 오차를 남기게 된다. 실제적으로 음파가 이동한 궤적을 정확하게 알려면, 수층을 이루는 음파의 구조를 파악해야 하는데, 음속측정기는 현장의 음파구조를 파악하는 데 사용하기 위하여 고안된 장비이다.

음파측정기는 압력센서와 연동되어 수심에 따라 변화하는 음파를 실시간 전시하며 기록하는 직독식과, 실시간으로 전시되지 않고 내부 기록장치에 기록하는 메모리 타입 방식으로 나뉜다. 직독식은 짧은 거리 30m 내외의 수심의 음속을 관측할 때 사용하며, 깊은 수심의 음속을 관측할 때에는 내부 기록장치에 기록하는 메모리 타입을 사용한다.

해수의 물리적 특성을 관측하기 위해 사용되는 CTD 관측기를 이용하여, 음속과의 비례를 실험식으로 추정하여 음속을 알아내는 방식도 사용된다.

일반적으로 음속관측은 배를 정선 후 장비를 물속으로 내려 관측하는데, 배를 정지하고 관측하는 것은 시간이 많이 소모된다. 이를 피하기 위하여, 일정 속도 이하로 배를 운항하면서 수온에 따른 음속을 간접적으로 측정하는 소모성 음속관측장치인 XBT(eXpendable Bathy Thermograph)가 사용되고 있다. 음속의 변화는 수심 계측에서 매우 중요한 요소이기 때문에 유의해야 한다.

2) 선박의 속도에 따른 거동 특성

조사선박이 작고, 대상 해역의 수심이 얕을수록 선박의 수직 거동에 대한 보정이 필수적이다. 일반적으로 조사선이 움직이기 시작하면, 조파저항 때문에 선수는 높아지고, 선미는 낮아진다. 선

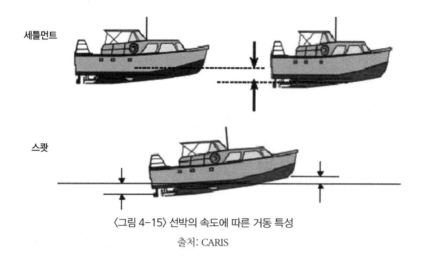

세틀먼트

스콰트

〈그림 4-15〉 선박의 속도에 따른 거동 특성

출처: CARIS

체에 부착된 송수파기는 선체의 거동 변화에 따라 선수를 향하게 되며, 정지상태에서 계측한 흘수(송수파기와 해수면 사이의 거리)가 변화한다. 〈그림 4-15〉와 같이 이러한 동적 거동 특성을 스콰트(Squat)이라 부르며, 속도에 따른 경사변화 혹은 흘수의 변화를 적용해 줄 필요가 있다. 대부분의 수심자료처리 프로그램에서는 속도에 따른 경사변화를 보정하는 기능을 갖추고 있다.

조사선은 엔진 기동을 위한 연료와 작업자가 사용하기 위한 청수를 조사선 하부 탱크에 저장하고 있다. 작업 초기에 연료와 청수를 가득 실은 상태에서 출항 전 계측한 흘수와 조사를 마치고 입항한 후에 계측한 흘수 사이에는 차이가 존재한다. 연료를 소모할수록 흘수가 작아진다. 이러한 현상을 동적 흘수 변화(Dynamic Draft)라 하며, 수심이 낮은 해역에서 소형선을 이용한 계측에서는 수심 오차를 야기할 수 있다. 대부분의 수심자료처리 프로그램에서는 동적 흘수 보정 기능이 구현되어 있다.

3) 탐사시스템의 분류

(1) 빔 활용방식에 따른 분류

음향측심기는 사용자의 요구에 맞추어 다양한 종류로 발전해 왔다. 초기 한 점에 대한 수심 계측이 가능했던 단빔 음향측심기를 발전시켜, 다소자 음향측심기가 개발되었다. 다소자 음향측심기가 하나의 고정대에 여러 방향으로 음향을 방사하여 수심을 관측하는 것이라면, 수평으로 펼친 붐 대에 여러 개의 단빔 음향측심기를 장착하여 고정 간격으로 복수의 수심을 얻게 하는 멀티 트랜스듀서 제품이 개발되었다. 이후 기계식으로 단빔 음향측심기를 조합하여 사용하던 방식을 넘어, 하

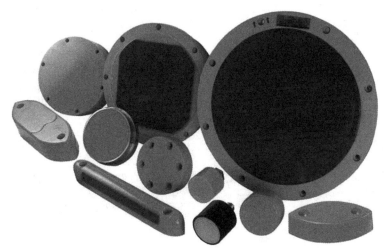

〈그림 4-16〉 다양한 종류의 단빔 음향트랜스듀서 사례

출처: Kongsberg Maritime, 2010

〈표 4-2〉 다양한 종류의 측심용 음향트랜스듀서 특성 사례

주파수	12kHz	30kHz	100kHz	300kHz
감쇠	1dB/km	5dB/km	30dB/km	65dB/km
범위	11,000m	5,000m	1,000m	150m
소나빔 폭	트랜스듀서 크기			
1°	9m	3.6m	1.1m	0.3m
2°	4.5m	1.8m	0.6m	0.2m
5°	1.8m	0.7m	0.2m	0.1m
10°	0.9m	0.3m	0.1m	0.04m

나의 송수파기에서 여러 개의 빔을 생성하여 수심을 관측하는 다중빔 음향측심기가 개발되었다. 1960년대 군사용으로 개발된 초기 다중빔 음향측심기는 8개의 빔을 생성하여 수심을 관측하는 방식이었으나, 신호처리 시스템의 발전과 부가적인 컴퓨터 관련 기술의 극적인 진보와 함께 현재는 512개 이상의 빔을 동시에 이용하여 측심을 수행하고 있다. 현대의 수심측량은 대부분 다중빔 음향측심 시스템으로 수행되고 있으며, 내부적으로 다양한 방식의 빔 생성 기술을 적용하여 관측 범위와 깊이를 확대해 가고 있다.

(2) 장착 방식에 따른 분류

음향측심기는 크게 이동형과 장착형으로 구분할 수 있다. 이동형은 트랜스듀서가 소형이고, 경량

<그림 4-17> 상용 다중빔 음향측심기의 트랜스듀서

이어서 고정 폴대를 이용하여 조사선의 선수나 현에 설치하여 운영한다. 이동형 장비를 운영할 때 주의해야 할 부분은 트랜스듀서의 거치상태이다. 이동형 장비는 어떤 배에서든 쉽게 탈부착할 수 있어서 적용성이 좋으나, 장비 부착 시 완벽하게 고정하지 않으면 배의 진동과 유속 저항 때문에 배의 거동과 달리 지속적으로 흔들릴 수 있으며, 이는 계측 오차를 크게 만드는 요인이 된다.

장착형 장비는 조사선 선저 하부에 영구 장착하여 사용하며, 이의 응용으로 ROV(Remote Operating Vehilce)나 예인식 조사장비에 탑재하여 사용하기도 한다.

(3) 수심의 결정(측심, 흘수보정, 음속보정, 조석보정)

한 지점의 수심을 결정한다는 것은 임의 시각의 기준 해수면으로부터 트랜스듀서까지의 잠긴 거리에 대한 계측뿐 아니라, 기준해수면과 임의 시각에 일어난 파랑, 너울, 선박의 롤링/피칭, 음속과 현 시점의 조석까지 고려되어야 하는 복잡한 과정이다. 이 복잡한 과정에서 전체 수심 계측에 기여하는 영향을 비례로 고려하여 어느 선까지는 상수로 치환하거나 가정을 통해 오차로 풀어낼 수 있다. 요구되는 관측 정밀도에 따라 수심이 깊을수록 상수로 치환하거나 고려하지 않아도 되는 과정이 많은 반면, 수심이 낮을수록 부수적인 영향이 전체 수심 결정에 큰 영향을 끼친다. 파고를 예로 들면, 수심 100m 지역에서 파고의 진폭이 1m라고 하면, 전체 수심에 1%에 해당한다. 그러나 수심 10m 지역에서 일어난 파고 1m는 전체 수심의 10% 해당하는 진폭이므로, 이를 어떻게 처리하느냐에 따라 수심의 편차가 심하게 나타날 수 있다. 해저면은 평탄한데, 파고의 진폭에 따라 1m씩 모래 파를 보이는 결과를 가져올 수도 있다. 수심 측량은 수심이 낮으면 낮을수록 더 어려운 과정이다.

수심을 결정할 때 측심 시 음속, 정적 흘수, 동적 흘수, 파랑, 조석, 선박 거동의 6요소를 고려해야 한다.

측심은 항상 기본수준면(chart datum)을 이용한다. 해도 작성 시 수심 기준면은 특정한 조석 기준면으로 정하며, 취득 수심은 시·공간상으로 변화하는 조고 영향을 감해야 한다. 수면하 트랜스듀서 수직좌표는 선박의 평균 흘수(선박에 표시되어 있는 흘수선을 이용하여)로 구할 수 있지만, 트랜스듀서와 수면 사이의 깊이는 선박 운동 및 해수의 밀도 등에 따라 계속 변화한다. 만약, 기준점(RP: Reference Point)과 트랜스듀서 사이에 오프셋이 존재한다면, 선박의 운동 및 해수의 운동에 의해 수직 방향의 오프셋이 발생하게 된다. 이러한 수직좌표 변화의 요인을 20초를 기준으로 단주기 및 장주기 성분으로 나누어 볼 수 있다.

〈표 4-3〉 수직좌표 변화의 요인

단주기 변화(20초 미만)	장주기 변화(20초 이상)
- 파도와 너울에 의한 히브(heave) 변화 - 롤링과 피칭에 의한 유도 히브(induced heave) 변화	- 선박 이동에 따른 흘수의 변환 - 선박 안정화 - 장주기 유도 히브 변화 - 해수의 밀도 변화에 따른 흘수 변화 - 연안 조류에 의한 조고 및 호수와 강의 수면고 변화

센서의 미비로 관측하지 못한 수면과 트랜스듀서 사이의 고도변화는 전체 수심 성과에 오류를 추가적으로 발생시킨다. 트랜스듀서 단주기 고도변화는 모션센서(VRU)에 의해 기록되지만, 장주기 고도변화는 대부분의 모션센서가 설정하고 있는 주기 폭을 넘어서고 있기 때문에 관측되지 않는 경우가 많다. 선박 안정화의 경우, 선박의 평균 흘수의 갑작스런 변화는 모션센서의 고주파 필터링에 의하여 관측될 수 있지만, 선박 안정화에 따른 장주기 원점(DC)의 변화는 모션센서에서 관측하지 못한다. 시각동기화는 수직좌표 변화에서도 수평좌표 변화와 마찬가지로 중요하다. 측위 시각, 자세 및 히브는 음향측심기 혹은 자료 로깅 시스템의 내부 시계와 정확하게 동기화를 이루어야 한다. 〈그림 4-18〉에서는 트랜스듀서와 해저면까지의 음파경로 해석이 끝난 후에 발생할 수 있는 여러 가지 수직좌표 오차 요인을 보여 주고 있다.

해면에 의한 히브 변화는 모션센서에 의해 기록되거나, 독립적인 히브 센서에 의해 기록될 수 있다. 롤과 피치에 의한 히브는 트랜스듀서 흘수의 변화를 가져온다. 천해에서는 핑(ping) 송수신 간격이 대단히 짧기 때문에 송수신 시간대의 히브, 피치, 롤의 변화는 무시할 수 있다. 그러나 수심이 100m 이상인 심해에서의 유도히브 계산에서는 음향 신호의 왕복 전달 시간이 더 길기 때문에, 송수신 때의 히브와 유도히브 각각을 기록해서 핑 주기 동안 변화하는 양을 고려해 주어야 한다. 롤과 피치에 의한 유도히브와 히브 때문에 발생하는 트랜스듀서 고도의 정확한 보정을 위해서 모션센서는 최대한 롤과 피치의 기준 축이 교차되는 지점에 설치되면 그 영향을 최소화할 수 있다.

다중빔 측심시스템 통합의 마지막 단계는 수직 변화요인들을 빔 벡터 내 z성분으로 변환시키는 것이다. 위에서 언급한 수직 변위는 주사 폭과 수심 정밀도에 영향을 끼치므로 대단히 주의해서 적용해야 한다. 조석 및 수면고 보정에 포함된 오류는 측심 성과에 직접적으로 포함되며, 측량 정확도 기준과 더불어 고려되어야 한다.

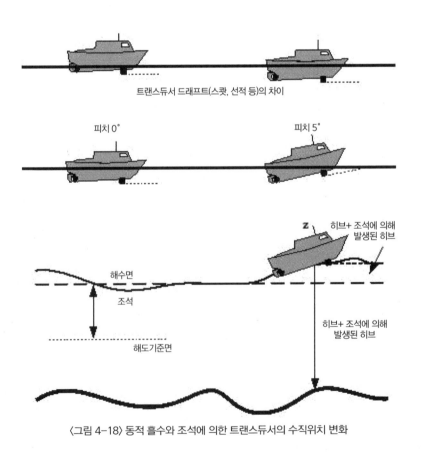

〈그림 4-18〉 동적 흘수와 조석에 의한 트랜스듀서의 수직위치 변화

(4) 수심의 선택(보간과 대푯값)

국제수로기구에서 탐사의 기준으로 특정 해역에 대해서는 100% 전역탐사라는 기준을 제시한다. 100%의 정의는 별도로 언급되어 있지 않다. 통상적으로 해당 구역을 특정 면적의 단위 셀로 나누고, 모든 셀에 적어도 하나 이상의 관측값이 존재할 때 이를 100% 탐사라 말한다. 단빔 음향측심기는 측심기 직하방의 수심만 관측하고, 배의 진행 방향에 따라 지형의 프로파일을 얻을 수 있지만, 배가 지나가지 않은 지점에 대해서는 미 측심 구역으로 남는다. 배가 지나간 측선과 측선 사이의 미측 구간에 대해서는 측선에서 얻은 자료를 근간으로 보간하여 수심을 추정한다. 등심선도는 관측 수심이 부족한 지역에 대한 전체적인 수심 분포나 지형의 형상을 파악하기 위하여, 보간된 지형모델에서 특정 수심대역을 선으로 연결한 것이다. 구 해도에서는 관측 수심에서 가장 낮은 지점에 그 수심을 숫자로 표기하고, 대략적인 수심 분포를 표현하기 위하여 등수심도를 이용하였다. 그러나 수심이 중요하게 고려되는 주요 해역에 대한 100% 전역탐사를 요구하는 최신 전자해도에서는 보간으로 추정된 수심과 실제 관측된 수심, 그리고 수심의 처리 방법까지 속성으로 기록하도록 요구하고 있다.

다중빔 음향측심이나 항공 라이다 측심과 같이 한 번에 복수의 관측수심을 취득하고, 동일지역에 대한 중첩조사를 수행하는 기법을 채용하는 시스템에서는 단위 격자 내에 매우 많은 관측 수심이 존재하기 때문에, 보간 기법보다는 대푯값을 선택하는 방법에 대한 다양한 기법이 제시되고 있다. 하나의 단위 격자에 복수 개의 관측값이 존재하면, 이를 이용하여 다양한 통계적 속성을 산출할 수 있고, 통계적 산출값들을 이용하여 관측의 정밀도 및 대푯값으로서의 신뢰도를 향상시킬 수 있다. 복수의 관측값에서 표준편차 이상의 오측을 제거하고, 평균값, 중간값, 최대, 최소 혹은 확률적 기댓값으로의 다양한 대푯값을 선택할 수 있다.

4.1.4. 수중 음향의 특성

물과 같은 액체에 전파가 입사하면 깊이 투과하지 못하고 흡수된다. 이때, 전자파가 흡수될 때까지의 침투 깊이를 투과 깊이라 하는데, 물에 대한 투과 깊이는 보통 수 m에 불과하다. 따라서 바닷속 잠수함과의 전파 통신은 보통의 파장을 갖는 전파로는 불가능하다. 단 장파장의 전파로는 투과 깊이가 크기 때문에 통신이 가능하기는 하다. 잠수함과의 통신에는 장파장의 저주파수(100Hz 이하) 전자파를 사용한다. 이런 류의 전파의 파장은 수천 km이기 때문에 이 정도의 전자기파를 발생하고 수신하기 위해서는 수십 km 길이의 안테나가 필요하다.

이런 문제 때문에 물속 통신이나 거리와 방향 계측에는 음파를 이용한다. 특히, 소리를 발생시키는 음원이 크고 고주파음일수록 집속성이 강한 소리 빔(sound beam)이 만들어지기 때문에 잠수함이나 해저지형 탐사에서는 역압전효과를 이용한 큰 음원으로 파장이 짧은 초음파영역의 음을 방사시키고, 물체에 부딪혀 되돌아오는 음으로 해저지형이나 적의 잠수함, 바다 위에 떠 있는 구축함 등을 탐지한다. 이러한 시스템을 SONAR(SOund Navigation and Ranging)라고 부른다. 이는 전파를 이용하는 RADAR(RAdio Detecting and Ranging)와 기능적으로 같은 시스템이다.

물속에서의 소리 속도의 최초 측정은 1827년에 스위스의 제네바호에서 이루어졌다. 13,847m 떨어진 두 보트를 이용해 15세기에 레오나르도 다빈치가 기록한 바 대로 파이프의 한쪽을 물속에 담그고, 다른 쪽에 귀를 대고 종소리를 듣는 방식으로 속도를 측정했다. 속도를 측정하려면 거리와 시간이 필요하다. 한 보트에서 종을 치는 순간 연기를 피워올리고, 연기를 본 순간부터 소리가 들리기까지의 시간을 단진자를 이용하여 측정하였다. 이 측정에서 물속의 소리속도는 공기 중의 4배인 1,450m/s로 측정되었다.

우리가 물의 깊이를 잴 때에도 음파를 이용하며, 측심시스템은 SONAR 시스템의 일종이다. 그러므로 장비를 활용하기 위해서는 측심시스템이 가지고 있는 장점과 단점 등을 정확하게 알고, SONAR 시스템의 기초가 되는 음파의 물리적 특성을 이해하는 것이 현업에 도움이 된다. 본 절에서는 음향측심기의 기본 원리와 빔 특성, 이에 따른 자료해석 시의 고려사항 등을 설명할 것이다.

1) 기초 이론

우리가 물의 깊이를 잴 때 사용하는 음향측심기는 소리를 이용한다. 소리는 탄성매질(압축 가능한) 속에서 앞뒤로 움직이는 기계적 진동에 의해 에너지가 전파되는 종파(longitudinal wave)의 일종이다. 이론적 설명을 위해 한 방향으로 진행되는 소리의 진동만을 가지고 편하게 논의하지만, 실제로 소리가 발생되면 360° 전 방향으로 음파는 퍼져나간다. 특정한 방향으로 음파에너지를 집속할 수 있는데, 이렇게 특정 방향으로 집속된 음파를 별도로 음향빔(acoustic beam)이라 말한다. 음향빔이 생성되면, 위아래와 옆으로 특정각도로 전파되며 퍼지는 각도를 수평빔각(horizontal beam angle), 수직빔각(vertical beam angle)이라 일컫는다. 음향 빔을 얼마나 좁게 집속할 수 있는지가 장비의 특성으로 중요하게 고려된다. 대부분 음향측심기의 주요 제원으로 음향빔각도를 제시하고 있으며, 작으면 작을수록 고해상도의 공간 및 각도분해능을 구현한다.

음향빔은 동일한 매질인 경우 직진하는 특성을 가지고 있기 때문에 음파가 전달되는 경로 중간에 방해물이 있으면, 더 이상 진행하지 않고 반사되거나 산란된다. 이때 음파가 전달되지 않는 부분을 음영지역(acoustic shadow)이라 한다.

음파의 속도는 매질의 온도, 염분, 압력에 따라 변화한다. 음파의 속도는 거리 계산과 빔의 전달 경로 해석에 기본이 되므로, 현장에서 전 수심에 걸쳐 관측되어야 한다. 음파 속도를 계측하는 장비로는 CTD, XBT, SVP, SSP(Surface Sound Profiler) 등이 있다.

음파의 주파수는 특정 지점을 1초에 몇 파장이 지나가는지에 대한 단위이다. 단위는 헤르츠(Hz, 이하 Hz)이며, 음향측심기는 12kHz에서 600kHz 대역을 주로 사용한다. 주파수가 높으면 진동이 많고, 주파수가 낮으면 진동이 적은 것이다. 이를 파의 길이로 표현할 수 있다.

파의 길이 혹은 파장(wave length)은 음파의 속도를 주파수로 나누어 계산할 수 있다.

파장 = 음속/주파수

낮은 주파수는 진동의 수가 적어 에너지 손실이 작고, 그만큼 멀리까지 전파된다. 높은 주파수는 진동의 수가 많으므로 전파 중에 에너지 손실이 많아 전달 거리가 짧다. 반대로, 파장이 길면 깊이에 대한 분해능이 낮고, 파장이 짧으면 분해능이 높다. 예를 들어, 지구상의 가장 깊은 수심은 마리아나 해구로 약 11,000m이며, 11,000m를 측심할 수 있는 음향측심기의 주파수는 12kHz 대역이다. 수로측량에서 사용하는 음향측심기의 관심 수심대역은 대부분 100m 이하이며, 200kHz에서 400 kHz 대역을 사용한다.

음향측심기의 선택에서 가장 중요한 제원 정보는 측심기가 사용하는 주파수이다. 주파수에 따라 측심 가능 거리가 제한되기 때문에, 이에 대한 정보를 숙지할 필요가 있다.

음향측심기에서 사용하는 음파의 강도와 관련하여 아래의 세 가지 용어가 사용되고 있다.

– 음압(acoustic pressure), 단위: 마이크로파스칼(micropascal, μPa)

– 음압 강도(sound intensity), 단위: 와트(watts, W)

– 음압 준위(acoustic level), 단위: 데시벨(decibel, dB)

원론적으로 보면 기계적 진동에 의해 매질에 가해지는 압력이 음파의 세기이다. 그러므로 음파의 세기 강도를 압력으로 표현하면, 일반적으로 음원과 1m 떨어진 지점에서 계측한 압력을 송신음 강도로 표현한다. 기계적 진동에 의해 강제로 발생된 음파는 우리 귀에 '핑(ping)' 소리로 들리기 때문에 음파의 발신을 핑이라는 용어로 사용한다.

소리음압과 물 입자 속도의 곱은 공간의 단위면적을 단위시간당 통과하는 소리에너지(acoustic energy)로서 소리의 세기(intensity)이다. 음파의 강도는 음압의 제곱에 비례한다. 음파의 파면은 압력이 일정하지 않기 때문에, 파면의 압력을 재는 보정된 수신기로부터 수신된 음압의 변화를 기록한 후 특정 시간 동안 통계적인 방식(제곱평균제곱근)으로 표현하며, 평방미터당 W의 단위를 사용한다.

음압 준위는 우리가 듣는 소리의 크기로 생각하면 편하다. 데시벨 단위는 음압 준위의 큰 변화를 각 요소의 더하기 빼기만으로 손쉽게 다룰 수 있게 해 준다. 데시벨은 상용로그 스케일을 사용하는 데, 단위거리와 시간 동안 측심기가 송신하는 음파의 에너지 크기를 지시하는 데 사용한다. 수중음향에서 사용하는 데시벨 기준은 1μPa이다. 공기 중에서 사용하는 데시벨 단위 20μPa과는 관습적으로 다른 기준을 사용한다.

음향측심기가 낼 수 있는 음파의 최대 강도에 대한 제원은 송신 dB로 표현되며, 일례로 210dB re 1μPa이라 하면, 1μPa의 RMS를 갖는 기준음압 대비 210dB 크게 소리를 낼 수 있다는 것이다.

기준 대비 대상으로 하는 값의 비례적 크기는 상용로그로 표현하면 이해하기가 쉬워, 음압 강도를 표현할 때에는 상용로그를 사용하는 dB을 단위로 한다.

$$Ratio\ dB = 10\log_{10}\frac{P}{P_o}\quad \text{식 (5)}$$

여기서, P_o는 대비 기준, P 대비 대상 값을 의미한다.

상용로그는 10을 밑으로 하기 때문에 10dB 증가는 출력 강도가 10배 증가했음을 말해 준다. 20 dB은 100배를 의미하고, 30dB은 1,000배를 의미한다. 수중 음파에서 많이 사용되는 3dB은 출력 강도가 기준 대비 두 배임을 말해 주며, −3dB은 기준 대비 에너지가 50%가 되었음을 의미한다.

입자 속도에 대한 음압의 비는 매질의 밀도와 그 매질에서 음속의 곱으로 주어지는데 이를 음향 임피던스(acoustic impedance) 또는 매질의 특성임피던스라고 부르며, 소리의 반사나 굴절 같은 성질을 다루는 데 매우 중요한 인자로 이용된다. 단위는 kg/sec.m=Rayl(레일)이다. 참고로 공기의 특성임피던스는 415Rayl이다.

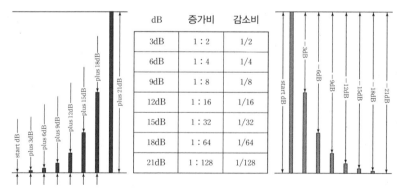

dB	증가비	감소비
3dB	1 : 2	1/2
6dB	1 : 4	1/4
9dB	1 : 8	1/8
12dB	1 : 16	1/16
15dB	1 : 32	1/32
18dB	1 : 64	1/64
21dB	1 : 128	1/128

〈그림 4-19〉 데시벨 단위의 이해

2) 음압감쇠

음원에서 거리가 멀어져 감에 따라 강도가 저하되는 것을 감쇠라 하며, 감쇠는 두 개로 나누어 모델링하여 시스템 운영에 반영한다. 음원에서 어느 정도 떨어지면 음파는 구면파로 되나, 파면의 면적은 거리의 자승에 비례하므로 음파의 강도는 거리의 자승에 반비례한다.

예를 들어, 음원에서 P와트의 음향출력이 있었다고 하면, 거리 X의 점에서 음의 강도는 다음 식으로 간략화할 수 있다.

$$I_x = \frac{P}{4\pi X^2} \quad \text{식 (6)}$$

단위거리 X_o에 있어서 음의 강도를 I_o라 하면 다음의 식이 성립된다.

$$I_o = \frac{P}{4\pi X_o^2} \quad \text{식 (7)}$$

$$P = I_o 4\pi X_o^2 \quad \text{식 (8)}$$

$$I_x = I_o (\frac{X_o}{X})^2 \quad \text{식 (9)}$$

이 감쇠는 음의 주파수에는 관계가 없으며, 이를 구면감쇠 또는 확산감쇠라 한다. 한편 매질의 점성, 내부마찰, 열전도 등의 원인에 의해 음파에너지가 열로 변환하는 감쇠가 있다. 평면진행파의 경

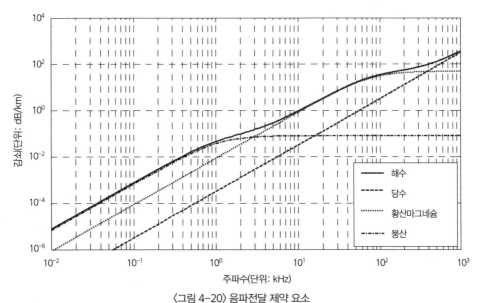

〈그림 4-20〉 음파전달 제약 요소

출처: Kongsberg Maritime, 2010

우는, $I_x=I_o-a(X-X_o)$로 나타낼 수 있으며, 이때 a를 흡수계수라 한다. a의 단위는 dB/km를 사용한다. 흡수계수는 주파수에 따라 변화하기 때문에 주파수 함수로 정리할 수 있다.

해수 중에서 흡수계수와 주파수와의 관계는 실험식으로 주어지며, 다음 식은 이를 함수의 형식으로 표현한 것이다.

$$a=0.22f+0.000175f^2 \text{(dB/km)} \quad \text{식 (10)}$$

소나 및 에코사운더 시스템에서 신호는 탐지하려는 대상에서 반향된 음파를 말하며, 소음은 원하지 않는 신호나 외란을 의미한다. 하지만 상존하는 배경소음 환경에서 반향된 음파를 탐지해야 하기 때문에 송신 에너지를 배경소음보다 항상 크게 유지해야 한다. 송신 음파의 강도를 무한대로 크게 할 수 없기 때문에 소음의 발생요인을 최대한 제거하는 것이 실용적이다. 수중 음향 계측기에는 신호 대 소음비에 영향을 끼치는 소음은 자체소음, 주변소음, 어구소음, 전기소음, 잔향 등이다.

〈그림 4-21〉의 A(트랜스듀서), B(케이블), C(프리앰프), D(A/D 변환), E(신호처리) 개별 단계에서 영향을 받을 수 있는 소음은 다음과 같다.

A: 트랜스듀서에 영향을 미칠 수 있는 소음원은 다음과 같다.

① 생물학적 외란

② 간섭

③ 공동현상

④ 프로펠러 소음

⑤ 유동 소음

⑥ 다른 수중 음향 시스템의 음향 소음

B: 트랜스듀서 케이블이 길기 때문에 발전기, 펌프, 에어컨디셔너 등으로부터 전기소음이 유입될 수 있다.

C: 프리앰프는 매우 민감한 장치이므로 내부 및 외부 전력공급장치로부터 전기소음이 쉽게 유입될 수 있다. 또한 자체 회로에서 발생하는 아날로그 소음에도 취약하다. 컨버터와 신호 처리회로에서 발생하는 디지털 소음도 외란의 원인이 될 수 있다.

D: A/D 컨버터는 아날로그 소음을 디지털로 변환한다.

E: 신호 처리 회로에서는 디지털 소음이 발생할 수 있다.

① 자체소음: 수중 음향 시스템이 탑재된 선박이라면 자체 소음이 없을 수 없으며, 자체 소음원은 아래와 같이 여러 가지가 있다.

- 기계소음: 엔진, 발전기, 기어, 펌프, 송풍기, 냉장 시스템 등

– 전기소음: 전기모터, 접지 루프 등

– 프로펠러 소음: 프로펠러 날개 특성, 샤프트 진동, 공동현상

– 유동소음: 층류, 난류, 기포 등

– 래틀소음: 느슨한 부품

– 간섭: 선박에서 동시에 사용하는 다른 수중 음향 시스템

② 주변소음: 일반적으로 주변 소음은 소나 및 에코 사운더의 성능을 제한하는 요인은 아니다. 주변 소음은 기상(비와 바람, 파도)에 의해 변화될 수 있으며, 조업지역의 선단, 해군 함정의 훈련 등이 조사지역 주변에 있을 때는 특정 주파수 대역에 잡음이 증가한다. 주변 소음은 다음과 같이 나눌 수 있다.

– 수중소음: 기포, 지진 외란, 파도, 난류 경계층, 강수 등

– 생물학적 소음: 어류, 포유류 등

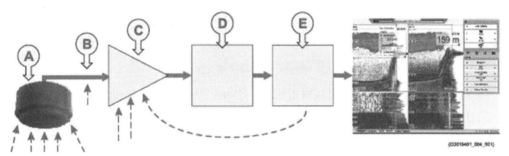

〈그림 4-21〉 음향측심 전 과정에서 발생하는 소음원 분석

출처: Kongsberg Maritime, 2010

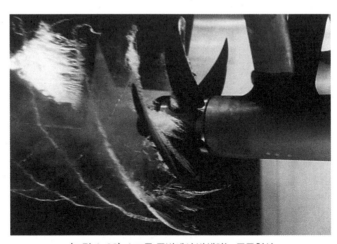

〈그림 4-22〉 스크류 주변에서 발생하는 공동현상

– 인공소음: 해상공사, 조업 중인 선단, 통항 중인 대형상선 등

3) 시간이득보정

음파 신호가 전파되면서 감쇠되는 양만큼 수신 신호를 증폭해 주는 과정을 시간이득보정(time varied gain)이라고 한다. 대부분의 음향측심 장비에서는 시간이득보정을 조정하는 기능이 구현되어 있으며, 감쇠되는 양의 모델링을 다음과 같은 식으로 구현하고 있다.

$$G = A \cdot \log(r) + 2 \cdot B \cdot r + C \quad \text{식 (11)}$$

여기에서 r은 거리를 의미하며, 실제적으로는 수신시각을 나타낸다. 상수 A는 음파가 전달되면서 확산에 따른 영향, B는 흡수율, C는 전체적인 이득 오프셋을 나타낸다. 대부분의 시스템에서 파라미터 A, B, C를 사용자가 조정할 수 있게 하고 있으며, 신호의 변화 양상을 보면서 조절해야 한다.

시간이득보정을 하지 않으면, 동일 매질의 해저면에서 반사된 신호가 거리에 따라 다른 음압을 가지게 되며, 측면 주사 소나의 경우, 트랜스듀서에서 가까운 해저면의 영상은 강하고, 외곽으로 갈수록 약하게 나타나게 되어 서로 다른 매질로 오인식할 수 있다.

〈그림 4-23〉에서 실선은 시간에 따라 감쇠되는 음파의 강도를 나타내고 있으며, 이를 고려하여 수신된 신호에 적용할 보정이득곡선을 점선으로 나타내고 있다. 시간이득보정이 적용되면, 시간이 흘러도 상수적으로 동일한 강도의 음압을 표현할 수 있게 된다.

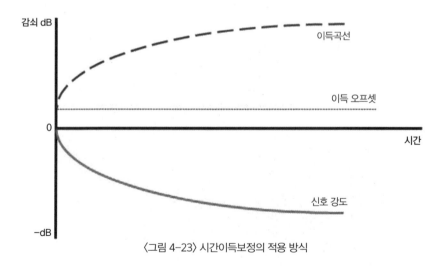

〈그림 4-23〉 시간이득보정의 적용 방식

4.1.5. 다중빔 음향측심기

단빔 음향측심기가 개발되면서 지구에서 가장 깊은 곳의 수심까지 계측할 수 있는 기술이 확보되었다. 1960년대에 이르러 해저면의 지형기복과 표층 퇴적상을 영상화하기 위하여, 측면 주사 소나가 개발되면서 음향의 빔을 부채꼴 모양으로 방사할 수 있는 배열식 트랜스듀서 기술을 확보하였다. 이 기술로 인하여, 단빔 음향측심기에서 사용하던 원통형의 빔 모양을 납작하게 만들어 폭이 좁은 빔 퍼짐각을 가지면서 넓은 영역을 탐사할 수 있게 되었다. 그런데 측면 주사 소나는 모든 신호를 시간 순서로 기록하는 문제가 있다. 거리도 알 수 없고, 어느 방향에서 반향 신호가 들어오는지도 알지 못했다. 좁고 넓은 빔을 이용하면서, 정확한 방향을 탐지하고, 그에 따른 거리를 계산하여 효율적으로 지형 프로파일 정보를 획득하는 장비의 개발이 필요했다. 이러한 수요를 만족시키기 위하여, 1970년대에 상업용으로 최초 개발된 다중빔 음향측심기는 조사선 선저 직하방으로 45° 주사폭을 가진 부채꼴 형태의 빔을 방사하고 수신된 신호로부터 16개의 빔을 생성하여 〈그림 4-24〉와 같이 수심의 약 2배의 지형 프로파일을 제공하였다. 현재는 다양한 주파수와 주사폭으로부터 500개가 넘는 측심 자료를 동시에 제공하는 다중빔 음향측심기가 수로측량의 핵심 장비로 활용되고 있다.

〈그림 4-24〉 다중빔 음향측심 모식도

얇고 넓은 빔을 형성하기 위하여, 복수 개의 트랜스듀서 배열을 사용하게 되었으며, 음파를 발사할 때에는 현 방향으로 넓게, 음파를 수신하여 빔을 형성할 때에는 선수 방향으로 놓여진 수신기 배열이 사용된다. 십자가 형태의 송신 및 수신기의 설치 방식을 밀의 십자(Mill's Cross) 방식이라고 하는데, 외형적으로는 하나의 트랜스듀서로 보일 수 있지만, 트랜스듀서 내에는 모두 같은 방식으로 구현되어 있다. 송신 빔과 수신 빔이 교차하는 해저면에서 되돌아오는 신호의 방향과 거리를 계산하므로, 다중빔 음향측심기의 공간해상도는 송수신 빔의 빔 퍼짐각으로 결정된다. 〈그림 4-25〉는 다중빔에서 사용하는 빔에 대한 정의를 보여 준다. 송신 빔이 좌우로 퍼지는 최대 주사각을 다중빔 음향측심기의 소해각(swath angle)이라고 하고, 수심에 따라 탐지되는 최대 주사폭(swath width)은 변화한다. 송수신 지점의 교차지점에서 반향된 신호를 빔이라고 한다. 기존에는 하나의 빔에서 하나의 측심만을 구하였는데, 최근의 발달된 신호처리 기술로 인하여, 하나의 빔을 보다 정밀하게 샘플링하여 복수의 측심값(multi detect)을 생산하는 제품도 선보이고 있다.

개별 빔 하나의 측심은 음향 빔이 계측된 경사거리와 각으로 결정된다. 송수파기 바로 하부를 직하방(nadir)이라고 하며, 개별 빔의 직하방에서 외측 현 방향 수평거리(crosstrack)와 그 지점에서의 수심은 〈그림 4-26〉에서 설명하는 것과 같이 반향된 음파의 왕복주시와 입사각도로 알아낼 수 있다.

$$Z = D = \frac{ct}{2}\cos(A) \quad \text{식 (12)}$$

$$y = \frac{ct}{2}\sin(A) \quad \text{식 (13)}$$

여기서, Z나 D는 그 지점의 수심을, A는 입사각, C는 음파속도, t는 왕복주시를 의미한다. 그리고

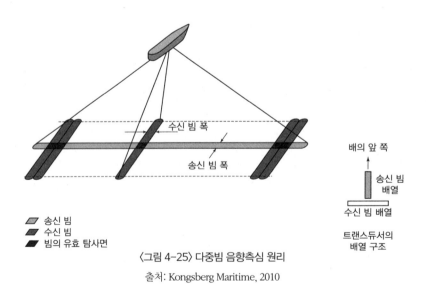

수신 빔 폭

송신 빔 폭

배의 앞 쪽

송신 빔 배열

수신 빔 배열

트랜스듀서의 배열 구조

송신 빔
수신 빔
빔의 유효 탐사면

〈그림 4-25〉 다중빔 음향측심 원리

출처: Kongsberg Maritime, 2010

y는 직하방에서 빔까지의 수평거리를 의미한다.

개별 빔이 가지는 선수 및 현 방향 빔 퍼짐각(beam angle)은 이웃한 두 개의 물체를 구분할 수 있는 공간분해능을 제한한다. 선수방향 공간해상도(δx)는 측면 주사 소나와 같이 거리(R)와 빔 퍼짐각(ϕ)으로 정의된다.

$\delta x \approx \phi R$ 식 (14)

현 방향 공간해상도(δy)는 펄스의 지속시간과 입사각으로 정의된다.

$\delta y \approx \dfrac{cT}{2\sin\theta}$ 식 (15)

여기서, c는 음파속도, T는 펄스 지속시간, θ는 개별 빔의 입사각을 나타낸다.

선저에 부착된 송수신기에서 좌우현으로 빔이 송수신되어 지형 프로파일이 생성되고, 조사선이 움직이면서 지속적으로 송수신을 반복하면 조사해역의 전체적 윤곽을 제공하게 된다. 빔의 수평방향 밀도는 수심과 한 번의 송수신으로 계측되는 빔의 개수와 선속, 그리고 핑을 얼마나 자주 반복하느냐에 달려 있다.

최신의 다중빔 음향측심기에서는 개별 빔의 수심뿐 아니라, 음파의 반향강도를 기록하여 측면 주사 소나와 같은 정보를 제공한다. 사실 측면 주사 소나는 조사선 후미 수중에서 조사되기 때문에 위치의 정확도가 많이 부정확하지만, 다중빔 음향측심기의 후방산란 영상은 개별 빔의 정확한 위치와 더불어 기록되기 때문에 매우 정확하고 정보로서의 가치가 매우 높다.

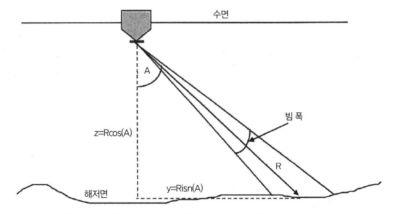

개별 빔의 수심은 Z=D=Rcos(A) 혹은 Z=D=0.5ct cos(A)의 식으로 구할 수 있다.

〈그림 4-26〉 개별 빔의 수심 계산 방식

출처: Kongsberg Maritime, 2010

1) 위상차 측심 시스템 소개

다중빔 및 광폭음향측심기를 이용한 측량은 음파를 해저면으로 발사하고 반사되는 음파를 수신하여 획득된 신호는 음향측심기의 신호처리기를 거쳐 저장된 자료를 이용하여 해저지형을 파악하기 위한 측량이다. 음향측심 시스템은 해저면의 프로파일에 대해 자세한 수심데이터를 수집하는 음향탐지 기술을 채용한다. 트랜스듀서는 폭이 좁은 여러 빔을 부채꼴 배열로 형성할 수 있으며, 그 결과 넓은 주사폭으로 음향 주행시간을 측정한다. 주사폭은 시스템의 종류와 해저면 깊이에 따라 달라지며 일반적으로 한 번의 음향 펄스로 수심의 2배에서 14배의 영역을 매핑한다. 다중빔 측심시스템은 고해상의 탐사면을 얻는 데 적합하여 크기가 작은 구조를 탐지할 수 있다. 반면에 사용자의 필요에 따라 주사각을 변경할 수 있는 기능은 해저면에 대한 커버리지를 확장(또는 축소)할 수 있게 한다.

음향측심기는 크게 빔포밍* 방식과 인터페로메트리** 방식으로 구분할 수 있다. 빔포밍은 압전소자의 배열을 이용하여 지향성 음향신호를 얻는 방법이며, 인터페로메트리 방식은 소나배열의 두 개의 개별 리시버에서 수신되는 신호 간의 위상차로부터 해저면의 대상의 수심을 산출하는 각도를 측정하는 것이다. 인터페로메트리 방식의 다중빔 음향측심기는 송수신기의 수신부에 돌아오는 위상차를 이용하므로 빔포밍 방식보다 광폭의 주사폭으로 수심 측량이 가능하다.

두 방식은 수중음향 트랜스듀서에 도달하는 음향주시(sound wave travel time)를 측정하고 송신과 수신각도를 측정하며, 그리고 해저면에서 측정되는 측점의 수심과 위치를 결정하는 신호처리

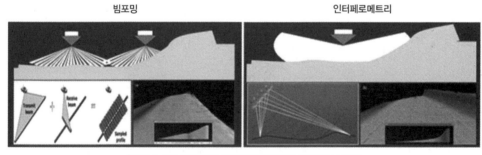

| 빔포밍 | 인터페로메트리 |

〈그림 4-27〉 빔포밍과 인터페로메트리의 측정 방식 비교

---

* 빔포밍(Beamforming): 지향성 음향의 송신과 수신을 위해 음원소자의 배열을 이용하는 신호처리 기술. 소자를 위상 배열(phased array) 방식으로 결합하여 특정 각도에서 신호의 보강간섭(constructive interference)을 얻고 그 외의 각도에서는 상쇄간섭(destructive interference)으로 신호를 약화시킴으로써 지향성 빔을 생성한다.

** 인터페로메트리(Interferometry): 파동을 중첩시키는 방법으로 파동에서 정보를 얻는 기술. 수심측량(bathymetry) 분야에서 인터페로메트리는 소나배열(sonar array)의 두 개의 개별 리시버에서 수신되는 신호 간의 위상차로부터 해저면의 대상의 수심을 산출할 각도(elevation angle)를 측정하는 방법을 말한다.

방법을 기초로 한다. 음향신호의 지향각과 주행시간을 결정짓는 방법은 장비마다 조금씩 다른 물리적·수학적 원리가 적용되며, 그 원리에 따라 다중빔 음향시스템은 크게 빔포밍 방식과 인터페로메트리 방식으로 분류된다. 이러한 원리들에 대한 이해는 빔의 탐사면, 해상도, 커버리지, 정밀도 등 음향시스템의 특성을 파악하는 데 도움이 된다.

2) 다중빔 음향측심기의 원리

다중빔 음향측심기(MBES)의 빔은 횡측선 방향(across track)의 송신빔과 종측선 방향(along track)의 수신빔들 사이의 상호작용으로 만들어지며 이와 같이 형성된 작고 많은 교차섹션들을 '탐사면(foot print)'이라고 한다. 다중빔 음향시스템은 탐사면으로부터 발생된 후방산란 음향신호의 주행시간과 강도로부터 수심자료와 해저면 후방산란 이미지 자료를 생성하게 된다.

다중빔 음향측심기는 주제어부(control), 기록부(display), 송수신부(transmitter/receiver), 트랜스듀서(transducer) 등으로 구성되어 있다. 주제어부는 음파신호 발진주기, 강도, 신호보정 등을 담당하고 있으며 주제어부가 트랜스듀서에 전기적 트리거 신호를 입력하면 트랜스듀서에서 특정 주파수의 음파가 해수면을 향해 방사되며 해저면에서 반사된 반사파는 다시 트랜스듀서에 전달되어 전기적 신호로 수신된다. 이때 송신에서 수신까지 걸린 왕복 주사시간(t)과 수중에서의 음파 전달속도(s)를 곱하여 수심(d)으로 환산하게 된다.

다중빔 음향측심기를 이용한 해양에서의 음파 송수신 과정은 다음의 소나 방정식으로 표현할 수

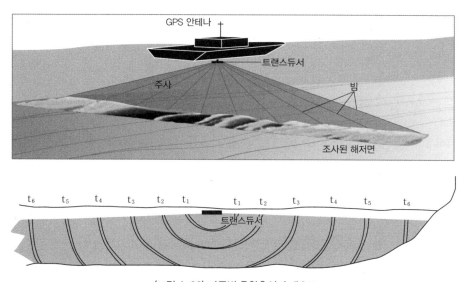

〈그림 4-28〉 다중빔 음향측심기 개요도

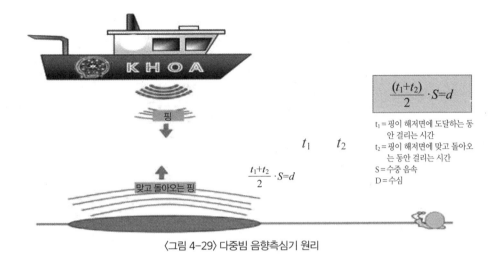

$$\frac{(t_1+t_2)}{2} \cdot S = d$$

t_1 = 핑이 해저면에 도달하는 동안 걸리는 시간
t_2 = 핑이 해저면에 맞고 돌아오는 동안 걸리는 시간
S = 수중 음속
D = 수심

$\frac{t_1+t_2}{2} \cdot S = d$

t_1 $\quad$ t_2

〈그림 4-29〉 다중빔 음향측심기 원리

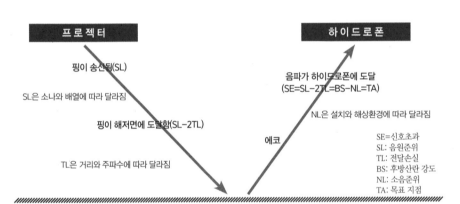

프로젝터

핑이 송신됨(SL)

SL은 소나와 배열에 따라 달라짐

핑이 해저면에 도달함(SL-2TL)

TL은 거리와 주파수에 따라 달라짐

하이드로폰

음파가 하이드로폰에 도달
(SE=SL-2TL=BS-NL=TA)

NL은 설치와 해상환경에 따라 달라짐

에코

SE=신호초과
SL: 음원준위
TL: 전달손실
BS: 후방산란 강도
NL: 소음준위
TA: 목표 지점

〈그림 4-30〉 다중빔 시스템 방정식의 구성

있다.

SE = SL-2TL+BS-NL+TA   식 (16)

여기서 SL은 음원준위(Source Level), TL은 전달손실(Transmission Loss), BS는 후방산란 강도(Backscatter Strength), NL은 소음준위(Noise Level) 그리고 TA는 목표 지점(Target Area)을 의미한다.

음파의 세기는 SE와 SL의 비를 로그함수로 표현하며 단위는 dB이다. 소나 방정식에서 에너지 손실을 가져오는 요인은 크게 전달손실(TL)과 소음준위(NL)로 나타낼 수 있는데 이 중 전달손실은 거리의 비례 함수로써 수중에서 음파전달 시 구형확산과 에너지 흡수에 따라 발생한다. 구형확산은 음원으로부터 거리를 반지름으로 하는 구의 면적에 비례하며 음의 에너지 흡수는 주파수 특성에 기인하여 주파수가 높을수록 크게 나타난다. 따라서 탐사지역의 수심이 깊을수록 수신신호가 약해지므로 주변 소음에 의한 영향이 크게 나타나고 수심의 오측값이 증가하게 된다.

다중빔 음향측심기는 송신 트랜스듀서로부터 부채꼴 모양으로 주파수범위에 에너지를 방사한다. 음파는 종파로서 유한한 빔폭을 가지며 파동 진행 방향으로 진동하여 전파한 후 해저면에서 반사 또는 후방 산란되어 온 에너지를 수신 트랜스듀서가 감지한다. 일반적으로 외측 빔은 내측 빔보다 입사각이 더 크므로 이 음향 신호들은 내측 빔 송신자료보다 시간이 지연되어 트랜스듀서에 도착한다.

다중빔 음향측심기에서 두 개 이상의 트랜스듀서 배열은 방향성 잡음 또는 배경 잡음이 포함된 음파 신호를 효과적으로 측정하기 위하여 트랜스듀서에 수신된 각각의 신호에 가중치를 주어 신호 대 잡음비(S/N비)를 향상시킨 후 음파 신호와 잡음의 방향이 다른 일관성 잡음을 줄일 수 있는 공간 필터를 적용한다. 이러한 공간필터링을 빔포밍이라고 한다.

방사된 음파는 트랜스듀서에서 시작되어 해저면에서 반사된 후 수신 트랜스듀서까지 도달하는 데에는 그 거리에 따라 각각 도달시간의 지연이 생기게 된다. 이러한 시간 지연은 음파의 전파거리에 따라 각각 다르게 나타난다. 음파는 층에 따라 다른 속도로 전파되며 동일한 지점에서 후방 산란된 파는 같은 파형으로 측정된다. 즉 음향 도달 시간 차를 계산하여 보정함으로써 후방 산란된 음원의 위치를 측정할 수 있게 된다.

다중빔 음향측심기는 각도의 함수로서 음파의 전달 시간을 측정하게 되는데 빔의 전파 각도와 전달시간으로부터 음향신호의 반사된 위치가 계산된다. 이 과정에서 다중반사 신호를 주의하여 처리해야 하는데 다중반사 신호는 다른 전달시간을 가지는 같은 각도의 반사 음향신호이거나 같은 전달시간을 가지나 다른 각도에서 반사된 음향신호의 기록이다. 다중빔 음향측심기는 각각의 각 간격(angle-interval)에 대응하는 전달시간을 측정하는 데 일정한 수심을 갖는 평탄한 해저면의 경우 전달시간 대 각도에 대한 주사폭은 다르게 변한다. 각각의 각도는 각각의 빔에 대응된다. 트랜스듀서의 길이는 빔의 크기를 결정하지만 개개의 트랜스듀서 구성 요소들의 크기는 각의 범위를 결정한다. 보통 일정한 각 간격을 갖는 빔의 경우에, 해저면의 음향신호를 반사하는 위치들의 단위 길이 당 밀도가 주사폭의 내측 빔들이 외측 빔들보다 더 크다.

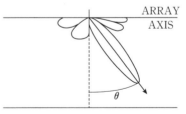

〈그림 4-31〉 다중빔 지향방법 모식도
(각 θ에 대한 단일 주엽 모식도)

3) 위상차 측심 시스템의 원리

위상차 방식은 주어진 주행시간(travel time) 간격으로부터 해당 각도를 계산하는 원리이다. 주행시간 간격의 수는 전형적으로 수천 개 단위이며, 이는 곧 핑당 빔의 수와 비례하게 된다. 위상차 방식의 소나는 좌현과 우현의 빔을 구별하고 최적의 빔 패턴을 형성하기 위해 통상적으로 각 현 방향으로 지향하고 있는 두 개의 트랜스듀서를 필요로 한다. 특정 주행시간에 대한 빔의 방향은 두 개 이상의 수신기 요소(elementary hydrophone)에 의해 탐지되는 음향신호의 위상차(phase difference)로부터 계산된다.

두 개의 수신기 요소 A, B 사이의 위상차, $\delta\phi_{AB}$는 목표 지점 M으로부터 발생된 음과 경로의 차이에서 주어진다.

$$\delta\phi_{AB}=k\delta R=ka\sin(r) \quad \text{식 (16)}$$

여기서 k는 파수, a는 두 트랜스듀서 사이의 거리이다.

따라서 식 (16)으로부터 목표물까지의 각도를 알 수 있다.

$$r=\sin^{-1}\left(\frac{\delta\phi_{AB}}{ka}\right) \quad \text{식 (17)}$$

일정한 주행시간 간격을 가질 때, 위상차 방식 소나의 빔 밀도는 직하방에서보다 외각에서 높다. 이는 외각 부근에서 측정되는 음향신호들 사이의 주행시간 차가 커서 직하방 부근과 같은 수평 거리 간격을 가질지라도 보다 많은 빔으로 분해할 수 있기 때문이다. 위상차 방식에서 나타날 수 있는 문제는 동일한 주행시간을 가지며 다양한 방향으로부터 되돌아오는 음향신호에 대한 분별력이 떨어지는 것이다. 이러한 문제는 대부분 수직 구조물에서 발생한다. 하지만 최근 들어서 많은 알고리

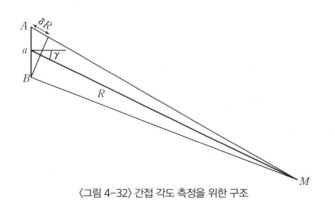

〈그림 4-32〉 간접 각도 측정을 위한 구조

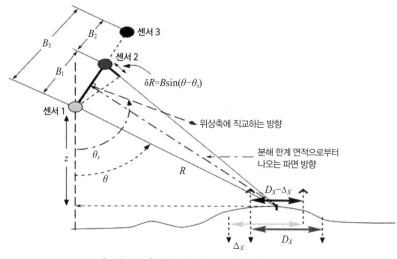

<그림 4-33> 인터페로메트리 위상차 측정 원리

즘의 개선으로 많은 부분이 해결되었다.

인터페로메트리 위상차 측정 기술은 직하부의 해상도가 떨어지는 단점이 있음에도 불구하고 이 방식은 수신되는 반향의 도달각도를 더 정밀하게 측정한다. 여러 개의 수신 구간에 도달하는 반향의 파면에서 먼저 오는 위상과 지연되는 위상을 측정하고 여기서 음파의 도달각도를 구할 수 있다.

위성측위시스템(GNSS)은 조사선박에 위치정보를 부여해 준다. 조사선 하부 트랜스듀서의 위치 정보를 얻기 위해서는 위성측위시스템의 정보를 보정하기 위한 트랜스듀서 위치 오프셋이 필요하다. 트랜스듀서는 선체와 함께 3차원 회전운동을 하므로 선체 거동에 따라 음향빔의 횡축과 종축길이를 측정하려면 롤, 피치, 헤딩에 대한 정보가 필요하다. 경사거리는 발신과 수신음향의 주행시간과 해수의 음파속도를 통해 산출한다. 마지막으로 히브, 조위, 흘수와 같은 다중빔 측정의 수직 변위에 대한 정보가 수심값 결정에 사용된다.

인터페로메트리의 측심원리는 다중빔 측심시스템의 음향을 탐지한 후 반향음(echo)의 도달시간과 반향음의 입사방향(reception angle) 측정값 산출을 목표로 한다. 다중빔 시스템이 이러한 음향 목표를 탐지하는 기술 중에 인터페로메트리 방법이 있다. 인터페로메트리 방법은 경사각도에서 잘 적용되며, 반향음의 위상차로부터 측심 정보를 산출한다.

후방산란파(back scattering waves)가 인접한 두 개의 수신기에 입사하는 것으로 가정할 때 인터페로메트리 방정식은 다음과 같다.

$$\Delta\hat{\varphi} = \frac{2\pi}{\lambda}B\sin\theta_s + \hat{\theta} - 2\pi m \quad \text{식 (18)}$$

$\Delta\hat{\varphi}$는 위상차*이며, $\hat{\theta}$는 반향음**의 파면이 입사하는 방향(각도)이다. θ_s는 수신기 배열의 경사각이며 B는 두 수신기 사이의 간격이며 보통 밑변이라고 한다. B는 일반적으로 음향파장의 길이와 같으며 소나의 음향 특성에 맞춰 설정한다. 위 식에서 위상차로부터 도달각도(반향음이 수신기로 입사하는 방향)를 구할 수 있음을 알 수 있다. 다시 말해 위상차로 입사각을 구하고 삼각함수로 수중 목표의 좌표를 구한다. 위상차를 측정하기 위해 수신기 배열을 기울여야 하며(V형 트랜스듀서) 트랜스듀서는 선박축의 횡방향으로 부채꼴의 음향빔을 송수신한다. 수신기 배열의 기울기 각도(트랜스듀서 각도)는 원하는 빔의 방향에 따라 설정된다.

〈그림 4-34〉는 V형 인터페로메트리 트랜스듀서의 모식도이며, 트랜스듀서면에서 구간 배열로 구성되어 있다. 아래의 a 구간이 송신부이고, 위의 b~e 구간이 수신부로 수신하는 신호의 위상차를 결정한다.

진폭은 b 구간에서 감지하고, 위상 검출은 b, c, d, e 구간에 도착한 신호를 비교하여 입사각을 결정한다.

〈그림 4-35〉는 송신된 음향이 해저면 반사점에서 각각 다른 경로로 수신되는 신호의 모식도이며, 이때 각 구간에서 수신되는 시간 차로 위상차와 입사각을 결정한다.

4) 수심 결정 방법

(1) 측심기 기반 수심 결정 방법

GNSS가 위치정보와 시각만을 제공하고, 위치 결정에 사용하지 않을 경우에는 측심기와 수심 기준면, 조고, 히브 등의 관측자료만으로 수심을 결정한다.

도식적으로 표현하면, 〈그림 4-37〉과 같이 실제 음향측심으로 계측된 측심(S)은 계측 당시의 조고(T)와 흘수(d)를 적용하여 계측 지점의 기준면하 수심(D)으로 변환해서 해도상 수심으로 활용된다. 최근에는 고정밀 RTK-DGPS의 GPS 고도를 이용하여 관측 시점의 조고를 계산, 보정하는 경우가 있다. 이때에는 기준면과 지구타원체상 고도기준면과의 차(N), 측심기와 GPS 안테나 고도와의 차(h), GPS 안테나 고도(H), 측심성과(S)를 통해 기본수준면하 수심을 계산할 수 있다.

---

* 위상차(phase difference, phase shift): 동일 시간대에 진행하는, 주파수가 동일한 두 개의 파동 간에 나타나는 시간 또는 각도의 차이. 위상차는 마치 두 명의 달리기 선수가 같은 속도로 원형 트랙을 달리지만 출발 지점이 서로 다른 상태와 유사하다. 어느 한 지점을 통과하는 두 선수의 시간 차는 항상 동일하다. 주기를 갖는 파동의 경우 때때로 시간이 곧 위상의 위치를 나타낸다. 위상의 시간 차가 곧 위상차이다. 음파의 경우 발신된 펄스가 서로 다른 경로를 통과해 리시버로 수신될 때 위상차가 발생한다.
** 반향음(echo): 음향의 반사 또는 반사되어 오는 음파.

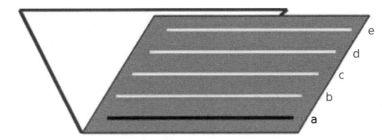

〈그림 4-34〉 V형 인터페로메트리 트랜스듀서 모식도

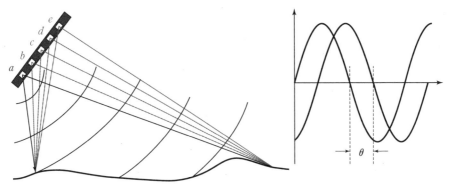

〈그림 4-35〉 광폭음향측심기의 신호 모식도

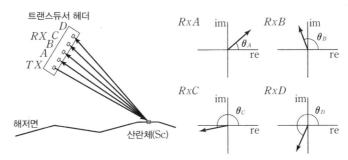

위상 측정 소나(왼쪽)의 동작을 나타내며, 페이저도 송신부(Tx)–산란체(Sc)–수신부(RxA)
경로 길이로부터 막대 A(θ_A) 결과에 대한 신호의 위상

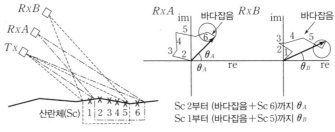

Sc 2부터 (바다잡음＋Sc 6)까지 θ_A
Sc 1부터 (바다잡음＋Sc 5)까지 θ_B

비상관성과 바다잡음 효과를 나타낸 페이저도

〈그림 4-36〉 광폭음향측심기의 이론

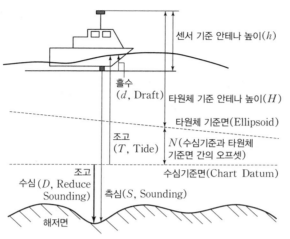

$D=S+d-T$
(GPS 높이 정보를 이용하지 않고 조고를 이용한 기준면하 수심을 계산할 경우)

$D=S+h-H-N$
(GPS 높이를 이용하여 조고를 추정하여 기준면하 수심으로 계산할 경우)

〈그림 4-37〉 수직기준면들을 고려한 측심 도해

(2) 지오이드 기반 수심 결정 방법

고정밀의 안테나 높이(수직 정확도가 10cm 내외급)를 활용할 수 있으면, 사전에 정의된 지오이드 모델을 사용하여 해저에서 수심 기준면까지의 거리를 계산할 수 있다. 〈그림 4-38〉은 수심 기준면에 대한 해저의 깊이를 계산하는 데 사용되는 수직 계측 요소를 보여 준다. 개별 거리에 대한 해석은 다음과 같다.

A: 측심기에서 해저까지의 계측거리이다.

B: GNSS 안테나에서 타원체면까지의 거리이다.

C: 해수면에서 해저까지의 모션(히브 등) 보정 거리(심도)이다.

수면에서 해저까지의 거리를 구하기 위해, 음향측심기에서 해저까지의 측정거리에 측심기 오프셋 및 모션(롤, 피치, 히브)을 고려하여 조정된다. 히브센서는 빠른 변화에만 반응하기 때문에 수면은 사실상 히브센서의 0레벨에 의해 정해진다.

D: 해수면에서 타원체면까지의 모션 조정 거리(심도)이다.

위치 시스템은 안테나에서 타원체면 B까지의 거리를 제공한다. 이 거리는 해저에서 타원체면까지의 거리인 D를 제공하기 위해 안테나 오프셋 및 모션을 고려하여 조정된다. 조정된 음향측심기 심도 C와 타원체면 D는 GPS 기준 높이는 동일 수직 레벨, 수면을 의미한다.

E: 해수면에서 수심 기준면까지의 거리(조고)로, E = D−F−G로 계산된다.

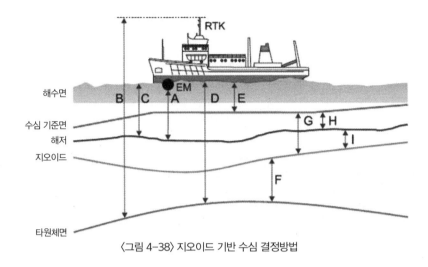

〈그림 4-38〉 지오이드 기반 수심 결정방법

F: 타원체면에서 지오이드까지의 거리로, 지오이드는 타원체면 위에 위치한 경우 양수가 된다. 이 값은 지오이드 모델에 의해 주어진다.

G: 지오이드에서 수심 기준면까지의 거리로, 수심 기준면이 지오이드 위에 위치한 경우 양수가 된다. 이 값은 지오이드 모델에 의해 주어진다.

H: 수심 기준면에서 해저까지의 거리이며, H=C-E로 계산된다.

I: 해저에서 지오이드까지의 거리이며, I=C-F로 계산된다.

탐사 예상 지역의 지오이드 모델은 국가에서 공시한 지오이드 모델을 이용하거나, 현장 관측에서 탐사지역을 폐합하는 지오이드 기준모델을 만들어 사용해야 한다.

5) 다중빔 음향측심시스템의 음향빔 공간분해능

전기를 음파로 바꾸어 주는 압전소자를 공간적으로 배열하면 음향이 특정한 방향으로 집속된다. 이를 빔포밍이라 하며, 생성된 빔의 형태를 빔패턴이라고 한다. 압전 소자를 목적에 따라 공간적으로 구성한 상태를 트랜스듀서라고 부르며, 트랜스듀서의 좋고 나쁨은 3차원적으로 형성된 빔패턴으로 판별한다. 설계자가 원하는 방향으로 에너지가 집속되고, 초기 송신 음파 에너지의 50%, 음압 준위로 말하면 −3dB이 되는 지점에서 빔이 벌어지는 각도를 빔각이라고 한다. 빔을 집속하면, 사용자가 원하는 방향의 빔(주엽, main lobe) 이외에 부수적으로 신호가 발산되는데 이를 부엽(side lobe)이라고 한다. 성능이 좋은 트랜스듀서는 주엽의 빔각이 작고, 부엽이 작을수록 방향성이 좋고, 공간분해능(transverse resolution) 차원에서도 좋다고 이야기한다. 트랜스듀서가 낼 수 있는 빔각

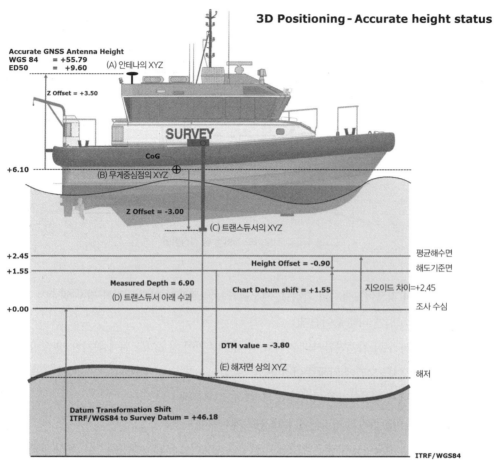

3D Positioning - Accurate height status

Accurate GNSS Antenna Height
WGS 84 = +55.79
ED50   = +9.60
(A) 안테나의 XYZ
Z Offset = +3.50
SURVEY
CoG
+6.10
(B) 무게중심점의 XYZ
Z Offset = -3.00
(C) 트랜스듀서의 XYZ
+2.45   평균해수면
+1.55   Height Offset = -0.90   해도기준면
Measured Depth = 6.90   Chart Datum shift = +1.55   지오이드 차이=+2.45
(D) 트랜스듀서 아래 수괴
+0.00   조사 수심
DTM value = -3.80
(E) 해저면 상의 XYZ   해저
Datum Transformation Shift
ITRF/WGS84 to Survey Datum = +46.18
ITRF/WGS84

Formulas
Survey Datum
DTM Value = Antenna Height - Survey Datum Shift - Chart Datum Shift - Antenna Offset + Transducer Offset + Measured Depth
DTM Value = +55.78 - (+46.18) - (0.00) - (+3.50) + (-3.00) + (-6.90) = -3.80

Chart Datum
DTM Value = Antenna Height - Survey Datum Shift - Chart Datum Shift - Antenna Offset + Transducer Offset + Measured Depth
DTM Value = +55.78 - (+46.18) - ((+2.45) - (-0.90)) - (+3.50) + (-3.00) + (-6.90) = -5.35

〈그림 4-39〉 수심 결정 방식 사례

출처: Qinsy

은 트랜스듀서의 물리적 길이와 사용하는 주파수의 제한을 받고 있다.

$\alpha_L = 50.6 \times (\lambda/L)$ 식 (19)

여기서, α_L은 선형 트랜스듀서의 빔 각, λ는 파장(wave length), L은 송신기 길이(length of the transducer)를 의미한다.

예를 들어, 음속은 1,500m/s, 주파수 300kHz, 트랜스듀서의 길이가 300mm일 경우, 파장=음속/주파수=1,500/300,000=5mm이므로, 빔각=50.6×5/300=0.83°이다.

위의 식은 트랜스듀서가 직사각형으로 되어 있을 경우에 해당하며, 원형 타입의 트랜스듀서일 경우, 트랜스듀서의 길이는 원의 지름을 반영하며, 비례상수는 59를 사용한다.

$$\alpha_c = 59 \times (\lambda/D) \quad \text{식 (20)}$$

여기서, α_c은 원형 트랜스듀서의 빔각, λ는 파장, D는 송신기 직경을 의미한다. 예를 들어, 음속은 1,550m/s, 주파수 300kHz, 원형 트랜스듀서의 직경이 300mm일 경우, 빔각=59×5/300=0.98°이다.

빔각이 작으므로, 공간해상도가 높은 측심기는 그만큼 트랜스듀서의 길이가 길어져야 하고, 이에 따라 무게도 무거워진다. 이동이나 장착의 편의성을 고려하면 트랜스듀서가 작아야 하지만, 이러한 경우 빔각이 작은 고해상도의 음향측심값을 취득하기는 어려워진다.

특정 각도를 가지고 있는 음향빔은 거리에 따라 빔이 퍼지는 범위가 달라진다. 이를 빔탐지폭(beam footprint)라고 하는데, 이는 음향측심기의 공간해상도를 결정짓는 가장 중요한 요소가 된다. 빔각을 θ로 표현한다면, 거리에 따른 빔의 탐지폭은 아래와 같다.

$$TF = 2 \times R \times \tan(\alpha/2) \quad \text{식 (21)}$$

여기서, TF는 빔 탐지폭을 의미하며, R은 송수신기와 바닥면까지의 거리, α는 빔각을 의미한다. 일례로, 빔각이 1°이고, 거리가 10m인 지점의 빔탐지폭은 0.17m가 된다. 이를 다시 해석하면, 10m 거리에 0.17m 내 두 물체는 하나로 인식되고, 0.17m 이상 이격되면, 두 개의 분리된 물체로

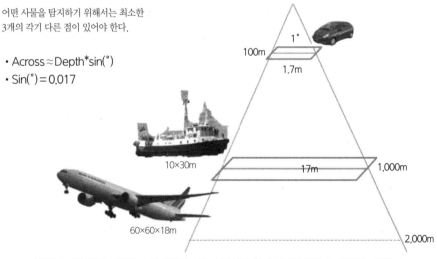

〈그림 4-40〉 평탄 해저면과 경사면에서의 빔 탐사면 형성 차이에 따른 수직분해능 불확도

인식될 수 있다고 해석할 수 있다. 다중빔 음향탐사기의 공간분해능은 빔각에 종속되며, 거리에 따라 달라지므로 같은 거리의 두 물체라도, 수심이 낮으면 두 개로 인지되고, 수심이 깊으면 하나의 물체로 인식된다. 이러한 연유로, 측심기의 공간분해능은 거리의 단위가 아니라 각도의 단위로 나타낸다.

펄스의 길이가 길어지면 음파가 가진 측심분해능뿐 아니라, 빔 퍼짐 현상에 기인한 바닥탐지의 결정 불확실성이 커진다. 또한 일정 각도로 방사되는 음파는 어떤 각도 범위 안에서 해저에 도달한다(지향성 효과). 해저에서의 반향은 거의 동일경로를 거쳐 수신기에 되돌아온다. 해저가 수평이고, 평탄하면 1개의 음향펄스가 도달하는 해저면은 원형이며, 그 원의 반경과 수심의 관계는 〈표 4-4〉와 같다. 위에서 말한 송수파기의 지향성 효과에 따라 음향측심을 통해 수직거리를 얻을 수 있는 경우는 해저면이 평탄하고 수심의 기복이 없을 때이며, 약간의 경사나 굴곡이 있는 경우 그 경사각의 왜곡이 나타날 수 있다.

〈그림 4-41〉과 같이 해저는 θ인 경사각을 가진 사면이며, 이 θ는 송수파기의 빔각 β보다 작은 경우를 생각해 보자.

음향측심기는 송수파기로부터 해저면에 이르는 최단거리 s를 기록하며, 이 s(<d, 실제 수심)가 p

〈표 4-4〉 빔각에 따른 수평공간 해상도

수심(m) \ 빔각(°)	0.5	1	1.5	3
10	0.09	0.17	0.26	0.52
25	0.22	0.44	0.65	1.31
50	0.44	0.87	1.31	2.62
100	0.87	1.74	2.62	5.23
200	1.74	3.49	5.23	10.47
1,000	8.72	17.44	26.17	52.35
2,000	17.44	34.89	52.34	104.69
5,000	43.61	87.22	130.84	261.73

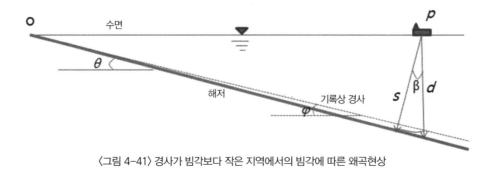

〈그림 4-41〉 경사가 빔각보다 작은 지역에서의 빔각에 따른 왜곡현상

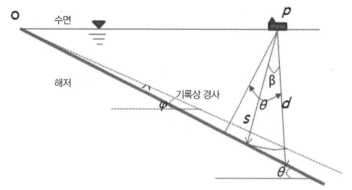

〈그림 4-42〉 경사가 빔각보다 큰 지역에서의 빔각에 따른 왜곡현상

점에서의 외견상 수심이 된다. 이 때문에 해저에 대하여 음향측심에서 기록되는 해저는 점선으로 표시한 것과 같이 되며, 그의 경사각 φ는 다음 식의 관계를 가지고 있다.

$\sin\theta = \tan(\theta < \beta)$ 식 (22)

왜냐하면, 도 8.26에서 $s = op \cdot \sin\theta$, $s = op \cdot \tan(\varphi)$이므로 위의 식이 성립된다. 해저의 경사각 θ가 송수파기의 빔각 β보다 크다면, 위의 식은 성립하지 않는다. 〈그림 4-42〉에서 $\theta \geq \beta$라고 하면, 음향측심기가 기록하는 외견상의 수심은 s이며, 진의 수심은 d이다. 위 식에서 해저의 경사각과 음향측심기로 얻어진 경사각과의 사이에는 다음의 관계가 성립된다는 것을 알 수 있다.

$\sin\theta \cdot \sec(\theta - \beta) = \tan\varphi(\theta \geq \beta)$ 식 (23)

위 식 (23)에 대하여 기록에서 얻어지는 φ가 $\tan\varphi < \sin\beta$이면, 식 (22)를 사용해야 하며, φ가 크게 되어 이 조건을 만족시킬 수 없으면 식 (23)이 적용된다.

빔각의 퍼짐효과는 날카로운 정상부를 가지는 해저산과 같은 해저지형의 왜곡을 가져온다. 이러한 효과를 예를 들어 해석하기 위하여, 해저산의 경사각이 θ이고, 최정상부 수심은 p라 가정한다.

〈그림 4-43〉에서 음향측심기의 송수파기 유효빔각 내 정상부가 들어오게 되면, 사거리 s가 기록된다. 이때에 측량성과 정부의 수평거리를 x라 하면, 다음 식의 관계가 있다.

$x^2 + p^2 = s^2$ 식 (24)

$\dfrac{s^2}{p^2} - \dfrac{x^2}{p^2} = 1$ 식 (25)

사거리 s가 측량선직하의 수심으로 기록되기 때문에, 음향측심기의 기록형태는 식 (27)에서와 같이 쌍곡선형이 된다. 다음은 측량선이 해저산 정상부를 직상 통과하지 않고, 측량선과 정부와의 최단수평거리가 h이며, 송수파기의 빔각 내에 정부가 들어올 경우에 대하여 생각해 보자. 측량선과 정부의 수평거리는 $\sqrt{x^2+h^2}$ 이므로, 사거리와의 사이에서는 다음 식의 관계가 형성된다.

$$x^2+h^2+p^2=s^2 \quad \text{식 (26)}$$

$$\frac{s^2}{h^2+p^2}-\frac{x^2}{h^2+p^2}=1 \quad \text{식 (27)}$$

이 경우의 측심기록형상도 쌍곡선이 된다.

다음은 측량선의 빔각 내에 정부가 들어오지 않고, 반사점이 원형해저산의 사면을 횡단할 경우를 생각해 보자. 이미 설명한 바와 같이 사면의 경사각 θ 가 송수파기의 빔각 β 보다 작으면, 기록수심은 최단거리인 송수파기에서 사면에 대한 수선장이 된다. 우선 송수파기에서의 연직선과 해저산 정상부를 포함한 면 내에서 생각해 보면, 〈그림 4-43〉에서 측정으로 얻어지는 사거리 s에 대하여 실제 수심 d는 다음의 관계가 있다.

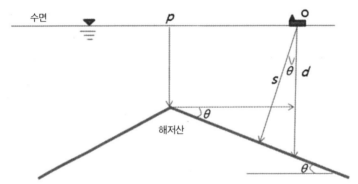

〈그림 4-43〉 빔 퍼짐 현상에 따른 최천소 기록 패턴 해석

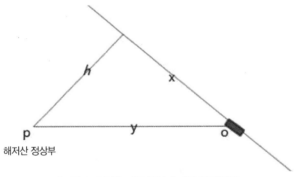

〈그림 4-44〉 빔 퍼짐 현상에 따른 위치 변위

$$d=s \cdot \sec\theta$$

이때의 측량선 위치와 정부와의 수평거리 y는 다음 식으로 주어진다.

$$y=(d-p)\cot\theta=(s \cdot \sec\theta-p)\cot\theta \quad \text{식 (29)}$$

〈그림 4-44〉는 측심선과 해저산 정상부와의 사이에 최단수평거리를 h, 측심위치가 정부에 가장 근접할 때의 위치에서 측심 위치까지의 수평거리를 x라 하면, 다음 식의 관계가 얻어진다.

$$x^2+h^2=y^2=(s \cdot \sec\theta-p)^2\cot^2\theta \quad \text{식 (30)}$$

위 식을 변형하여 식 (31)을 얻게 된다.

$$\frac{(s-p cos\theta)^2}{h^2+\sec\theta^2}-\frac{x^2}{h^2}=1 \quad \text{식 (31)}$$

사면거리 s는 측량선의 직하수심으로 기록되기 때문에, 이 경우도 기록형태로는 쌍곡선의 형태로 나타난다.

다음은 〈그림 4-44〉와 같이 급격사면으로 접속하는 2개의 평단면의 경우에 대해서 설명해 본다. 상방의 평단면의 모서리는 송수신기의 빔각 내에 있어서 연장기록되어 그의 형태는 극대점에서의 반사되는 쌍곡선의 반으로 나타나게 된다. 그리고 하방의 경우도 마찬가지로 평면단이 기록상에는 연장되어 그의 형태 또한 반쌍곡선이 된다. 이러한 빔각과 지형의 경사가 조화를 이루어 나타내는 지형왜곡현상은 수심이 깊고, 빔각이 클 경우 현저하며, 수심이 낮고 지형이 복잡하지 않은 지역에서는 전체 수심에 대비하여 미미한 영향을 나타낸다.

음향측심기의 공간분해능은 기본적으로 빔각에 기인하며, 모든 장비 제원에 가장 기초적인 정보로서 제공되고 있다.

6) 측심분해능

측심분해능(range resolution)이란 얼마나 정밀하게 측심결과를 계측하는지를 밝혀 주는 기준이다. 수직적으로 떨어져 있는 두 개의 물체를 분리해서 인식할 수 있는 최소 이격 거리로 말할 수 있다. 측심분해능은 측심기가 가지고 있는 펄스의 길이 생성 성능과 수신된 신호를 탐지하는 샘플링 주파수에 따라 변화한다.

대부분의 음향측심기는 펄스의 형태로 음파를 수중에 방사한다. 음파 에너지는 펄스의 길이와 송신출력의 곱이며, 음파를 멀리 보내고 싶다면, 음파에너지를 높여야 한다. 음파에너지를 높이는 방법은 두 가지가 있는데, 송신출력을 높이는 것과 펄스의 길이를 늘이는 방법이다. 펄스는 동일 주파수 신호들이 연속적으로 발생된 것을 말하며, 음향 시스템에서는 펄스의 길이를 사용자가 선택할 수 있게 하고 있거나, 몇 개의 고정된 펄스 길이를 제공하고 있다. 펄스의 길이가 길어지면, 길이방향의 분해능이 떨어지는 대신 에너지가 늘어나기 때문에 음파의 전달거리가 늘어난다. 반대로, 펄스의 길이를 짧게 운영하면, 에너지가 작아 탐지거리나 바닥 탐지율이 떨어지나, 길이방향에 대한 분해능이 높아져 정밀한 거리 측정이 가능하다.

펄스는 주파수, 고유 주파수를 펄스를 만들기까지의 상승시간(rising time), 지속주기(duration), 평상 상태로 트랜스듀서를 돌리기 위한 하강시간(decay time)의 네 가지 요소로 설계된다.

주파수가 고정된 CW신호를 사용하는 측심기의 측심분해능은 다음의 식으로 정의된다.

거리분해능=음속×펄스길이/2   식 (32)

예를 들어, 음속이 1,500m/s이고, 펄스의 길이가 100이라고 하면, 측심분해능은 75mm이고, 음속은 같고, 펄스의 길이를 $10\mu s$로 바꾸면, 7.5mm가 된다. 음속이 달라져도 측심분해능이 변화함을 인지하고 있어야 한다.

위의 방식처럼, 주파수가 고정된 음파를 연속적인 펄스의 형태로 송신하는 방식을 CW(Continous Wave)라 하고, 송신 때 특정한 주파수 대역 안에서 변화를 주면서 음파를 송신하여, 같은 펄스 주기 동안 몇십 배의 에너지를 송신할 수 있는 CHIRP(Compressed High Intensity Radar Pulse, 첩, 이하 첩) 방식이 사용되기도 한다. 첩 방식은 FM(Frequency Modulation)이라 부르기도 하며, 공간해상도를 유지하면서도 탐지거리를 확장할 수 있기 때문에 최신의 음향측심기들을 첩 방식을 사용한다.

첩 방식을 사용하는 음향측심기의 측심분해능은 주파수가 변조되는 폭인 대역폭(bandwidth)에 따라 식 (33)과 같이 달라진다.

CRR(첩 방식 거리분해능)=음속/2×대역폭   식 (33)

예를 들어, 음속이 1,500m/s이고, 변조 대역폭이 40kHz라면 장비의 공간해상도는
CRR=1,500/(2×40,000)=18.75mm가 된다.

또한 측심분해능은 아날로그를 디지털로 바꾸는 샘플링 주파수에 종속적이다. 측심기 내부에는 트랜스듀서로 입력된 전기적 신호를 전압으로 바꾸고, 시간에 따라 변화하는 전압의 크기를 샘플링하는 AD 변환기가 있다. 이 변환기의 성능에 따라 측심 분해능이 달라진다.

이때의 측심 분해능은

샘플링분해능=음속=샘플링 속도   식 (34)

로 정의된다.

예를 들어, AD 변환기의 샘플링 주파수가 30kHz이고, 음속이 1,500m/s라면 이 장비의 측심분해
능은 50mm가 된다.

4.1.6. 음파의 전달속도

음파의 전달속도는 전파되는 매질의 밀도와 온도에 따라 달라진다. 공기 중에서 음파의 전달속
도는 평균 350m/s이며, 해수에서 음파의 전달속도는 평균 1,500m/s이다. 음파는 속도가 같은 매질
내에서는 직선으로 이동하지만, 속도가 달라지는 경계에서는 굴절되어 나아간다. 음파의 속도는
주파수와 무관하며, 오직 통과 매질의 온도와 밀도 그리고 압력의 영향을 받는다. 해수의 수온, 염
분, 밀도, 압력은 수심에 따라 변하고 계절에 따라서도 변하기 때문에 음파속도는 수심과 계절에 따
라 변한다. 또한 음파는 수온이 변하면 음파의 전달각도가 변화하기 때문에 이는 계측위치로 측정
할 때 오류를 일으킬 수 있다. 〈그림 4-45〉는 다중빔 음향측심 개별 빔의 전달경로를 보여 주고 있
다. 음파의 이러한 물리적 특성 때문에 다중빔 음향측심기로 측심할 때는 음속측정기를 사용하여
수층별 음속을 계측하여 측심결과를 보정해 주어야 하는데, 이를 '음속보정'이라 한다.

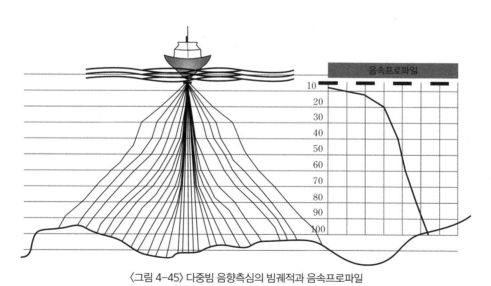

〈그림 4-45〉 다중빔 음향측심의 빔궤적과 음속프로파일

출처: R2Sonic, 2011

〈표 4-5〉 해수의 물리특성에 따른 음속변화

물리량		음속변화량(m/s)
1℃ 수온변화	=	4.0
1ppt 염분변화	=	1.4
100m 수심변화(10 대기압)	=	1.7

출처: R2Sonic, 2011

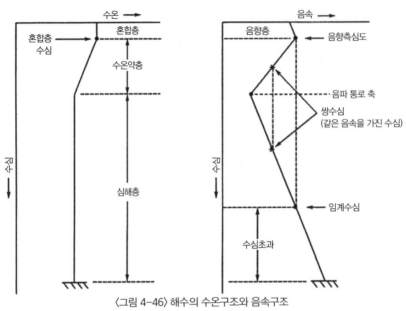

〈그림 4-46〉 해수의 수온구조와 음속구조

출처: R2Sonic, 2011

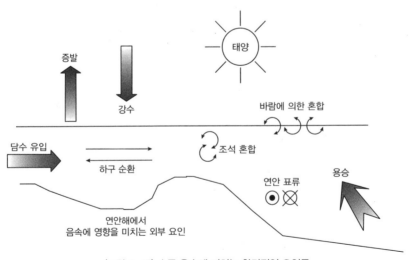

〈그림 4-47〉 수중 음속에 끼치는 환경적인 요인들

음속 변화에 가장 많은 영향을 끼치는 것은 수온, 염분, 압력 순이다. 〈표 4-5〉에서는 해수의 물리특성에 따른 음속 변화를 보여 주고 있다. 일반적으로 해수의 온도가 1℃ 변화하면, 음속은 4m/s 변화하고, 염분이 1ppt(parts per thousand) 변화하면 1.4m/s 변한다. 또 수심이 100m 변화할 때마다 음속은 1.7m/s 변화한다.

〈그림 4-46〉은 일반적인 해수의 수심별 수온구조와 이에 따른 음속구조를 보여 주고 있다. 수온약층이 존재하는 상부층까지는 수온과 음속의 변화 양상이 비슷하나, 수심이 깊어질수록 온도의 변화는 작고, 대신 압력이 점점 커져 그에 따른 음속의 증가로 인하여 음속이 빨라진다. 수온은 계절적 영향, 태양복사열, 대기와의 열교환, 지형적 용승에 의해 변화한다.

일반적으로 전 세계 해수의 염분은 33~37ppt 내외이다. 염분의 변화는 해수의 밀도 변화를 야기하며, 음속을 변화시킨다. 육지로부터 유입되는 담수의 영향이 크게 작용하는 강 하구나 조류·해류의 영향이 큰 해역에서는 밀도의 변화가 시·공간적으로 변화하므로 잦은 음속측정이 필요하다.

다중빔 음향측심기는 음파 발사각을 계산할 때 송수파기 주변 음속 계산의 초기 음속으로 이용하기 때문에, 태양의 복사열에 의해 빠르게 변화하는 표층음속의 변화를 실시간 반영하기 위하여 표층 음속기(surface sound speed sensor)를 사용한다.

소나 시스템에서는 일반적으로 대상 해역의 음속이 단일하여, 음속이 전달되는 경로가 직선을 이루는 것으로 가정하지만, 실제 해역의 수중 음속은 무수히 많은 음속 경계층을 형성하고 있으며, 이러한 경계층에서는 이웃한 경계층 사이의 물리적 특성에 따라 빔의 전달 경로가 굴절된다. 그러므로 실제에 있어, 트랜스듀서에서 해저면을 향해 발사된 음파의 경로를 추정하는 일은 소나 시스템의 계측 시스템 향상에 중요한 요인으로 작동한다.

음파는 서로 다른 음속 경계층에서 굴절되어 비선형적 경로로 나아가게 된다. 〈그림 4-48〉에서 보는 바와 같이, 빠른 음속의 수층에서 음속이 상대적으로 느린 수층으로 음파가 진행하게 되면, 입사각보다 굴절각이 작아져 트랜스듀서 쪽으로 휘고, 반대의 경계층 진입에서는 트랜스듀서 외곽으로 경로가 휘어진다. 〈그림 4-48〉은 수심에 따른 음속의 변화율에 따라 빔의 휨 정도를 나타내고 있다. 이러한 음파의 굴절 현상은 식 (35)으로 표현되는 스넬(Snell)의 법칙을 따른다.

$$\frac{\sin\theta_1}{C_1} = \frac{\sin\theta_2}{C_2} = \text{constant} \quad \text{식 (35)}$$

스넬의 법칙은 입사광선, 굴절 광선 및 경계면에 내린 수선은 모두 같은 평면 내에 존재한다는 가정하에 다음 두 가지의 전제 조건을 가진다.

① 두 매질에 대하여 입사각이 어떠한 값을 갖더라도 입사각과 굴절각의 Sin 값의 비($\sin\theta1/\sin\theta2$)는 항상 일정하다.

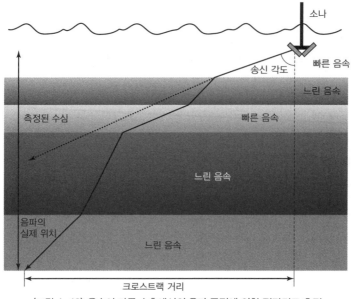

<그림 4-48> 음속이 다른 수층에서의 음파 굴절에 의한 전달경로 추정

　② 매질 1에 대한 매질 2의 비를 굴절률이라 하고 이 값은 각 매질 중에서의 파속의 비와 같다.

1) 음속경사

　수심에 따라 수직적인 음속 변화의 값을 나타내는 것이 바로 음속의 경사이다. 경사의 크기는 음속의 변화를 수심의 변화로 나눈 값으로, 양의 음속 경사, 음의 음속 경사, 등속도일 경우의 경사 등으로 나눌 수 있다. 〈그림 4-49〉는 음속 경사에 따른 음파의 전달 양상이다.

　① 양(positive)의 음속 경사: 음속이 수심에 따라 증가하는 것을 말하며, 음속이 최소인 깊이를 향해 상부로 굴절하는 음선을 보여 준다.

　② 음(negative)의 음속 경사: 음속이 수심에 따라 감소하는 것을 말하며, 음속이 최소인 깊이를 향해서 아래쪽으로 굴절하는 음선을 보여 준다.

　③ 등속도(isovelocity): 등속도층은 음속이 모든 점에서 동일한 것을 말한다. 즉, 수직 수온구조는 일직선 형태가 되며 이 층에서 음파는 직선으로 전파된다.

　수중음향을 이용한 계측장비에서 가장 큰 오류는 음측기에 입력된 수층별 음속자료와 실제 현장의 음속자료가 일치하지 않기 때문이다. 음속자료의 불일치로 발생하는 음향측심 오류를 굴절오차(refraction error)라고 하는데 〈그림 4-50〉은 굴절오차의 전형적인 사례를 보여 주고 있다. 실제 지

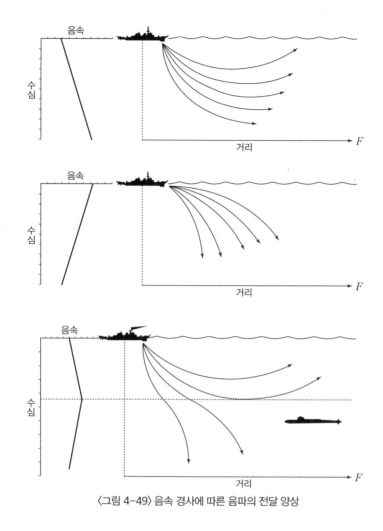

〈그림 4-49〉 음속 경사에 따른 음파의 전달 양상

형은 평탄하나, 실제 현장의 음속구조보다 높은 음속프로파일 자료를 적용하여 자료를 취득하면, 외곽 빔이 올라가는 현상(smile face)이 나타난다. 반대로 실제 현장의 음속구조보다 낮은 음속프로파일 자료를 적용하여 자료를 취득하며, 외곽 빔이 내려가는 현상(frown face)이 나타난다. 예를 들어, 수심 10m에서 45°로 빔을 발사하여 얻은 수심자료에 ±10m/s 오차가 있는 음속자료를 적용하면, 약 ±4.6cm의 수직오차가 발생한다.

　이러한 결과는 관측 수심의 위치와 수직방향 깊이에 대한 편차를 야기한다. 또한 음속 변화의 경계 층이 항상 평평하다는 가정은 실제 해수의 변동을 고려하면 맞지 않을 때도 있다. 해수 내부에 밀도의 변화에 따른 장주기 내부파가 발생하고, 음파가 이를 통과하게 되면, 그림과 같이 음파의 입사각이 모델에서 고려하고 있는 경우와 실제가 다르게 된다. 이럴 경우, SVP를 빈번하게 적용해도

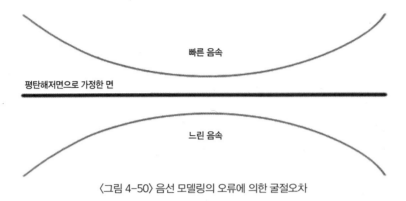

빠른 음속

평탄해저면으로 가정한 면

느린 음속

〈그림 4-50〉 음선 모델링의 오류에 의한 굴절오차

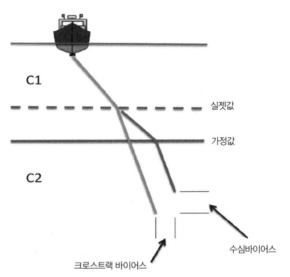

C1

실젯값

가정값

C2

크로스트랙 바이어스

수심바이어스

〈그림 4-51〉 음선 경로 오해석에 따른 측심 수직 및 수직 오차

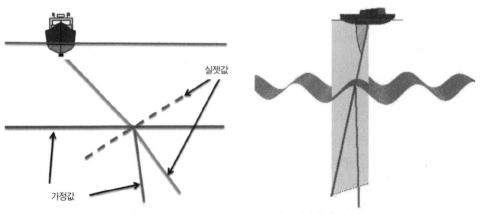

실젯값

가정값

〈그림 4-52〉 내부파가 존재하는 지역에서의 음파굴절

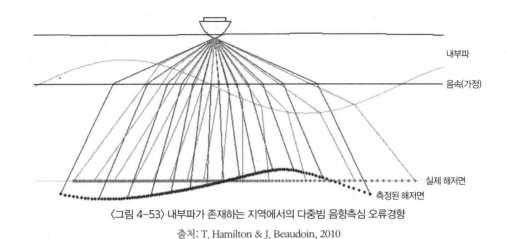

〈그림 4-53〉 내부파가 존재하는 지역에서의 다중빔 음향측심 오류경향

출처: T. Hamilton & J. Beaudoin, 2010

해저지형에 왜곡이 발생하는데, 이는 SVP 자체의 1차원적 성격 때문이다. 이를 SVP의 변화 경계면에 대한 3차원적 고려를 통해 해결하고자 하는 실험적인 연구가 진행 중에 있다. 현장에서 수시로 SVP를 적용함에도 해저면의 왜곡이 나타나면, 내부파 등의 3차원적 밀도변화를 의심해 봐야 한다.

2) 음속측정 방법

(1) CTD 방법

음속은 해수의 밀도와 온도, 압력에 따라 변화한다. CTD는 압력센서 기반의 수심값과 그 수심에 해당하는 해수의 밀도에 대응되는 전기전도도(Conductivity), 수온(Temperature), 깊이(Depth)를 매우 정밀하게 관측하는 장비이다. 윈치에 연결된 CTD 센서를 해수면에서 해저면까지 정속으로 내려서 관측하며, 관측된 C, T, D값을 기반으로 음속으로 변환하는 실험식을 이용하여 해당 수심의 음속을 추정한다. 대표적으로 사용하는 음속변환 실험식은 1983년 유네스코(UNESCO)에서 채용한 첸·밀레로(Chen&Millero) 식과 이를 간략화한 메드윈(Medwin) 식이 있는데, 첸·밀레로 식은 매우 복잡하므로, 메드윈 식을 참고로 제시한다.

$$C=1449.2+4.6T-0.555T^2+0.00029T^3+(1.34-0.010T)(S-35)+0.016D \quad \text{식 (36)}$$

여기서, T는 온도, S는 염분, D는 수심을 의미하며, 위 식은 $0<T<35℃$, $0<S<45‰$, $0<D<1,000m$ 내에서 적용가능하다. CTD 관측을 통해 음속의 변화가 어떤 해양물성에 의해 변화되었는지 확인할 수 있어, 해양관측의 기본 관측자료로 활용되고 있다. 다만, CTD 관측을 하기 위해서는 조사선을 정지한 상태에서 관측해야 하므로 시간과 비용이 많이 소모되는 단점이 있다.

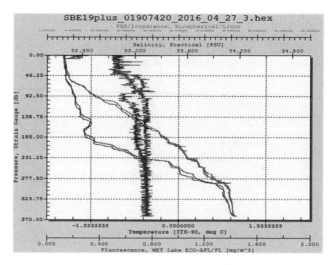

| (A) 대표적인 CTD인 SeaBird SBE-19 | (B) 전형적인 CTD 프로파일 사례(CTD 관측 결과) |

〈그림 4-54〉 CTD 센서와 전형적인 관측 그래프

　〈그림 4-54〉의 (A)는 대표적인 CTD 장비인 시버드(SeaBird)사의 SBE-19 모델이며, (B)는 CTD 관측 결과 수심에 따른 온도와 변환된 음속을 보여 주고 있다. 이에 따르면 표층 온도는 태양복사와 계절적 영향으로 온도가 높고, 수심이 깊어질수록 온도가 낮아지는 양상을 잘 보여 주고 있다. 음속은 온도의 변화 추세와 달리, 표층에서는 수온의 변화 양상과 거의 동일하지만, 수온 약층 이하에서는 압력의 증가로 인하여 수온이 낮아짐에도 불구하고, 음속이 증가하는 것을 보여 주고 있다.

(2) SVP와 SSP

　음파속도계와 표층음속측정기는 고주파의 음원으로 견고하게 고정된 반사체까지의 거리를 측정한 후, 측정된 거리와 고정반사체까지의 거리의 차를 이용하여 음속을 추정하는 센서이다. SVP (Sound Velocity Profiler)는 음속을 계측하는 반사판과 음향 트랜스듀서 및 수심을 계측하기 위한 압력센서, 수온을 계측하기 위한 수온센서 등이 구현되어 있으며, SSP(Surface Sound Speed Profiler)는 트랜스듀서가 놓인 지점의 음속을 계측하기 위하여, 반사판과 음향트랜스듀서만으로 구현되어 있다.

　CTD에서 염분 변화에 따른 음속의 변화 관측을 실험식으로 추정하는 것과 달리, 거리 계측을 통한 음속을 직접 계산하기 때문에 CTD보다 간편하고 현장에서 별도의 변환 없이 음속치를 확인할 수 있는 장점이 있다. 트랜스듀서가 편평하게 구현된 다중빔 음향측심기의 경우, 음파가 수발신되는 지점의 초동 음속이 빔 지향각 계산에 매우 중요한 역할을 하기 때문에, 표층음속 센서가 필수적으로 요구된다.

SVP를 운영하기 위해서는 CTD와 같이 배를 정선한 후, 해저면까지 센서를 내려 관측을 수행해야 하므로 작업에 시간이 많이 걸린다. 이러한 단점을 극복하기 위하여, 연구선의 이동 중에도 연속적으로 SVP 자료를 계측하기 위해 전동 윈치를 이용한 이동형 음속관측장치(Moving Vessel Pro-

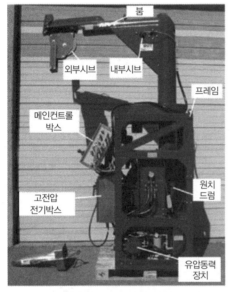

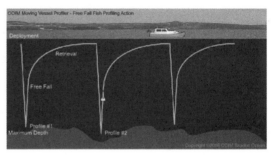

(A) MVP 시스템 구성도   (B) MVP 관측 운영 개념도

〈그림 4-55〉 MVP 시스템과 관측 운영 개념도

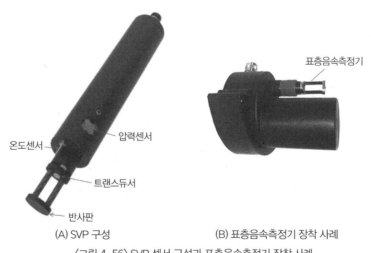

(A) SVP 구성   (B) 표층음속측정기 장착 사례

〈그림 4-56〉 SVP 센서 구성과 표층음속측정기 장착 사례

filer: MVP)도 활용되고 있다.

〈그림 4-56〉은 현장에서 사용 중인 SVP 센서를 보여 주고 있다.

(3) XBT

XBT(eXpendable Bathy Thermograph)는 소모성 수온관측 센서를 말한다. 낙하속도가 결정되어 있는 무게추에 온도계를 부착하고, 연구선이 특정 속도 이하에서 달리면서 온도를 계측할 수 있도록 고안되어 있다. 낙하속도를 수심으로 환산하고, 온도에 따른 전압의 변화를 계측하여 특정 수심의 온도를 추정하므로, CTD나 SVP에 비하여 정확도가 낮으나, 수온 관측을 위해 조사선을 세우지 않아도 되므로 수온의 변화가 심하거나 다른 예인장비와 동시에 수심 측량을 하는 경우에 수온을 관측할 수 있는 매우 유효한 장비이다.

XBT는 소모성 센서와 이를 진수하기 위한 런처, 그리고 수심과 온도를 계산하는 프로세서로 구성되어 있다. 〈그림 4-57〉의 (A)는 XBT센서의 구성을 설명하고 있으며, (B)는 현장에서 XBT를 투하하는 모습을 보여 주고 있다. XBT는 관측하고자 하는 수심대역 및 관측요소에 따라 매우 여러 가지 종류의 센서가 개발되어 있으며, 온도만이 아니라 SVP, CTD를 직접 관측하는 소모성 센서도 활용되고 있다.

센서연결선 드럼

센서 보호통

센서 연결선

XBT 본체

센서 연결선 드럼

신호처리부

전압변환부

수온검출부

(A) XBT 센서 구성   (B) XBT 투하

〈그림 4-57〉 XBT 센서와 XBT를 투하하는 모습

4.1.7. 다중빔 음향측심 시스템의 공간해상도 결정요인

1) 주사폭

다중빔 음향측심 시스템은 음파가 되돌아오는 왕복주사 시간을 거리로 환산하는 방식을 취하기 때문에 측정 가능한 최대시간을 정하고 있다. 최대 경사거리는 측정 가능한 시간을 거리로 환산한 것이며, 최대 탐사 가능 수심과 구별되어 사용되어야 한다.

〈그림 4-58〉에서 보여 주는 바와 같이, 한 번의 다중빔 음파의 송수신으로 얻어지는 좌현과 우현의 최종단 빔이 이루는 영역을 주사폭(swath width)이라 하며, 양현의 최종 단빔이 이루는 최대 각도를 주사각(swath angle)이라 한다. 일반적으로 다중빔 음향탐사 시스템은 한 번에 주사할 수 있는 최대 주사각이 정해져 있고, 관측하는 수심에 따라 이를 적응적으로 변화시키고 있다.

측선 탐사 시 발생하는 현 방향 중첩 면적은 측선 간격에 의해 결정되는데 이는 주사각과 수심에 따라 결정된다. 주사각이 고정되어 있을 경우, 수심에 따라 주사폭이 변화한다. 총주사폭은 다중빔 음향측심기의 주사각에 의한 주사폭이며, 적용가능 주사폭은 해역별로 정해진 수심 정확도 기준에 부합되는 적용가능한 총오차 범주 내의 측심성과를 낼 수 있는 주사폭을 의미한다.

다중빔 음향탐사 시스템이 단일 주파수를 이용할 경우, 수심에 따라 음파의 감쇠가 심해지므로, 해저면 탐지성능이 저하되어 수심이 깊어질수록 수심측량 가능 주사폭이 좁아지는 것을 반영할 필요가 있다. 현 방향 중첩은 롤 운동의 영향을 받으므로, 발생 가능한 최대 허용 롤 관측치를 설계 조건에 반영해야 한다. 현 방향 중첩 결정 요인으로는 측선 간격, 주사각, 수심, 평균 해상상태 등이다. 주사폭은 측심의 정확도 범주에 의해 세부적으로 정의될 수 있다. 일반적으로 MBSS 시스템은 외곽 빔으로 갈수록 선박의 모션 및 음선 굴절에 의하여 해상도와 정확도가 떨어진다.

소해탐사에서는 한 번에 수심의 약 3배 정도 되는 영역을 조사하게 되므로, 대상 해역을 일정한

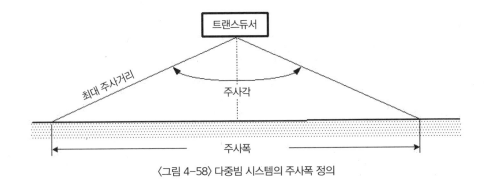

〈그림 4-58〉 다중빔 시스템의 주사폭 정의

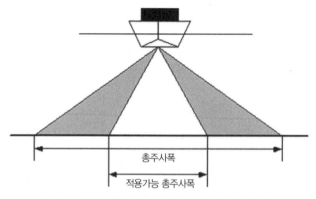

총주사폭

적용가능 총주사폭

〈그림 4-59〉 다중빔 음향탐사를 이용한 적용가능 주사폭

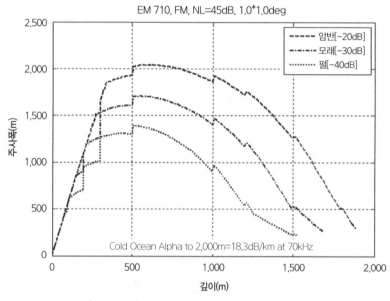

〈그림 4-60〉 수심과 해저면 저질에 따른 주사폭 변화

측선 간격으로 나누어 조사할 수 있다. 대상 해역을 100% 조사하기 위해서는 총주사폭과 적용가능 주사폭을 예상해야 하며, 선박의 롤링에 의한 탐사지역의 변동이 있을 수 있으므로, 일정한 양만큼 중복하여 탐사할 수 있도록 측선을 설계해야 한다. 이웃 소해범위 간의 중첩(swathe-to-swathe overlap)은 탐사자료의 공간해상도를 향상시키고, 소해탐사에 대한 기준을 정의하는 데 이용될 수 있다. 중요 지역의 소해탐사에서, 다른 시간과 다른 입사각으로 얻어진 동일지역의 측심 자료는 측량 성과의 품질 확인을 위한 중요 정보로 활용될 수 있다. 또한 중첩 영역에서의 측심 자료는 오측 자료로 의심될 수 있는 부분(어류, 해초, 물거품, 수온 약층 등에 의해 발생한)에 대한 상호보완 자

료로 활용할 수 있다. 일반적인 수로측량에서는 200% 중첩을 통한 대상 해역의 100% 전역 탐사를 권장하고 있다. 〈그림 4-62〉는 소해탐사의 현 방향 중첩률을 도시하고 있다.

주사폭을 결정하는 요인

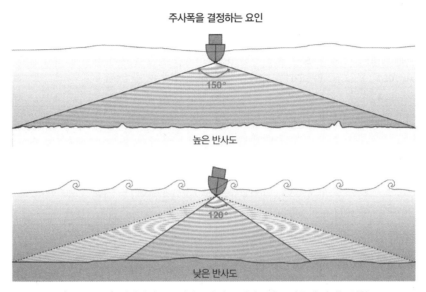

〈그림 4-61〉 해저퇴적물 구성성분에 따른 반사도가 주사폭에 끼치는 영향

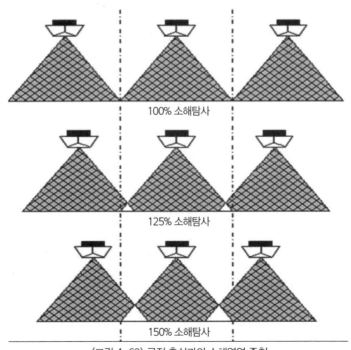

〈그림 4-62〉 근접 측선과의 소해영역 중첩

<표 4-5> 최신 다중빔 음향측심 시스템의 주요 성능

시스템	주사각(°)	주사폭	빔각(°)	측심범위(m)
Simrad EM 3002	130	수심의 4배	1.5×1.5	0.5~250
Simrad EM 3002D	200	수심의 10배	1.5×1.5	0.5~250
Reson Seabat 7125	140	가변	1×2@200kHz 0.5×1@400kHz	0.5~400
Reson Seabat 8125	120	가변	0.5×1	0.5~80
Reson Seabat 8101	150	600m	1.5×1.5	1~300
R2Sonic 2024	10~160	가변	0.5×1	500
R2Sonic 2024	10~160	가변	1×1	500

2) 측심밀도 결정요인

전형적인 해상상태에서 선속 5kn 이상으로 주행할 때, MBSS 시스템의 연속된 송수신 빔 사이의 간격은 다음과 같은 요인에 따라 변동된다.

 – 선속(survey platform speed)
 – 수심(water depth)
 – 주사각(angular sector used)
 – 송수신 주기(inter-ping time interval)
 – 송신 음파의 선수방향 빔 폭(projection of transmit beam width)
 – 송신 원리(single or multiple ping ensonification for a complete swathe)
 – 연속 송수신 사이의 선박운동(inter-ping roll/pitch/yaw changes)
 – 선박운동 보정 방식(type of active roll/pitch/yaw stabilization used)

위의 요인 이외에도 해상 상태, 하드웨어 고장, 해저면 탐지 실패, 저장 매체 교환 등에 의한 비 연속적 자료취득이 일어날 수 있다. 전체 자료취득 기간에 비하면 이러한 비연속적 간극은 대단히 짧은 시간 동안 발생할 수 있지만, 소해탐사의 정의를 정확하게 대비하자면 이러한 부분도 최소화할 수 있도록 대비해야 한다. 〈표 4-6〉에서는 IMCA(International Marine Contractors Association)의 등급별 비연속적인 핑 간격에 대한 허용범위를 제시하고 있다.

직하방 빔을 대상으로 고정된 핑 주기, 특정 수심 조건에서 핑과 핑 사이의 중첩도는 선속에 따라 결정된다. 100% 전역탐사를 수행하기 위해서 운

<표 4-6> IMCA의 허용가능 비연속 송수신 핑 개수

등급	소해범위(%)	허용가능 송수신 비연속
1	150	7
2	125	6
3	100	5
4	100	5

영모드에 따라 선속을 결정할 수 있다. 연속된 핑과 핑 사이에서 선수방향 중첩이 일어나는데, 이는 선속과 핑 주기에 따라 결정된다. 따라서 선수방향 중첩 결정 요인은 선속, 핑 주기, 수심, 모션, 선수방향 빔 폭, 빔 생성 방식 등이 될 수 있다.

3) 탐지 오류

자연 해저의 대부분은 평탄하여 변화가 적으나, 암이나 산호 등의 해저는 예외적으로 변화가 많기 때문에 음향측심기의 기록상에서도 복잡한 형태로 나타난다. 또 준설지역, 해저배관 매설 지역, 항만 지역 등의 인공적인 해저도 복잡한 양상을 나타낸다. 이와 같은 해저로부터의 반향과 뒤에서 이야기할 해저 외의 각종 반사체의 반향이 존재하기 때문에 신호 중에서 해저면 이외의 신호를 분리해 내는 작업이 중요하다. 특히 천해에서 수로측량을 위한 측심에서는 측심 기록의 잘못된 처리로 큰 사고의 원인이 될 수 있음으로 충분한 주의가 필요하다. 100~200m 이내에서 사용하는 음향측심기의 주파수는 100~200kHz이고, 심해용은 10~40kHz이다. 보통 음향신호의 주파수가 높을수록, 즉 파장이 짧을수록 작은 반사체에서의 반사효율이 좋다. 따라서 해저에서가 아닌 반향이 기록되는 것은 천해용 음향측심기에서보다 빈번하게 나타난다.

(1) 어군 및 부유물에서의 반향

높은 주파수를 사용하는 음향측심에서는 작은 물고기 떼도 잘 기록된다. 작은 물고기 떼에 의한 음향신호의 차폐효과는 매우 작으므로 해저에서의 반향은 중도에서 끊기지 않고 해수층 중에 떠 있는 것처럼 기록된다. 그러나 이와 같은 경우에는 기록의 판별이 그다지 어렵지 않으나, 해저면에 근접하고 있는 어군의 기록과 해저와의 판별은 쉽지 않다. 기록되는 지형이 복잡하고, 기록의 상태도 그다지 깨끗하지 못한 암이나 산호의 정상 부근에는 어종이 많기 때문에 특히 판별하기가 더욱 어렵게 된다.

어군의 경우와 유사한 기록으로 나타나는 것으로 각종의 부유물이 있다. 예로서 화학섬유로 만든 어망이나 로프, 비닐제품 등이다. 해저근접의 부유물을 식별하는 가장 확실한 방법은 그 지점을 재측심하여, 동일 위치의 측심 결과가 동일한지 확인하는 것이다.

(2) 침선 등 해저상의 인공물에서의 반향

항만 내를 포함한 연안해저에는 많은 인공물이 존재한다. 이들의 인공물은 침선, 어초, 폐어구 등이며, 그 형태나 크기도 여러 가지 종류이기 때문에 기록상에 나타나는 것도 매우 다양하다. 특히

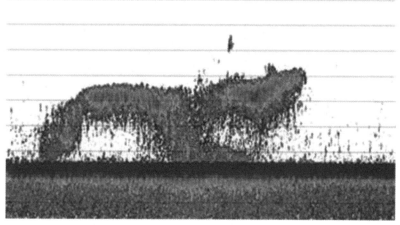

〈그림 4-63〉 어군에 의한 오탐지

침선의 경우는 해저에서의 모습이 같은 모양이 아니므로 그의 기록도 여러 가지로 나타나고 있으나 식별에는 어려움이 없다.

　침선이 있는 지역의 저질이 모래이고, 해조류가 약간 강한 지역에서는 침선의 주변에 해조류 방향으로 침식과 퇴적이 동시에 일어나고 있으므로 인공물의 존재를 확인하는 부가적인 자료로 활용할 수 있다. 대형의 침선은 주변 수심에 비하여 최천소의 수심이 상당히 얕아지기 때문에 측심 시에는 여러 방향으로 측선을 계획하여 반복적으로 측량을 수행한 후, 통계학적으로 유의미한 대푯값을 취득할 수 있어야 한다. 침선조사에 빔각이 큰 송수파기를 사용하면, 최천소 지역의 기록은 포물선의 형태를 띠게 되며, 또 외견상 해저하에 나타날 때도 있다. 침선의 존재 장소가 천소이면, 이를 확인하기 위해서는 연측이나 잠수부를 이용하는 것이 바람직하다.

(3) 해초에서의 반향

　연안해역의 해저에서 흔히 볼 수 있는 해초에서의 반향도 판별이 어렵다. 해초의 반향기록은 해저에 비해 선명하지 못하나, 식별의 결정적인 수단은 될 수 없다. 해초와 해저와의 판별은 연측과 음향측심 자료의 비교를 통해 이루어질 수 있다.

(4) DSL에서의 반향

　DSL(Deep Scattering Layer)은 초음파산란층이라고도 부른다. 밀집한 플랑크톤이나 소형 어군 등으로 구성되어 있으며, 해수온도의 불연속층에도 관계가 있다. DSL은 플랑크톤의 밀도가 높으면 음향에너지를 강하게 산란시켜 그의 일부가 반향으로서 기록된다. DSL의 깊이는 주간에는

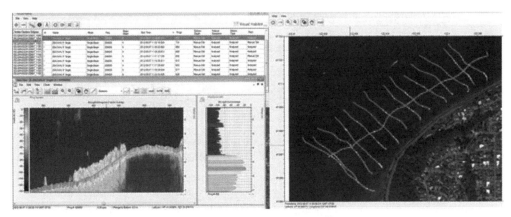

〈그림 4-64〉 해조류에 의한 오탐지

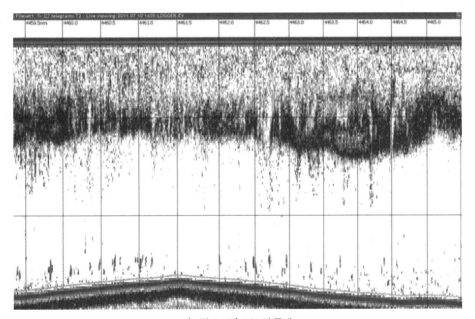

〈그림 4-65〉 DSL의 존재

400~500m를 최대로 하여 야간에는 해수면 부근까지 상승하는 일주운동을 하고 있다.

(5) 타 음향탐사 장비와의 간섭

음향측심 시에는 측면 주사 소나와 같이 음향을 이용하여 해저의 물리적 특성을 탐사하는 유사 주파수대의 장비를 동시에 운영하는 경우가 있다. 동시 운영 중인 장비 간에는 상호 간에 음파를 동시에 취득하여 자신이 보낸 음파와 타 장비가 보낸 음파를 혼동하는 경우가 발생한다. 일반

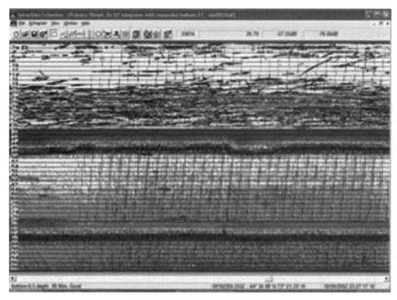

〈그림 4-66〉 타 음향장비의 간섭

적으로 음향간섭은 〈그림 4-66〉과 같이 기록상에 빗줄기 모양의 패턴으로 나타난다. 비슷한 주파수대의 음파 장비 간의 간섭을 회피하기 위해서는 장비 간 발신 주기를 조절하는 장치(Acoustic Synchronizer)를 사용하거나, 부득이한 경우 하나의 장비만을 선택적으로 사용해야 한다.

(6) 전기적 잡음

음향측심기 자체의 절연이 불량하거나 다른 탐사 장비와의 연동 시 특정 주기 신호가 인입되어 규칙적인 신호가 특정방향으로 발생할 수 있다. 전기적 잡음에 의한 신호는 규칙성을 띠고 있기 때문에 식별이 용이하고, 현장에서 이를 개선하기 위한 조치를 할 수 있기 때문에 다른 원인에 비해 잡음을 손쉽게 제거할 수 있다.

(7) 부니층

준설공사를 시행한 해역이나 다져지지 않은 강 하구 등의 오니층이 있는 해역을 측심할 때에는 해저에서 2, 3개의 다층 기록이 나타날 수 있다. 이와 같은 기록은 부니층일 경우가 많다. 부니란 해저의 표면에 존재하는 함수율이 높은 미세한 점토이다. 부니층은 지형표면의 요철부를 메꾸어 수평으로 잠기는 것이 보통이며, 함수율이 낮은 부니는 경사를 가지는 것도 있다. 부니지역의 수심은 음향기록의 최천수심 즉 부니의 표면을 채용하게 되어 있다. 부니층의 두께는 0.2~0.3m의 경우가 많으나 때에 따라서는 1m 이상 되는 지역도 발견된다. 부니층의 구역을 조사할 때에는 주파수마다

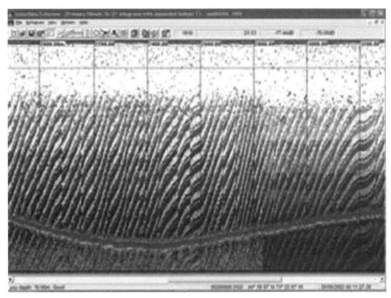

〈그림 4-67〉 전기적 잡음

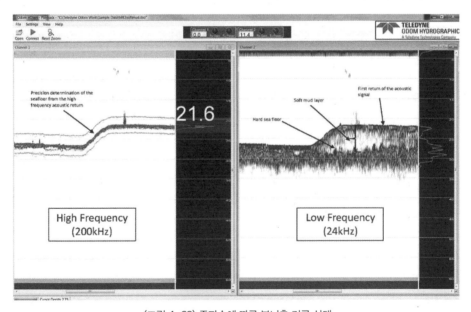

〈그림 4-68〉 주파수에 따른 부니층 기록 상태

출처: https://en.wikipedia.org/wiki/Echo_sounding#/media/File:DF_SBES_Wiki.jpg

투과되는 깊이가 다른 특성을 이용하여 주파수가 다른 장비를 동시에 운용하여 부니층의 두께를
조사한다. 또한 음향측심으로부터 나타난 부니층의 두께에 대한 실제적 깊이를 확인하기 위하여
푸시코어(push corer) 등의 주상시료 채취를 통해 확인할 필요가 있다.

4.1.8. 수심 측량 실무

1) 수심 측량의 전 과정

본 조사의 흐름은 사전조사, 현장조사, 후처리 작업으로 나뉜다. 먼저 사전조사로 측량구역에 대한 측선계획을 통해 계획도 작성 및 선속을 결정(수심에 따라 5~6kn)하고, DGPS 및 다중빔 음향측심기 설치를 통한 시험탐사로 사전 장비 점검을 수행한다. 작업 전 캘리브레이션(calibration) 시행계획을 감독자에게 보고 후 시행하고, 캘리브레이션 시행 후 결과에 대하여 감독자의 검증 후 측량을 실시한다. 해저지형 조사의 현장조사는 DGPS와 연동이 이루어지고, 각종 원시자료의 취득을 통하여 수행한다.

〈그림 4-69〉와 같이 현장조사에서 저장된 원시자료는 오측심 제거를 포함한 각종 보정 및 자료처리를 통하여 최종 수심도와 원도를 작성하는 후처리 과정을 수행한다.

2) 조사 계획

(1) 조사 계획의 수립

다중빔 음향측심기를 이용하여 특정 해역을 조사할 때에는 가장 먼저 대략적인 수심의 분포를 알아야 한다. 다중빔 음향측심기는 수심의 약 3~5배 정도의 폭으로 조사를 수행하기 때문에, 수심이 낮을수록 조사 효율이 급격히 떨어지고, 같은 면적을 조사하더라도 더 많은 측선을 진행해야 작업을 완료할 수 있다. 일례로 다중빔 음향측심기의 유효 조사각이 수심의 5배이고, 평균 수심이 10m

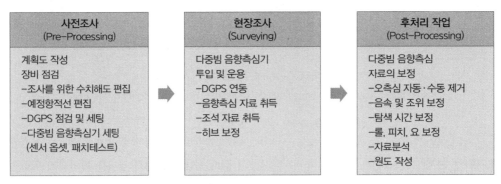

〈그림 4-69〉 다중빔 수심 측량 조사흐름도

인 해역에서는 유효 조사폭은 50m가 되나, 수심 30m 지점은 이보다 3배 이상 넓은 150m를 탐지할 수 있기 때문에, 조사를 완료하기 위해 소요되는 측선의 수가 수심에 따라 많거나 적어진다. 이는 총탐사거리의 증대를 가져오며, 탐사거리에 따른 탐사자료의 양도 증가하여, 이후 후처리의 시간도 늘어날 것이다. 본 절에서는 다중빔 음향측심기의 측선설계에 대하여 기술하며, 주요한 고려사항을 설명할 것이다.

① 조사 계획 입안 시 고려해야 할 요소

- 조사영역

- 수심분포

- 해류의 방향

- 측선의 주요 방향 및 검측선 계획

- 음속 프로파일의 위치 및 시점

- 시스템 보정에 필요한 수중 지형지물

측선을 계획할 경우, 조사의 안정성이나 효율성에 영향을 미칠 수 있는 조사영역 내의 섬, 해안지대, 모래톱 및 기타 장애물을 고려해야 한다. 다중빔 음향측심기로 측정할 수 있는 주사범위 및 인접 라인 간에 필요한 중첩을 고려하여 측선의 간격을 계획한다.

포괄적인 조사 계획은 물이 깊은 영역 또는 수심과 커버리지가 매우 일정한 영역을 기반으로 작성한다. 물이 얕아 수심이 급격하게 변동되거나, 수심이 알려지지 않은 지역에 대한 조사계획은 현장에서 별도로 계획해야 한다. 조사면적이 넓고 장기적인 조사를 수행해야 할 경우에는 조사 중간 중간에 장비의 고정상태 및 위치 변동을 확인하기 위한 검측선 라인을 물색해 놓아야 한다.

② 조사 입안 시 가장 중요하게 고려해야 할 요소

- 주사폭

- 조사방향

- 중첩률

- 조사속도

주사폭은 조사해역의 평균수심을 기반으로 계획한다. 수심에 따라 주사폭이 결정되면, 이웃 측선에 의해 발생할 중첩률을 고려하여 측선간격을 설정한다. 측선간격이 계획된 이후에는 평균 수심과 요청된 공간해상도를 만족시키기 위한 선속을 결정한다. 선속을 계획할 때에는 직하방 빔의 입사면적보다는 45°로 입사되는 빔의 입사면적을 기준으로 삼아 앞뒤 핑 간의 중첩이 이루어질 수 있도록 계획한다.

주사폭은 기상 조건 및 선박 속도, 해저면의 저질 상태에 따라 영향을 받는다. 선속을 빠르게 유지하면 품질기준 내의 측심 자료를 얻을 수 있는 주사폭이 좁아지므로 이에 대한 고려를 해야 한다.

측선의 방향은 주사폭이 안정화되고, 중첩이 일정한 비율을 유지할 수 있도록 수심의 변화가 적은 방향을 주측선으로 고려해야 한다. 동해의 경우 외해를 향해 수심이 급격하게 변화하고, 이 방향으로 다중빔 음향측심을 수행하면 주사폭이 크게 변동되어, 동일 측선간격을 유지하더라도, 해안 가까운 해역에서는 측선과 측선 사이의 미측 구간이 발생한다. 미측 구간이 발생한 지역은 별도의 측선을 고려하여 조사를 수행하여야 하므로 이중의 노력이 요구된다. 반대로 해안선을 따라 주측선으로 계획하고, 조사를 수행하면 수심의 변동이 크지 않아 측선 간 중첩률을 일정하게 유지할 수 있다.

(2) 장착 및 패치테스트

① 음향 트랜스듀서의 설치 지침

음향측심기의 장착 방식은 조사선이나 플랫폼의 여건에 따라 천차만별이다. 그럼에도 반드시 지켜야 할 몇 가지 음향측심기 설치의 조건이 있다. 가장 중요한 원칙은 운영 중인 음향측심기는 절대 해수면 위로 들어 올려지면 안된다는 것이다. 수중에서 작동되는 것을 고려하여 설계된 트랜스듀서가 공기 중에 노출된 상태에서 음파를 발신하면, 설계된 압력보상과 다른 환경에 놓여 트랜스듀서가 파손된다. 이러한 법칙에 따라 어떠한 선박 운항 상황에서도 트랜스듀서는 공기 중에 노출되지 않도록 가능한 깊게 설치되어야 한다. 특히, 주사폭을 가지는 다중빔 음향측심기의 경우에는 선박의 고정물이 빔을 가로막지 않도록 설치 깊이를 조정해야 한다.

② 선박의 요동 대비

바다의 상층은 깨지는 파도에 의해 무수히 많은 작은 기포들을 만들어 낸다. 높은 파도가 있는 바다는 가장 위의 5~10m까지 공기로 차 있을 수 있으며, 해수면 가까이의 농도가 가장 높다. 기포들은 음 에너지를 흡수하고, 반사하며 최악의 경우 음의 전파를 완전히 막는다. 그러므로 변환기는 선체상 깊은 위치에 장착되어야 한다.

선박은 해수면의 요동에 따라 수동적이며 지속적으로 움직인다. 이러한 움직임은 트랜스듀서의 수직적 위치 변위를 가져오며, 해저면의 왜곡을 가져온다. 선박이 움직이더라도 수직적 변위가 최저로 발생하는 선박의 무게 중심에 가까운 지점에 트랜스듀서를 설치해야 선박 요동의 영향을 최소화할 수 있다.

(3) 선체 돌출물에 의한 소음 대비

선박 외부에 돌출된 물체들은 난류 및 유체 소음을 발생시킨다. 또한 구멍들과 파이프 배출구들도 소음원이다. 그것들은 특정한 주파수에서 유체 소음을 증폭하는 공진 공동으로 작용할 수 있다. 그와 같은 물체들 가까이, 특히 그것들 뒤에 음향측심기를 설치하면 안 된다.

동일한 이유 때문에 변환기 전면 주변 선체 부분이 가능한 매끄럽고 평평한 것이 매우 중요하다. 봉합제 흔적, 날카로운 모서리, 돌출된 볼트 또는 충진재가 없는 볼트구멍 조차도 소음을 만들어 낼 수 있다.

(4) 해수 경계층

선박이 파도를 밀치고 나아갈 때, 선체와 해수 간의 마찰이 경계층을 만들어 낸다. 경계층의 두께는 선박의 속도 및 선체의 거칠기에 따라 달라진다. 선체로부터 돌출된 물체들 및 선체의 찌그러진 곳은 흐름을 방해하고 경계층의 두께를 증가시킨다. 이 경계층 내의 흐름은 층류(얇은 판 형태의 흐름)이거나 난류일 수 있다. 층류는 잘 정돈된 물의 평행 이동이다. 난류는 회오리로 꽉 찬 무질서한 패턴을 가지고 있을 수 있다. 흐름이 층류로부터 난류로 변할 때 경계층은 증가된다. 〈그림 4-70〉은 파도를 밀치고 움직이는 선박의 경계층을 도해한 것이다.

더욱이 해수 내의 기포는 선체 아래로 눌리며 경계층 내로 혼합된다. 선박의 전면 밑부분의 경계층은 얇으며 선미 쪽으로 갈수록 두꺼워진다. 선체의 측면이 가파를 경우, 경계층 내의 일부 기포들이 선박 측면을 따라 해수면으로 빠져나갈 수 있다. 경계층의 영향을 최소화하기 위해서는 변환기가 선체의 앞부분에 위치하는 것이 바람직하다.

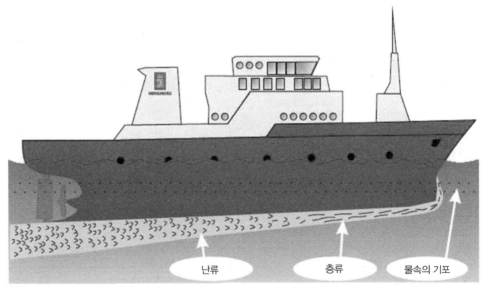

〈그림 4-70〉 선박 기동에 따른 잡음의 형성

출처: Kongsberg Maritime, 2010

(5) 프로펠러 소음

추진 프로펠러는 대부분의 어선, 조사선박, 상선 및 유람선의 주된 소음원이다. 소음은 해수를 통해 전파된다. 그런 이유 때문에 변환기는 프로펠러로부터 가장 먼 곳에 설치되어야 하며, 그것은 선체 앞부분을 의미한다. 프로펠러에서 직접 보이지 않는 위치가 바람직하다. 길이가 짧은 소형 선박에서는 프로펠러의 날들이 위로 움직이는 쪽의 용골 측면상에 변환기를 장착하는 것이 권장되며, 그것은 반대쪽에서 프로펠러 공동현상이 가장 강력하기 때문이다. 물리 프로펠러 날과 동일한 방향으로 흐를 때 공동현상이 가장 쉽게 시작된다.

수중 소음과 난류현상, 선박의 요동을 고려하면 각각의 최적위치는 상충될 수 있다. 그러나 일반적으로 선박의 요동은 모션센서를 통해 보정할 수 있기 때문에 배경소음이 증대되어 측심 성능이 현저히 떨어질 수 있는, 돌이킬 수 없는 조건이므로 최대한 소음원과 변환기를 멀리 설치하는 조건을 우선시해야 한다.

(6) 음속프로파일 관측 및 검토

SVP 관측점 설계 시 고려사항은 다음과 같다.

① 측량구역 내 기존 수온/염분 관측자료 조사 및 기존 성과(수치모델 결과 포함)를 활용한 밀도분포 양상 개략 파악(단, 수온/염분 관측자료는 장기간 지속적으로 수행한 결과 확보가 중요)

② 과거 측량원도와 해도 등 자료를 통해 수심 급변 구간 확인(수심 급변 구간에서는 공간적인 밀

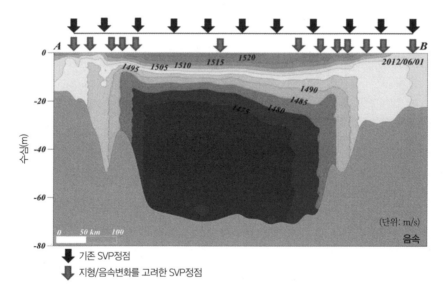

〈그림 4-71〉 측량구간 내 밀도(음속)변화를 고려한 효율적인 SVP조사 정점 선정

도변화가 크게 나타나므로, 조밀한 조사 필요)

③ 장기 관측자료를 이용한 통계분석자료, 수치모델 결과 등을 이용하여 수로측량 당일에 해당되는 해역의 밀도 변화 양상을 사전 파악

④ 일정한 시간 또는 거리 간격으로 일률적인 SVP 조사(일정시간 간격 조사, 표층음속 급변 시 조사)보다 가용한 자료(해저지형, 해양예보 모델 결과)를 활용한 가변적 SVP 조사 계획 수립 필요

3) 부속 센서 간 시각 및 좌표계 정렬

트랜스듀서와 모션센서는 각각 고유의 좌표체계를 가지고 있다. 〈그림 4-71〉과 같이 다양한 보조 센서는 선박좌표계상의 위치로 측량하여 자료취득 시스템에 입력하여야 한다. 선박의 움직임을 보정한 실제 관측 위치를 계산하기 위해서는 모션센서의 좌표체계를 트랜스듀서의 좌표체계와 정렬해야 한다. 또한 측심 트랜스듀서와 GNSS 측위 센서가 가지는 시각 정보는 센서 내부에 존재하는 개별 시계 간의 시각지연이 존재하며, 이를 상호 조정해야 한다. 좌표계 간의 정렬이나 시각 지연오차를 확인하기 위하여 특별한 환경에서 특정 조건으로 자료를 얻는 과정을 패치테스트(patch test)라 하며, 이를 통해 두 좌표계 간의 오프셋과 시각지연을 확인할 수 있다. 패치테스트는 장비를 처음 설치하였거나, 부속 센서(GNSS, 모션센서, 트랜스듀서 등)의 배치가 변한 시점에서 반드시 수행하여야 한다. 좌표계가 정렬되지 않거나, 시각지연이 있는 상태에서 측량을 수행하면, 그에 따른 왜곡현상이 자료에 그대로 반영되어 실제의 지형을 반영하지 않는다.

패치테스트의 항목은 다음과 같다.

① 시각지연

② 롤

③ 피치

④ 요

시각지연은 GNSS와 트랜스듀서와의 1:1 대응이고 모션센서와는 관계가 없기 때문에, 이에 대한 확인을 먼저 수행하고, 롤, 피치, 요 오프셋을 위한 패치테스트는 각 요소가 서로 영향을 끼치기 때문에 반복적으로 값을 적용해 가며 실제에 가까운 오프셋 값을 찾아야 한다.

실제의 오프셋 값을 찾는 과정은 동일한 해역을 조건을 달리해서 측량하여, 두 측량 세트 간의 측량값 차이를 이용한다. 다음 절에서 개별 항목의 오프셋을 찾기 위한 패치테스트 과정과 원리를 설명한다.

(1) 시각지연

시각지연(time delay)은 수심측정과 위치확인 사이의 시각 오프셋을 말한다. GNSS에서 위치를 계산해서 출력포트를 통해 자료를 내보낼 때까지 약간의 시간(0~20msec)이 소요된다. 이 소요된 시간 때문에 메시지에 담겨 있는 관측 시각과 메시지가 측심 자료와 통합될 때의 시각이 차이가 난다. 시각지연의 영향으로 특정 측심 자료의 위치가 실제보다 후미의 위치로 기록된다.

시각 오프셋을 측정하는 방법은 다음과 같다.

우선, 시각지연에 따른 위치 오차를 명확히 확인하기 위하여, 가파른 경사가 존재하는 해역에 경사를 거스르는 방향으로 측선을 계획하고, 같은 방향으로 진행하되, 한 번은 초기 속도의 2배 혹은 1/2배로 속도를 변경하여 자료를 얻는다. 혹은 정확하게 위치가 파악되는 물표를 지나도록 계획해도 된다. 경사가 가파를수록, 혹은 수중 물표의 형상이 뚜렷할수록 시각지연이 명확하게 드러난다. 시각지연은 선박의 항해속도 차이로 인하여 발생하는 기울기의 선수방향 편차를 측정함으로 구할 수 있다. 이때 피치 오프셋에 따른 모든 영향을 배제하기 위해, 조사선은 같은 항로에 그어야 한다.

시간지연 δt 는 다음 식 (36)을 통해 구할 수 있다.

$$\delta t = \frac{\Delta x}{v_2 - v_1} \quad \text{식 (36)}$$

여기서 Δx 는 천저 근처의 두 수심측량 프로파일 사이의 수평 간 거리, v_1과 v_2는 각각 조사선 1과 2에 대한 선박 속도를 나타낸다.

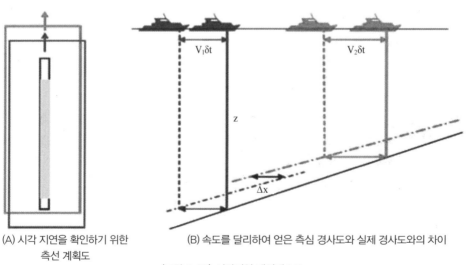

(A) 시각 지연을 확인하기 위한 측선 계획도

(B) 속도를 달리하여 얻은 측심 경사도와 실제 경사도와의 차이

〈그림 4-72〉 시각지연 패치테스트

(2) 롤 오프셋

롤 오프셋(roll offset)은 선박의 현 방향의 모션센서와 트랜스듀서 간의 설치각 오차를 의미한다. 트랜스듀서와 모션센서가 수평을 이루지 못하면, 조사선의 방향이 반대 방향이 될 때마다 현 방향으로 경사가 달리 나타난다. 이를 측정하기 위한 롤 오프셋의 측정 방법은 다음과 같다. 가능한 수심이 깊고, 대단히 평탄한 해저를 대상으로 삼고, 하나의 측선을 계획하고, 방향을 180° 달리하여 반복적으로 조사를 수행한다.

해저에 지형지물이 있거나 경사가 존재하면, 피치각 혹은 요각 편차로 인한 왜곡이 나타나므로, 가능한 평탄한 해저를 선정해야 한다. 〈그림 4-73〉은 롤 오프셋 캘리브레이션을 보여 준다. 롤 오프셋 $\delta\theta R$은 다음 식 (37)을 통해 구할 수 있다.

$$\delta\theta_R = \tan^{-1}\frac{\Delta z}{2 \cdot \Delta y} \quad \text{식 (37)}$$

여기서 Δz는 상호 선들로부터 외부 빔들 사이의 수심 차이(vertical displacement), Δy는 직하방에서 외곽 빔까지의 거리를 의미한다. 표본 지역의 특성으로 인하여 롤 오프셋은 여러 수심대역의 평탄한 지역에서 수행하고, 통계적으로 유의한 값을 얻어야 한다.

(3) 피치 오프셋

피치 오프셋(pitch offset)은 선박의 선수방향으로 놓인 모션센서와 트랜스듀서의 설치각 차이를 나타낸다. 피치 오프셋을 측정하는 방법은 앞서 시간지연 캘리브레이션에서 설명하였듯이, 경사진

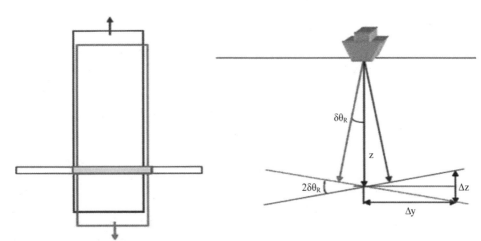

(A) 롤 오프셋 계측을 위한 측선 평면도　　　(B) 롤 오프셋으로 인하여 직하부에서 외부 빔까지의 수심측량 프로파일

〈그림 4-73〉 롤 오프셋 캘리브레이션

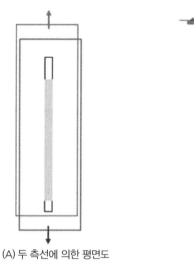

(A) 두 측선에 의한 평면도

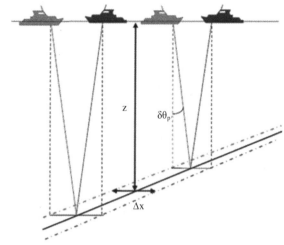

(B) 피치 오프셋으로 인해 나타나는 실제 해저경사와
수심측량 자료상의 경사 차이

〈그림 4-74〉 피치 오프셋 캘리브레이션

해저면에서 동일한 속도, 반대방향으로 계획된 측선을 이용한다. 경사가 급할수록 피치 오프셋에 따른 영향이 더 잘 드러난다. 〈그림 4-74〉는 피치 오프셋 캘리브레이션을 보여 준다.

시각지연을 정확하게 측정한 다음, 피치 오프셋으로 발생한 경사에 따른 수심측량의 종변위를 측정하여 피치 오프셋을 구한다. 시각지연에 따른 모든 영향을 회피하기 위해, 사전에 시각지연 오프셋을 확인하여 시스템을 보정해야 한다.

피치 오프셋 $\delta\theta$p는 다음 방정식을 통해 구할 수 있다.

$$\delta\theta_p = \tan^{-1}\frac{\Delta x}{2 \cdot z} \quad \text{식 (38)}$$

여기서 Δx 는 상호방향에서 그은 동일한 조사선에서 수심의 겉보기 오프셋을 의미한다.

(4) 방위각 오프셋

방위각 오프셋은 선박의 선수방향을 지시하는 헤딩센서(heading sensor)와 트랜스듀서의 오정렬로 인한 각 오프셋을 말한다. 방위각 오프셋 측정 방법은 얕은 수심(shoal)에서와 같은 해저물체가 명확한 지역을 좌우에 두고 동일 속도로 측량하여, 각 측량 자료 내에 존재하는 해저물체의 위치 오차로 방위각 오프셋을 계산할 수 있다. 〈그림 4-75〉는 방위각 오프셋 캘리브레이션을 보여 준다.

시각지연과 피치 오프셋을 정확하게 측정한 다음, 인접한 선들로부터 해저물체에 대한 선수방향 변위를 측정함으로써 방위각 오프셋을 구한다. 시간지연과 피치 오프셋으로 인한 영향을 회피하기

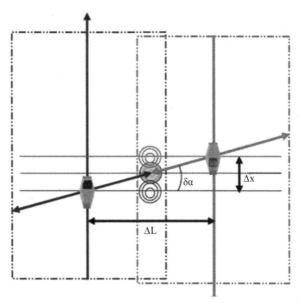

〈그림 4-75〉 방위각 오프셋 캘리브레이션

위해, 이들 오프셋에 대해 사전에 시스템을 보정해야 한다.

방위각 오프셋 $\delta\alpha$은 다음 방정식으로 구할 수 있다.

$$\delta\alpha = \tan^{-1}\frac{\Delta x}{\Delta L} \quad \text{식 (39)}$$

여기서 Δx은 상호 인접선으로부터 해저물체에 따른 수평 간 거리, ΔL은 선들 사이의 거리를 나타낸다.

4) 현장 신호이득조정 및 야장

음파의 전달매질의 특성이 변화되면 그 경계층에서 반사, 굴절, 산란이 일어나며, 이를 기록하는 것이 음향측심기의 기본 동작원리이다. 매질의 경계는 매질의 밀도와 온도에 의해 생기며, 기기마다 설정한 기준치를 넘어서는 수신신호가 들어오면 이를 측심기에서 기록하며, 그 기록들 중에서 해저면과 같이 물과 퇴적물의 경계로 인식하는 지점을 찾아내는 과정(bottom detection)의 정확성은 기본적인 탐색 알고리즘뿐 아니라 신호를 운영하는 운영파라미터의 조절에 의해 달라질 수 있다.

해저라는 것은 물과 해저퇴적물의 경계인데, 사전적 의미로는 경계라고 구분할 수 있지만, 실제의 해저경계면은 점이적으로 밀도가 변화한다. 즉 해저퇴적물의 상부는 아직 고화되지 않고, 많은 경우 물과 혼재되어 있어 고주파수에서는 경계로 잡히지만, 저주파를 이용할 경우에는 퇴적상부를 지나칠 수 있다. 예를 들어, 12kHz 주파수를 사용하면 미고화 펄 퇴적물 상부 10m까지 투과할 수 있으며, 같은 미고화 펄 퇴적물 지역에서 300kHz 주파수를 사용하면 30cm 밖에 투과하지 않는다. 극단적인 경우, 동일 지점에서의 측심 결과가 10m 이상 차이날 수 있다.

또한 미고화 펄 퇴적물은 모래 퇴적물보다 음파를 더 많이 흡수하기 때문에 수신된 신호가 약화되고 이에 따라 주사폭도 좁아진다. 이를 해결하기 위해 펄 퇴적물로 구성된 지역에서는 모래퇴적물 지역보다 강한 에너지를 방사하게 되는데, 이럴 경우, 트랜스듀서의 직하방 지역에서는 기준치 이상의 반사신호가 너무 오랜 기간 수신되어 직하방 이외의 측심 결과보다 측심 결과가 깊게 나오게 된다.

현장에서는 가능한 해저경계층 반사가 짧은 기간 동안 펄스 형태로 이루어지도록 파라미터를 조절해야 하며, 이때 줄어들 수 있는 주사폭을 고려하여 균형잡힌 펄스 길이, 송신 강도, 수신 이득 등을 조절해야 한다.

5) 측심 자료처리

현대 수심측량의 모든 자료는 디지털화되어 기준 시각과 위치가 함께 기록된다. 그러나 모든 센서 자료에는 시스템상의 편향, 사용자 실수, 제어할 수 없는 잡음 등이 포함되어 있어, 기존 환경 정보, 인접 자료 간의 일관성에 근거하여 제거할 필요가 있다. 해상교통 안전의 기초가 되는 해도제작을 목적으로 수행된 수로조사에서는 가장 낮은 수심과 항해 위험물의 위치와 상태에 대한 정보가 가장 중요한 정보이다.

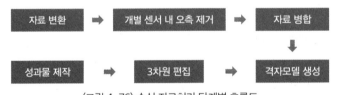

〈그림 4-76〉 수심 자료처리 단계별 흐름도

6) 자료변환

수심측량 자료는 상용 자료 취득 프로그램을 통해 기록된다. 상용 자료 취득 프로그램에서는 자료 관리의 효율성과 실시간 처리를 위해 고유의 파일포맷으로 자료를 기록한다. 수심측량에 적용된 모든 보조 센서로부터 실시간 입력된 자료들을 기준 시각에 맞추고, 단위를 통일해서 파일에 기

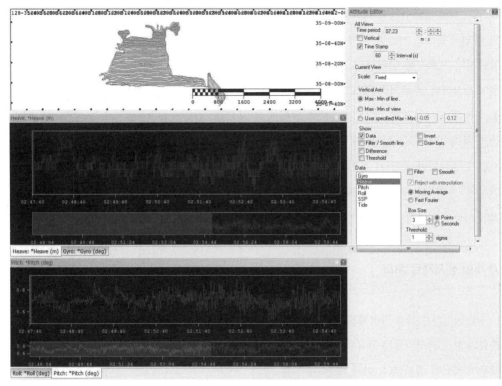

〈그림 4-77〉 개별 센서자료 편집 사례 관측

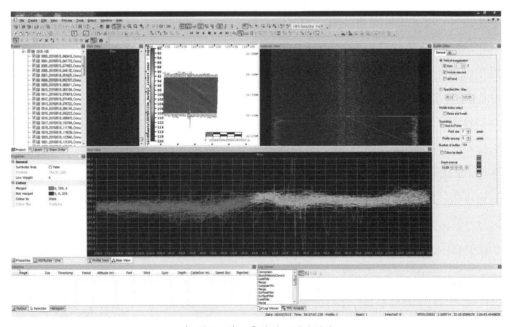

〈그림 4-78〉 오측심 자료 편집 화면

록한다. 상용 자료취득 프로그램에서는 고유의 파일포맷으로 이들을 기록하기 때문에, 자료처리 프로그램 입력형식으로 변환하는 것이 필요하다. 자료처리 프로그램에서는 최종 목적의 지구좌표계, 수심대역, 보조 센서들의 처리 방법 등을 설정하도록 되어 있다. 자료가 변환되면, 센서가 움직인 궤적이 화면상에 전시되며, 궤적의 선택을 통해 본격적인 자료처리 과정에 들어가게 된다.

7) 개별 센서자료 처리

특정 위치의 수심을 결정하기 위해 주 센서자료와 보조 센서자료는 고유의 관측 주기에 맞추어 자료를 생산한다. 이때, 모든 관측 센서에 포함될 수 있는 시스템 오류와 랜덤 오류가 있다. 이러한 오류는 최종 측심 자료의 수평 및 수직방향 오차에 직접적인 영향을 끼치므로 반드시 측심 위치와 수심을 계산하기 전에 제거해 주어야 한다. 개별 센서들은 시계열상의 그래프로 전시되어 급격한 변화가 나타나는 지점을 적절히 제거하고, 공백

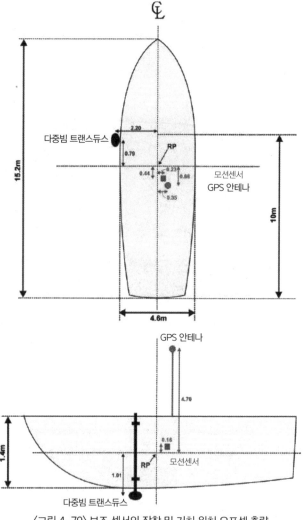

〈그림 4-79〉 보조 센서의 장착 및 거치 위치 오프셋 측량

으로 채워지는 시각에 대한 보간처리를 통해 보조 센서자료의 미비로 인하여 전체 수심자료가 사용되지 못하는 경우를 최대한 줄여야 한다. 측심 위치 정보를 기록하는 GPS 자료 또한 위치 변동으로 발생하는 속도와 방향자료의 시계열 성분 분석을 통해 오측이 발생한 지점을 발견해 내고, 삭제와 보간을 통해 정위치 편집을 실시한다.

처리되어야 할 센서자료는 다음과 같다. 선위정보(GPS), 모션센서(Motion Reference Unit: MRU), 방위센서(gyro compass), 조위(tidal height) 등이고, 가장 시간이 많이 드는 잡음 제거 단계는 주 센서에서 기록된 음향측심 자료 처리 과정이다. 사용 프로그램에서는 잡음을 자동으로 추적해 주는 다양한 필터와 그래픽 편집기가 구비되어 있어서 사용자가 직접 잡음을 선택하고 제거할

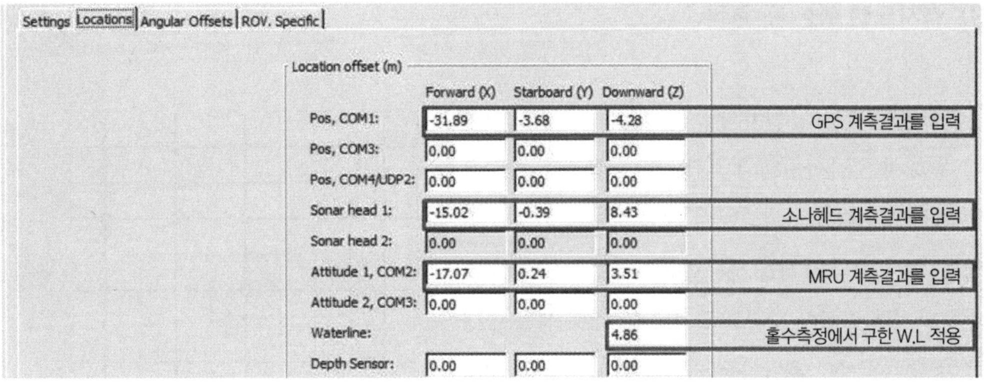

〈그림 4-80〉 바다로1호 SIS S/W 선박 장비 위치 사례

수 있고, 자동 알고리즘을 이용해서 제거할 수도 있다. 상용프로그램에는 수행하는 자료처리의 과정을 보여 주고 있다. 자료의 정상범주를 설정하여, 자동으로 오측자료를 판별할 수 있거나, 연속된 자료들의 경향성을 파악하여 오측을 판정하는 다양한 알고리즘이 구현되어 있다.

〈그림 4-80〉은 측심 자료를 편집하는 프로그램 화면을 보여 주고 있다. 음향측심 자료는 시계열 상 동시에 얻어진 측심 자료들의 공간적 상관성과 환경정보에 기반하여 정상범주 외의 자료를 제거하고, 이웃한 측심 자료와 동떨어진 자료를 삭제하는 과정으로 요약될 수 있다. 상용 프로그램에서는 특정 기간의 모든 자료를 선택하여, 공간적 상관성을 가시화할 수 있도록 그래픽 사용자 편집 도구가 다양하게 구현되어 있다.

8) 센서자료 통합

개별 자료들은 각 센서들이 통합될 때까지는 센서 고유의 좌표계와 시각을 유지한 채 처리된다. 이후 센서 통합을 통해 주 센서와 보조 센서의 통합이 이루어지고, 지구좌표계상의 점들로 표현된다. 통합을 위해서는 선박좌표계상의 센서 위치가 정확하게 표현되어 있어야 하며, 사용하는 프로그램의 좌표계 정의에 따라 변환되어야 한다.

통합의 기준이 되는 것은 개별 센서들에 기록된 시각정보이다. 대부분 센서자료는 센서 내의 자체 시계로부터 기록되는 시각정보와 관측자료가 연동되어 있고, 이들을 통합하는 기준은 GPS 시각과 GPS 수신기에서 매초 출력되는 1PPS 신호이다. 또한 센서들의 관측주기는 센서마다 다르기 때문에, 주 센서의 관측주기로 재샘플링되거나, 가장 근접한 시각의 자료로 통합이 이루어진다.

9) 격자모델 생성 및 편집

2차원 종이나 컴퓨터 화면에 측심 자료를 표현하기 위해서는 탐사구역의 최대·최소 경계를 기준으로 만들어진 격자를 생성한다. 측심 자료를 모두 포함할 수 있는 외곽 경계를 기준으로 사각형을 구성하고, 바둑판처럼 일정한 간격으로 가로 및 세로 선을 구성하여 교차지점에 해당하는 지점의 대표수심을 결정하는 과정을 격자화(griding)라고 한다. 육상 고도자료를 격자화한 것은 수치표고모델(Digital Elevation Model: DEM, 이하 DEM)이라고 한다.

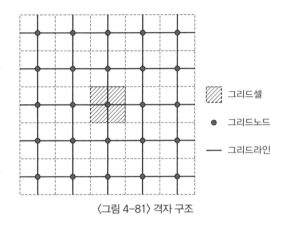

범례:
- ▨ 그리드셀
- ● 그리드노드
- ― 그리드라인

〈그림 4-81〉 격자 구조

격자 구조는 위 그림과 같이 정의되며, 내부 격자의 크기를 일정하게 구획할 수도 있고, 자료의 밀도와 해저지형의 복잡도에 따라 불규칙하게 단위격자를 설정할 수도 있다. 초기에 설정하는 단위격자의 크기는 탐사지역의 최대 수심과 격자 파일의 최대 크기를 고려하여 지형의 해상도가 유지될 수 있도록 선택한다. 격자 파일의 크기는 탐사면적(가로×세로)과 격자 하나당 가지고 있을 속성정보(최대수심, 최소수심, 대표수심, 격자에 해당하는 원 관측수심의 수, 표준편차 등)에 따라 달라진다. 단위격자의 크기가 작으면 해상도가 좋아지나, 격자 파일의 크기가 커져서 한 번에 지형자료를 표출하는 데 어려움이 따른다. 최근에는 전자해도 분야와 자료교환 표준포맷으로 BAG(Bathymetric Attribute Grid) 형식으로 저장한다.

격자수심을 구축하면 지형의 전체적인 윤곽을 확인할 수 있어 이후 지형의 연속성에 근거한 오측자료 및 최종 천소를 확인할 수 있다. 상용 측심 자료 편집 프로그램에서는 격자 자료를 구성한 후, 잡음이 제거되지 않은 지역이나 조고 편차가 심해 측선 중첩지역에서의 단층과 같은 지형불연속 등을 시각적으로 판단할 수 있는 다양한 편집도구를 제공하고 있다. 상용 프로그램에서는 격자모델에서 편집이 필요한 부분을 선택하면, 격자를 구성한 원자료를 표출하여 대표수심을 왜곡시킨 원자료에 대한 편집이 가능하도록 구성되어 있다.

〈그림 4-84〉는 격자모델 자료를 이용하여 성과물을 제작한 사례를 보여 주고 있다.

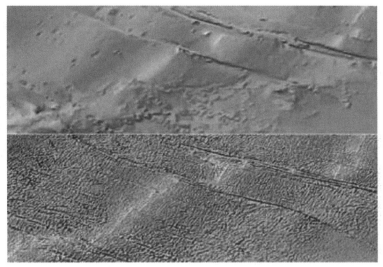

〈그림 4-82〉 상이한 격자 크기에 따른 해저지형모델

〈그림 4-83〉 격자 모델 기반 3차원 오측자료 편집도구 사례

제4장 | 수심측량과 해저지형 249

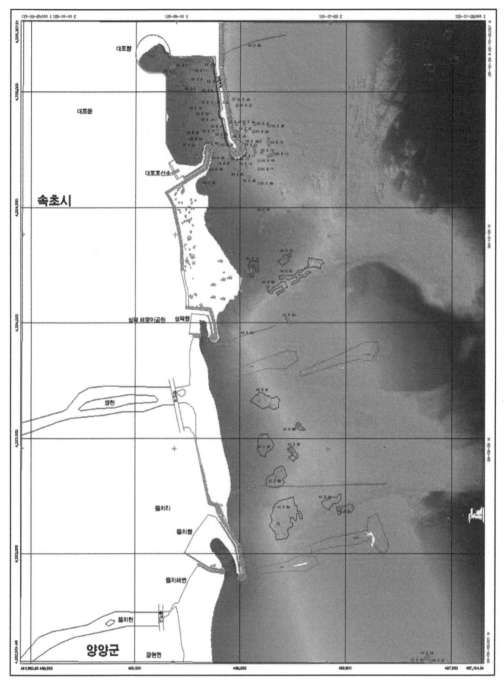

〈그림 4-84〉 속초항 위험물 위치도

4.2. 물체 탐지와 해저지형 분류

4.2.1. 물체 탐지

수로학은 해저지형의 형상에 대한 해석을 다루는 학문이며, 항해 목적 외에도 수많은 목적을 위해 활용된다. 소나와 다중빔 음향측심기의 등장으로 완전하고 자세한 해석을 할 수 있게 되었으며, 이로 인해 안전한 항해와 그 밖의 여러 분야에서 혜택을 볼 수 있게 되었다. 물론 모든 수심에 대하여 존재하는 물체를 모두 탐지하는 것은 현실적으로 불가능하다.

이에 따라 국제수로기구(IHO)는 탐지해야 할 물체의 최소 크기와 물체 탐지를 수행해야 하는 특정한 구역을 규정하였다. 해저지형 분류는 오랫동안 기뢰전에 사용되어 왔으나 자동 분류 소프트웨어가 등장하면서 다양한 분야에서 폭넓은 응용을 할 수 있게 되었고, 특히 어업과 자원 산업에서 활발히 이용되고 있다. 이 장에서 사용하는 용어 중 해저 분류와 해저 특성화, 그리고 물체 탐지와 사물 탐지는 동의어이다.

안전한 항해를 위해서는 항해에 위험 요소로 작용하는 해저상의 물체를 탐지할 필요가 있으며, 그 물체가 자연 지형이든 인공 구조물이든 모두 해당된다. 물체는 해저상의 모든 것으로 정의되며 주위 지형과 뚜렷이 구분되는 것을 뜻한다. 물체라는 용어는 해저의 평지상에 놓인 바위에서부터 침선과 장애물까지 모두 포함한다. 이러한 물체를 탐지하는 활동을 해저 물체 탐지(seafloor feature detection)라고 한다. 또한 물체 탐지는 항해자들이 관심을 가질 만한 물체, 예를 들면 유정이나 기뢰로 의심되는 물체를 탐지하고 파악하는 행위도 포함한다. 후자 같은 경우는 항해에 관련된 사항은 아니지만 이에 관련된 이들에게는 대단히 중요한 사항이다. 전통적인 방식의 측량은 한 지역 전반에 걸쳐 측선을 일정하게 운영하여 수심을 측량한다. 다중빔 음향측심기 또는 측면 주사 소나(SSS: Side Scan Sonar)의 커버리지는 물체 탐지와 해저 분류에 관한 정보 제공에 활용된다. 어떤 경우에는 물체의 탐지가 수심 측량보다 더 중요할 때가 있다. 다중빔 음향측심기 또는 측면 주사 소나 영상으로 파악된 특정한 물체는 일반적으로 그 위치와 최소 수심을 더욱 자세하게 확인해야 한다.

4.2.2. 물체 탐지 요구에 대한 기준

물체 탐지 표준은 여러 가지가 있으며, 그중 IHO S-44와 IHO S-57에 포함된 내용이 가장 널리 이용된다.

1) IHO S-44: 수로측량의 최소 기준

S-44의 표 1을 요약하면 〈표 4-7〉, 〈표 4-8〉과 같다. 이 표에서는 물체 탐사를 수행해야 하는 지역과 각 측량 등급에 따른 시스템 탐지 능력을 규정한다. 특이한 물체가 탐지되면 S-44 표 1(표 4-7)의 기준에 따라 물체의 위치와 물체까지의 최소 수심을 파악해야 한다.

〈표 4-7〉 IHO S-44 탐사 요구사항

IHO S-44 등급	해역의 예	탐사 요구사항
특등급	최소운항수심이 중요한 해역	100% 해저면 조사 필요
1a 등급	수심 100m 미만이며 최소운항수심의 중요성이 덜하지만 선박 운항에 영향을 주는 물체가 존재할 수 있는 해역	100% 해저면 조사 필요
1b 등급	수심 100m 미만이며 통항 선박의 형태에 최소운항수심이 문제가 되지 않는 해역	100% 해저면 조사 불필요
2등급	일반적으로 수심이 100m 이상이며 해저지형이 운항에 적절하다고 간주되는 해역	100% 해저면 조사 불필요

〈표 4-8〉 IHO S-44 시스템의 탐지 능력

IHO S-44 등급	시스템의 탐지 능력
특등급	사방 1m 이상의 입방체 형태의 물체
1a 등급	수심 40m 미만에서 사방 2m 이상의 입방체 형태의 물체 또는 수심 40m 이상 해역에서 수심의 10% 미만 이상의 물체
1b 등급	해당 사항 없음
2등급	해당 사항 없음

2) IHO S-57: 디지털 수로 데이터의 전송 표준

S-57에서는 데이터 품질 정보의 인코딩 방식으로 '신뢰 구역(ZOC: Zones of Confidence, 이하 ZOC)'을 규정한다. ZOC는 모든 수심 데이터를 단순하고 논리적으로 분류하기 위한 수단으로 도입되었으며, 항해자에게 국가 해도제작 기관이 제공하는 신뢰도 정보를 전달한다. 해역들을 다양한

단계의 신뢰도로 규정하여 분류하고, 수심과 위치 정확도, 해저 탐사의 수준, 승인된 품질 계획과의 일치 여부 등을 통틀어서 근간 데이터로 사용할 수 있다.

ZOC A1, A2, B는 현재, 그리고 앞으로의 측량에 의해 생성되며, 그중에서도 특히 ZOC A1과 A2 는 100% 해저면 조사, 즉 전체 물체 탐지를 수행해야 한다. ZOC C와 D는 낮은 정확도와 낮은 품질 의 데이터를 반영하고, ZOC U는 해도가 출간되는 시점에서 탐사는 이루어졌으나 데이터의 평가가 이루어지지 않았음을 나타낸다. ZOC는 현재 해도와 전자해도상의 신뢰도 다이어그램의 위치에 다 이어그램의 형태로 삽입되도록 디자인되었다.

ZOC는 해도의 표준일 뿐이며, 각각의 수로국들에 의해 수로측량이나 데이터 품질 관리의 표준 으로 사용될 목적이 아님을 분명히 해야 한다. 각 ZOC에서 규정하는 수심과 위치 정확도는 최종적 으로 기술되는 오차를 참조하며, 측량상의 오차뿐만 아니라 해도제작 과정에서 유입되는 오차까지 모두 포함한다.

〈표 4-9〉 IHO S-57 탐사 요구사항

S-57 ZOC	탐사 요구사항
ZOC A1 ZOC A2	100% 해저면 조사가 수행되었으며, 모든 중요한 해저 물체를 탐지하고 수심도 함께 측정되었다.
ZOC B	100% 해저면 조사는 이루어지지 않았으며, 항해에 위험한 영향을 미칠 물체가 해도상에 표시되지 않았 으나 존재할 가능성이 있다.
ZOC C	100% 해저면 조사는 이루어지지 않았으며 돌발적인 수심의 변화가 있을 수 있다.
ZOC D	100% 해저면 조사는 이루어지지 않았으며 큰 폭의 돌발적인 수심 변화가 있을 수 있다.
ZOC U	수심 데이터의 평가가 아직 이루어지지 않았다.

※ S-57에서 정의된 중요한 해저 물체는 지정된 장소의 수심에서 위로 솟아오른 크기로 규정되며, 정확한 크기는 수심이 10m 미만일 때 0.1×(수심), 수심이 10~30m일 때 1m, 수심이 30m 이상일 때, (0.1×수심)−2m이다. 또한 S-57은 측정한 물체에 관하여 측정해야 하는 위치와 수심 정확도에 대해서도 자세히 기술하고 있다.

3) 위험 물체의 탐지

조사자는 항해에 위험을 미칠 수 있는 수많은 물체들이 S-44의 입방 물체 기준에 맞지 않는다는 사실을 인지하고 있어야 한다. 예를 들어, 침선의 돛대나 유정 등은 입방 물체 기준에 맞지 않는다. 하지만 ZOC 기준은 이러한 물체들도 정해진 수심에서 일정한 높이만큼 솟아 있을 때는 고려 대상 으로 삼는다. 이 같은 물체를 탐지할 수 있는 능력은 물체 탐지에 사용되는 시스템의 유형을 고려할 때 대단히 중요한 사항이다. 한 예로, 이 같은 유형의 물체들은 일반적으로 측면 주사 소나로는 탐 지가 되지만, 빔의 탐사면(foot print)이나 '필터링 알고리즘 등의 이유로 인해 다중빔 음향측심기,

라이다 또는 기타 시스템에 의해서는 탐지가 안 되는 경우가 있다.

조사자에게 광범위 소나의 목적은 항해자가 유념해야 하는 물체를 모두 탐지하기 위해 인접한 측선 사이의 공간을 음향으로 채우는 것이다. 침선에 대해서는 최소 길이에 대한 확고한 정의가 없지만, 길이가 3m보다 작은 물체는 해저에서 위험 요소로 작용할 가능성은 별로 없다. 물론 그렇지 않을 경우도 존재하기 때문에(예: 산호초 지역 또는 돛대를 찾을 때) 조사자는 탐지하고자 하는 물체의 최소 길이를 결정하기 전에 사용할 수 있는 모든 데이터 근원을 검사해야 한다.

이후의 내용에서 등장하는 모든 계산에서 대지속도(對地速度, speed over the ground, 지표면에 대한 이동체의 속도) 및 물체의 길이는 사용되고 물체의 높이는 고려 대상이 아니다. 계산에 사용되는 길이는 5개의 핑을 수신할 수 없는 물체의 최대 길이이고, 이것은 물체 탐지를 수행하는 데 최솟값으로 고려된다. 5개의 핑이 물체에서 반사되어 트랜스듀서로 돌아왔을 때 핑 안의 에너지의 양은 다음에 의해 좌우된다.

① 물체의 모양, 크기, 구성 요소, 양상

② 소나 조건

③ 해저지형의 특징과 기타 요소들

군대에서는 항해 안전을 위해 필요한 경우보다 좀 더 깊은 곳에 있는 작은 물체까지 검출할 것을 요구한다. 예를 들면, 군대의 요구 조건에서는 수심 200m의 대륙붕 구역에 있는 사방 0.5m 크기의 물체까지 검출하도록 한다. 심지어 특별한 센서를 사용하는 기뢰전 부대는 이보다 더 작은 물체까지 분류하고 검출하는 것을 목표로 한다. 이러한 요구사항을 만족시키기 위한 능력을 해도제작에 종사하는 조사자들이 모두 갖춰야 할 필요는 없지만, 결과적으로 시스템의 성능이 발전하면서 상업용도로도 활용할 수 있게 되었다.

4) 탐지 물체 보고

앞서 언급한 기준을 만족하는 물체는 모두 탐사하는 것이 바람직하지만 이것은 불가능하다. 조사자들은 모든 자료를 고려한 후 어떤 물체를 탐사할지 스스로 판단해야 하고, 가능성 있는 지역과 그 지역의 일반적인 수심을 참고하여 물체의 중요성을 가늠해야 한다. 예를 들어, 평균 수심 28m, 천소수심 26m인 지역을 지나는 선박의 흘수가 12m만 되어도 추가 조사는 필요없다. 이것은 그 구역을 항해하는 선박이 일반 수심이 20m인 어느 지점을 꼭 통과해야 하는 경우에도 그러하다. 이러한 경우에 수심이 그보다 더 얕은 표지가 없다는 사실을 확인하는 것으로 충분하다. 또한 앞서 언급한 기준을 이용하여 물체를 측량 보고서에 포함시킬지 여부를 결정해야 한다. 이 목록은 복잡한 구역에 대해서는 쓸데없이 방대해질 가능성이 있다. 따라서 보고서는 일반 수심과 사용 가능성에 따라 유의하게 중요한 물체만을 포함시켜야 한다.

측량을 마무리할 때 조사자는 측량에 관련한 모든 사실을 파악하고 있는 유일한 사람으로서, 위치가 확인된 모든 물체, 예를 들면 침선, 해저지형 유형, 미탐사 물체 등의 상태에 대한 명확한 의견을 발견 사실과 함께 보고서에 수록해야 한다. 새로 발견한 물체가 선박의 항해 또는 잠수 항해에 위험 요소가 될 수 있을 때, 그리고 해도에 기록되어 있지만 상태가 현저히 변한 경우에는 즉시 보고해야 한다. 수심 750m 미만의 해저에 위치한 기록되지 않은 물체는 일반적으로 항행통보의 대상으로 간주된다.

4.2.3. 물체 탐지 방법

물체를 탐지하는 방법은 여러 가지가 있다. 그중 측면 주사 소나는 물체 탐지 능력이 이미 검증되었으며 여전히 가장 신뢰도 높은 수단으로 간주되고 있다. 하지만 측면 주사 소나는 일반적으로 측량선의 뒤에 매달려 가기 때문에 물체의 위치에 오차를 유입할 수 있다는 작업상의 제약이 있다. 이러한 오차는 트랜스폰더(transponder)를 수중예인체(towfish)에 넣어 사용하는 방법, 또는 물체를 중심으로 반대방향으로 가로질러 측정하면서 두 데이터의 평균으로 위치를 구하는 방법으로 제거할 수 있다. 측면 주사 소나는 또한 바닥 부분에서 공백이 생길 수 있는데, 이 부분에서 측선 사이에 충분한 중첩을 두어 인접한 트랙 아래에서 물체를 탐지하도록 해야 한다.

측면 주사 소나는 물체 위에 충분한 핑(ping)을 보내기 위한 진행 속도 측면에서도 제약이 있다. 몇 가지 예외적인 상황 외에는 측면 주사 소나가 동작할 때 대략 6kn 정도의 속도를 유지해야 하는데, 이는 노력에 대한 결과의 비율에 영향을 미친다. 다중빔 음향측심기가 등장하면서 좀 더 빠른 속도에서도 물체 탐지 요구사항을 만족시킬 수 있게 되고, 이에 따라 노력에 대한 결과 비를 향상시켰다. 하지만 현재로서는 사용 가능한 주사폭을 제한하고 핑률을 위한 적절한 진행 속도를 계산하는 선(先) 조치를 수행하지 않으면, 다중빔 음향측심기를 이용하여 IHO 특등급과 ZOC A1/A2의 요구사항을 만족시키는 크기의 물체나 크기가 작으면서도 잠재적으로 위험성이 있는 물체를 탐지하는 것은 보증할 수 없다.

물체와 관련된 측면 주사 소나 트랜스듀서의 기하학적 특성은 측면 주사 소나를 이용하여 물체를 탐지할 때 성공을 위한 중요한 요소이다. 해저면의 물체 뒤에 그림자가 드리워지면, 이는 물체가 음향으로 채워졌다는 명백한 신호이다. 다중빔 음향측심기의 경우에는 해저 물체에 대하여 트랜스듀서의 위치가 물체 뒤에 그림자를 드리우기에 적합하지 않다. 따라서 다중빔 음향측심기로 물체 탐지를 계획하는 조사자는 다중빔 음향측심기의 다른 특성을 이용하여 물체를 탐지해야 한다. 다중빔 음향측심기에서 이용할 수 있는 특성은 고해상도 수심 측량과 진폭 후방산란 등이며, 높은 정확도로 반복적으로 위치를 파악할 수 있다. 또한 일반적으로 측면 주사 소나의 경우 데이터 전송 과정에서 작업자에 의해 물체를 탐지할 수 있는 반면, 다중빔 음향측심기를 이용할 때는 데이터 전송 단계에서는 내용이 불확실하기 때문에, 결과를 정확히 보려면 데이터의 후처리 과정을 거쳐야 한다.

그 외에 물체 탐지에 사용될 수 있는 센서로는 단빔 음향측심기(SBES), 전방 감시 소나, 자기탐지기와 항공 라이다, 항공 전자기 등과 같은 원격 조정 방법이 있다.

4.2.4. 측면 주사 소나

단빔 음향측심기는 조사선 직하방의 수심만을 계측한다. 조사해역은 광범위하고, 조사선의 가용 기간은 한정되어 있기 때문에 제작할 해도의 축척에 맞추어 조사 간격을 조정한다. 단빔 음향측심의 측선 외부에 놓여 있는 항해 위험물을 탐지하기 위하여, 측면 주사 소나를 동시에 운영하는 경우가 있다. IHO-S44에서는 특등 해역의 경우 100% 소해조사를 수행할 것을 권장하는데, 단빔 음향측심으로 조사를 수행할 경우, 미탐사 구역에 대해서는 측면 주사 소나와 병행하여 조사를 기획한다. 이중 채널인 측면 주사 소나는 현대식 측량의 핵심 장비로 간주되고 있다. 대륙붕에서의 측량에서 포괄적인 광범위 소나(sonar sweep)를 수행하여 모든 물체를 탐사하지 않았다면 그 측량은 완전하다고 볼 수 없다.

측면 주사 소나는 측선 사이에 위치한 침선과 장애물들의 위치를 파악하는 것 말고도, 상당한 양의 기타 해저 데이터를 수집할 수 있다. 이 데이터를 해저 샘플과 등심선 정보와 결합하여 해저지형 분류에 이용하면, 육해 공동 작전, 기뢰전 및 잠수함 작전 등에서 대단한 활용가치를 갖는다. 이 같은 정보가 지난 수년간 점차 중요해지면서, 대다수의 측량에서 측선의 방향과 간격을 결정하는 데 소나가 지배적인 역할을 하기에 이르렀다. 하지만 이러한 데이터가 가진 모든 잠재적 가치를 실현하려면 데이터를 준비하고 확인하는 데에 세심한 주의가 필요하다.

1) 측면 주사 소나의 주요 기능

수로 측량에서 이용되는 측면 주사 소나는 4가지 주요 기능을 가지고 있다.

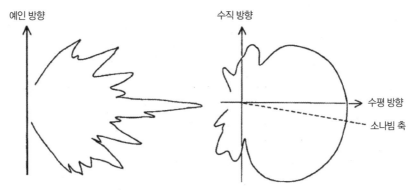

〈그림 4-85〉 측면 주사 소나의 수평 및 수직 빔 커버리지

① 측선 사이의 침선과 장애물 탐지: 측면 주사 소나를 이용할 때 정확한 위치와 최소 수심은 결정할 수 없지만, 소나를 적절히 조정하여 작동시키면 측선 사이의 거의 모든 특징적인 물체를 탐지할 수 있다.

② 기타 해저 물체의 탐지: 측면 주사 소나를 정확하게 사용하면 아주 작은 해저 물체도 탐지할 수 있다. 항해에 위험 요소로 작용하지 않더라도, 이러한 물체의 위치는 잠항(潛航)과 기뢰전에 모두 대단히 중요하다.

③ 해저 분류 데이터 수집: 해저지형의 구조를 파악하여 이를 해저 샘플과 결합하면, 잠수함의 잠항과 기뢰전에 대단히 중요하게 활용될 수 있으며, 어업과 자원개발에도 중요한 역할을 한다.

④ 해저면이 움직이는 지역의 파악: 해저 모래언덕(sand-wave)과 잔물결(ripple)은 그 지역의 해저면이 움직이고 있다는 사실을 나타낸다. 선박의 주 항로에 이러한 지역이 있으면 항해의 안전을 보장하기 위해 주기적으로 재측량을 해야 한다.

측면 주사 소나는 음파의 강도를 사용자가 인지 가능한 영상의 형태로 변환하여 해저면의 상황을 기록하는 장비이다. 해저면의 영상은 해저면과 가까우면 가까울수록 고해상도를 확보할 수 있기 때문에 해저면 가까이 센서를 내릴 수 있는 수중예인체에 센서를 부착해서 운용한다. 또한 해저면의 기복을 명확하게 기록하기 위하여, 음파를 경사방향으로 주사토록 수중예인체 양쪽에 각각 단빔 트랜스듀서를 장착하고 있다.

2) 신호의 세기

물체에서 되돌아온 신호의 세기를 좌우하는 요소는 다음과 같다.

① 단거리 커버리지(short range coverage): 수중예인체에 가까운 지역에서 소나가 커버하는 영

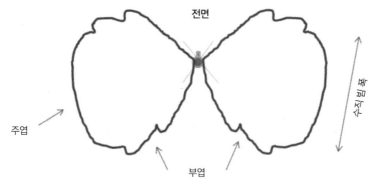

전면

수직 빔 폭

주엽

부엽

〈그림 4-86〉 소나 전면에서 바라본 측면 주사 소나 빔 퍼짐

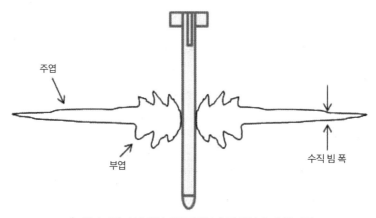

주엽

부엽

수직 빔 폭

〈그림 4-87〉 소나 상부에서 바라본 측면 주사 소나 빔 퍼짐

역의 공백이 발생할 수 있다. 이러한 공백은 두 개의 평면에서 고려되어야 한다.

　② 수직 평면: 소나의 주 빔(main beam)은 수직 평면상에서 약 50°의 폭을 가지고 있고, 빔의 축은 아래쪽으로 10° 기울어져 있다. 따라서 수중예인체 아래에는 주 빔의 바깥에 놓이는 지역이 생기게 된다. 이 지역의 크기는 해저면으로부터의 트랜스듀서의 높이에 따라 좌우된다. 이 지역이 음향으로 전혀 채워지지 않는다는 원래 개념은 부정확하다. 만일 수중예인체가 해저에서 멀리 벗어나 있지 않다면 이 구역은 트랜스듀서로부터의 사이드 로브에 의해 커버될 것이며, 일부는 주 빔의 가장자리로부터 어느 정도의 음파 에너지를 수신하게 될 것이다. 빔의 전단은 일반적으로 파워가 절반이 되는 측선으로 간주되지만, 이것은 절대적인 컷오프(cut-off) 포인트가 아니며 그 바깥에도 일부 에너지가 존재한다. 수중예인체 아래에 기록상의 공백이 발생할 수 있지만, 이것은 원래 생각보다 훨씬 작으며 그 범위는 수 m 정도에 불과할 것이다. 그렇다고는 해도, 이 공백은 인접한 측선들로부터 소나에 의해 파악이 되어야 한다.

③ 수평 평면: 수중예인체에 근접한 지역의 근거리 음장(near field)에서는 음파 펄스가 평행한 전단을 갖는다. 결과적으로 각 음파 펄스 사이에 공백이 발생할 수 있다. 근거리 음장에서 펄스 사이의 공백은 선박의 속도와 펄스의 반복률의 함수이다. 이 지역을 넘어서면 빔이 확산되어 공백들을 메우면서 모든 지역을 탐사하는 것이 가능하다. 따라서 수중예인체에서 멀리 있는 곳보다 근접한 작은 물체들을 놓칠 가능성이 더 많다.

3) 측면 주사 소나의 원리

측심용 단빔 음향측심기와 같이 음향 빔을 사용하는 것은 유사하지만, 측면 주사 소나는 예인체 앞뒤 방향으로는 매우 좁고, 위아래 방향으로는 매우 넓은 빔 퍼짐각을 갖는 부채꼴 모양의 빔을 형성한다. 측면 주사 소나는 사용하는 주파수와 운영심도에 따라 해수면 가까이에서 운영하는 천해용과 1,000m 이상의 심해 해저 가까이에서 운영하여 영상을 취득하는 심해용으로 나눌 수 있다. 사용 주파수는 12kHz부터 1MHz까지 다양하며, 한 번에 수 km씩 조사하는 광역해저면 조사 수행 시에는 저주파 음파를 이용하며, 특정 지역의 좁은 영역을 수색할 때에는 450kHz 이상의 고주파 음파가 장착된 소나를 해저면 가까이에서 운영하여 고해상도의 영상을 취득한다. 측면 주사 소나는 운영자가 즉각적으로 인지 가능한 형태의 영상정보를 제공하지만, 조사선 후미에서 센서를 수중에 내려 조사하기 때문에 조사 위치에 대한 불확도가 매우 크다. 이를 예인선의 길이와 소나가 내려간 심도 등을 이용하여 계산 후 보정하거나, 수중위치측정기(USBL) 등의 보조측정장치를 이용하여 보정해 주어야 한다.

선수방향으로 매우 좁은 빔 퍼짐각을 가진 빔이 해저면에 방사된 후 해저면에서 산란되어 트랜스듀서로 되돌아오는 음파의 강도를 시간 순서적으로 기록하여 이를 영상 화소로 표현한다.

선수방향의 공간해상도(δx)는 선수방향 빔 퍼짐각과 거리의 함수로 표현된다.

$\delta x \approx R\phi$ 식 (40)

여기서, R은 거리, ϕ는 수평방향 빔 퍼짐각을 의미한다.

측면 주사 소나의 경우, 외곽으로 갈수록 수평방향 해상도가 나빠진다. A는 음파가 도달하지 않는 음영지역, B는 음파가 최초 반사된 지역으로 음압이 가장 세다. C는 모래로 구성되고 특이점이 없는 지역, D는 노출암반으로 구성되어 음향산란 강도가 높게 나타나는 지역, E는 펄 퇴적지역으로 모래 지역보다 음파가 약한 지역, F는 해저배관과 같은 인공구조물에 의해 산란이 강한 지역, G는 F의 높이에 의해 음파가 전달되지 못한 지역으로 해석된다.

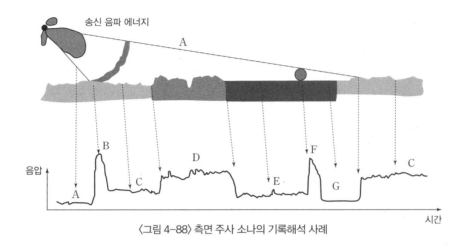

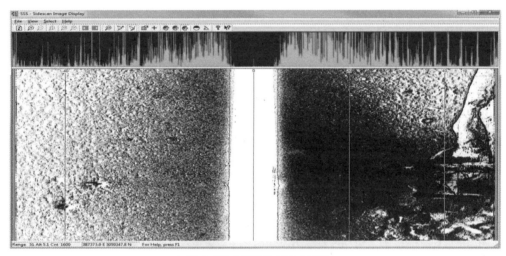

송신 음파 에너지

음압

시간

〈그림 4-88〉 측면 주사 소나의 기록해석 사례

〈그림 4-89〉 측면 주사 소나 전시화면

측면 주사 소나로부터 연속적으로 기록된 영상자료는 양 방향에 전시된다. 〈그림 4-89〉의 상부 그래프는 좌우 트랜스듀서에 기록되는 전압레벨을 표현하고 있고, 아래의 회색 영상은 연속적인 전압레벨을 계조영상으로 변환한 것이다. 음압이 약한 부분은 백색계열로, 음압이 강한 부분은 흑색계열로 표현되어 있다.

4) 해역 탐사 계획

해역 탐사를 계획하는 방법에는 두 가지가 있다.

(1) 수중예인체에 인접한 접촉체 탐지하기

탐지해야 하는 접촉체 중 수중예인체에 근접한 가장 작은 접촉체를 탐지하도록 계획을 세운다. 극단적인 경우에는 소나 빔의 근거리 음장 안에 있는 물체가 5개의 펄스를 수신할 수 있어야 한다. 이 지역을 벗어나 빔을 확장시키면 적어도 5개의 펄스를 확실히 수신할 수 있다.

(2) 수중예인체에서 멀리 떨어진 접촉체 탐지하기

작은 물체들이 탐지되지 못할 가능성이 있는 구역은 주어진 거리척도와 대지속도를 이용해 계산할 수 있다. 그러므로 인접 측선에서 최소한의 빈 칸을 커버할 수 있도록 측선 간격을 조정해야 한다. 대안적인 방법으로는 측선 간격을 고정하고 속도를 조정하여 완전한 영역을 조사하는 것이다. 사용하는 거리척도가 150m이고 첫 25m에서 작은 물체들이 탐지되지 못하는 속도이면, 측선 간격은 125m를 넘으면 안 된다. 위 방법 중 두 번째 방법은 일반적으로 구역 탐사에서 빠른 진행속도를 허용하는 경우에 사용된다. 측선 간격이 125m에 거리척도가 150m인 경우, 1m 물체들은 속도 3.6kn일 때 근거리 음장에서 탐지될 것이다. 이러한 물체들을 인접 측선에서 탐지해야 할 경우 속도는 7.0kn까지 증가한다.

이러한 계산으로 이론적인 능력을 확인하는 것과 동시에, 측면 주사 소나 사용하기 전 현장에서 성능을 확인하는 것은 꼭 필요하다. 성능 확인을 위해 적절한 물체를 선택하고 측량 중 탐지되어야 하는 물체의 유형과 크기를 반영하여 측면 주사 소나를 그 위로 예인한다. 최대 탐지 영역을 결정하기 위해 소나 채널의 양 측면과 각각의 거리 척도를 테스트해야 한다.

(3) 오차의 성분

소나의 트랜스듀서를 선미에 부착하여 예인하면, 센서에서 선박의 움직임에 의한 효과를 제거하고 해저면으로부터 최적화된 그림자를 가능하게 하는 높이에서 작동시킬 수 있다는 장점이 있다. 하지만 수중예인체의 위치에 불확정성이 도입되는 단점도 동시에 존재한다. 이러한 오차는 세 가지 성분을 가지고 있다.

① 경로와 나란한 성분: 수중예인체가 선미로부터 떨어져 있는 거리의 불확정성에 의해 발생한다. 이 성분은 케이블의 길이, 수중예인체의 깊이, 그리고 케이블의 수직 현수선(vertical catenary)에 의해 결정된다.

② 경로를 가로지르는 성분: 조류 또는 해류, 그리고 선박의 움직임에 따라 수중예인체의 방향이 꺾이는 현상에 의해 발생한다.

③ 배 또는 보트의 위치에서 생기는 오차: 수중예인체에 전달된다.

〈표 4-10〉 측면 주사 소나 조사 측선 계획 기준

범주	탐사 유형	소나 측선 간격	소나의 거리 축척	최대 대지속도	인접 측선 중첩*
A1	특별	125m	150m	6kt	25m
A2	해안 & 연안 측량 축척>1:25,000 수심<15m	62.5m	75m	8kt	12.5m
	해안 & 연안 측량 축척>1:25,000 수심<50m	125m	150m		25m
	대륙붕 측량 수심>50m 또는 축척<1:25,000	250m	300m		50m
B1	정례적인 재측량	250m	150m		50m
B2	대륙붕 측량 축척<1:25,000 수심>100m	500m	300m		100m

* 인접한 측선 아래의 중첩은 측선 간격을 유지하기 어려운 경우와 위치 부정확도가 있을 때를 감안하기 위한 것이다. 만일 조사자가 위치 부정확도가 있다고 판단하거나 또는 측선 간격이 이 수치를 넘어서는 경우에는 측선의 간격 또는 거리 축척을 조정하고, 필요하면 이와 함께 속도도 조정해야 한다.

수중예인체의 위치는 수중위치측정치 측위시스템을 이용하여 결정할 수 있으며, 트랜스듀서/수신기는 선박과 수중예인체에 고정되어야 한다. 하지만 이러한 시스템의 정확도는 수중예인체의 길이에 따라 급속도로 악화된다. 일반적으로 사용하는 방법으로는 선박의 선미에서 예인되는 케이블의 방향과 측면 주사 소나의 예인 깊이를 이용하여 예인체의 수평위치를 예측한다. 이 방법을 이용하여 실질적으로 대단히 정확한 예측을 할 수 있다. 여기에 덧붙여, 수중예인체의 자세가 세로 방향과 축 방향으로 변하면서 트랜스듀서의 빔의 방향이 요동칠 수 있다. 이는 특히 선박의 항로나 속도가 자주 바뀌는 경우 더욱 심해지기 때문에, 소나 소해 중에는 중첩 구간을 여유 있게 두어야 한다. 성능의 이론적인 한계를 파악해 보면 실제 소해 과정에서 거의 확실하게 공백이 발생하는 것을 볼 수 있다.

측면 주사 소나는 선박의 선체에 고정될 수 있다. 이 방법의 장점은 위치와 방향을 정확히 알 수 있기 때문에 탐지된 물체의 위치를 파악하는 것이 상대적으로 쉽다는 것이다. 선체 고정은 또한 센서를 예인할 필요가 없는 선박이 더 자유롭게 움직일 수 있다는 장점이 있다. 하지만 선체 고정에는 수많은 단점도 존재한다. 그중에는 선박의 움직임의 효과가 측면 주사 소나 음파발생과 성능에 영향을 미치며, 또한 선체에 고정된 다른 센서, 예를 들면 다중빔 음향측심기와의 상호 간섭이 생길 수 있다. 그리고 측면 주사 소나가 해저면에서부터 최적화된 높이에서 작동을 할 가능성도 적다. 수심이 얕은 바다 또는 해저지형이 위험한 장소, 예를 들어 암초가 있는 해역에서 작업할 때는 선체 고정을 이용하는 것이 가장 바람직하다. 그렇지 않다면, 선체 고정 방법은 장점보다는 단점이 많은 방법이다.

3) 소나 작업상의 제약

대부분의 조건에서 수중예인체는 예인 케이블의 유연성에 의해 선박의 움직임의 효과로부터 분리된다. 흔히 수중예인체가 롤(roll), 피치(pitch), 요(yaw)에 대하여 완전히 안정적이라는 가정을 세운다. 소나 영상은 수직 평면의 광폭 빔에 의하여 보상을 받기 때문에 롤에 의한 영향을 거의 받지 않는다. 틀어진 핀(fin)이나 케이블의 꼬임에 의해 배가 한 방향으로 영구적으로 기울어져 있을 수 있으며, 이러한 것들은 영상의 성능을 현저히 저하시킨다. 만일 한 채널이 다른 채널에 비해 상당히 다른 품질의 영상을 보여 준다면 이러한 사실들을 의심해 보아야 한다.

극단적인 경우에는 '좋은' 채널에만 의존해야 할 필요가 있으며, 이에 대해서는 측선을 계획할 때 허용해야 한다. 피치와 요는 특히 중요하다. 수평면상에서 빔폭이 좁을 때는 피치와 요에 의해 작은 물체를 탐지할 수 있는 가능성이 저하될 수 있기 때문이다. 어느 물체가 안정적인 수중예인체로부터 5개의 핑을 수신한다고 할 때, 만일 수중예인체가 이러한 방향 중 어느 한 방향으로 진동하게 되면 3~4개의 핑만 수신하게 된다.

수중예인체의 안정성 문제는 수중예인체의 위치 문제보다 덜 중요한 편이다. 흔히 날씨가 거칠 때 수중예인체의 진동 효과는 이동 기록(trace)에서 나타난다. 이 같은 조건에서는 작은 물체를 탐지할 가능성이 줄어든다는 점을 고려해야 한다. 음향측심기를 위한 무거운 보정체(compensator)와 동작 센서를 사용하는 경우가 늘고, 작은 물체의 탐지에 대한 중요성이 날로 증가하면서, 음향측심기의 성능보다는 소나 조건이 효율적인 측량의 제한 요소가 될 수 있다.

대부분의 경우 해저면으로부터 최적화된 수중예인체의 높이는 사용하는 거리척도의 10%이다. 즉 150m 척도에서 수중예인체는 해저면으로부터 15m 높이에 있어야 한다. 수중예인체가 해저면에 너무 가까이 붙어 있으면 측면 주사 소나 트랜스듀서는 약간 아래쪽으로 향해 있기 때문에 반사 신호를 수신할 수 있는 거리보다 더 근접해 있을 수 있다. 반대로 수중예인체가 너무 높이 있으면 음향 음영이 장애물 뒤에 형성되지 않아 이 물체를 탐지하기가 더욱 어려워진다. 수중예인체의 높이는 특히 깊은 바다에서 수중예인체를 적절한 깊이까지 내리는 문제와 합리적인 진행 속도를 유지하는 문제 사이에 절충안을 만들어야 할 때 고려되어야 한다.

해저 기복이 대단히 심한 구역에서는 소나를 평소보다 높게 예인하는 것이 바람직하다. 이런 경우 해저에 생기는 물체의 음향 음영이 감소되는 점은 감안해야 한다. 이 방법은 작은 물체를 탐지하기가 이미 어려운 지역에서 수중예인체를 예인할 때 적용할 수 있는 차선의 선택이다.

수심이 얕은 바다에서 수중예인체의 높이를 해저로부터 필요한 만큼 유지하는 것이 불가능할 수도 있다. 수심이 얕은 바다에서의 또 다른 제약 조건은 예인 케이블이 짧아지기 때문에 트랜스듀서가 수면에 매우 근접하게 될 수 있다는 점이다. 이 경우 파도나 선박의 잡음 같은 표면잡음이 유입되면서 장비의 성능을 저하시키고, 수중예인체가 선박의 움직임에 의해 부정적인 영향을 받을 수있다. 수층과 수온약층이 측면 주사 소나에 미치는 영향은 일반적으로 무시될 수 있으며, 사용되는 주파수의 범위에 거의 영향을 미치지 않는다.

소나로 물체를 탐사할 때 수중예인체는 항상 해저로부터 충분한 높이로 떨어져 있어 장애물이 불쑥 튀어나와 있는 경우 그 위를 지나갈 수 있어야 한다. 물체 위의 최소 수심은 영역 탐사 과정에서 구한 그림자의 길이로부터 탐사 초기에 추정될 수 있다. 만일 수중예인체를 최적의 높이가 아닌 다른 높이로 예인할 필요가 발생하면, 신뢰성 확인을 항상 수행하여 시스템이 계속해서 탐지와 기타 요구사항을 만족시키는지를 확인해야 한다. 수중예인체의 높이는 뻗어 나간 와이어의 길이와 선박 속도의 조합으로 쉽게 조절할 수 있다. 일정한 길이의 케이블을 재빠르게 잡아 올리면 수중예인체를 위로 신속하게 들어올릴 수 있으며, 그 후 좀 더 천천히 제자리로 가라앉게 된다. 이 방법은 예상치 못한 위험 요소로부터 수중예인체를 신속하게 들어올려야 할 때 상당히 유용하다. 와이어의 길이가 길어질수록 이 방법의 효율성은 떨어진다.

일부 측면 주사 소나의 수중예인체는 디프레서(depressor)와 함께 설치가 가능하다. 디프레서가 장착되면 주어진 길이의 예인 케이블이나 진행 속도에서 허용된 깊이보다 더 깊은 곳에서 수중예인체를 운행할 수 있다. 디프레서를 장착하면 예인의 길이를 줄여 줄 수 있는 반면, 몇 가지 단점도 존재한다.

① 디프레서는 케이블의 장력을 증가시킨다. 따라서 항해 중에 범위(scope)를 조절해야 하는 경우가 생기면 좀 더 강력한 윈치를 사용해야 한다. 그리고 수동 조작은 거의 불가능해진다.

② 케이블의 범위가 짧아지면 선박의 움직임이 아래의 수중예인체로 전달된다.

③ 디프레서는 속도 증가의 효과를 줄이며, 수중예인체의 높이상에서 예인 케이블의 범위를 감소시킨다. 따라서 예상치 못한 위험에 대비하기 위한 목적을 무효화시킨다.

해저면에 근접해서 작업할 때에는 수중예인체가 트립 메커니즘(trip mechanism)에 맞춰졌는지를 확인해야 한다. 트립 메커니즘은 수중예인체가 외부로부터 충격받았을 때 한 번 뒤집혔다가 다시 원상복구되도록 하는 메커니즘이다. 이러한 경우 핀(fin)이 손상될 가능성은 있지만, 적어도 수중예인체 자체는 회복이 된다. 일부 최신형 측면 주사 소나는 위쪽을 향하는 핀만 장착하여 핀이 손실될 가능성을 줄이기도 한다.

일반적인 환경에서 측면 주사 소나를 예인할 때는 조류와 해류의 방향과 나란하게 하거나 이 방향을 벗어나도록 하여, 물의 흐름의 효과가 예인체에 미쳐 경로 위치 오차를 형성하는 것을 피해야 한다. 조류와 해류의 효과가 문제가 되지 않는 지역에서 측면 주사 소나는 등심선에 평행하게 예인되어야 한다. 이렇게 하여 조류와 해류 내에서 또는 밖에서 예인 범위를 계속해서 조정해야 하는 필요성을 줄이게 된다. 하지만 여기에는 예외가 있다. 특히 해저 모래언덕 안에서는 측면 주사 소나를 모래언덕의 축의 방향과 직각이 되도록 예인해야 한다. 이렇게 해서 측면 주사 소나가 모래언덕의 마루(crest) 또는 골(trough)과 나란히 놓이도록 하여 모래언덕의 그림자 영역에 있는 물체를 놓칠 가능성을 피한다.

소나의 기록상 표시가 꼭 반향이 되돌아왔다는 것을 나타내는 것은 아니다. 전파 중의 손실, 다른 잡음 요인으로부터의 간섭, 물의 조건과 녹음기의 제약 사항 등으로 인해 측면 주사 소나의 유용한 범위가 제한을 받을 수 있다. 예를 들어 100kHz 소나의 경우, 최대 범위인 270m는 대형 침선에 의해서도 발생할 수 있는 값이며, 작은 규모의 물체들도 120~150m에서 탐지되지 않을 가능성이 크다. 탐사 범위는 측면 주사 소나의 모델과 사용하는 주파수에 따라 달라진다. 즉, 주파수가 높을수록 탐사 범위는 줄어들고, 그 대신 결과 영상은 품질이 좋아진다. 일반적으로 가장 좋은 결과는 범위를 150m 정도로 제한했을 때 얻을 수 있으며, 이때 높은 펄스율(pulse rate)과 뛰어난 화질의 결과를 구할 수 있다. 여러 가지 범위에서 적절한 해저 물체를 이용하여 간단한 테스트를 한 후, 소나의 조건을 결정하여 측량 지역에서 활용할 수 있다.

4) 소나 기록의 왜곡

소노그래프에는 해저의 등치선도가 표현되지 않는다. 소노그래프의 모자이크를 지도 형태로 해

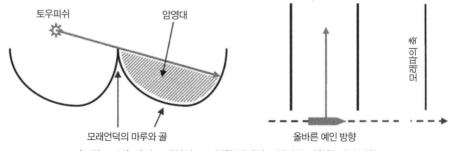

〈그림 4-90〉 해저 모래언덕으로 인한 잠재적 그림자와 정확한 예인 방향

석할 때는 다양한 왜곡 요소가 포함되어 있음을 인식해야 한다. 왜곡의 주요 원인은 다음과 같다.

① 속도 증가로 인한 소노그래프 영상의 압축: 배의 속도는 변하고 장비의 급지 속도는 일정하기 때문에 왜곡이 발생하는데, 이때 왜곡은 항로와 평행한 방향으로 발생하며 일반적으로 그 방향으로 기록의 압축 현상이 일어난다.

② 수중예인체의 해저로부터의 높이가 이동 방향에 수직으로 측면 왜곡을 유입시킨다.

③ 기울어진 해저면으로 인해 이동 방향에 수직으로 왜곡을 발생시킨다. 이 왜곡은 오르막과 내리막에서 각각 다르다.

왜곡은 주어진 배의 속도, 거리척도, 급지 속도와 수중예인체의 높이에 대하여 계산할 수 있다. 탐사 영역에 대한 광범위 조사를 하는 동안 왜곡에 의한 효과들은 물체를 플로팅(plotting)할 때에만 고려하면 된다. 하지만 탐사 중에는 자세히 고려해야 할 필요가 있다. 왜곡을 최소화하기 위해 탐사 중 진행 속도를 조정해야 하며, 일반적으로는 3kt 정도가 이상적이다.

고요한 환경에서 소나 작업을 수행할 때, 음파 중 일부가 해수면에서 반사될 수 있다. 이러한 현상을 로이드 거울 효과라고 하며, 소나 영상에서 최댓값과 최솟값들을 만들어 낼 수 있다. 이 효과는 보통 수중예인체가 수면에 가까운 경우에만 발생하며, 수중예인체를 더 깊은 곳에서 예인하여 최소화할 수 있다.

두 개의 측면 주사 소나 채널 사이에 혼선이 생기면, 희미하기는 하지만 한 채널이 다른 채널에 표시되면서 해저 물체의 거울 영상을 만들어 내는 결과를 낳을 수 있다. 혼선은 결과적으로 실제 영상을 모호하게 만든다. 이는 물체의 탐지를 방해하거나 그 반대로 있지도 않은 물체(사실은 실제 물체의 복사 데이터)를 탐지하게 하는 결과로 이어진다. 물체가 많이 분포해 있는 지역에서는 어느 것이 진짜이고 어느 것이 가짜인지를 판별하기가 어려워지기 때문에, 혼선 현상이 특히 문제가 된다. 만

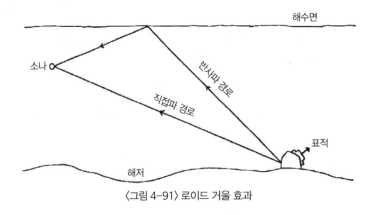

〈그림 4-91〉 로이드 거울 효과

일 측면 주사 수중예인체가 평평하게 예인되지 않고 한쪽으로 기울어져 있으면, 해저를 향해 아래 방향을 향하는 채널은 되돌아오는 신호가 더 세어지고 따라서 영상이 어두워지게 된다. 반면 위로 향하는 채널은 밝은 영상을 얻는다. 해저면의 분류는 이미지의 그림자 해석에 기반을 두며, 각기 다른 해저지형의 유형으로부터 되돌아오는 신호의 상대적 세기로 판단한다. 따라서 경사 효과는 해석을 어렵게 하거나 심지어 오류로 이어지기도 한다.

자동 이득 컨트롤(Automatic Gain Control: AGC)은 측면 주사 소나의 영상이 물체 탐지에 최적화되어 있는지를 확인하기 위한 수단으로 도입되었다. 즉, 바위같이 반사 신호가 강한 지역에서 이득을 자동적으로 줄여서 '밝은' 배경을 대상으로 물체를 탐지할 수 있도록 하는 것이다. 하지만 경사 효과가 있는 곳에서 이득을 변화시키고 그에 따라 결과 영상에 그림자가 지게 되면, 해저지형의 분류에도 영향을 미쳐 해석이 어려워지거나 거의 불가능하게 된다. 이러한 이유로 소나 이미지를 해저지형 분류에 사용할 때에는 자동 이득 컨트롤 기능은 꺼 두어야 한다.

지나가는 선박이 있을 때 또는 예인선 자체의 회전에 의해서도 너울과 항적이 발생하게 되는데, 측면 주사 소나가 해수면에 너무 근접해서 예인되면 이 너울과 항적으로부터 신호가 반사되어 영상에 영향을 주게 된다. 이러한 간섭은 해저지형 분류에 심각한 영향을 미치며, 이런 일이 발생하면 기록을 남겨 영상을 해석할 때 참고하도록 해야 한다.

측면 주사 소나의 신호 전송도 물을 통과할 때 물의 물성이 변하는 효과에 의해 영향을 받을 수 있고, 그 결과로 영상에 왜곡이 생길 수 있다. 소프트웨어를 이용해 영상을 복원할 수 있지만, 조사자

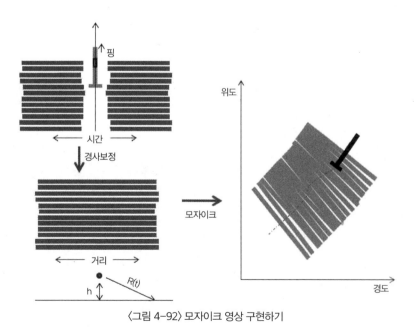

〈그림 4-92〉 모자이크 영상 구현하기

는 이러한 현상을 알고 이 문제를 해결하는 데 사용되는 소나의 음파발생의 정도를 알아야 한다. 예를 들어, 항해에 중요한 지역의 경우, 인접한 측선이 반대 방향으로 진행하고 추가 측선이 직각으로 놓이는 경우 높은 레벨의 음파발생(ensonification) 중첩이 필요할 수도 있으며, 이때 짧은 거리척도가 선택되어야 한다. 중요성이 조금 떨어지는 지역에서는 조금 더 큰 거리척도를 사용하고 중복과 중첩의 정도가 낮아지므로, 왜곡이 더 문제시될 수 있다.

측면 주사 소나 영상의 가로세로 모두 시간 축으로 표현되어 있기 때문에, 이를 프로젝트에서 사용하는 지구좌표계상의 한 영역으로 변환하는 과정이 필요하다. 이를 모자이크(mosaic)라 하는데, 모자이크를 수행하기 위해서는 수중예인체의 해저면상 고도, 해수면하 심도, 수중예인체의 예인 방위, 수중예인체의 지구좌표계상 위치 등이 필요하며, 각각의 관측치에 대한 전처리가 요구된다. 측면 주사 소나 자료를 이용한 모자이크 영상 제작 과정을 도식화하여 보여 주고, 모자이크 영상을 제작한다는 것은, 시계열 자료의 공간자료로의 변환이며, 운영속도나 핑 반복률로 인해 나타나는 실시간 화면상의 왜곡을 보정한다는 것을 의미한다.

측면 주사 소나는 단빔 음향측심기의 미탐사 구역에 대한 보조 조사 장비로서 활용되고, 해저면의 퇴적상을 구분하기 위한 조사 장비로도 활용된다. 모자이크 영상상의 음압 분포를 분석한 후, 특이 형태가 나타난 지역을 저질 채취 구역으로 선정하여 무작위적인 저질 채취 계획에 객관적인 사전 정보를 제시해 줄 수 있다.

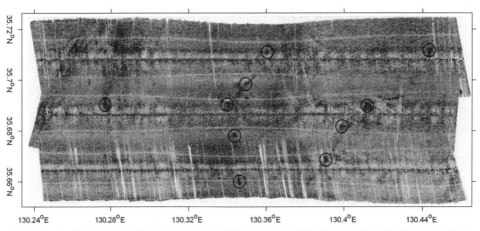

〈그림 4-93〉 해도 위에 중첩시킨 모자이크 영상. 음압신호가 강한 지역은 검은색 계열로 표현되고, 음압 신호가 약한 지역은 백색 계열로 표현되었다.

4.2.5. 다중빔 음향측심기의 후방산란 영상활용

다중빔 음향측심기는 수심측량에서 국제수로기구(IHO)의 규정을 만족하면서 해저면의 100% 음파 발생을 실행할 수 있는 능력을 보유(이론상으로)함으로써 성능의 우수성을 빠르게 인정받았다. 다중빔 음향측심기의 트랜스듀서는 측량선의 선체에 단단히 고정되기 때문에, 트랜스듀서의 위치가 사용 중인 위치 파악 시스템의 위치만큼 정확하게 계산될 수 있다. 또한 다중빔 음향측심기는 별개의 빔들을 생성할 수 있는 능력도 갖추고 있어 수심 측량의 주요 장비로 떠오르고 있다.

다중빔 음향측심기의 위치 파악 능력은 동일한 수중 목표물을 반복 조사하였을 때 얻어지는 천소 위치의 표준편차로 나타낼 수 있다. 만일 물체의 위치에 작은 차이만 있다면 물체를 찾을 때 크게 유리하며, 같은 위치를 확인할 목적으로 ROV 또는 잠수부를 이용해 다시 그 장소를 찾을 수 있을 것이다. 하지만 불행하게도 고정된 트랜스듀서는 넓은 지표각(grazing angle)을 만드는 특성이 있어서, 음영을 드리우는 원리를 이용하는 측면 주사 소나로 수행하는 실시간 물체 탐지보다 결과가 좋지 않다. 따라서 탐지는 해저면의 물체에 의해 발생한 수심 측량의 결과에서 나타난 변화에 초점을 맞추어야 한다.

측면 주사 소나가 동시에 예인되고 있는 곳에서 다중빔 음향측심기 측량을 수행할 경우, 측량에 대한 요구사항은 기존의 단빔 음향측심기에 대한 요구사항과 거의 비슷하다. 평행한 직선을 일렬로 사용하는 방식은 여전히 탐사 지역을 커버하는 가장 효율적인 방법이다. 선의 방향은 측면 주사 소나의 요구사항에 의해 조류의 방향과 근접하게 잡아야 한다. 다중빔 음향측심기에서 한 가지 다른 점은 시스템이 데이터를 수집할 때 선박의 진행 방향에 수직으로 나란하게 밀집한 행렬의 형식으로 수집하기 때문에, 등고선을 직각으로 가로질러 위치를 정확하게 결정해야 한다는 요구사항이 없다.

소나 선의 측선 간격은 늘 그렇듯 사용하는 거리 축척과 요구되는 중첩에 의해 결정된다. 여기에서 다른 점은 수심 측량에 대해서도 거의 확실하게 100% 커버리지를 규정하고 있다는 점이다. 얕은 수심 지역, 예를 들어 30m 아래에서 다중빔 음향측심기를 이용해 100% 수심측량 커버리지를 달성하기 위해 요구되는 측선 간격은 측면 주사 소나의 경우보다 좁을 수 있다. 따라서 측면 주사 소나의 커버리지로 완성하고 그 후 다중빔 음향측심기를 이용해 필요한 곳에 측선 사이에 선을 넣는 것이 더 효율적인지, 아니면 다중빔 음향측심기 커버리지로 처음부터 전체 커버리지를 완수하는 것이 나을지는 조사자가 판단할 일이다.

다중빔 음향측심기로 측선 간격을 결정하는 곳에서 요구되는 간격은 그 지역의 평균 수심과 최소 수심에 의해 결정된다. 다중빔 음향측심기의 주사폭(swath width)은 수심에 의해 좌우된다. 탐사

지역 전체에서 수심이 두드러지게 변하는 지역에서는 전체 지역을 작은 구역으로 나눈 후 각 구역의 수심에 대하여 측선 간격을 적절하게 결정하는 것이 더 효율적이다. 현재 권장하는 것은 인접 광폭 간에 25%의 평균 중첩 구간을 두고 최소 중첩 구간은 10%로 두는 것이다.

탐사에 대하여 다중빔 음향측심기 단독으로 선의 방향을 결정하는 지역과 전 지역에 대하여 음속 프로파일이 비슷한 지역에서는 선의 방향을 수심 등고선과 평행하게 잡는 것이 가장 효율적이다. 이렇게 하면 광폭 간의 중첩이 좀 더 균일해지고 측선 간격이 더 넓어질 수 있다.

1. 측면 주사 소나 핑 안의 에너지 양에 영향을 끼치는 요소 3가지를 기술하시오.

2. 측면 주사 소나에서 빔 각이 1°, 거리가 100m 지점의 선수방향 공간해상도는 얼마인가?

3. S-57에서 데이터 품질 정보의 인코딩 방식으로 규정하고 있는 것은 무엇인가?

4. 측면 주사 소나에서 로이드 거울 효과란 무엇인가?

5. IHO S-44 특등급 조사 기준에서 지정하고 있는 물체 탐지 능력에 대하여 기술하시오.

참고문헌

국립해양조사원, 2011, 『수로측량 업무 규정집』.

국립해양조사원, 2012, 『국가해양기본조사를 통해 본 우리나라의 해양영토』.

박요섭, 1996, "다중 빔 음향 측심 자료 처리를 위한 해저면 매핑시스템 개발", 인하대학교 석사학위논문.

박요섭, 2004, 『다중빔음향소해탐사시스템 자료의 오차분석 및 처리기술 연구』, 인하대학교 박사학위논문.

Lawrence E. Linsler Austin R. Frey, 김진연·권휴상·김봉기·이준신 옮김, 2013, 『음향학의 기초』(제4판), 홍릉과학출판사.

E. Seibold, W.H. Berger, 2010, The Sea Floor: An introduction to Marine Geology(3rd), Springer.

Joe Breman, 2010, Ocean Globe, ESRI Press Academic.

John Perry Fish, H. Arbold Carr, 2001, Sound Reflection: Advanced Applications of Side Scan Sonar, Lower Cape Publishing.

Kongsberg Maritime, 2010, SIS & Training Manual.

L-3 Communications SeaBeam Instruments, 2000, Multibeam Sonar Theory of Operation, https://www.ldeo.columbia.edu/res/pi/MB-System/sonarfunction/SeaBeamMultibeamTheoryOperation.pdf.

Peter C. Wille, 2005, Sound Images of the Ocean in Research and Monitoring, Springer.

Peter T. Harris, Elaine K. Baker, 2012, Seafloor Geomorphology as Benthic Habitat, Elsevier.

R2Sonic, 2011, SONIC 2024/2022 BROADBAND MULTIBEAM ECHOSOUNDERS Operation Manual V3.1.

Xavier Lurton, 2010, An Introduction to Underwater Acoustics: Principles and Applications(2nd), Springer.

미국 과학교사 승선프로그램 http://teacheratsea.noaa.gov/#/home.

미국 대기해양청 탐사프로그램 http://oceanexplorer.noaa.gov/explorations/03fire/background/mapping/mapping.html.

오스트레일리아 해저 매핑 프로그램 http://www.ozcoasts.gov.au/index.jsp.

유럽연합 해저 매핑 프로그램 http://www.emodnet-seabedhabitats.eu/default.aspx?page=2003.

제5장

해양지구물리탐사

5.1. 해양탄성파탐사

5.1.1. 서론

물리탐사의 한 분야인 탄성파 탐사는 크게 반사법과 굴절법으로 구분된다. 이러한 탄성파 탐사는 인공적으로 발생된 탄성파 신호가 해저면 또는 퇴적층의 경계면에서 반사 또는 굴절되는 신호를 기록하여 해저지층 및 기반암에 대한 지질학적 정보를 분석하는 물리탐사 방법 중 하나이다. 여기에서는 해양탐사에서 광범위하게 사용되고 있는 반사법 탄성파탐사를 중심으로 설명한다. 해양 반사법 탄성파 탐사의 경우 탐사선이 이동하면서 일정한 간격으로 음파를 발생시키고 해저면과 지층의 경계면에서 반사된 음파를 수진기를 이용하여 연속적으로 기록하게 되며 결과적으로 해저면 하부의 지질구조를 왕복시간 또는 깊이 단면으로써 재현할 수 있다. 탄성파 탐사 자료상에서 관찰되는 반사면은 퇴적층의 물성 차이에 기인하며, 구성 퇴적물의 입도 및 구성성분 등 퇴적학적인 특징도 반영하게 된다.

이러한 탄성파 탐사기술은 19세기에 접어들면서 기존의 지진학에서 독립된 세부 분야로 발전하게 된다. 1864년 아일랜드의 물리학자인 로버트 말렛(Robert Mallet)에 의해 처음으로 인공 에너지원을 이용한 실험을 하였으며, 그는 이 실험에서 무거운 물체를 낙하시켜 음원을 발생시키는 방법을 소개하였다. 시간이 지나면서 다양한 실험이 진행되고 관련 기술이 발전하기 시작했으며 최초의 탄성파 탐사로는 1920년 카쳐(K.C. Karcher)가 오클라호마(Oklahoma)에서 수행한 탐사를 들 수 있다. 이후 탄성파 탐사방법은 석유 가스 자원탐사에 가장 일반적인 방법으로 널리 사용되기 시작하였다. 탄성파 탐사는 컴퓨터 산업이 발달하면서 매우 빠른 속도로 발전하였다. 특히 대용량 컴퓨터에서만 가능했던 자료처리가 PC 혹은 한 대의 워크스테이션에서 가능해짐에 따라 자료처리는 물론 자료에 대한 신뢰도 역시 향상되었다. 이러한 현장 자료 취득 및 처리시스템의 발전과 더불어 1970년대 들어서면서 자료해석에 관한 기본 개념을 포함하는 탄성파 층서학으로 발전하게 되었다.

현재 반사법 탄성파 탐사는 하나의 독립된 학문분야의 기술로 석유산업 분야에서는 매우 다양한 기술개발이 진행되고 있다. 하지만 수요와 활용 분야가 다양해지고 있는 현실에도 불구하고 중천부(中淺部) 탄성파 탐사와 관련된 기술문헌 및 참고서적은 상대적으로 부족한 실정이다. 여기서는 중천부 탄성파 탐사와 관련된 현장조사, 자료처리 및 자료해석에 필요한 내용을 중심으로 일반적인 내용을 기술한다.

5.1.2. 자료취득

1) 탄성파탐사의 기본원리

음원에서 발생된 지진파(P파)가 수층을 통과하여 해저면에 도달하면 일부가 지층으로 투과된다. 이때 지층을 통과하는 P파의 특성은 지층을 구성하고 있는 매질의 물성(주로 속도와 밀도)에 의해 결정되며 결과적으로 특정 지층을 통과한 P파는 그 지층의 물성특성 정보를 가지게 된다(그림 5-1). 지층의 지질정보를 가지고 이동하는 P파는 물성(속도와 밀도)을 달리하는 지층의 경계면에서 반사하게 된다.

탄성파 탐사의 첫 번째 단계는 자료취득을 위한 현장조사에 해당된다. 현장조사에서는 조사목적을 고려한 장비선정 및 변수조정 등을 포함하는 탐사설계가 필요하다. 즉 조사대상 지역 퇴적층의 심도, 구성 퇴적물 특성, 수직 해상도 등을 고려하여 음원을 설정하고, 음원과 수진기의 배열을 결정해야 한다. 그리고 자료취득 시에는 선박, 장비, 전기적인 요인 및 기상상태에 의해 발생되는 기본적인 잡음(background noise)이 수반되므로 이를 최소화하기 위한 작업이 요구된다. 〈그림 5-1〉은 자료취득을 위한 해양 탄성파 탐사의 일반적인 모식도이다. 자료취득을 위한 해양 탄성파 탐사 모식도를 보면 크게 음원, 수진기, 기록장치 등 3가지 요소로 구성된다.

물성차이가 있는 지층의 경계면에서 반사된 지진파는 수진기에 의해 연속적으로 수진된다. 이때

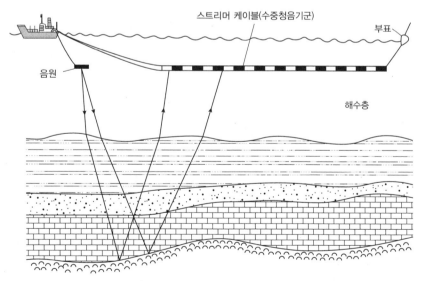

〈그림 5-1〉 해양 탄성파 탐사 모식도

반사된 지진파의 미약한 신호를 수진하기 위해 여러 개의 수진기(하이드로폰)를 연결하여 사용하게 되며 이를 스트리머라고 한다. 해양에서 사용하는 수진기의 내부에는 미세한 압력 차이를 감지하여 전기적인 신호로 변환해 주는 기능을 가지고 있어 연속적으로 지진파를 수진할 수 있게 된다.

수진기를 이용하여 수진된 신호는 선상에 있는 기록시스템으로 전송된다. 기록장치에는 서로 다른 물성 특성을 갖는 지층을 통과하면서 간직한 지진파의 강약과 왕복시간 등의 정보가 기록되며, 이들 정보의 해석을 통하여 해저면 하부의 지질구조 및 층서에 대한 유용한 지질학적 정보를 얻게된다. 자료기록 장치에서는 수진기에서 수신된 탄성파 신호와 함께 항측 정보도 기록하게 된다.

탄성파 탐사 자료 취득을 위한 탐사는 수립된 현장 조사계획에 따라 시험탐사 자료를 기초로 하여 조사지역의 지형 및 지질특성을 고려하여 수행한다. 특히, 기존 조사자료 및 시험탐사 결과를 신중히 검토하여 해저지층에 대한 주요 반사면이 충분히 묘사될 수 있도록 장비를 운용하여야 하며, 자료의 질과 해석을 용이하게 할 수 있도록 경우에 따라 달리 적용할 수 있다. 품질관리는 자료 기록 분야에서 취득된 탄성파 자료와 각종 헤더정보를 전달받아 선상에서 기본적인 전산처리를 수행하여 탐사자료의 품질을 실시간으로 파악하는 역할을 하게 된다. 이 과정을 통해 기록시스템에 기록된 잡음의 종류와 그 수준을 파악하고, 그 정도에 따라 탐사의 수행 여부를 결정하고, 탐사자료의 품질을 향상시키기 위해 필요한 제반 조치를 취하게 된다.

2) 투과심도와 해상도

상기 탄성파 탐사자료 취득을 위한 현장조사에서는 조사목적을 고려한 장비선정은 물론 제반 변수조정 등을 포함하는 탐사설계가 필요하다. 즉 조사대상 지역 퇴적층의 심도, 구성 퇴적물 물성 특성, 수직 해상도 등을 고려하여 음원을 설정하고, 음원과 수진기의 배열을 결정해야 한다. 이와 같은 탐사설계가 필요한 이유는 탐사시스템에서 인공적으로 발생시키는 음원의 주파수에 따라 탄성파 자료의 정확도를 좌우하는 투과심도와 분해능이 결정되기 때문이다.

탄성파 해상도는 어떠한 물체가 탄성파 자료상에서 표현되기 위한 최소 크기를 나타내는 것이다. 수직해상도는 파장의 1/4로 나타내는데 파장은 평균속도를 주파수로 나누어 구할 수 있다. 예를 들어 우세 주파수가 약 300Hz인 스파커 자료의 경우 해저면 부근 평균속도를 1,500ms로 가정했을 때 스파커 자료의 해저면 부근 수직 해상도는 약 1.25m이다. 즉, 1.25m 보다 얇은 층이나 작은 물체는 해당 탄성파 단면상에서 도시되지 않는다.

음원으로부터 파생된 음파는 3차원으로 확산되어 음원으로부터 먼 곳까지 전달된다. 수평해상도는 특정 깊이에서 탄성파 신호가 투과하는 반사면 영역을 지시하는 프레넬대로부터 도출된다. 어떠한 매몰된 지층에서 프레넬대를 초과하는 수평 길이를 가지는 물체나 구조들은 해당 탄성파 자료상에서 식별 가능하다. 프레넬대에 분산된 에너지를 집중시키는 과정인 탄성파 자료의 구조보정은 경사로 인해 잘못된 위치에 놓이는 반사면의 재조정 및 점 또는 모서리로부터 파생된 반사면 패턴을 제거하는 역할을 하는데, 이는 수평해상도를 약 탄성파 파장의 1/4값까지 향상시킨다.

일반적으로 음원에서 발생되는 지진파의 주파수가 고주파수 대역으로 갈수록 지층을 통과하면서 에너지 손실이 커지기 때문에 투과심도가 낮아지고, 분해능은 향상된다(그림 5-2). 반면 음원의 주파수가 저주파수대역으로 갈수록 투과심도는 증가하지만 상대적으로 분해능은 감소하게 된다.

예를 들면 천부지층 탐사에 주로 사용하는 첩(chirp) 탐사의 경우 중심 주파수가 3-7kHz의 범위를 가진다. 따라서 첩 탄성파 탐사자료는 100m 미만의 투과심도를 가지므로 이보다 깊은 퇴적층의 정보는 얻을 수가 없게 된다. 그러나 분해능은 매우 높아 수십 cm 두께까지 해석이 가능하다(그림 5-2). 반면 스파커의 경우 수백 Hz의 주파수를 사용하게 되므로 100m 이상의 중천부 탄성파 탐사에 주로 사용된다. 또한, 석유나 가스자원탐사에 주로 사용되고 있는 심부탄성파 탐사는 음원의 주파수가 수십 Hz에 속하는 매우 낮은 저주파를 사용함에 따라 수 km까지 투과가 가능하게 된다. 그러나 분해능은 수 m 정도로 매우 낮아진다.

탄성파 탐사 자료의 투과심도는 구성퇴적물 특성에 따라서도 달라진다. 〈그림 5-3〉은 고해상 탐사자료의 예를 보여 주는 것으로 세립퇴적물에서는 50m 이상 투과되지만 자갈을 포함하는 조립질 퇴적물에서는 투과 심도가 급격히 떨어진다. 이와 같은 현상은 음원에서 발생한 음파 에너지가 지층을 통과하면서 세립퇴적물에 비해 모래나 자갈과 같은 조립질 퇴적물에서 상대적으로 에너지 손

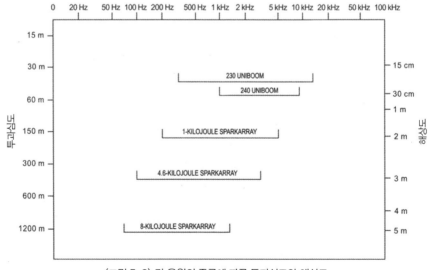

〈그림 5-2〉 각 음원의 종류에 따른 투과심도와 해상도

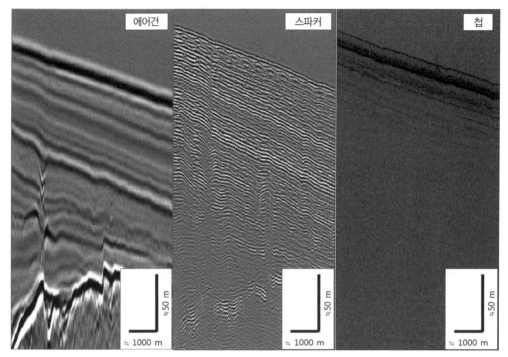

〈그림 5-3〉 음원 종류별 투과심도와 해상도 비교 예시

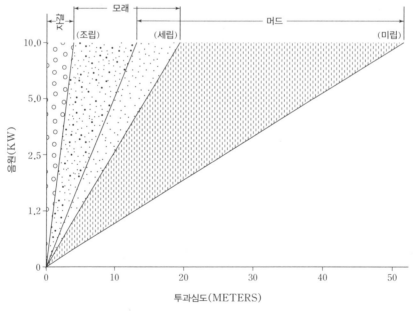

〈그림 5-4〉 각 음원의 투과심도와 퇴적물 유형의 관계

실이 크게 발생함에 따라 투과 심도가 급격히 감소하게 된다. 따라서 현장조사 시에는 조사 예정지역에 분포하는 대상 퇴적층의 심도, 퇴적물 특성 등을 고려하여 음원 및 탐사장비를 선정하는 것이 매우 중요하다.

3) 탐사변수설정 및 탐사설계

탄성파 탐사 수행 시 적용되는 탐사변수는 향후 최종 지층 단면상에서 수직 분해능(vertical resolution)과 수평 분해능(lateral resolution)에 영향을 주게 된다. 따라서 탐사목적 및 조사해역의 지층 특성을 충분히 숙지하여 최적의 자료취득이 가능하도록 매개변수를 설정하여야 한다. 탐사 시 고려해야 할 주요 변수로는 음원의 크기(shooting power), 발파 간격(shot interval), 샘플링 간격(sampling interval), 기록 시간(recording length) 등을 들 수 있다.

수직 분해능은 자료 취득 시 설정되는 샘플링 간격과 음원이 형성하는 우세 주파수(dominant frequency)의 영향을 가장 많이 받으며 분해능이 높을수록 박층의 층간 경계를 더욱 세분화하여 식별할 수 있게 된다. 하지만 관심 주파수 영역을 벗어나는 과도한 오버 샘플링(over sampling)은 디지털 자료의 크기만을 증가시키고 수직 해상도가 증가하지는 않기 때문에 적절한 샘플링 값의 조정이 필요하다. 수평 분해능의 경우 음원의 발파 간격에 영향을 많이 받으며 분해능이 높을수록 탄성파상에 나타나는 지층의 연속성이 향상되어 향후 지층 해석 시 각 층의 수평적 분포를 분석하는 데 큰 영향을 주게 된다. 하지만 해양 환경의 특성상 수평적으로 변화가 일어나는 거리가 길기 때문에 전산처리 시 부담되는 자료의 크기를 줄이기 위해서는 현장 여건에 맞는 적절한 변수 설정이 필요하다.

그 외에도 조사해역에 분포하는 해저지층 특성을 고려한 적정 주파수대역의 탄성파 장비 선택이 필요하다. 장비별로 음원 특성과 분해능이 다르기 때문에 관심 지층이나 물체의 두께에 대한 고려가 필요하다. 첩과 같이 주파수 변조 펄스를 음원으로 이용하고 단면을 엔벨로프(envelope)로 표현하는 장비의 경우 적정 증폭비(gain) 및 시간가변증폭비(Time Variable Gain: TVG)를 고려하는 것이 중요하며 적정 파장(pulse)에 대한 폭(width) 및 길이(duration) 등도 고려한다.

4) 현장탐사

현장탐사는 사용하는 음원의 종류 및 주파수대역에 따라 몇 가지로 구분할 수 있다. 음원은 수면 근처에 위치하며 인공적으로 음파를 발생시켜 주는 장치로 초창기에는 다이너마이트 등과 같은 폭

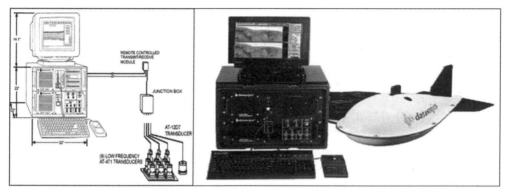

〈그림 5-5〉 고해상 탄성파 탐사기기인 첩(CAP-6600) 시스템

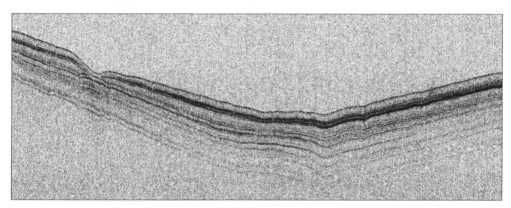

〈그림 5-6〉 해저지층탐사기의 탐사 단면 예시

발물을 주로 사용하였으나 기술이 발전하면서 오늘날에는 다양한 장비들이 사용되고 있다.

우선 첩(chirp) 음원의 경우 해저지층탐사기(sub-bottom profiler)의 일종으로 시간에 따라 선형적으로 변하는 주파수 변조 펄스(linear frequency modulated pulse)를 음원으로 사용한다. 송신되는 주파수의 대역폭이 넓기 때문에 단일 주파수 음원에 비해 최적의 해상도를 가진다. 주로 수 kHz대의 주파수 대역폭을 가지며, 엔지니어링 규모의 천부 탄성파 탐사에 이용된다.

부머(boomer) 음원의 경우 주로 엔지니어링 규모의 천해 탄성파 탐사에 이용된다. 에너지를 케퍼시터에 저장하는 것은 플라스마 음원과 유사하지만, 스파크를 생성하는 플라스마 음원과는 달리 편평한 나선형의 코일에 에너지를 방전시킨다. 코일에 대한 와전류가 플레이트에서 발생되고, 플레이트가 변형되면서 결과적으로 음향 펄스를 만들게 된다.

보통 스파커(sparker) 또는 스파커 갭 음원(sparker gap source)이라 불리는 플라스마 음원(plasma source)의 경우 고전압의 전기를 케퍼시터에 저장한 뒤 순간 방전하면 발생하는 고압 플라스마와 증기 버블이 만드는 저주파의 소나펄스를 이용하는 음원이다. 전 세계적으로 연안의 고해상도 탄성파 탐사(high-resolution seismic survey)에 중심 주파수 수백 Hz의 스파커 음원이 주로 이용된다. 특히 에어건에 비해 해상도가 높고 장비가 간단하여 소형 선박에서도 쉽게 운용할 수 있기 때문에 수백 m 미만의 중천부 지층에 대한 층서 및 퇴적 환경 연구에 적합하다.

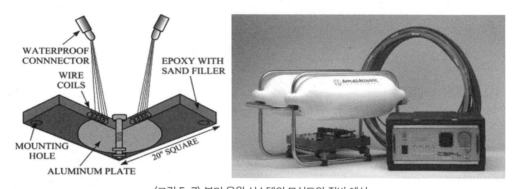

〈그림 5-7〉 부머 음원 시스템의 모식도와 장비 예시

출처: http://woodshole.er.usgs.gov(좌) http://www.appliedacoustics.com(우)

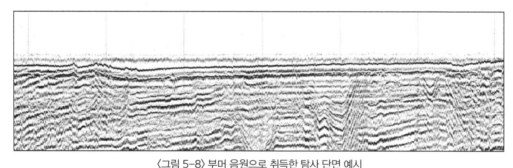

〈그림 5-8〉 부머 음원으로 취득한 탐사 단면 예시

출처: http://woodshole.er.usgs.gov/operations/sfmapping/seismic.htm

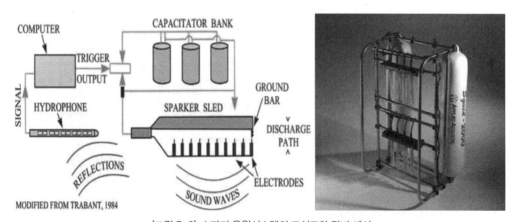

〈그림 5-9〉 스파커 음원시스템의 모식도와 장비 예시

출처: http://woodshole.er.usgs.gov; http://www.appliedacoustics.com

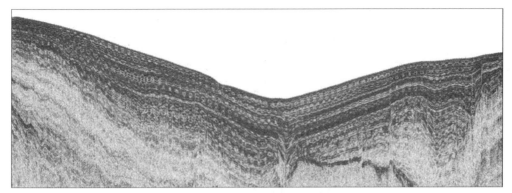

〈그림 5-10〉 스파커 음원으로 취득한 탐사단면 예시

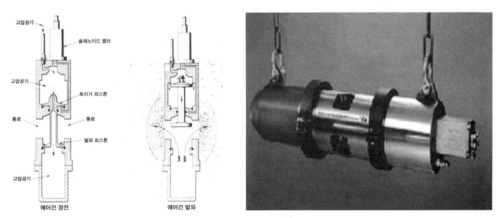

〈그림 5-11〉 에어건 장비 모식도와 장비 예시

〈그림 5-12〉 에어건 음원을 이용한 3차원 탄성파 탐사 전경

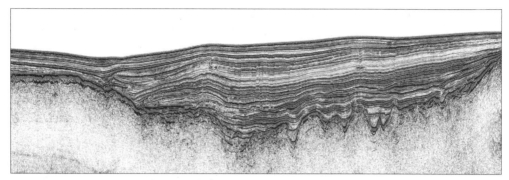
〈그림 5-13〉 에어건 음원으로 취득한 탐사단면 예시

석유/가스 탐사 등의 심부(深部) 지층의 탐사가 목적인 저주파 탄성파 탐사에는 고압의 압축공기를 이용하여 음파를 발생시키는 에어건(air-gun)이 주로 사용된다. 이때 에어건은 단일 용량 하나를 사용하기보다는 다양한 크기의 건을 조합하는 배열을 구성하여 탐사를 수행한다. 큰 용량의 단일 음원을 사용하는 것은 비현실적일 뿐만 아니라 주파수 대역폭 등의 펄스 특성이 변하기 때문에 일반적으로 사용되지 않는다. 건 조합 배열을 이용할 경우 서로 다른 용량의 건이 시간차를 두고 폭발하면서 음원의 에너지를 증가시키고 2차 펄스들을 상쇄시켜 신호 대 잡음비(Signal/Noise ratio, S/N ratio)를 향상시킬 수 있다.

5) 자료저장

해저지층 탐사자료는 디지털 저장매체에 표준 SEG-Y형식으로 저장하고, 탐사 년, 월, 일, 시각, 현장조사 과정에서 있었던 특이 사항을 "탄성파 탐사 기록야장"에 기재한다.

5.1.3. 전산처리

현장에서 취득한 원시자료는 불필요한 잡음(noise) 신호를 다수 포함하고 있으며, 이와 같은 불필요한 신호는 지층 경계면의 구분을 모호하게 할 뿐만 아니라 층 내부 음향상을 가리거나 왜곡시켜 탄성파 단면의 품질을 저하시키고 해석 시에도 큰 어려움이 따른다. 따라서 현장에서 취득한 원시자료는 전산처리 과정을 거쳐 잡음을 최대한 제거하고 지층 정보를 포함한 신호의 세기를 향상시켜 신호 대 잡음비가 향상된 단면을 제작하게 된다. 다중반사 역시 지층 해석을 어렵게 하는 원인이 되기 때문에 전산처리를 거쳐 다중반사파를 최소화하는 작업을 수행하기도 한다.

탄성파 탐사는 수진기 그룹(receiver group)의 개수에 따라 단일채널 탄성파 탐사(single-channel seismic survey)와 다중채널 탄성파 탐사(multi-channel seismic survey)로 나뉜다. 각각의 장단점이 다르기 때문에 탐사 지역과 목적에 따라 선택적으로 수행되거나 동시에 수행되기도 한다.

복수의 수진기를 이용하여 자료를 취득하는 다중채널 탄성파 탐사의 가장 큰 장점은 공심점 모음(Common Depth Point gather: CDP)이라고 불리는 동일 지점에서 반사되어 온 신호 모음들을 생성한다는 것이다. 오프셋이 다른 동일 지점 신호를 이용하여 대략적인 지층의 속도를 계산할 수 있고 잡음과 다중반사를 제거하기 위한 여러 전산처리기법의 적용이 가능하다. 특히 공심점 모음의 중합(stack)을 이용하면 신호 대 잡음비가 높은 지층단면도를 제작할 수 있다. 최근에는 국내에서도 연안 탄성파 탐사에 종종 다중채널 탄성파 탐사가 수행되고 있다. 하지만 대부분의 탐사가 연구목적으로 수행되고 있으며, 공심점 모음을 형성하기에는 채널의 개수가 현저히 부족한 실정이다.

고품질의 탄성파 단면을 획득할 수 있음에도 불구하고 연안에서 다중채널 탄성파 탐사보다 단일채널 탄성파 탐사가 선호되는 이유는 다음과 같다. 우선 복수의 수진기 그룹을 이용하여 자료를 취득하기 때문에 소형 선박을 주로 이용하는 연안 고해상도 탄성파 탐사에서는 장비의 운송 및 설치에 큰 어려움이 있다.

다음으로 해양 물리탐사의 특성상 탐사 현장에서 선박이 음원과 수진기 그룹의 모음인 스트리머(streamer)를 동시 견인하며 탐사를 해야 하기 때문에 다수의 수진기 그룹이 포함되어 길이가 매우 길어진 스트리머는 장비 운용에 위험 요소로 작용할 수 있다. 특히 어망이나 어로활동이 빈번한 해역에서 탐사 수행 중 돌발 상황이 발생할 경우 급격한 방향전환이나 장비 회수 등의 신속한 상황대처가 불가능하여 장비의 손실이 불가피할 수 있다.

마지막으로, 샷모음(shot gather) 단위로 자료가 기록되어 단면 확인을 위해서는 복합한 처리과정을 거쳐야 되는 다중채널 탄성파 탐사와는 달리 단일채널 탄성파 탐사는 자료취득 후 간단한 처리과정으로 주시 단면도를 획득할 수 있다. 이러한 이유로 현재까지도 연안에서 수행되는 2차원 고해상도 탐사에서는 현장의 특성을 고려하여 쉽게 방향전환이 가능하고 회수가 용이하며 간단한 후처리만으로도 주시단면도를 생성할 수 있는 단일채널 탄성파 탐사가 주로 수행된다.

단일채널 탄성파 탐사 자료의 경우 한 지점에 대한 지층 정보가 하나의 트레이스로만 구성되어 있기 때문에 전산처리 기법의 적용에 많은 제약이 따르며, 자료 취득 시의 기상, 해황, 장비 상태에 자료 품질이 많은 영향을 받는다. 각각의 탐사 목적에 따라 다르겠지만 단일채널 탄성파 탐사 자료의 처리를 위해 가장 많이 이용되는 처리 기법은 주파수 필터(frequency filter), 이득 조정(gain

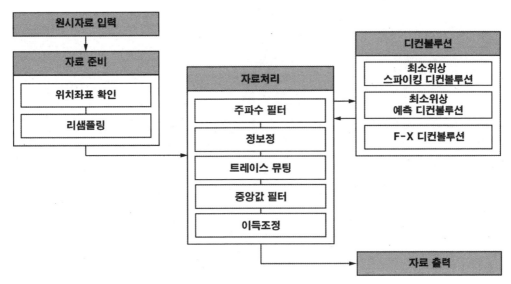

〈그림 5-14〉 단일채널 탄성파 자료처리 작업 흐름도 예시

control), 디컨볼루션(deconvolution)을 들 수 있다.

단일채널 탄성파 탐사자료의 경우 취득 자료의 음원별 우세 주파수와 의미 있는 신호의 범위를 잘 파악하여 주파수 대역폭 필터를 수행하는 것만으로도 눈에 띄게 향상된 단면도를 제작할 수 있으며, 음파 에너지의 감쇠를 보정해 줄 수 있는 이득 조절을 함께 이용하면 대부분의 측선 자료에서 탐사 목적을 충족시키는 단면도 생산이 가능하다. 탐사 자료의 목적에 따라 추가적으로 지층 반사 파형 압축과 다중반사파 감쇠 및 무작위 잡음 감쇠를 위해 여러 종류의 디컨볼루션을 적용하기도 한다(그림 5-14).

1) 원시자료 입력 및 자료처리 준비

현장에서 취득된 탐사자료는 대부분 SEG의 표준 포맷인 segy로 저장된다. 전산처리에 앞서 취득된 자료의 각 트레이스별 헤더를 확인하여 샷 번호, 위치좌표 등의 주요 정보를 확인한다. 음원별 우세 주파수와 대역폭을 고려한 리샘플링과 기록시간을 수정하여 자료의 크기를 최소화한다.

2) 주파수 필터

주파수 필터링은 대역폭–통과, 대역폭–제거, 고주파–통과(저주파 제거), 또는 저주파–통과(고

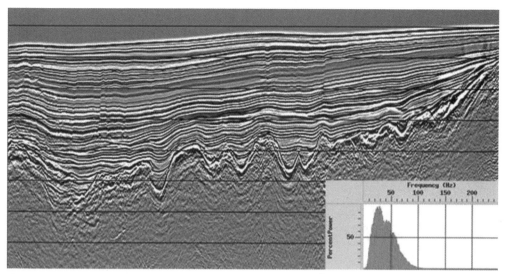

〈그림 5-15〉 에어건 탄성파 단면과 진폭스펙트럼의 예시로 스펙트럼상 주파수 범위는 약 10~70Hz이며 우세 주파수
는 약 30Hz이다.

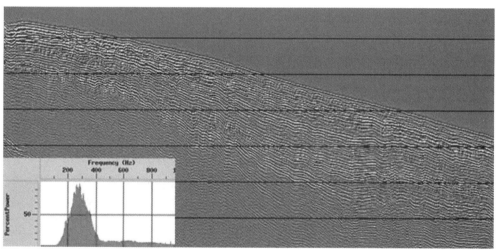

〈그림 5-16〉 스파커 탄성파 단면과 진폭스펙트럼의 예시로 스펙트럼상 주파수 범위는 약 100~500Hz이며 우세 주파
수는 약 300Hz이다.

주파 제거) 필터의 형태로 수행 가능하다. 각각의 필터링 조건을 만족하는 하나의 진폭 스펙트럼
을 이용한 영위상 파형을 이용한다. 탄성파 트레이스는 대부분 저주파 잡음(그라운드 롤, 선박 잡음
등)과 고주파 잡음을 포함하고 있기 때문에 주파수 필터 중 대역폭 통과 필터가 가장 많이 사용된
다. 음원에 따라 다르지만 대표적으로 몇 가지 예를 들면, 에어건을 이용한 심부 탐사의 경우 유효
탄성파 반사 에너지는 보통 10~70Hz에 형성되고 우세 주파수는 약 30Hz이며, 스파커 음원의 경

〈그림 5-17〉 대역폭 필터 적용 전(상)과 후(하)의 탄성파 단면 및 진폭스펙트럼 예시. 필터 적용 후 불분명했던 반사 신호들이 뚜렷해진 것을 확인할 수 있다.

우 에너지의 크기에 따라 다르지만 보통 50~1000Hz에 형성되고 우세 주파수는 약 200~500Hz 정도이다.

3) 너울효과 보정

수심이 얕은 연안 탄성파 탐사의 특성상 파도나 너울에 의해 신호기록에 지연이 생기게 되면 신호의 연속성이 떨어지고 지형의 왜곡이 나타날 수 있다. 이러한 효과를 최소화하기 위해 너울효과 보정(swell effect correction)을 수행한다(그림 5-18). 주로 해저면 초동을 발췌하고 이동 평균이나 중앙값을 이용해 단주기가 최소화된 해저면을 계산한 다음 발췌한 초동을 이동시켜 단주기 너울이나 파도에 의한 왜곡을 보정하는 방법이다.

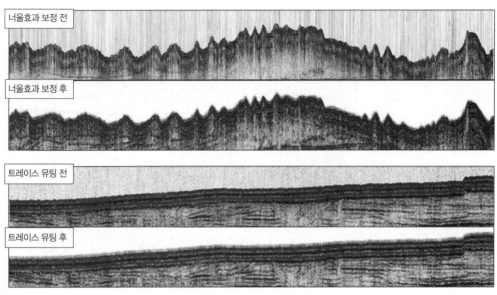

너울효과 보정 전

너울효과 보정 후

트레이스 뮤팅 전

트레이스 뮤팅 후

〈그림 5-18〉 너울효과 보정과 트레이스 뮤팅 전과 후를 비교한 단면 예시

4) 트레이스 뮤팅

트레이스 뮤팅(trace muting)은 직접파나 해수층에서 반사되어 온 불필요한 신호 영역을 뮤팅(muting)하여 제거하는 작업이다.

5) 중앙값 필터

중앙값 필터(median filter)는 필터될 입력 값을 중심으로 하는 적정 윈도우를 설정하여 입력 값을 해당 윈도우 내의 중앙값으로 대치하는 필터이다. 윈도우 내에서 중앙값만을 취하기 때문에 주변과 아무런 관련성이 없는 무작위잡음을 제거하는 데 효과적이다. 중앙값 필터 윈도우가 클 경우 수평 연속성은 좋아지지만 지층 내부의 미세한 음향상 변화가 단순화되기 때문에 탐사자료의 크기와 내부 음향상을 고려한 적정한 윈도우 선택이 필요하다(그림 5-19).

6) 이득 조정

탄성파 신호는 지층으로 전파되는 동안 여러 환경적 요인에 의해 감쇠된다. 이러한 감쇠를 보정

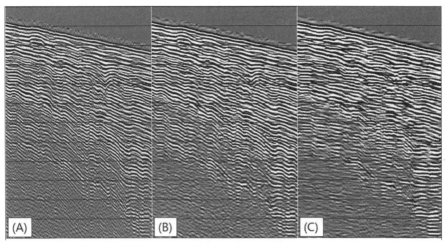

〈그림 5-19〉 중앙값 필터 적용 전(A)과 적용 후(B, C)의 비교단면으로 (C) 단면의 경우 중앙값 필터 윈도우가 커지면서 탄성파상이 단순화된 것을 알 수 있다.

하여 하부 지층을 더 뚜렷하게 보이도록 하는 이득 조정(gain control)은 자료처리의 중요한 부분 중 하나이다.

(1) 고정 이득 보정

고정 이득(constant gain) 보정은 프로파일 전체에 단일 값으로 이득 보정을 수행하는 방법으로 프로파일 전체 신호가 동일한 스케일로 변한다(그림 5-20B).

(2) 정규화

정규화(normalize) 방법은 각 트레이스의 RMS 평균 레벨의 역수 값을 이용하여 트레이스의 진폭을 조정하는 방법이다.

$$S = \sqrt{\frac{1}{n}\sum_{i=0}^{n} S(i)}; \quad S_{out} = \frac{S(i)}{S} \quad i=0,1,\cdots,n$$

(3) 트레이스 균등화

트레이스 균등화(trace equalization) 방법은 프로파일 전체의 특정 윈도우에 대한 트레이스의 평균 레벨 또는 제곱 평균을 계산하여 스케일링 값으로 사용하는 방법이다. 전체 프로파일상의 진폭 변화를 보정할 수 있다.

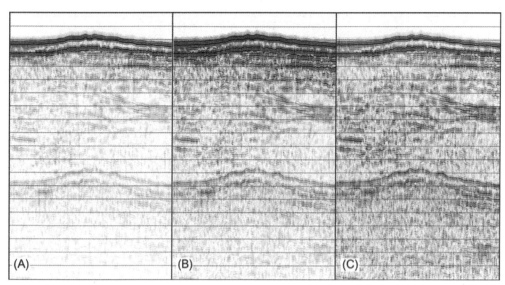

〈그림 5-20〉 여러 가지 이득 조정을 적용한 단면 예시. (b)는 (a) 단면에 고정 이득을 적용한 예시이며,
(c)는 (a) 단면에 자동 이득 조정을 적용한 예시임.

(4) 자동 이득 조정

자동 이득(automatic gain) 조정은 특정 윈도우의 제곱 평균이나 평균 절댓값 등의 스케일링 값을
이용하여 신호 감쇠를 보정하는 방법으로 스케일링 값을 도출할 방법과 윈도우의 길이를 변경하여
적절하게 신호 감쇠를 보정할 수 있다(그림 5-20C).

(5) 가변 시간 이득

가변시간이득(time varying gain)은 왕복주시의 변화에 따라 다른 이득 값을 적용하여 진폭 감쇠
를 보정하는 방법이다.

7) 디컨볼루션

탄성파 탐사에서 취득되는 트레이스는 음원파형(source wavelet)과 지층경계가 가지는 고유의
반사계수와의 컨볼루션으로 나타낼 수 있는데, 음원파형의 위상에 따라 지층 경계가 달라질 수 있
다(Henry, 1997). 탄성파 자료를 해석할 때 전산처리가 완료된 탄성파 자료는 영위상(zero-phase)
이나 최소위상(minimum-phase)과 같이 정해진 위상을 가지고 있을 것이라 생각하지만 실제로는
대부분이 복합위상(mixed-phase)의 파형이다. 복합위상의 경우 층 간의 경계가 탄성파 신호의 마
루(peak)나 골(trough)과 일치하지 않아 정확한 지층 경계의 구분이 어렵고, 천부 탄성파 자료의 경

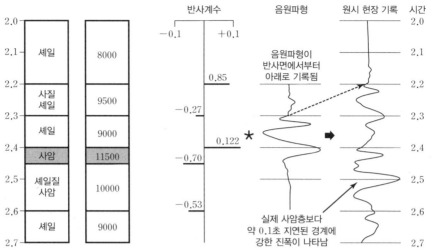

| 반사계수 | 음원파형 | 원시 현장 기록 | 시간 |

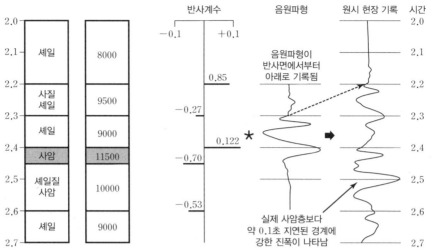

〈그림 5-21〉 복합위상 파형이 컨볼루션 되었을 때 실제 지층과 탄성파 단면의 차이를 보여 주는 그림으로 트레이스에서는 음원파형의 모양 때문에 약 0.1초가 지연된 경계에 강한 진폭이 나타난다(Henry, 1997).

우 해저면의 정확한 경계나 음향기반암(acoustic basement) 등의 암층후 깊이를 해석하는 데 오차를 만들 수 있다(그림 5-21).

이러한 오차를 최소화하기 위해서는 최대진폭점을 중심으로 대칭 형태를 보여 반사 경계면이 최대진폭점이 되는 영위상 파형이나, 파형의 시작점에 대부분의 에너지가 모여 스파이크 형태를 이루는 최소위상 파형으로 탄성파 자료의 파형 변환이 필요하다. 이러한 자료처리 과정을 디컨볼루션(deconvolution)이라고 하며, 음원파형을 알고 있을 때 역필터(inverse filter)를 설계하여 음원파형의 영향을 최소화하고 원하는 광대역의 파형을 얻는 것이 목적이다(그림 5-22). 역필터 설계에 필요한 음원파형을 추출하는 방식에 따라 통계학적 디컨볼루션과 결정론적 디컨볼루션으로 분류하며 통계학적 방법은 트레이스들을 통계학적으로 분석해 음원파형을 추측하고 결정론적 방법은 실제 음원파형을 측정하거나 역산(inversion)을 이용하여 제작한다. 하지만 음원파형을 직접 측정하는 방법의 경우 비용이나 기술적인 면에서 많은 어려움이 있기 때문에(Ziolkowski, 1991; Dragoset, 2000) 통계학적 방법을 주로 이용한다.

디컨볼루션에 필요한 파형요소는 진폭 스펙트럼과 위상 스펙트럼이다. 진폭 스펙트럼은 트레이스의 자기상관(autocorrelation)을 통해 계산하고 탄성파 자료로부터 직접 도출할 수 없는 위상 스펙트럼은 다음과 같은 가정을 이용한다. 해양 탄성파 탐사의 경우 에어건, 스파커, 부머 등과 같은 점 음원(point source)의 특성상 대부분의 신호가 파형이 시작되는 지점에 모이는 음원 특성을 이용해 위상정보를 최소위상이라 가정한다. 이렇게 하면 진폭 스펙트럼의 대수(logarithm)에 대한 힐

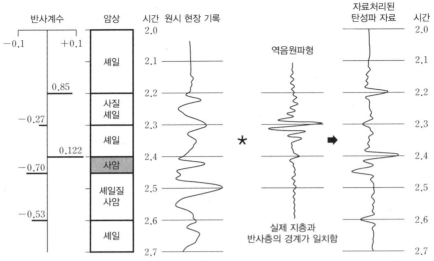

〈그림 5-22〉 디컨볼루션을 통해 파형을 원하는 영위상 파형으로 변경한 예(Henry, 1997).

버트 변환(Hilbert-transform)으로 위상 스펙트럼을 추정할 수 있다(Hargreaves, 1992).

(1) 최소위상 스파이킹 디컨볼루션

최소위상 스파이킹 디컨볼루션(minimum-phase spiking deconvolution)은 기본 탄성파 파형을 스파이크에 가깝도록 압축하고 파열의 잔향을 감쇠시켜 시간 해상도를 향상시킨다(그림 5-23b).

(2) 최소위상 예측 디컨볼루션

최소위상 예측 디컨볼루션(minimum-phase predictive deconvolution)은 탄성파 기록상 나타나는 일차 다중반사가 나타나기 이전 부분의 시간 기록을 이용해 페그레그나 다중반사를 예측하고, 예측된 결과를 탄성파 기록에 가감하여 다중반사를 제거하는 기법이다(그림 5-23c).

(3) 주파수-거리영역 디컨볼루션

거리-시간 축의 탄성파 자료를 주파수-거리영역(F-X domain)으로 변환하면 각각의 신호 값을 실수부와 허수부로 나눌 수 있다. 나누어진 신호들 중 비슷한 경사의 신호들은 주파수 슬라이스에 따라 싸인 곡선(sinusoid)의 복소 신호로 표현되므로 coswt+sinwt로 예측이 가능하다. 이러한 복소 예측 필터를 사용하면 주파수 도메인에서 예측 파형과 실제 파형을 비교하고 그 차이를 잡음

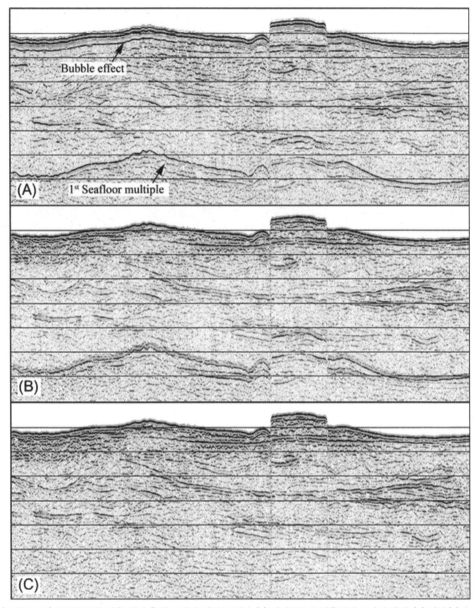

〈그림 5-23〉 디컨볼루션 적용 전과 후의 스파커 단면도 예시. (a) 디컨볼루션 적용전의 스파커 단면. (b) 단면 (a)에 최소위상 스파이킹 디컨볼루션을 적용하여 파형을 압축하고 버블효과를 최소화한 단면 예시. (c) 단면(b)에 최소위상 예측 디컨볼루션을 적용하여 해저면 다중반사를 제거한 예시.

으로 간주하고 제거할 수 있기 때문에 불규칙 잡음을 감쇠시킬 수 있다(Gulunay and Necati, 1986) (그림 5-24).

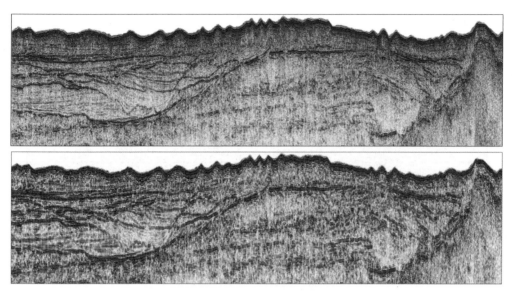

〈그림 5-24〉 F-X 디컨볼루션 적용 전(상)과 후(하)를 비교한 단면 예시

5.1.4. 자료해석

1) 기본개념

탄성파 자료해석의 기초가 되는 탄성파 충서학의 개념은 1970년대 AAPG Memoir 26에 발표된 미첨 외(Mitchum et al., 1977)의 논문에서 시작되었다고 볼 수 있다. 이 논문에서 바일(Vail)과 그의 동료들은 수년간 다양한 형태의 탄성파자료 해석과정에서 얻은 노하우와 경험을 바탕으로 탄성파 자료를 지질학적으로 해석하여 지질학 정보를 얻는 방법에 관한 내용을 수록하였다. 이들이 제시한 기본 개념은 아직까지 탄성파 자료 해석 업무를 담당하고 있는 담당자들에 의해 널리 사용되고 있다.

탄성파 자료의 해석 과정을 보면 우선, 탄성파 탐사자료상에서 강한 진폭을 가지고 나타나는 반사면을 기준으로 서로 다른 충서단위를 구분하게 된다. 서로 다른 층을 분리하는 경계면은 침식경계면 혹은 강한 반사면 특성을 갖는 정합면의 특징을 갖는다. 이와 같은 탄성파 자료를 이용하여 충서단위 경계면을 해석할 경우에는 층 내부에 발달해 있는 반사파의 종단면을 분석하여 정의하게 된다(그림 5-25). 대표적인 반사면 종단패턴에는 상부경계면에 위치하는 탑랩(toplap), 침식절단 (erosional truncation), 그리고 하부경계면에 위치하는 온랩(onlap), 다운랩(downlap)이 대표적이다(그림 5-26).

상부경계면에서 관찰할 수 있는 탑랩은 해수면이 상승하거나 하강하지 않고 정체된 조건에서 다량의 퇴적물이 공급될 경우에 만들어지는 종단양상이다. 대표적인 예로 강 하구역에 발달하는 삼각주 퇴적층을 들 수 있다. 반면, 침식절단은 퇴적층이 퇴적된 후 대기 중에 노출되어 일정기간 침식작용을 받아 형성된 일종의 침식면을 특징을 가진다. 따라서 퇴적단위 상부 경계면에서 침식절단의 종단양상이 나타나게 되면 퇴적단위가 형성된 후 대기 중에 노출되어 침식작용을 받았음을

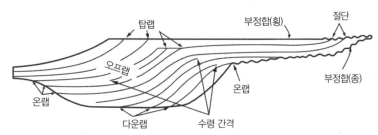

〈그림 5-25〉 탄성파 탐사 자료의 경계면 해석에 이용되는 반사파의 종단양상

출처: Mitchum et al., 1977

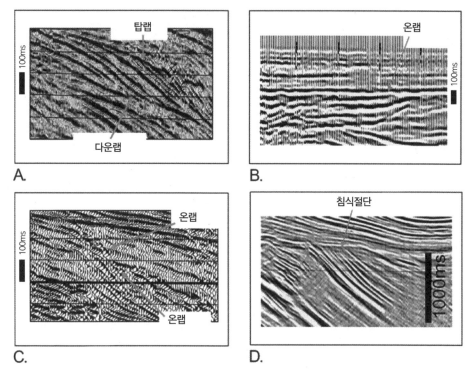

〈그림 5-26〉 반사파의 종단양상을 보여 주는 탄성파 탐사단면

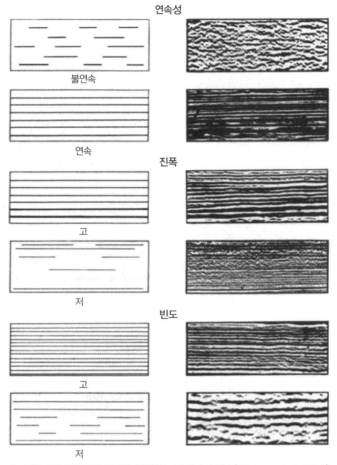

불연속

연속

진폭

고

저

빈도

고

저

〈그림 5-27〉 탄성파상 특징을 결정하는 탄성파상 변수(Mitchum et al., 1977)

시사해 준다. 온랩의 경우 해수면 상승으로 해안선이 육지쪽으로 후퇴하는 조건하에서 퇴적작용이 진행될 경우에 퇴적층 하부에서 나타나는 전형적인 종단양상에 속한다. 따라서 이러한 종단양상을 정밀하게 분석하게 되면 서로 다른 특징을 갖는 퇴적단위 구분은 물론 각 퇴적단위가 형성될 당시 의 퇴적환경이나 퇴적기작에 대한 해석도 가능해진다.

두 번째로는 구분된 각 퇴적단위 내부에서 나타나는 탄성파상(seismic facies) 특성을 분석하게 된다. 대표적인 탄성파상 변수로는 반사면의 연속성, 진폭, 빈도, 그리고 외부형태 등을 들 수 있다 (그림 5-27).

탄성파상 분석은 탄성파 층서단위 내에 나타나는 다양한 형태의 탄성파상 요소를 분석 · 기술하여 조사지역 내에 분포하는 퇴적층을 지질학적으로 해석하는 과정을 말한다. 탄성파상 요소에는 반사면의 연속성, 진폭, 빈도수 등이 포함된다(그림 5-27). 이러한 탄성파상 요소에 의해 구성되는 탄성파상의 다양성, 수평·수직적인 조합은 퇴적과정, 환경, 퇴적물 특성 등을 해석하기 위한 자료를 제공해 준다. 반사면의 연속성은 반사면의 수평적인 연속성의 정도를 말하며 결과적으로 음향임피던스(acoustic impedance), 즉 암상의 수평적인 변화를 의미한다. 따라서 연속성이 불량한 경우는 수평적인 퇴적상 변화가 급격하게 나타나는 경우로, 예를 들면 자갈을 포함하는 모래와 니질퇴적물이 수평적으로 혼합되어 존재하는 해역에서 탄성파 자료를 얻게 되면 반사파의 연속성이 불량한 음향상 특성을 갖게 된다. 반면, 균질한 퇴적물이 수평적으로 연속되어 발달할 경우에는 반사파의 연속성이 양호한 특성을 갖고 나타나게 된다. 반사파의 진폭은 탄성파 단면상에 나타나는 반사파의 진한정도를 반영하는 변수를 말한다. 즉, 반사파의 상하층 간의 밀도 차에 따라 진한정도가 결정되는데 층 간의 밀도 차가 클수록 진한 반사파를 만들게 된다. 밀도 차가 큰 자갈층과 니질퇴적물이 접하고 있는 경계면에서는 강한 진폭의 반사파가 만들어지는 반면, 니질퇴적물과 모래가 접하고 있는 경우는 이보다 약한 진폭의 반사파가 생성된다. 반사파의 빈도수는 단위 구간 내에 포함되는 반사면의 수를 말하는 변수로 반사파의 수가 높은 경우와 낮은 경우로 나누어진다.

2) 자료해석

(1) 층서 및 퇴적환경 해석

탄성파상 요소의 조합에 의해 나타나는 대표적인 탄성파상에는 수평층리(parallel) 탄성파상, 다이버전트(divergent) 탄성파상, 한 방향으로 전진하는 형태(prograding)의 탄성파상, 캐오틱(chaotic) 탄성파상, 투명(transparent 또는 reflection free) 탄성파상, 수로충진(channel fill) 탄성파상 등이 있다.

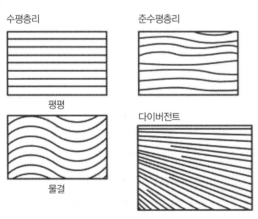

〈그림 5-28〉 서로 다른 지층특성을 지시하는 다양한 탄성파상 종류(Mitchum et al., 1977)

우선, 수평층리 탄성파상은 수평적으로 퇴적되는 퇴적물의 양이 일정한 경우에 주로 나타나며, 이 때문에 수평적인 퇴적층의 두께가 일정한 판상(sheet)의 퇴적층 형태를 가진다(그림 5-28). 반면 한 방향으로 향하면서 반사파가 기울어져 나타나는 다이버전트 탄성파상의 경우 퇴적 방향성은 같으나 쌓이는 퇴적물의 양이 달라질 때 주로 나타난다. 이러한 퇴적상은 수로나 분지를 채워 주는 경우에 주로 볼 수 있으며 쐐기(wedge) 모양의 외부 형태를 가진다(그림 5-29).

전진하는 형태의 탄성파상은 어느 한쪽 방향에서 퇴

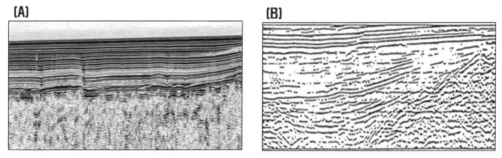

〈그림 5-29〉 평행층리(A) 및 다이버전트(B) 형태를 보여 주는 탄성파 단면

적물이 공급되어 확산되면서 퇴적작용이 진행될 때 주로 발달한다. 예를 들면 육상 하천을 통하여 바다로 유입되는 퇴적물이 강 하구를 중심으로 외해로 확산되면서 삼각주 퇴적층이 형성되는 경우를 들 수 있다. 이러한 경우 퇴적층 내부에는 한 방향으로 전진하는 형태의 탄성파상을 보여 주게 되며(그림 5-31), 쐐기 모양 혹은 뱅크(bank) 모양의 외부 형태를 갖게 된다(그림 5-30).

캐오틱(chaotic) 탄성파상 조합은 탄성파 단면상에서 특정 내부구조를 갖지 않고 불연속적인 반사파들이 불규칙하게 혼합된 형태로 발달한다(그림 5-32, 그림 5-33). 이러한 특징의 탄성파상 조합은 짧은 시간 동안 갑작스러운 퇴적작용이 진행되거나 사질퇴적물이 우세하게 분포하는 경우에 나타난다. 즉 산사태 등에 의해 다양한 크기의 퇴적물이 혼합된 상태로 경사면을 따라 단시간 내에 흘러내려 쌓이는 경우에 볼 수 있으며, 주로 자갈을 포함하는 사질퇴적물이 우세하게 분포하는 경우에 주로 발달한다. 투명 탄성파상 조합은 탄성파 단면상에서 특별한 내부 반사면을 볼 수 없는 투

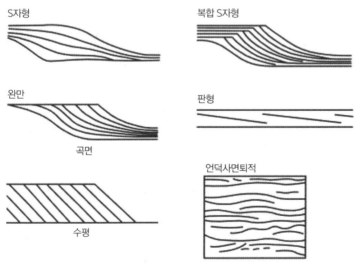

〈그림 5-30〉 한 방향으로 전진하는 형태의 탄성파상 종류

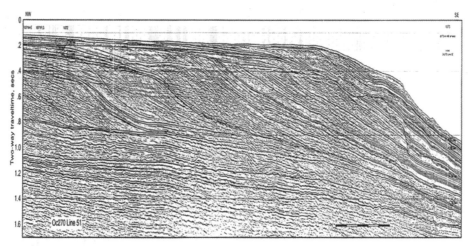

〈그림 5-31〉 왼쪽에서 오른쪽 방향으로 전진하는 형태로 퇴적작용이 진행되는 예를 보여 주는 탄성파 단면

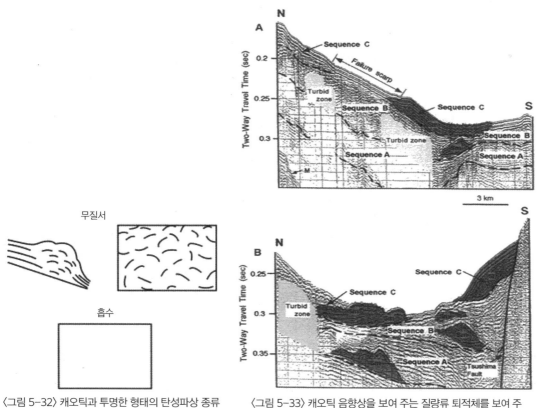

무질서

흡수

〈그림 5-32〉 캐오틱과 투명한 형태의 탄성파상 종류

〈그림 5-33〉 캐오틱 음향상을 보여 주는 질량류 퇴적체를 보여 주는 탄성파 단면

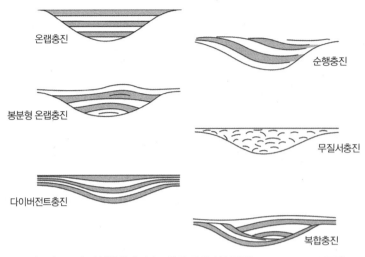

온랩충진

순행충진

봉분형 온랩충진

무질서충진

다이버전트충진

복합충진

〈그림 5-34〉 다양한 형태의 수로충진 탄성파상 종류(Mitchum et al., 1977)

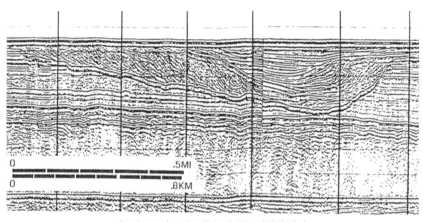

〈그림 5-35〉 고수로를 보여 주는 탄성파 단면

명한 경우를 말한다. 이러한 투명 탄성파상은 수평·수직적으로 암상의 변화가 없는 경우에 발달하
게 되며, 특히 균질한 세립퇴적물(주로 니질)로 구성된 퇴적층에서 나타나는 대표적인 음향상 조합
에 속한다.

수로충진 탄성파상은 탄성파 단면상에서 기존퇴적층을 삭박한 후에 재퇴적되면서 만들어지는
음향상을 말한다(그림 5-34, 그림 5-35). 이러한 수로충진 탄성파상은 주로 하천과 같은 물이 흐르
면서 만들게 된다. 수로를 충진하고 있는 내부 반사면의 탄성파상 특징에 따라 다양한 형태로 분류
되며, 각 탄성파상 조합은 퇴적물이 퇴적될 당시의 퇴적환경 및 퇴적기작에 대한 정보를 간직하고
있기 때문에 탄성파상 분석을 통하여 다양한 지질정보를 해석할 수 있다.

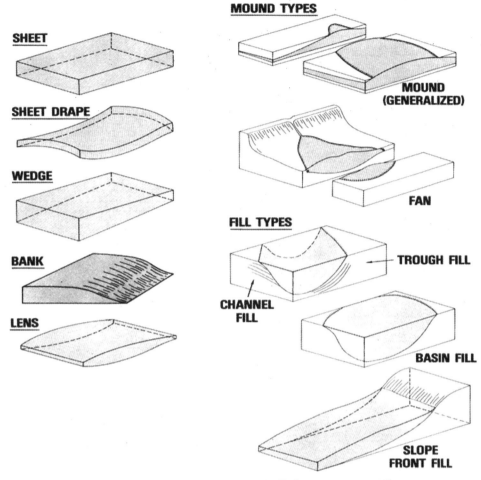

〈그림 5-36〉 다양한 형태의 퇴적단위 외부형태(Mitchum et al., 1977)

지금까지 설명한 바와 같이 퇴적환경을 예측할 수 있는 퇴적 단위의 외부형태에는 〈그림 5-36〉에서 보여 주는 것처럼 다양한 형태가 있다. 서로 다른 특징을 갖는 외부형태는 퇴적물이 퇴적될 당시의 퇴적환경 및 퇴적기작에 대한 정보를 간직하고 있기 때문에 탄성파상 특징과 함께 탄성파자료 해석에서 중요한 의미를 갖는다.

(2) 지층구조 해석

일반적으로 퇴적층은 퇴적 이후 지층에 가해지는 구조적 운동(structural movement)을 통해 변형이 일어나기도 한다. 탄성파 자료를 활용한 지층 해석에서는 반사면들의 형태를 바탕으로 지층에 가해진 구조운동의 형태를 유추할 수 있다. 또한 구조운동으로 인해 변형된 반사면과 그 상부 반사면의 종결양상을 해석함으로서 구조운동과 퇴적작용의 선후 관계를 해석할 수 있다.

지층의 변형을 가져올 수 있는 구조운동 중 가장 많이 나타나는 현상은 단층과 습곡이다. 단층은 퇴적이 이루어진 지층에 구조적인 힘이 가해져 퇴적층이 끊어지는 현상을 의미하며, 일반적으로 탄성파 단면상에서는 수평적으로 연속적이던 반사면이 일정한 낙차를 보이며 수직적으로 끊어진 형태로 나타난다(그림 5-37). 단층은 지층에 가해진 힘의 작용 방향에 따라 정단층, 역단층, 주향이동 단층 등의 형태로 해석된다. 그중 정단층과 역단층은 탄성파 단면에서 비교적 쉽게 인지되나, 주향이동 단층의 경우 수직적인 변위가 크지 않아 2차원 탄성파 단면상에서 쉽게 인지되지 않는다. 습곡은 퇴적층에 가해진 힘의 영향으로 지층이 휘어진 현상을 의미하며, 배사(anticline) 또는 향사(syncline)의 형태로 나타난다. 탄성파 단면상에서 습곡은 유사한 형태로 휘어진 반사면이 수직적으로 중첩되어 발달한다. 이러한 구조운동에 의한 지층의 변형은 2차원 탄성파 단면상의 해석만으로는 단층의 수평적 연장성 또는 습곡축의 방향 등을 보여 주는 전체적인 형태를 이해하기 힘들다. 따라서 반드시 시간구조도를 만들고 연구지역의 시기별 응력의 방향 및 지구조 운동을 고려한 종합적인 해석이 필수적이다.

구조운동의 결과와 퇴적작용의 선후관계를 밝힐 수 있는 가장 좋은 방법은 구조운동의 영향을 받은 반사면을 매핑하고 그 이후 퇴적된 반사면과의 종결양상을 비교하는 것이다. 이러한 구조운동과 퇴적과정의 선후관계를 분석하는 모식도는 〈그림 5-38〉에서 보이는 바와 같다. 종결형태의 경우 〈그림 5-38-좌〉와 같이 습곡 형태로 변형된 반사면에 온랩(onlap)하는 반사면과 상부를 특별

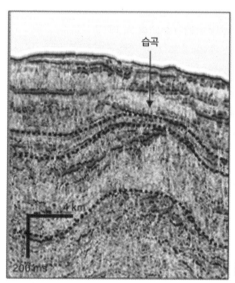
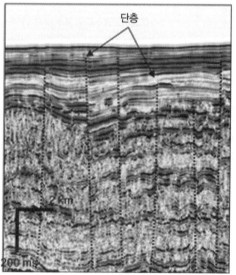

〈그림 5-37〉 탄성파 단면상에 나타나는 습곡 예시(좌) 및 단층 예시(우)

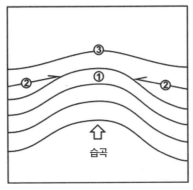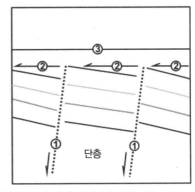

〈그림 5-38〉 탄성파 자료를 활용한 습곡(좌) 및 단층(우) 발달시기 분석 모식도

한 종결양상 없이 상부를 덮는 반사면을 구분하는 것이 필요하다. 이때 온랩하는 종결양상의 하부 반사면이 습곡이 마지막으로 일어난 시기를 지시하며, 그 상부를 덮고 있는 ②와 ③ 반사면은 습곡 운동 이후 형성된 퇴적층으로 해석된다. 일반적으로 습곡이 작용이 끝나면 하부면의 형태가 만들 어지기 때문에 상부에 퇴적된 반사면은 하부면에 온랩하는 패턴을 보인다. 그러나 습곡의 변형을 함께 받은 반사면의 경우 함께 변형이 이루어져 〈그림 5-38-좌〉의 ① 하부 반사면처럼 하부와 유 사한 형태를 보이는 반사면이 나타난다. 습곡의 경우 반사면의 종결 형태를 통한 구조운동의 선후 관계를 파악하는 것 이외에 퇴적층의 두께를 활용하는 방법이 있다. 〈그림 5-38-좌〉에서 보는 바 와 같이 습곡의 영향을 받은 ① 퇴적층은 습곡축에서도 두께의 변화를 보이지 않는다. 반면, ② 퇴 적층의 경우 습곡축으로 가면서 점차 퇴적층의 두께가 얇아진다. 이러한 특징은 반사면 매핑 후 등 시층후도를 그려 보면 더 잘 확인할 수 있다.

단층의 경우 앞서 언급한 바와 같이 절단면이 나타나는 최상부 반사면을 인지하는 것으로 퇴적층 내 선후관계를 이해할 수 있다. 〈그림 5-38-우〉와 같이 점선 ①과 같은 단층운동이 퇴적층에 일어 날 경우 최상부 반사면은 절단된 특징을 보이며, 그 상부를 반사 ②와 같이 온랩하거나 반사면 ③과 같이 끊어짐 없이 상부를 덮는 형태를 보인다.

이러한 탄성파 자료를 활용한 구조운동과 퇴적작용의 선후관계 구분은 탄성파 자료를 해석할 때 적용할 수 있는 가장 기본적인 원리이다. 그러나 실제 퇴적층의 경우 모식도에서 보이는 것보다 더 복잡한 반사면으로 이루어져 있기 때문에 해석 시 주의 깊은 매핑 작업과 그 결과를 통한 해석이 필 요하다.

(3) 특이지형 및 지층 해석

탄성파 단면상에서는 퇴적결과, 구조운동의 결과를 보여 주는 형태 이외에도 다른 여러 가지 특이한 지질학적 형태들이 인지된다. 한반도 해역 주변 퇴적물에서는 퇴적물 내 가스와 관련된 특이지형이 잘 관찰되며, 그 예로는 음향혼탁층(acoustic turbidity), 포크마크(pockmark), 마운드(mound), 탄성파 침니(seismic chimney) 등이 있다.

탄성파 탐사자료상에서 음향혼탁층은 수평적으로 발달한 진폭면과 수직적으로 그 하부에 발달하는 공백대 그리고 측면에 수직으로 절단된 형태의 공백대면으로 확인된다(그림 5-39). 음향혼탁층은 퇴적층을 통과하는 음파가 특정 지역에서 더 이상 투과하지 못하고 하부 반사면을 보여 주지 못하는 현상을 의미하며, 일반적으로 지층 내 가스를 함유하는 퇴적층으로 인해 음향 에너지가 흡수되어 하부 퇴적층 반사면이 사라진 결과로 음향공백대(acoustic blanking)라고도 한다(Judd and Hovland, 1992). 이러한 지질학적 형태는 한반도 주변 천부 니질층에서 주로 나타나며, 음향혼탁층을 발생시킨 가스의 기원은 메탄가스로 해석된 바 있다(Chun et al., 2012). 일반적으로 탄성파 단면에서 확인되는 음향혼탁층은 탐사에 활용되는 음원의 주파수 대역에 따라 상대적으로 높은 고주파수 대역의 첩(chirp), 스파커(sparker) 탐사자료에서 잘 나타난다. 탄성파 자료를 활용한 해석 시

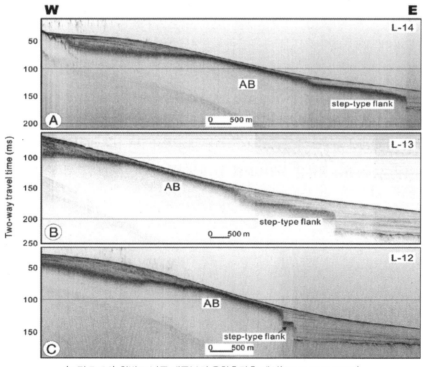

〈그림 5-39〉 한반도 남동 대륙붕의 음향혼탁층 예시(Chun et al. 2012)

음향혼탁층의 수평적 분포 범위를 확인할 수 있지만 음향혼탁층을 구성하는 가스의 함량, 기원 등에 대한 부분은 탄성파 자료 해석으로 판단하기는 힘들다. 따라서 음향혼탁층을 해석함에 있어서는 퇴적물을 활용한 추가적인 분석이 요구된다.

다른 특이지형으로는 포크마크, 마운드, 탄성파 침니가 있다. 이들은 퇴적물 내 존재하던 가스가 퇴적층을 따라 수직적으로 이동하면서 나타나는 결과로 해석되며, 일반적으로는 퇴적층을 수직으로 가로지르는 탄성파 침니를 따라 가스를 함유한 유체가 이동하고 그 유체가 해저면을 들어 올리는 경우 마운드의 형태를, 해저면에서 분출되는 경우 분화구와 유사한 포크마크의 형태를 남기는 것으로 알려져 있다. 지역에 따라 탄성파 침니 내부를 이동하는 물질이 유체가 아니라 니질의 퇴적물인 경우도 있으며, 이러한 경우에는 머드 화산(mud volcano)으로 해석되기도 한다. 3차원 탄성파 자료를 활용한 연구에 의하면 포크마크, 마운드, 탄성파 침니 등은 수평적으로 원형 혹은 타원의 형태를 가지는 것으로 알려져 있다.

탄성파 침니는 수평적으로 연속성을 보이는 반사면 내에서 마치 굴뚝과 같은 형태의 불연속면으

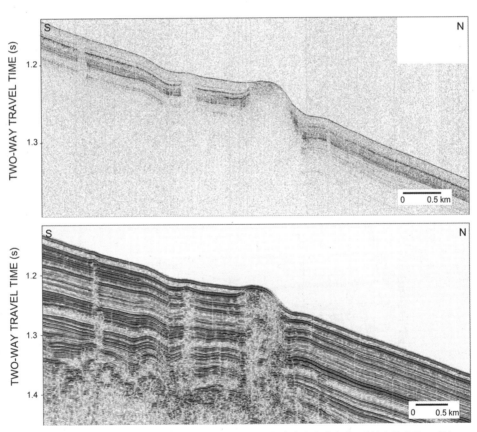

〈그림 5-40〉 울릉분지에서 취득된 첩 자료(상)와 스파커 자료(하)에서 나타나는 탄성파 침니 구조 예시

로 나타난다(그림 5-40). 일반적으로 이러한 탄성파 침니구조는 퇴적층 내 가스가 상부 퇴적층을 뚫고 수직적으로 이동하면서 만들어진 것으로 해석된다(Heggland, 1997). 특히 규모가 작은 탄성파 침니의 경우 단층과 비슷하게 보일 수 있어 해석에 주의를 기울여야 한다. 그러나 탄성파 침니의 경우 전반적으로 수직에 가까운 형태를 보이며 퇴적 반사면 전체를 자르기보다는 가스가 공급되는 특정 반사면에서 시작하는 특징을 보인다. 또한 〈그림 5-40〉에서 나타나는 바와 같이 탄성파 자료의 수직 투과 심도에 따라 확인되는 침니구조의 크기가 다르게 보일 수 있다. 따라서 침니 구조의 기원을 밝히기 위해서는 보다 깊은 투과심도의 자료를 활용하는 것이 적절하다.

　　포크마크와 마운드 구조는 일반적으로 해저면에서 나타난다. 포크마크는 원형 혹은 타원형의 형태로 발달하며, 크기는 수십 m에서 수백 m로 다양하게 나타난다(그림 5-41). 앞서 언급한 바와 같이 포크마크 구조가 나타날 경우 퇴적물 내부에서 상승한 가스가 해저면에 인접하여 붕락을 일으

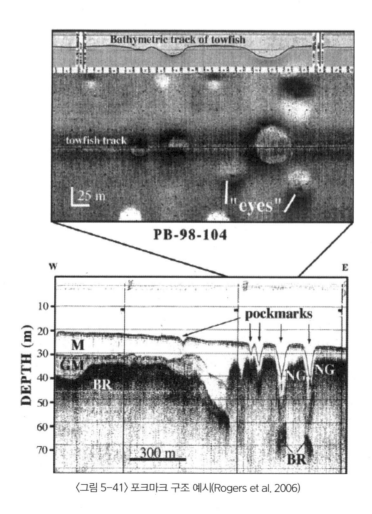

〈그림 5-41〉 포크마크 구조 예시(Rogers et al, 2006)

킨 결과로 해석된다. 많은 경우 포크마크는 침니 구조와 연결된 형태를 보이나, 일부 구간에서는 침니 구조 없이 나타나는 경우도 있다. 마운드 구조는 탄성파 단면상에서 포크마크 구조와는 달리 위로 볼록한 형태를 가진다. 발달규모는 포크마크 구조와 유사하며, 포크마크와는 달리 붕락된 형태보다는 하부 퇴적물로부터 유입된 가스 혹은 유체로 인해 해저면이 상부로 부풀어 오른 결과로 해석된다.

실제 지질학적 원인에 의해 만들어지는 것 이외에도 자료취득 당시 인위적으로 발생한 원인들에 의해서도 침니 구조와 유사한 수직적인 이상대를 만들 수 있다. 예를 들어 해저면에 자생탄산염과 같은 음파의 투과를 방해하는 물질이 분포하는 경우 탄성파 침니의 형태가 만들어지기도 한다. 따라서 보다 정확한 해석을 위해서는 주변 해저면의 일반적인 지형이나 퇴적물 시료에 대한 가스 분석 등 지질학적인 추가 연구가 함께 수행되어야 한다.

(4) 도면 작성

일반적인 탄성파 탐사 자료를 바탕으로 한 종합해석은 다음과 같다. ① 현장에서 취득한 자료는 전산처리 과정을 통하여 제작된 탄성파 탐사 단면을 준비. ② 준비된 탄성파 탐사 단면을 대상으로 층서단위 분석 및 탄성파상 분석을 포함하는 층서분석. ③ 층서분석 결과를 바탕으로 기반암 분포도, 총 퇴적층의 두께, 각 퇴적단위의 등 층후도, 탄성파상 분포도를 제작. ④ 조사 목적에 따라 퇴적층 및 기반암에 발달해 있는 단층, 습곡을 포함하는 지질구조 분석. ⑤ 제작된 각종 도면을 종합하여 각 퇴적층의 발달에 영향을 미치는 요소, 퇴적환경 및 퇴적역사 복원 및 해석. ⑥ 최종적으로 분석된 모든 결과를 종합하여 조사지역을 대표할 수 있는 퇴적 모델을 수립. 이 중 본 글에서는 탄성파 해석에 기본이 되는 도면작성 과정을 보다 자세히 설명하고자 한다.

탄성파 자료해석을 위해서는 기본적으로 탄성파 단면이 제공하는 정보에 대한 이해가 우선한다

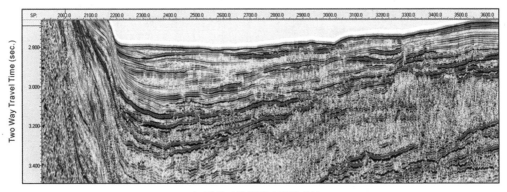

〈그림 5-42〉 탄성파 단면 예시

고 할 수 있다. 〈그림 5-42〉에서 보이는 바와 같이 탄성파 단면은 수직축과 수평축을 가진다. 수직
축은 시간단위로 이루어져 있으며, 인위적으로 발생된 음파가 해저퇴적층의 물성경계면(속도와 밀
도로 정의되는 경계면)으로부터 반사되어 돌아오는 시간, 즉 왕복주시로 표현된다. 단위는 초 혹은
밀리 초이다. 큰 의미에서 왕복주시는 수직적인 반사면의 위치 표시하기 위한 깊이의 의미를 가지
지만 퇴적층이 가지는 고유의 음파전달속도를 고려하지 않은 값이기 때문에 일반적으로 생각하는
m 혹은 km와 같은 깊이 단위와는 다르다. 따라서 탄성파 단면을 활용해 시추 깊이, 저류층의 두께,
부피 등을 계산하기 위해서는 시간-깊이 변환이 이루어진 이후에 활용해야 한다. 탄성파 단면의
수평축은 일반적으로 SP(Shot Point)로 표기된다. 탄성파 자료는 취득 시 기계획된 탐사측선을 따
라 음파를 정해진 간격으로 발파하며 취득하며, 이때 음파를 발생시킨 지점을 샷포인트라 한다. 탄
성파 자료의 경우 취득 시 설정한 발파지점 간의 거리를 안다면 샷포인트를 거리로 변환하여 사용
할 수 있다. 다중채널 탄성파 탐사의 경우 샷포인트 대신 CMP(Common Mid Point)로 사용하기도
한다.

탄성파 단면이 제공하는 가장 중요한 정보는 반사면이다. 반사면은 수평적으로 연속성을 갖는 지
층의 물성경계면을 의미한다. 반사면은 영의 값을 기준으로 양의 극성을 갖는 피크(peak)와 음의
극성을 갖는 트러프(trough)로 구성되며, 각각의 피크와 트러프는 크기를 의미하는 진폭값을 가진
다. 일반적으로 볼 수 있는 탄성파 단면은 회색계열의 색상, 붉은색과 파란색의 색상 혹은 붉은색과
검은색의 색상으로 이루어져 있다(그림 5-40~43). 그러나 실제 이러한 색상 단면은 피크와 트러프

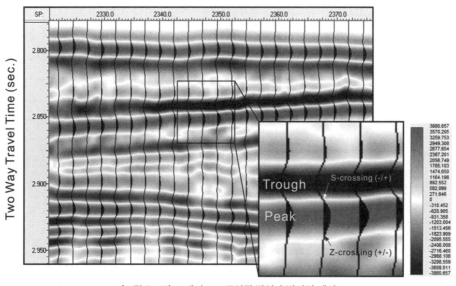

〈그림 5-43〉 트레이스로 구성된 탄성파 반사면 예시

로 이루어진 트레이스의 집합체이며, 여기에 피크를 붉은색 그리고 트러프를 파란색으로 하는 컬러바를 적용하고 각각의 진폭 크기에 따라 컬러를 다르게 적용을 할 경우 〈그림 5-43〉과 같은 탄성파 단면이 된다. 즉, 최근 탄성파 해석용 소프트웨어를 통해 확인되는 탄성파 단면은 트레이스에 어떠한 색상바를 적용했는가에 따라 탄성파 단면의 색깔이 달라지기 때문에 적용된 색상을 확인한 후에 피크 혹은 트러프를 찾아야 한다.

① 층서단위 경계면 매핑

탄성파 탐사자료 해석의 기본적인 원리는 탄성파 단면상에서 탄성파 층서학적으로 또는 퇴적학적으로 의미를 가지는 연속성이 좋은 반사면을 찾아 매핑하고, 해당 반사면으로 구분되는 형태들의 특징을 해석하는 과정이다. 탄성파 단면상에서 반사면이 연속성이 좋다는 것은 연구지역 전반에 걸쳐 공통적으로 물성차이를 갖는 퇴적층의 경계가 존재한다는 의미로, 탄성파 해석을 통한 층서해석, 구조해석 등에 있어서 기초 자료로 활용된다.

탄성파 단면상에서 이와 같은 연속성이 좋고 지질학적 의미를 가지는 반사면을 호라이즌(horizon)이라 부르고, 이를 도시하는 작업을 호라이즌 매핑(horizon mapping)이라 한다.

호라이즌 매핑은 활용하는 소프트웨어나 해석자에 따라 차이가 있을 수 있으나, 일반적으로 따르는 순서는 〈그림 5-44〉와 같다. 매핑은 각 단계별 순서에 따르며, 3단계 이후에는 2단계로 돌아가 연구지역 내 반사면을 모두 매핑할 때까지 반복한다. 각 단계별 세부적인 방법은 다음과 같다.

(a) 반사면 선정

일반적으로 시추자료 분석으로부터 매핑할 퇴적층 또는 그 경계가 결정된 경우와 그렇지 않은 경우로 구분할 수 있다. 첫 번째 경우 시추공에서 매핑을 하려고 하는 퇴적층 혹은 그 경계에 해당하는 깊이를 표시하는데 일반적으로 이를 퇴적층 경계(formation top 혹은 well top)라 한다. 퇴적층 경계는 시추공이나 물리검층 분석을 통해 얻어지는 깊이에 대한 정보이기 때문에 수직축이 시간단위로 이루어진 탄성파 자료에 활용할 경우 퇴적층의 음파속도를 고려하여 시간단위로 변환하여 반사면에 대비한다(그림 5-45). 연구대상이 되는 퇴적층이 깊이에 따른 속도변화가 있을 경우 물리검층자료(속도와 밀도 검층자료)와 파형(wave let)을 활용한 합성 탄성파기록(synthetic seismogram) 또는 수직탄성파 탐사(Vetical Seismic Profile: VSP)로부터 도출된 체크샷(check shot) 자료로 부터 시간-깊이 관계 값(time-depth relationship)을 제작하여 대비한다. 두 번째 경우는 탄성파 단면 자체를 이해하고 분석하는 경우이다. 이 경우 일반적으로 탄성파 층서학적 관점에서 부정합면이나 혹은 광역적으로 양호한 연속성을 갖는 정합면을 매핑한다. 경우에 따라 매핑하고자 하는 대상이 질량류 퇴적체, 화산체, 기반암 등 특정 퇴적체를 대상으로 할 경우 부정합 혹은 정합면이 아니라도 호라이즌 매핑의 대상이 될 수 있다.

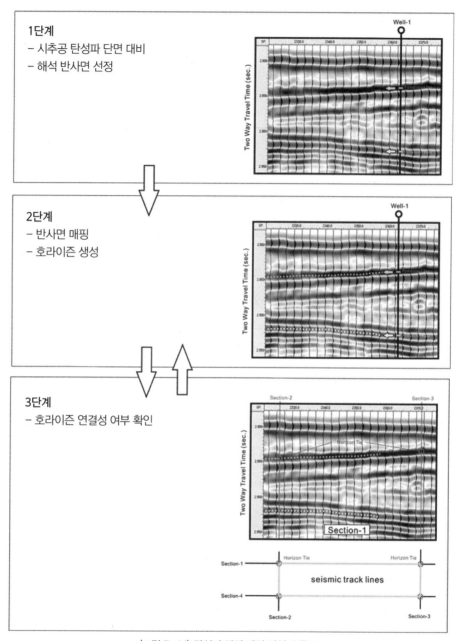

1단계
– 시추공 탄성파 단면 대비
– 해석 반사면 선정

2단계
– 반사면 매핑
– 호라이즌 생성

3단계
– 호라이즌 연결성 여부 확인

〈그림 5-44〉 탄성파 단면 매핑 작업 흐름도

시추자료 분석결과에서 도출된 퇴적층 경계가 특정 반사면에 잘 대비되는 경우에는 매핑할 반사면은 쉽게 결정된다. 그러나 시추공 자료에서 도출된 퇴적층 경계가 뚜렷한 반사면에 대비되지 않거나 시추공자료 자체가 없는 경우 매핑할 반사면을 주의 깊게 선정해야 한다.

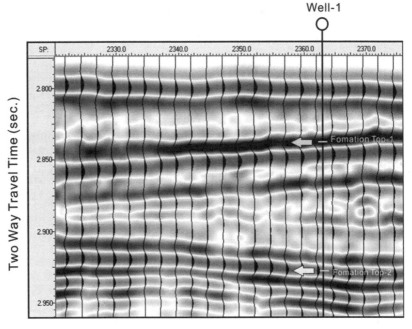

〈그림 5-45〉 시추공의 퇴적층 경계과 선정된 반사면 예시

(b) 반사면 매핑

호라이즌 매핑의 대상 반사면을 선정한 이후에는 반사면의 어떤 지점을 매핑할 것인지를 결정해야 한다. 앞서 언급한 바와 같이 탄성파 반사면은 피크와 트러프로 구성된 트레이스들의 조합이다(그림 5-43). 반사면을 매핑하는 방법은 크게 수동 매핑(manual mapping)과 자동 트래킹(auto tracking)으로 구분된다. 최근 상업적 혹은 비상업적으로 제공되는 탄성파 해석용 소프트웨어에서는 자동 트래킹 기법을 제공하는데 이는 피크, 트러프, 피크와 트러프의 경계(+/−) 그리고 트러프와 피크의 경계(−/+)를 선정하고 수직적인 탐색 범위(searching window)를 지정하면 설정값의 조건에 맞춰 자동으로 매핑을 해 주는 기능을 제공한다(그림 5-43). 이 기능은 수동 매핑에 비해 반사면의 원래 형태를 잘 따른다는 장점이 있으나, 매핑 파라미터 설정과 매핑 결과 확인에 많은 주의를 기울여야 한다는 단점이 있다. 자동 트래킹 기법은 일반적으로 다중채널 탄성파 자료에서 많이 활용되며, 천부 탄성파 탐사에서 주로 활용되는 첩 또는 스파커 등의 장비로 취득된 자료는 일반적으로 수동 매핑을 활용한다. 수동 매핑은 매핑 대상 반사면의 연속성을 고려하여 사용자가 직접 호라이즌을 만드는 작업으로 지질학적 현상을 고려하며 수행해야 한다(그림 5-46).

(c) 층 경계면의 타이 여부 확인

매핑된 호라이즌이 정확하게 매핑이 되었는지 확인하는 단계이다. 탄성파 자료 해석은 단면상에

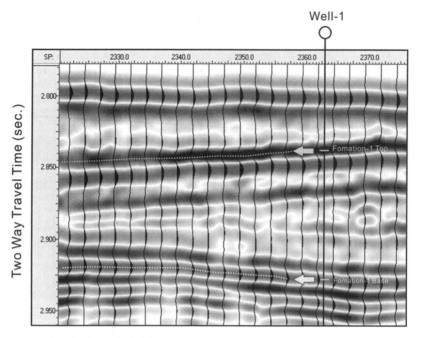

〈그림 5-46〉 선정된 반사면에 대한 매뉴얼 호라이즌 매핑 결과 예시

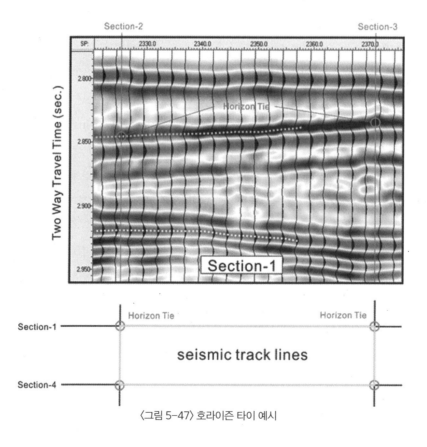

〈그림 5-47〉 호라이즌 타이 예시

서 이루어지기 때문에 각각의 단면상에서 매핑된 호라이즌이 동일한 반사면을 대상으로 이루어진 매핑인지 확인하는 단계가 필요하다. 이러한 검증 과정을 위해 타이(tie)라는 방법을 활용한다. 타이는 서로 다른 측선으로 다각형(일반적으로 사각형을 활용)을 만들고 각각의 꼭짓점에 해당하는 지점에서 매핑한 호라이즌이 동일한 지점에서 만나는지 확인하는 방법이다(그림 5-47). 단면과 단면이 만나는 동일한 지점에서 각각의 단면에서 매핑했던 호라이즌이 같은 지점에 일치한다면 공간적 동일한 반사면을 매핑하고 있다는 의미가 된다. 따라서 이 지점에서 타이는 호라이즌 매핑의 가장 초기단계에서부터 시작해서 매핑이 끝날 때까지 계속해서 확인해야 하는 부분이다.

② 시간 구조도 제작

호라이즌 매핑이 끝나면 매핑된 결과를 바탕으로 지형도를 만들어 해석한다. 탄성파 자료해석에서는 시간 단위의 탄성파 단면 해석을 바탕으로 만들어진 3차원 지형도를 시간구조도(time structure map)라 한다. 연구지역의 지층에 대해 3차원 자료를 취득한 경우에는 호라이즌 매핑 결과만으로 시간구조도를 만들 수 있다. 그러나 2차원 탄성파 자료의 경우 탐사측선에 해당하는 지점에서만 자료를 취득하기 때문에 2차원 단면의 해석결과인 호라이즌 매핑 결과만으로는 해당지역의 3차원 시간구조도를 이해하기 힘들다. 따라서 2차원 정보를 바탕으로 나머지 부분을 외삽 혹은 내삽하는 통계학적 방법을 활용해 나머지 부분을 추정해야 하며, 이러한 과정을 통해 만들어진 결과를 퇴적층면이라 한다.

일반적인 시간구조도 제작방법은 다음과 같다(그림 5-48).

– 퇴적층면 제작 범위 설정

– 격자 크기(또는 개수) 설정, 알고리즘 선택

– 시간구조도 제작

(a) 시간구조도 제작 범위 설정

시간구조도는 일반적으로 호라이즌 매핑이 완료된 지역 전체를 대상으로 하거나, 완료된 지역 중에서도 특정지역을 대상으로 제작하기도 한다(그림 5-49). 두 가지 경우 모두 시간구조도 제작을 위해서는 범위를 설정해야 한다. 시간구조도 제작 범위는 최종 도출되는 시간구조도 수평적 범위에도 영향을 미치지만 동시에 통계학적 알고리즘에 포함되는 호라이즌의 양을 결정하기도 한다. 또한 일반적으로 시간구조도 제작은 호라이즌 매핑 결과를 입력값으로 하고 나머지 비어 있는 공간을 통계학적으로 유추해서 채우는 과정이다. 따라서 호라이즌이 매핑되지 않은 영역까지 무리하게 확장하여 제작범위를 설정할 경우 알고리즘을 활용한 외삽 및 내삽과정에서 기존지형과는 완전히 다른 형태를 예측한 결과를 가져오기 때문에 범위 설정에 유의해야 한다. 그뿐만 아니라 기본적으로 시간구조도 제작의 목적은 대상 반사면의 시간구조, 즉 지형도를 통해 지질학적 해석을 하

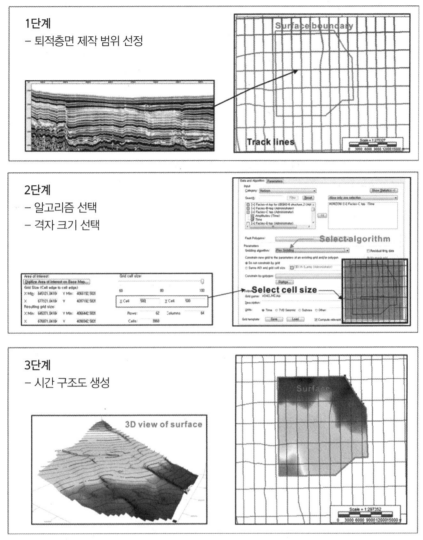

〈그림 5-48〉 시간구조도 제작(time structure map) 작업 흐름도

고자 하는 데 있으므로, 분석 대상이 되는 지역을 잘 이해하고 범위를 설정해야 한다.

(b) 격자 크기(또는 개수) 설정 및 알고리즘 설정

시간구조도 제작에서 중요한 과정이 제작범위 내 격자 크기(또는 개수)를 설정하는 부분이다. 일반적으로 호라이즌 매핑의 결과를 바탕으로 시간구조도를 제작하는 과정은 시간구조도 제작범위 내부를 격자로 채우고, 호라이즌이 존재하는 지점의 격자에 값을 할당한다. 그리고 나머지 결과가 없는 격자를 호라이즌의 값이 존재하는 격자를 바탕으로 예측하게 된다. 이 과정에서 격자의 크기가 증가하면 격자의 총 개수는 줄어들고 그만큼 예측해야 할 격자의 수는 줄어든다. 하지만 격자의

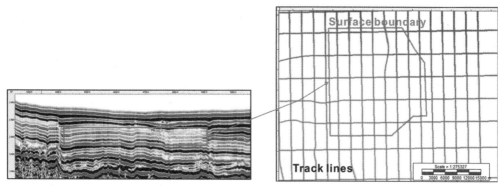

〈그림 5-49〉 시간구조도 제작 범위 설정 예시

크기가 너무 증가하면 정밀한 시간구조도가 만들어지지 않게 된다. 반면 격자의 크기가 감소하면 격자의 총 개수가 증가하게 된다. 이 경우 정밀한 결과를 예상할 수는 있으나 격자의 개수가 너무 증가할 경우 예측해야 할 값들은 커지고 결과에 오차가 많이 발생할 수 있다. 따라서 시간구조도의 결과에 오차가 많을 경우 격자크기(또는 개수)를 확인해야 한다. 〈그림 5-50〉은 동일한 호라이즌 매핑결과와 동일한 시간구조 제작 범위를 사용하고 격자크기만 다르게 설정한 두 개의 시간구조도를 보여 준다. 격자크기를 500×500으로 설정한 좌측 그림은 등고선과 경계면의 형태에서 격자크기 2000×2000을 적용한 우측의 그림에 비해 보다 부드럽고 정밀한 결과를 보여 주는 것을 볼 수 있다. 최근 탄성파 해석용 소프트웨어의 경우 제작범위에 맞춰 초기값으로 격자크기를 제공하기 때문에 일반적으로는 제공되는 격자크기를 활용할 수 있다. 그러나 연구 지역을 지나는 탄성파 측

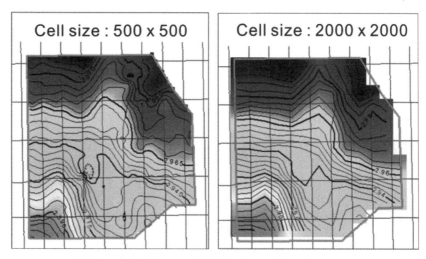

〈그림 5-50〉 시간구조도 제작 격자크기(cell size) 별 결과 비교 예시

선이 적거나 포함되는 호라이즌 매핑 결괏값이 적을 경우는 반드시 격자크기를 확인한 후 시간구조도를 제작해야 한다.

또한 최근 상업적으로나 비상업적으로 활용되는 탄성파 탐사자료 해석용 소프트웨어에서는 다양한 알고리즘을 제시하고 있으므로, 해석상황에 맞춰 알고리즘을 활용해야 한다. 특히 알고리즘의 경우 시간구조도의 결과에 큰 영향을 미치기 때문에 선택에 보다 많은 주의가 필요하다.

③ 등시층후도 제작

등시층후도(isochron map)는 시간 단위의 탄성파 단면에 대해 반사면 매핑과 시간구조도를 제작한 이후 일반적으로 만드는 것으로 퇴적층의 두께를 보여 주는 도면으로 이해할 수 있다. 일반적으로 퇴적층의 두께는 길이 단위인 m 혹은 km 등으로 나타내야 하지만 앞서 언급한 바와 같이 기본적인 탄성파 자료는 깊이가 시간으로 이루어져 있다. 따라서 퇴적층의 음파 전달 속도를 고려한 시간−깊이 변환 없이 가장 손쉽게 퇴적층의 두께를 예측해 볼 수 있는 것이 등시층후도이다. 일반적인 탄성파 해석용 소프트웨어에서는 등시층후도를 제작하기 전 도면 제작 범위를 설정하게 하는데 이 경우 비교대상이 되는 두 개의 시간구조도, 즉 두께를 보고자 하는 퇴적층의 상하부 경계면의 시간구조도 범위를 같게 해 주는 것이 좋다. 〈그림 5−51〉는 동일한 제작경계면 내에서 서로 다른 두 개의 반사면으로 제작한 두 개의 시간구조도를 활용하여 등시층후도를 만든 결과를 보여 준다. 가장 오른쪽에 있는 등시층후도 그림에서 점선으로 표시된 지역은 다른 지역에 비해 상하의 반사면 사이 간격이 큰 지역을 보여 준다. 이러한 두 반사면의 두께 차이는 일반적으로 퇴적층의 두께를 의미하며, 보다 많은 퇴적이 이루어진 지점을 퇴적중심(depo−center)이라 한다.

등시층후도로부터 얻을 수 있는 정보는 퇴적중심(최대 퇴적지점), 퇴적체의 구조운동 영향 여부(구조운동과 퇴적의 선후관계) 등을 살피는 데 유용하다. 특히 퇴적이후 2차적인 지층의 변형이 있는 지역의 경우 시간구조도만으로 퇴적 당시 지형 혹은 퇴적환경을 유추하기 어렵다. 따라서 등시층후도는 시간구조도와 함께 탄성파 해석에 반드시 필요한 도면이라 할 수 있다.

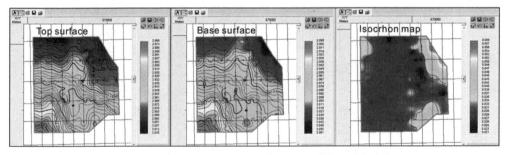

〈그림 5−51〉 두 개의 시간구조도를 활용한 등시층후도 제작 예시

④ 음향상 분포도면 제작

고해상 탄성파 탐사자료를 이용한 음향상 해석의 기초가 되는 분류기준은 초창기에는 대륙사면과 분지평원을 포함하는 심해 퇴적환경에 적합하게 고안되었다. 심해 퇴적물의 경우 주로 세립질 퇴적물로 구성되어 음파가 비교적 깊이 투과되므로, 음향상 분류 시 표층반사파와 내부반사파의 음향 특성을 조합한 2단계 분류가 일반적으로 사용된다(Damuth and Hayes, 1977; Damuth, 1978). 그러나 대륙붕을 포함하는 천해 지역에는 세립퇴적물은 물론 자갈과 모래를 포함하는 다수의 조립질 퇴적물이 분포하고 있으므로 이와 같이 수심이 낮은 천해 지역을 고려한 분류 방법의 도입이 필요하다. 예를 들면 우리나라 황해의 경우 파랑과 조석의 영향을 크게 받는 환경에서는 조립질로 구성된 모래구릉(sand ridge)을 비롯한 다양한 형태의 표면구조가 발달한다(표 5-1).

천부 탄성파 탐사자료의 탄성파상 분석을 수행하게 되면 해저면에 분포하는 지층의 음향상 분포도 제작이 가능하며 우리나라 관할해역을 대상으로 제작된 음향상 분포도가 대표적인 예라고 할 수 있겠다(그림 5-53). 탄성파 탐사 자료상에서 강한 진폭을 갖는 반사면과 종단양상을 토대로 서로 다른 특징을 갖는 퇴적단위를 분석할 수도 있다.

〈표 5-1〉 황해 중부해역에 분포하는 음향상 유형(조민희 외, 2013)

Class	Type	Line drawing	Description	Interpretation
1	1-1		Relatively flat seafloor with no subbottom reflectors	Seafloor covered by coarse-grained sediments, relict sands
	1-2		Flat sea floor with moderately developed subbottom reflectors	Flat seafloor with moderately to well developed subbottom reflectors
	1-3		Flat sea floor covered by regularly spaced, wavy bedforms	Large-scale dunes formed by tidal currents
2	2-1		Mounds covered by wavy bedforms	Tidal ridge, dunes, active
	2-2		Mounds or flat sea floor covered by erosional wavy bedforms	Tidal ridge, erosional and modified
	2-3		Mounds accompanying acoustically transparent wedges on th flanks	Tidal ridges, degraded and modified
3	3-1		Sea floors of great topographic relief and deeply incised valleys	Extensive channel erosion by strong currents

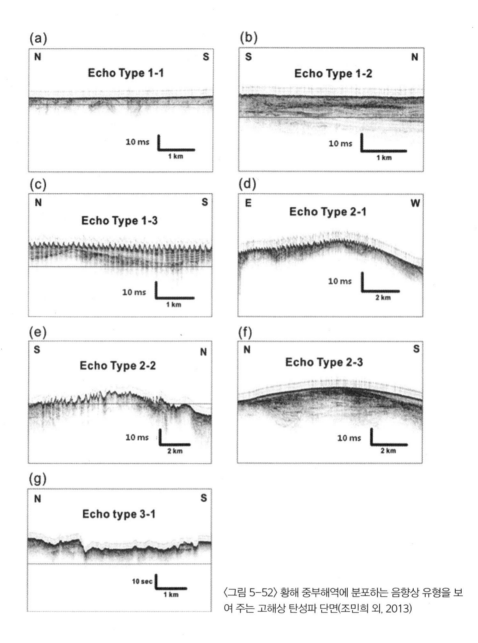

(a) N S Echo Type 1-1 10 ms 1 km

(b) S N Echo Type 1-2 10 ms 1 km

(c) N S Echo Type 1-3 10 ms 1 km

(d) E W Echo Type 2-1 10 ms 2 km

(e) S N Echo Type 2-2 10 ms 2 km

(f) N S Echo Type 2-3 10 ms 2 km

(g) N S Echo type 3-1 10 sec 1 km

〈그림 5-52〉 황해 중부해역에 분포하는 음향상 유형을 보여 주는 고해상 탄성파 단면(조민희 외, 2013)

(5) 자료의 활용

해양의 다양한 분야에서 활용되고 있는 탄성파 탐사는 목적에 따라 크게 해양환경 분야와 자원탐사 분야로 구분할 수 있다. 해양환경 분야에 사용되는 경우의 대부분은 해양을 대상으로 특정 구조물을 설치하거나 특정 부지를 선정하기 위하여 해저 지층의 위험요소 유무나 부지 안정성 등의 판단을 위해 사용된다. 이와 같은 해양환경 분야에 사용되는 탄성파 탐사는 주로 천부 퇴적층의 분포

특성이나 지질구조 규명을 목적으로 하는 첩과 같은 고주파 또는 스파커와 같은 중천부 탄성파 탐사가 주로 이용된다. 예를 들면, 원자력발전소 혹은 원전수거물 부지선정을 위한 지반조사, 방조제 혹은 각종 대교 건설과 같은 해저구조물 설치, 해저광케이블 설치 루트조사, 군사 목적의 수중 시설물 매설 및 탐색, 각종 연안 개발 시 수행하는 지층조사 등이 있다.

우리나라는 원자력 발전소의 가동에 따른 각종 원전 폐기물이 발생하고 있으며 이를 반영구적으로 처리할 부지가 필요한 실정이다. 따라서 오래전부터 상기 목적의 원전수거물 부지를 선정할 목적으로 황해 및 동해 연안을 포함하는 우리나라 주변해역에서 탄성파 탐사를 수행하고 있다. 이러한 부지선정의 경우 시설물 건설 이후의 안정성 문제가 가장 중요하며, 안정성 유무를 판단하는 데 있어 탄성파 탐사자료가 필수적이다. 그 대표적인 사례로 황해에 위치하고 있는 굴업도가 원전수거물 부지로 최종 선정되는 과정에서 섬 주변해역에 활성단층의 존재 사실이 밝혀지면서 부지선정이 백지화된 사실을 들 수 있다. 이 조사에서도 중천부 탄성파 탐사자료의 지질구조 해석결과를 바탕으로 결정적인 연구결과를 도출한 경우에 해당한다. 그러나 아직까지도 부지선정을 목적으로 하는 해저지층 조사가 필요에 따라 산발적으로 진행됨에 따라 조사비용의 과다 발생은 물론 효과적인 연구결과의 도출이 어렵게 될 수도 있다. 따라서 해양조사원에서 그동안 우리나라 주변해역을 대상으로 체계적으로 취득한 탄성파 자료의 해석을 토대로 광역 지질구조도면 혹은 지질위험 요소 분포도면 등을 작성하면 상기 목적의 조사연구가 더욱 효율적으로 진행될 수 있을 것으로 생각된다. 부지선정을 목적으로 탐사를 수행하는 경우에는 해저퇴적층의 발달 상태는 물론 단층이나 습곡과 같은 구조지질학적 위해요소의 유무, 해저사태 등에 의한 붕락대의 존재 및 미고결 퇴적층에 분포하는 천부가스 함유 유무 등을 판단하게 된다. 특히 기반암과 연계하여 발달하는 대규모 단층대, 습곡대 등과 연계된 지반 안정성의 위해가 될 지질학적 재해요소의 유무를 판단하는 데 유용하게 사용된다.

부지선정을 목적으로 활용하고 있는 또 다른 예로 이산화탄소 지중저장 부지선정 및 주입 후 모니터링 탐사를 들 수 있다. 전세계적으로 온실가스 감축의 일환으로 이산화탄소를 해저 지층에 반영구적으로 저장하려는 연구가 활발하게 진행되고 있다. 지금까지 수행된 주요 이산화탄소 지중저장 관련 연구로는 미국 텍사스주 프리오, 일본 나가오카, 독일 케친, 호주 오트웨이 등에서 이루어진 연구가 있다. 그중에서 노르웨이에서 추진하고 있는 슬레이프너의 연구 사례는 해저 가스전에서 분리된 이산화탄소를 가스전 상부에 위치하고 있는 염대수층에 주입하는 프로그램으로, 탄성파 탐사자료의 분석결과를 토대로 시추공 자료와 종합 분석을 통하여 지중저장 사이트를 선정한 경우에 해당한다. 현재 우리나라도 이산화탄소 지중저장 부지선정을 위한 연구가 활발하게 진행되고 있으며, 대륙붕의 경우 울릉분지를 중심으로 연구가 수행되고 있다. 원자력 발전소나 원전수거물

대 한 민 국

천부지층 탐사 기록은 퇴적 분지내 100 m 이하의 최상층 퇴적 과정을 밝히는데 유용한 자료이며, 음향상 발달과 관련된 분석 및 분류 기준을 통해 천부퇴적물의 퇴적과정을 간접적으로 해석할 수 있다.

동해의 대륙붕 지역은 음향상 IA가 우세하고 육상기원의 조립질 퇴적물로 구성 되어있다. 섬 주변과 해저산 발달지역은 음향상 IF와 IIIA가 분포한다. 이 지역은 솟 되고 기복이 심한 기반암으로 매우 복잡한 지형을 이룬다. 동해가 형성될때 한반도로부터 떨어져나간 대륙지각의 복잡한 조각들로 형성된 한국대지는 음향상 IIA, IIC, IF/IIIA, IIIB, IIIC가 우세하고 울릉분지의 분지평원은 음향상 IB가 평탄하고 넓게 분포되어 있다.

남해 내 대륙붕에는 음향상 1-8, 8, 8-1, 8-3이 분포하고 중간 대륙붕에는 1-2, 1-3이 우세하게 분포한다. 남해 서부의 도서주변에는 음향상 9-1이 분포한다. 남해동부의 대한해곡에는 해저면이 침식형태를 보이는 음향상 1-9가 분포한다.

황해 북부에 위치한 산동반도와 장산곶사이의 좁은 해협은 음향상 6과 7로 대표되며 일부 지역은 큰 규모의 사구에 의해 평탄한 지형을 이루고 황해동부 지역은 구릉형의 음향상 3, 4, 5가 주를 이루고있다. 황해 서부지역은 음향상 1-1, 1-2, 1-5, 1-6이 부분적으로 분포되어 있다.

제주 서쪽에는 북서-남동 방향의 음향상 3이 분포하며 북쪽으로 갈수록 규모가 작아지고 북동-남서 방향으로 발달해있다. 장강 하구의 외해에는 장강 하구쪽으로 음향상 3과 그 주변에 음향상 1-2가 분포하고 외해로가면서 음향상 1-3이 넓게 분포한다

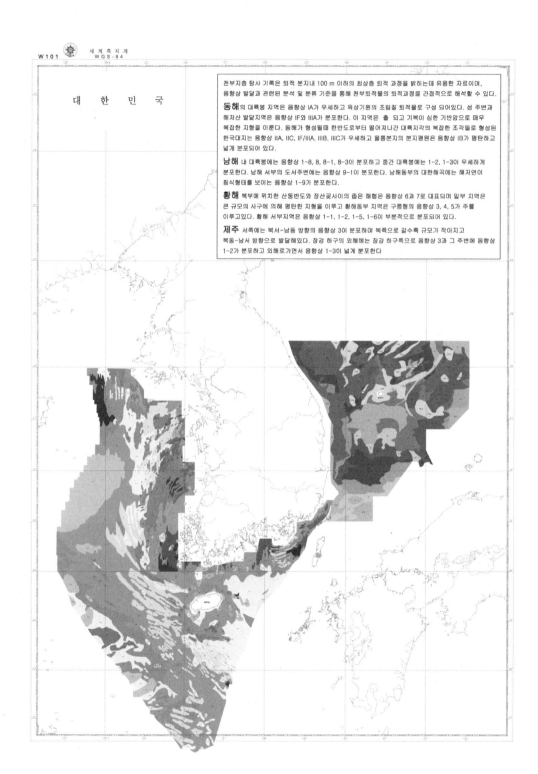

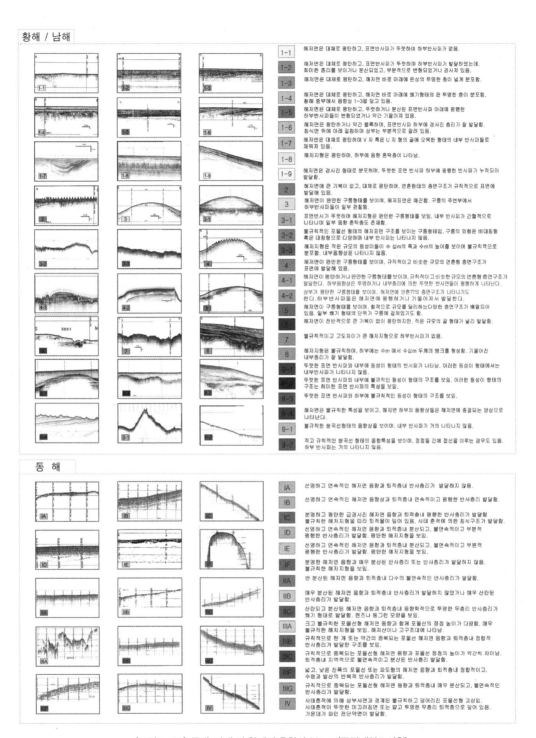

1-1 해저면은 대체로 평탄하고, 표면반사파가 뚜렷하며 하부반사파가 없음.

1-2 해저면은 대체로 평탄하고, 표면반사파가 뚜렷하며 하부반사파가 발달하는데, 희미한 층리를 보이거나 분산되고, 부분적으로 변형되었거나 경사져 있음.

1-3 해저면은 대체로 평탄하고, 해저면 바로 아래에 관상의 투명한 층이 넓게 분포함.

1-4 해저면은 대체로 평탄하고, 해저면 바로 아래에 쐐기형태의 판 투명한 층이 분포함. 황해 중부에서 음향상 1-3을 덮고 있음.

1-5 해저면은 대체로 평탄하고, 뚜렷하거나 분산된 표면반사파 아래에 평행한 하부반사파가 변형되었으나 약간 기울어져 있음.

1-6 해저면은 평탄하거나 약간 볼록하며, 표면반사파 하부에 경사진 층리가 잘 발달함. 침식면 위에 아래 걸쳐하며 상부는 부분적으로 걸려 있음.

1-7 해저면은 대체로 평탄하며 V자 혹은 U자 형의 골에 오목한 형태의 내부 반사파들로 채워져 있음.

1-8 해저지형은 평탄하며, 하부에 음향 흔탁층이 나타남.

1-9 해저면은 경사진 형태로 분포하며, 뚜렷한 표면 반사파 하부에 평행한 반사파가 누적되어 발달함.

2 해저면엔 큰 기복이 없고, 대체로 평탄하며, 연흔형태의 층면구조가 규칙적으로 표면에 발달해 있음.

3 해저면이 완만한 구릉형태를 보이며, 해저표면은 매끈함. 구릉의 주변부에서 하부반사파들이 일부 관찰됨.

3-1 표면반사가 뚜렷하여 해저지형은 완만한 구릉형태를 보임. 내부 반사파가 간헐적으로 나타나며 일부 음향 흔탁층도 존재함.

3-2 불규칙적인 포물선 형태의 해저표면 구조를 보이는 구릉형태임, 구릉의 외형은 비대칭형 혹은 대칭형으로 다양하며 내부 반사파는 나타나지 않음.

3-3 해저지형은 작은 규모의 둔성이들이 수 십m의 폭과 수m의 높이를 보이며 불규칙적으로 분포함, 내부음향상은 나타나지 않음.

4 해저면이 완만한 구릉형태를 보이며, 규칙적이고 비슷한 규모의 연흔형 층면구조가 표면에 발달해 있음.

4-1 해저면이 평탄하거나 완만한 구릉형태를 보이며, 규칙적이고 비슷한 규모의 연흔형 층면구조가 발달한다. 하부음향상은 투명하거나 내부층리에 의한 뚜렷한 반사면들이 평행하게 나타난다.

4-2 상부가 평탄한 구릉형태를 보이며, 해저면에 안흔??의 층면구조가 나타나기도 한다, 하부 반사파들은 해저면에 평행하거나나 기울어져서 발달 한다.

5 해저면이 구릉형태를 보이며, 횡적으로 규모를 달리하는다양한 층면구조가 배열되어 있음, 일부 쐐기 형태의 단위가 구릉에 걸쳐있기도 함.

6 해저면이 전반적으로 큰 기복이 없이 평탄하지만, 작은 규모의 골 형태가 널리 발달함.

7 불규칙적이고 고도차이가 큰 해저지형으로 하부반사파가 없음.

8 해저지형은 불규칙하며, 하부에는 수m 에서 수십m 두께의 뱅크를 형성함. 기울어진 내부층리가 잘 발달함.

8-1 뚜렷한 표면 반사파나 내부 둔성이 형태의 반사파가 나타남. 이러한 둔성이 형태에서는 내부반사파가 나타나지 않음.

8-2 뚜렷한 표면 반사파와 내부에 불규칙한 둔성이 형태의 구조를 보임. 이러한 둔성이 형태의 구조는 희미한 표면 반사파의 특성을 보임.

8-3 뚜렷한 표면 반사파와 하부에 불규칙적인 둔성이 형태의 구조를 보임.

8-4 해저면은 불규칙한 특성을 보이고, 해저면 하부의 음향상은 해저면에 충결되는 양상으로 나타난다.

9-1 불규칙한 쌍곡선형태의 음향상을 보이며, 내부 반사파가 거의 나타나지 않음.

9-2 작고 규칙적인 쌍곡선 형태의 음향특성을 보이며, 정꼭들 간에 접선을 이루는 경우도 있음. 하부 반사파는 거의 나타나지 않음.

동해

IA 선명하고 연속적인 해저면 음향과 퇴적층내 반사층리가 발달하지 않음.

IB 선명하고 연속적인 해저면 음향상과 퇴적층내 연속적이고 평행한 반사층리 발달함.

IC 분명하고 평탄한 급경사진 해저면 음향과 퇴적층내 평행한 반사층리가 발달함 불규칙한 해저지형을 따라 회적물이 덮여 있음. 사태 흔적에 의한 침식구조가 발달함.

ID 선명하고 연속적인 해저면 음향과 퇴적층내 분산되고, 불연속적이고 부분적 평행한 반사층리가 발달함. 평탄한 해저지형을 보임.

IE 선명하고 연속적인 해저면 음향과 퇴적층내 분산되고, 불연속적이고 부분적 평행한 반사층리가 발달함. 평탄한 해저지형을 보임.

IF 분명한 해저면 음향과 매우 분산된 반사층리 또는 반사층리가 발달하지 않음. 불규칙한 해저지형을 보임.

IIA 반 분산되는 해저면 음향과 퇴적층내 다수의 불연속적인 반사층리가 발달함.

IIB 매우 분산된 해저면 음향과 퇴적층내 반사층리가 발달하지 않았거나 매우 산란된 반사층리가 발달함.

IIC 산란되고 분산된 해저면 음향과 퇴적층내 음향학적으로 투명한 무층리 반사층리가 쐐기 형태로 발달함. 렌즈나 둥그런 모양을 보임.

IIIA 크고 불규칙한 포물선형 해저면 음향과 포물선의 정점 높이가 다양함. 매우 불규칙한 해저지형을 보임. 해저산이나 고구조대에 나타남.

IIIB 규칙적으로 한 계 또는 약간의 중복되는 포물선 해저면 음향과 퇴적층내 정합적 반사층리가 발달한 구조를 보임.

IIIC 규칙적으로 중복되는 포물선형 해저면 음향과 포물선 정점의 높이가 약간적 차이남. 퇴적층내 지역적으로 불연속적이고 분산된 반사층리 발달함.

IIIF 넓고, 낮은 진폭의 포물선 또는 파도형의 해저면 음향과 퇴적층내 정합적이고, 수명과 발산의 반복적 반사층리가 발달함.

IIIG 규칙적으로 중복되는 포물선형 해저면 음향과 퇴적층내 매우 분산되고, 불연속적인 반사층리가 발달함.

IV 사태흔적에 의해 상부사면과 경계면 불규칙하고 덮어지린 포물선형 괴상임. 사태흔적이 뚜렷한 미끄러짐면 또는 얇고 투명한 무층리 퇴적층으로 덮여 있음. 가운데가 파인 전단약면이 발달함.

〈그림 5-53〉 동해, 남해 및 황해의 음향상 분포도(국립해양조사원)

부지 조사의 경우 주로 중천부 탄성파 탐사자료를 이용하는 반면 이산화탄소 지중저장 부지 선정을 목적으로 하는 조사에서는 투과심도가 깊은 저주파 탐사자료가 주로 이용된다.

　해저에는 다양한 형태의 케이블이 매설되어 있다. 우리나라 주변해역에도 국내 혹은 국제해저케이블이 매설되어 있다. 이와 같은 해저케이블의 설치를 위한 예상루트에 대한 해저지질 및 천부지층 특성 파악을 위해 고해상 탄성파 탐사자료가 활용된다. 탄성파 자료는 예상 루트에 대한 지형특징은 물론 케이블 설치 후 안정성에 영향을 줄 수 있는 지질위해 요소 유무 및 최적의 매설루트를 결정하는 데 중요한 정보를 제공한다. 또한 케이블의 매설 공사 시 천부지층을 구성하고 있는 퇴적물 종류 및 천부 퇴적층의 두께 등에 대한 정보가 매우 중요시되는데 고해상 탄성파 자료의 정밀분석에 의해 이와 같은 결과의 제공이 가능하게 된다. 그 외에도 탄성파 탐사는 각종 연안 개발을 위한 천부지층 분포특성 파악을 위해 활용된다. 예를 들면 우리나라 황해 연안에 위치하고 있는 방조제 건설 혹은 광안대교와 같은 해저구조물 설치를 위한 연안개발 시 천부지층 특성 파악을 위해 탄성파 탐사는 필수적이다. 고해상 탄성파 자료는 기반암의 심도 및 분포특성 파악은 물론 퇴적층의 두께, 단층과 같은 시설물의 안정성을 저해하는 요소의 유무 등에 대한 정보를 제공하게 된다. 특히 고해상 탄성파 자료의 경우 해저유물, 침몰선 등과 같이 해저면 근처 천부퇴적층에 매몰되어 있는 특정 목표물 탐색에 유용하게 활용되고 있다. 우리나라도 현재 남해 연안 및 황해 도서 인접해역을 대상으로 각종 유물 탐사를 하는 데 있어 고해상 탄성파 탐사가 수행되고 있다.

　자원탐사 목적으로 탄성파 탐사를 이용하는 대표적인 예로 유·가스전 탐사를 들 수 있다. 우리나라 주변해역에는 크게 황해의 군산분지, 남해의 제주분지, 동해에 위치하고 있는 울릉분지가 발달해 있다. 1970년대부터 대륙붕에 발달해 있는 3개 분지를 대상으로 광역 및 정밀 탄성파 탐사가 수행되었으며, 탄성파 자료 해석결과를 기초로 도출된 유망구조를 대상으로 시추를 수행하고 있다. 국내 대륙붕을 대상으로 하는 석유탐사 사업은 한국석유공사를 중심으로 진행되었으며 그동안의 연구결과를 중심으로 울릉분지에서 정밀탐사 및 시추를 통하여 2004년에는 울릉분지에서 가스전을 개발하여 국내 최초로 천연가스를 생산하기 시작하였다. 이와 같은 석유나 천연가스전의 탐사 및 개발에 있어 탄성파 탐사가 매우 중요한 역할을 하고 있다. 석유나 천연가스의 경우 지하 수 km 이하의 퇴적층 깊은 곳에 매장되어 있어 주로 저주파 음원을 사용하는 심부탄성파 탐사가 이용된다.

　고해상 및 중천부 탄성파 탐사자료는 해저면 근처의 천부지층에 부존되어 있는 골재조사에 이용된다. 수요가 증가하면서 육상 골재가 부족해짐에 따라 해저에 퇴적되어 있는 골재자원에 관심을 갖게 되었으며, 우리나라의 경우도 황해 및 남해 대륙붕을 대상으로 연구가 수행되고 있다. 기존 연구에 의하면 황해 중부해역과 남부해역, 남해 중간대륙붕에는 막대한 양의 골재가 부존되어 있으

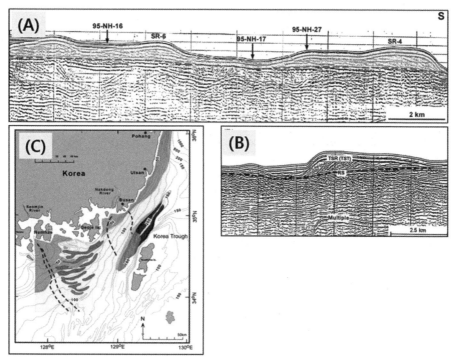

〈그림 5-54〉 중천부 탄성파 탐사를 이용한 골재자원 조사 예(Yoo and Park, 2000). (A), (B) 탄성파 단면상에 보이는 사퇴(sand ridge), (C) 퇴적단위 분포도면으로 붉은색이 골재자원(사퇴) 분포 범위를 보여 주고 있음.

며, 현재 여러 지역에서 골재를 생성하고 있다(그림 5-54). 이와 같은 해저부존 골재의 분포지역, 두께, 부존규모에 대한 정보는 물론 부존량 평가 등을 위해서는 탄성파 탐사가 필수적이다. 그밖에 도 탄성파 탐사는 심해저에 분포하고 있는 망간단괴나 중앙해령 부근에 분포하는 열수광상 등의 탐사에도 활용되고 있다.

5.2. 중력탐사

5.2.1. 중력탐사 개요

중력탐사란 지구상에 존재하는 중력장(gravity field)에 관련된 것으로 지오이드 및 연직선 편차를 계산하여 지구의 형상을 결정하거나, 각 지역의 밀도변화에 의한 중력의 차이를 구하여 지하구조 및 자원탐사 등을 위한 목적으로 중력의 크기를 측정하는 지구물리탐사이다. 중력탐사에 있어서 지표나 해저면 아래에 주변과 다른 밀도를 갖는 물질의 존재를 파악할 수 있으므로 중력탐사에서 지오이드 계산은 매우 중요하다(그림 5-55).

중력탐사로 얻어지는 자료는 중력분포의 작성, 지오이드에 관한 연구, 수준측량(높이측량)의 보정자료, 지하자원탐사, 지하수 이동 및 지구온난화에 의한 해수면 상승, 지진 및 지각활동 예측 등 다양한 분야의 자료로 활용된다(그림 5-2-2). 중력측정은 중력값의 지리적 분포나 시간적 변화를 정밀하게 측정하기 위하여 실시하고 중력가속도의 크기를 측정하는 것이며 측정을 위한 전제조건은 다음과 같다.

- 중력은 지구상의 위치나 높이에 따라 장소마다 값이 다르고 지하의 광물이나 단층 등의 지구 내부구조의 차이에 따라서도 값이 달라진다.
- 지구를 타원형으로 가정한 정규 중력값은 원심력의 영향이 최대가 되는 적도에서는 978Gal이고 원심력의 영향이 최저가 되는 극에서는 983Gal이 된다.

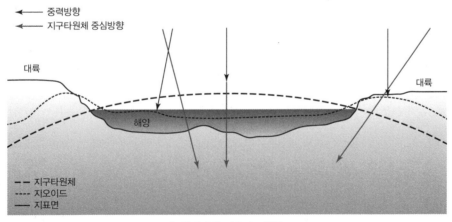

〈그림 5-55〉 지오이드 변화

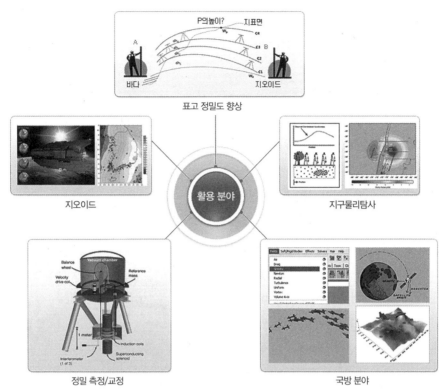

<그림 5-56> 중력탐사 활용 분야(국토지리정보원)

– 중력값은 지구의 중심으로부터 거리가 멀어지게 되면 지구의 인력이 그 거리의 제곱에 반비례
하여 작아지므로 높이에 따라 차이가 나고 1m 높아질 때마다 약 0.3mGal, 즉 3.3m 높아질 때
마다 약 1mGal의 비율로 작아진다.

5.2.2. 중력계

중력탐사를 위해 이용되는 중력계는 밀도 차에 의한 중력의 상대적인 변화를 측정하는 기기로 스
프링에 매달린 추가 중력의 변화로 인하여 변위되는 현상을 주 원리로 한다.

1) 안정형 중력계

안정형 중력계의 원리는 길이의 변화가 중력의 변화에 비례하는 관계에 있으며, 스프링에 질량을

매달고 이들이 평형을 이룰 때 스프링의 변위를 측정한다. 따라서 지구 조석의 연속측정 등에 적합하며, 대표적으로 아스카니아 중력계가 있다.

2) 불안정형 중력계

이 중력계의 원리는 스프링의 변위를 증가시켜 줌으로써 측정의 정밀도를 높이는 것으로, 되돌리려는 힘이 근소하게 작용한다. 불안정형 중력계는 중력탐사용에 적합하고 소형이므로 산악지대에서 한 사람이 혼자 측정할 수 있다. 대표적인 중력계는 보르돈(Wordon), 장주기 수직 지진계를 응용해서 만든 라코스트-롬버그(Lacoste-Ronberg)형이 있으며, 그 외에 티센(Thyssen)형, 해양 탐사에 쓰이는 해저면 중력계와 선상 중력계, 시추공에 삽입시켜 지하 심도에 따른 밀도를 측정할 수 있는 시추공용 중력계, 항공 탐사용 중력계 등이 있다(그림 5-57).

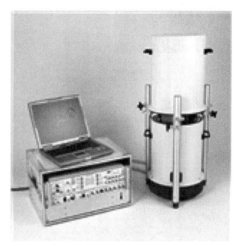

〈그림 5-57〉 중력계

스프링의 신축은 기온변화에 민감하므로 중력계 본체를 항온조 안에 보관해야 한다. 예를 들어, 보르돈 중력계에서는 용융석영과 금속스프링의 온도특성을 조합시켜 보온병 속에 봉입하는 것으로 온도보상을 하고 있으며, 노드아메리칸이나 라코스트-롬버그형에서는 합금으로 된 스프링을 사용한 본체를 ±0.01℃ 정도의 안정성을 가진 항온조에 격납하고 있다.

5.2.3. 중력측정

중력측정은 앞서 언급한 중력계를 사용하여 다음과 같은 과정을 거쳐 측정한다(그림 5-58). 중력측량은 기기를 이용한 측정 후에 시간을 동기화하고 여러 가지 보정을 한 후 필터링을 거쳐 최종 중력이상값을 산출한다.

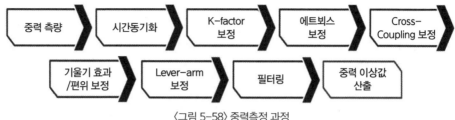

1) 원리 및 특징

중력측량은 지각을 구성하는 암석이나 광물이 종류 및 위치에 따라서 밀도가 다른 점을 이용해 탐사범위 내에서도 측정지역마다 중력값에 차이가 생기는 것을 이용하고 있다. 따라서 중력탐사는 지하 암석의 밀도 차를 바탕으로 하여 밀도분포를 살피는 것이 주 원리이다. 중력측정은 스프링에 의한 탄성력과 물질에 작용하는 중력이 균형을 이룰 때 그 크기를 측정하는 중력계를 써서 이뤄진다. 그 밖에 중력의 수평경도 등의 편차를 측정하는 중력편차계도 사용된다. 지표면에서 중력을 정확하게 측정하기란 매우 어려우면서도 중요한 일이므로 일반적인 측정 오차 범위는 0.1mGal이어야 한다. 야외측정법은 측정목적이나 측정지역의 지형 등 여러 가지 요인에 따라 다르지만 측정 시 꼭 시행해야 할 사항은 아래와 같다.

① 측정지역 또는 인접지역에 있는 중력 기준점과 각 측점간의 상대중력치 측정
② 각 측점에서의 측정시간 측정
③ 각 측점의 고도측정 측정
④ 각 측점의 정확한 위치 측정
⑤ 중력측정 기간 동안의 중력의 시간적 변화 측정

2) 측량방법

중력측량은 관측지점의 중력을 구하는 방법에 따라 절대중력측량과 상대중력측량으로 나눌 수 있다.

(1) 절대중력측량

절대중력계를 이용하여 관측지점에서의 중력값을 직접 획득하는 방법은 사용하는 중력계의 원리에 따라 단진자를 이용하는 방법과 낙하체를 이용하는 방법으로 나눌 수 있다. 두 가지 종류 중

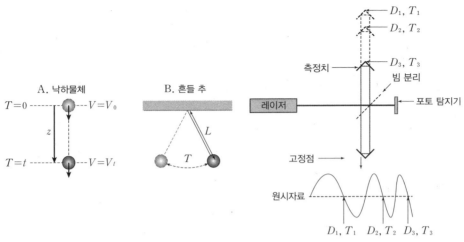

<그림 5-59> 절대중력측량 원리
출처: 국토정보지리원

보편적으로 사용하는 절대중력계는 낙하체를 이용하는 탄도식 절대중력계로서, 간섭계에서 낙하체가 레이저광선의 파장의 절반을 낙하할 때마다 광학 간섭 프린지를 생성하고 이때 원자시계를 이용하여 시간을 정밀하게 측정하여 낙하한 거리를 계산하게 된다. 즉 어느 한 지점에서 진공 속의 물체를 반복 자유낙하시켜 독립적으로 중력값을 측정하며, 이는 상대중력측량의 기준이 된다(그림 5-59).

(2) 상대중력측량

중력값을 알고 있는 점으로부터 관측지점까지의 상대적인 중력 차이를 측정하는 방법으로, 측정 지역에 따라 육상, 해상, 항공으로 나눌 수 있다. 상대중력측량은 두 지점 간의 중력차이를 구하며 절대중력값으로 보정하여 계산한다. 육상 중력측량은 육상에서 상대중력계를 이용하여 관측지점 간의 중력 차이를 측정하는 방법으로 미지의 중력값을 결정하기 위해서는 환을 구성하여 독립적인 측점이 없도록 한다. 또한 시간에 따라 기계가 변하는 특성인 드리프트(drift)를 보정하기 위해 일별 폐합하는 것이 원칙이다. 항공 및 해상중력측량은 이동체인 항공기 또는 선박에 GPS와 중력계를 탑재하고, GPS로부터 계산된 이동체의 가속도($\ddot{x}$)와 중력계로부터 반작용에 대한 가속도(a)를 구하여 두 값의 차이로부터 중력(g)을 계산하는 원리이다.

$g = \ddot{x} - a$ 식 (1)

해상측정은 케이블을 이용하여 중력계를 해저면상에 내려놓거나 선상중력계를 선상에 설치하고

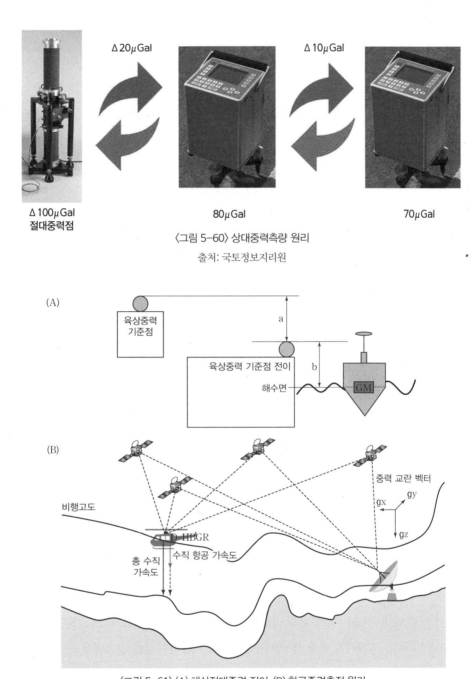

Δ 20μGal　　　　　　　　　Δ 10μGal

Δ 100μGal
절대중력점

80μGal

70μGal

〈그림 5-60〉 상대중력측량 원리
출처: 국토정보지리원

(A)

육상중력
기준점

a

육상중력 기준점 전이

b

해수면

GM

(B)

중력 교란 벡터

gy

gx

비행고도

gz

HBGR

총 수직
가속도

수직 항공 가속도

〈그림 5-61〉 (A) 해상절대중력 전이, (B) 항공중력측정 원리

중력을 측정한다(그림 5-61). 〈그림 5-59〉와 〈그림 5-60〉은 절대중력측량과 상대중력측량의 원
리를 나타낸 것이다.

(3) 중력측량 일반현황

절대중력계는 Micro-g LaCoste사의 FG5, FG5-X, FG-L, A-10 등이 있으며, 우리나라는 주로 탄도식 절대중력계인 FG5와 FG-L을 사용하고 있다. FG-L은 국토지리정보원 절대중력관측소 내에 거치하여 중력원점의 중력값을 지속적으로 측정하는 데 활용하며, FG5는 전국의 절대중력관측 시 이용하고 있다.

또한 2009년 수행한 항공 중력측량에서 ZLS사의 Dynamic Gravity Meter를 이용하였으며, 국립해양조사원에서는 선상 중력측량 시 LaCoste & Romberg사의 S115 모델과 Bodensee Gravimeter KSS-31 모델을 이용하였다. 사용된 중력계의 독취해상도는 0.01mGal 수준이다.

우리나라의 육상중력자료는 1960년대 초반 지질구조탐사를 목적으로 시작되었으며, 이후 측지, 지질구조, 지반조사, 지오이드 구축 등을 목적으로 국토지리정보원, 한국지질자원연구원 및 대학교에서 꾸준히 획득하여 왔다. 그러나 대부분 지구물리탐사를 목적으로 하였기 때문에 지역적으로 편향된 분포를 보인다는 한계가 있다. 또한 독취정확도가 낮은 중력계를 이용하여 오랜 기간 측정하였기 때문에 상대적으로 낮은 정밀도를 보인다.

해상측정은 1996년 국가해양기본조사사업을 통하여 선상 중력측정을 시작하였다. 1단계(1996~2005년)에는 동해, 황해, 남해안 해상에서 중력자료를 획득하였으며, 2006년 시작된 2단계 사업에서는 연안지역에서의 중력측정을 실시하여 2010년 완료하였다. 일련의 자료처리 후 연도별 교차오차는 1.5~4.7mGal 수준이다. 그러나 연도별로 선상중력자료를 획득 및 처리해 오면서 연도별 중력이상값 간의 불연속성이 있는 것으로 알려져 현재 국립해양조사원에서는 국가 해양기본조사 통합자료 분석 및 도면제작 사업을 통해 연도별 선상중력자료에 대한 통합 재처리를 수행하고 있다.

5.2.4. 중력보정

중력보정은 탐사 대상체와 주변암과의 밀도 차에 의한 변화량만이 필요하므로 다른 요인들에 기인되는 중력변화량을 제거하기 위해 실시한다. 중력계를 이용하여 같은 장소에서 1시간 정도의 시간차로 중력을 측정하면 보통 1mGal 내의 차이가 있다. 이와 같이 중력측정치가 측정시간에 따라 변화하는 원인은 중력계 내의 스프링 크립현상, 지구와 천체와의 시간에 따른 상대적 위치변화에 기인하는 기조력의 변화와 기온변화 등이 있다. 또 각 측점의 위도와 고도 및 주위 지형 등의 차이에도 측정치에 영향을 미치며 해상 및 항공 중력측정 시 속도가 빠른 비행기나 항공기를 이용하기 때문에 속도의 동서방향 성분은 지구의 자전속도를 상대적으로 증감시키는 효과를 초래함으로써 중력의 변화를 가져온다. 중력 보정에는 주로 계기보정, 조석보정, 위도보정, 고도보정, 프리에어보정, 부게보정, 지형보정, 대기보정, 에트뵈스보정과 지각평형보정을 거친다.

1) 계기보정

중력계 내에 스프링의 크립 현상 때문에 생기는 중력의 시간에 따른 변화를 계기 변화라 하는데 이러한 오차를 보정하기 위해서는 측정 종료 시 처음 측점으로 돌아가서 반복 측정을 실시한다.

2) 조석보정

달, 태양 등 천체의 상대적인 위치 변화에 따른 인력의 변화를 보정하는 것으로 조석보정량은 달과 태양에 의한 수직성분의 합으로 표현될 수 있으며, 오차는 약 0.3mGal 정도이다.

3) 위도보정

주로 원심력의 영향을 제거하는 작업으로 위도가 다른 두 측점에서 측정된 중력치를 비교하기 위하여 이들 측점 간의 위도 차에 의한 영향을 제거한다. 따라서 극쪽은 위도 보정치를 빼 주고 적도쪽은 위도 보정치를 더해 준다.

4) 고도보정

고도보정은 프리에어(free-air)보정과 부게(bouguer)보정으로 나뉜다. 프리에어보정은 '중력은 지구 중심으로부터의 거리에 따라 변한다'는 전제하에 지구 중심으로부터 각 측점까지의 거리가 고도차만큼 서로 다르기 때문에 나타나는 중력의 차이를 보정하는 것이다. 고도가 기준면보다 높은 곳은 보정치를 더하고 기준면보다 낮은 곳은 보정치를 빼 준다. 부게보정은 측점과 기준면 사이에 존재하는 물질의 인력에 의해 나타나는 중력의 차이를 보정하여 주는 것으로 밀도가 균일한 무한 수평판(부게판)이 있다는 가정하에 고도가 기준면보다 높은 곳은 보정치를 빼 주고 기준면보다 낮은 곳은 보정치를 더해 준다(그림 5-62).

5) 지형보정

측점 주위에 있는 산이나 계곡 등과 같은 불규칙한 지형의 영향을 보정하는 것으로 지형보정에서는 측점 주위의 지형이 산이냐 계곡이냐에 관계없이 보정치를 항상 더한다.

6) 대기보정

측점의 고도 변화에 따른 대기 질량의 효과 변화를 고려해 보정한다.

$$\Delta g_A = 0.87 0.0000965 \times H \qquad \text{식 (2)}$$

여기서 Δg_A: 대기보정량, H: 표고

7) 에트뵈스 보정

해상 또는 항공 중력 측정 시에는 속도가 빠른 배나 항공기를 이용하기 때문에 이때에 속도의 동서 방향성분은 자전축에 대한 지구 자전 각속도의 상대적인 증감효과를 일으킴으로써 지구 자체의 원심 가속도를 변화시킨다. 또한 배는 곡면인 해수면을 따라 이동하고 항공기는 곡면인 지표면과 평행하게 이동하므로 이와 같은 곡선운동에 따른 원심 가속도가 지구 중심으로부터 바깥방향으로 생겨서 중력을 감소시킨다. 이 두 영향을 에트뵈스(Eotvos) 효과라고 하며 이러한 현상을 측정 중 력치로부터 제거하는 것을 에트뵈스 보정이라고 한다. 동서 방향 성분이 동쪽 성분일 경우에는 (+)

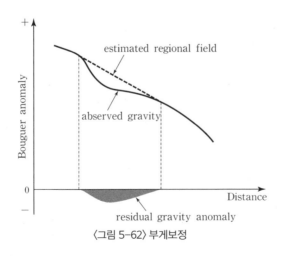

〈그림 5-62〉 부게보정

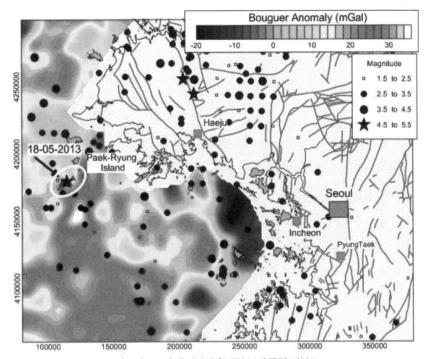

〈그림 5-63〉 우리나라 황해역 부게 중력 이상도

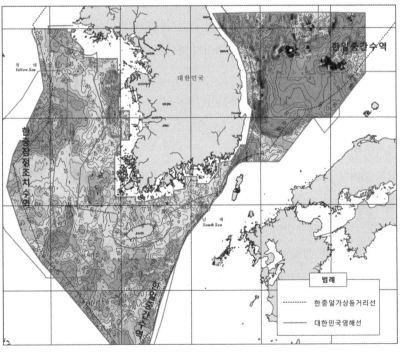

〈그림 5-64〉 우리나라 해상 중력-프리에어 이상도(단위: mGal)

출처: 국립해양조사원

이고 서쪽 성분일 경우에는 (−)이다.

5.2.5. 자료해석

현장에서 측정된 중력값은 측정장소에 따라 필요한 보정작업을 거쳐 관측된 중력을 계산하고, 고도이상 및 부게이상을 계산해서 자료에 더해 지형보정을 거쳐 완전 부게이상을 계산한다. 따라서 여러 측점에서 측정된 중력치는 중력보정 중 필요한 모든 보정을 통하여 기준면에서의 중력치로 환산되는데, 이를 보정된 중력치라고 한다.

보정된 중력치로부터 표준 중력치를 뺀 값이 지하의 구조를 반영하는 중력이상값이 된다. 그 후, 목적깊이의 지하구조에 의해 생성된 중력값을 강조하는 필터링 등의 처리 과정을 거쳐 지하의 밀도 구조를 구한다. 하지만 중력탐사에서 자료해석의 비유일성 원리에 따라 지하의 밀도와 분포를 유일하게 구하는 것은 매우 어려우므로 상세한 조사나 설계를 목적으로 하는 경우에는 다른 적절한 조사 방법을 효과적으로 실시하기 위해 개략적으로 탐사를 계획하는 것이 좋다.

또한 측점 부근에 큰 건축물이 존재하거나 지형이 급격히 변하는 장소에서는 이들이 미세한 이상값에 영향을 주기 때문에 이러한 장소를 피하여 측정해야 한다. 최종 해석 결과는 중력이상도와 그것에 대응하는 지하구조도 등을 조사 영역 위에 중첩시킨 등중력이상도 등으로 나타낸다. 중력이상은 지하광체나 구조에만 기인되는 중력효과이기 때문에, 나타낸 중력이상도를 해석함으로써 역으로 이들을 탐사할 수 있다.

중력탐사의 목적은 측정된 중력이상으로부터 지하지질구조나 광체를 탐사하는 데 있으나 여기에는 한계성이 있으므로 탐사자료 해석 시 다음 사항을 항상 염두에 두어야 한다.

① 자료해석의 한계성

측정된 어떤 중력이상에 대하여 광체의 형태나 깊이를 달리하면 무한히 많은 해석이 가능하기 때문에 세밀한 지질조사, 탄성파탐사, 자력탐사 등의 지구물리탐사 및 시추 등을 실시하고 결과를 서로 대비, 분석하고 종합하여야 한다.

중력이상을 정량적으로 해석하기 위해서는 탐사 대상체와 주위 물질과의 밀도 차, 즉 밀도의 수평 및 수직적 변화를 정확히 알아야 한다.

중력이상에는 지하 심부에 존재하는 대규모의 구조에 기인되는 광역중력효과와 지하 천부에 존재하는 소규모 구조나 광체에 기인되는 국지중력효과가 합쳐져 있다. 대부분의 중력탐사는 후자인 국지중력효과에 의한 소규모 구조나 광체를 탐사하기 때문에 중력이상으로부터 잔여 중력이상을 구하기 위하여 국지중력효과만을 분리해야 하는데 이를 중력이상의 분리라 한다. 중력이상을 분리하는 방법으론 도해법과 해석적 방법이 있으며 이는 평균법, 2차미분법, 다항식 접합법, 중력의 하향 연속법 등이다.

부게이상의 대규모적 변화는 지각의 두께 변화에 기인되며, 반대로 국지적인 변화는 지표 근처에 존재하는 소규모의 이상밀도를 갖는 질량체에 기인된다. 또한 음의 이상은 퇴적분지, 암염돔, 화강암체 또는 지구대 등에 의한 것으로 양의 이상은 융기부나 염기성 암석에 의한 것으로 해석된다.

② 밀도 결정

밀도 차에 의해 중력값이 결정되므로 밀도를 측정하는 일은 매우 중요하다. 이는 중력 이상으로부터 지하광체나 구조를 해석할 때, 부게보정과 지형보정을 실시할 때 주로 필요하며 측정방법은 여러 가지가 있다.

- 암석시료에 의한 방법: 가장 대표적인 밀도측정 방법으로 노두에서 대표적인 암석 시료를 채취하거나 시추를 통해 채취하여 실내에서 밀도를 측정하는 방법이 대표적이며, 피크노미터나 Schwarz Balance, Jolly Balance 등을 이용한다. 시료는 단단하고 균열이 없이 보존 상태가 양호한 부분을 이용하도록 한다.

- Nettleton 방법: 이것은 밀도를 간접적으로 측정하는 방법으로 지표로부터 매우 얕은 심도의 밀도만 측정이 가능하다. 밀도가 비교적 균일할 경우에만 적용한다.

- 밀도 검층에 의한 방법: 시추공 내에서 감마검층법을 이용해 간접적으로 측정하는 방법이다.

- 시추공 중력계를 이용하는 방법: 시추공에 시추공중력계를 넣어서 중력을 측정하고, 이로부터 지층의 밀도를 산출해 내는 방법이다.

- 탄성파의 전파속도를 이용하는 방법: 탄성파 탐사를 이용하는 하나의 방법으로, 탄성파의 전파속도와 매질의 밀도와의 상관 관계가 매우 큰 것을 이용하여 탄성파의 전파속도로부터 매질의 밀도를 유추한다.

③ 선상중력자료

육상중력측정은 측점에 중력계를 거치한 후 측정을 수행해서 자료를 얻는 반면, 해상중력측정은 선박에 중력을 거치해 두고 이동하면서 중력을 측정한다. 따라서 조석 등 시간, 기계적인 오차가 많이 발생하는 편이고, 그 외에도 이동하면서 발생하는 움직임에 의한 효과도 고려하여야 한다. 특히 획득한 자료의 신뢰도를 평가하기 위해 노선을 교차하여 측정하기 때문에 항체가 노선을 변경하면서 발생하는 회전점에서의 오차 및 교차점에서의 오차를 보정하는 것이 필요하다. 또한 상대적인 중력값만을 측정하기 때문에 절대중력값을 계산하기 위해 육상중력계를 이용하여 선박과 가장 근사한 위치에서 중력측정을 수행한 후 이를 기점으로 활용한다.

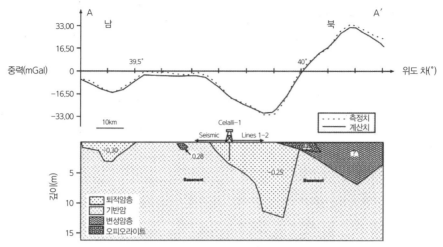

〈그림 5-65〉 2차원 중력모델 예시

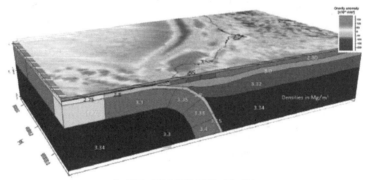

〈그림 5-66〉 3차원 중력모델 예시

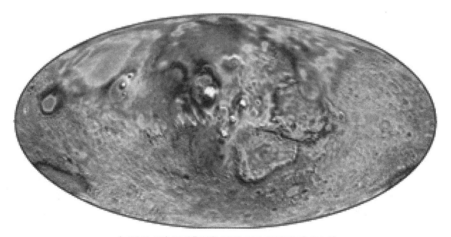

〈그림 5-67〉 중력측정을 통해 그린 화성지도(NOAA)

〈그림 5-65〉는 일반적인 분지지역에서 나타나는 중력측정결과를 2D와 3D모형으로 해석해 나타낸 것이다. 또, 〈그림 5-67〉은 해상중력탐사결과로 알아낸 지형도이다.

5.3. 자력탐사

5.3.1. 자력탐사 개요

1) 지자기 단위

해양자력탐사 시에 자력계에 최종적으로 측정되는 값은 관측지점에서의 자력 세기(magnetic intensity)이지만 이 값은 자력의 방향성을 포함하여 물질의 대자율, 투자율, 자화강도, 광물자성 등의 특징들을 내포하고 있다. 따라서 이러한 기본적인 용어 및 원리들을 정확히 파악해야 측정값의 올바른 해석이 가능하다. 또한 지자기의 국제단위는 테슬라(T)이지만, 지구의 자기는 매우 약하기 때문에 보통 마이크로테슬라(μT)나 나노테슬라(nT)를 쓴다. 나노테슬라는 지자기학에서 감마(γ)라는 이름으로 부르기도 한다. 또한 CGS 단위인 가우스(G)를 쓰기도 하는데, 1가우스는 100 마이크로테슬라이다(50,000nT=0.5G).

(1) 자력선

자력선은 자력계의 상태를 나타내기 쉽게 하기 위하여 가상된 선으로, N극에서 나와 공간을 지나 S극으로 들어간다.

- 자극: 자력선이 모이는 부분
- 자기 쌍극자: 자극은 항상 양극과 음극이 존재
- 단극: 한쪽 극이 다른 쪽 극의 영향을 거의 받지 않을 경우에는 두 극을 분리하여 독립적으로 생각한다.

(2) 자기장

- 자기강도(magnetic pole strength, F): 자극 사이에 작용하는 자력의 크기로, 두 자극의 자기량의 곱에 비례하고 자극 사이 거리의 제곱에 반비례한다(쿨롱의 법칙).

$$F = \frac{1}{\mu} \frac{m_1 m_2}{r^2} \qquad \text{식 (3)}$$

μ: 투자율, $m_1 m_2$: 자력강도, r: 자극 사이 거리

• 자기장 H

$$H = \frac{F}{m_2} = \frac{1}{\mu} \frac{m_1}{r^2} \qquad \text{식 (4)}$$

• 자속밀도(magnetic flux density): 자기장에 수직인 단면을 지나는 자기력선의 총수를 자기선속이라 하고, 단위 면적을 지나는 자기선속을 자속밀도(자기력 선속밀도)라고 한다.

$$B = \frac{\Phi}{S} \qquad \text{식 (5)}$$

Φ: 자기선속, S: 넓이

(3) 투자율

투자율(magnetic permeability, μ)은 자성물질이 자기장 내에서 자력선을 통과시키는 정도로, 두 극 사이에 존재하는 물질에 따라 달라지며 진공에서는 1, 자철석의 경우는 5 정도의 값을 가진다.

$$\mu = 1 + 4\pi\kappa \qquad \text{식 (6)}$$

κ: 대자율

(4) 대자율

대자율(magnetic susceptibility, κ)은 물질의 자기적 특성을 결정하여 주는 상수로서 각 자성물질이 외부 자기장에 의해 자화되는 정도이다. 자성물질을 외부자기장 H에 노출시키면 그 물질은 자화되는데 자화강도 I는 외부자기장의 크기와 자성물질의 대자율에 비례한다. 지질 매질의 경우에는 지구자기장이 외부자기장의 역할을 하기 때문에 자화방향은 지구의 자기장에 평행하게 되며, 따라서 자화강도는 다음 식으로 표현되며, 이때 비례상수 κ를 대자율이라고 한다.

$$I = \kappa H \qquad \text{식 (7)}$$

(5) 자화강도

모든 자성물질은 자기장 내에서 자화되는데 자화강도(intensity of magnetization, I)는 이때 자화되는 정도를 말한다. 일반적으로 자화강도가 증가하면 자극의 밀도는 증가하고, 단위 면적당 자극의 세기가 커지게 된다.

$$I = \frac{m}{A} \qquad \text{식 (8)}$$

• 자기 모멘트(magnetic moment, M): 길이 l, 자극 ±m인 막대자성의 자극강도를 의미하며,

M=ml로 정의된다. 따라서 자기 강도는 단위 체적당 자기 모멘트이다.

2) 암석의 자기적 성질

암석의 자기적 성질은 암석의 구성광물 입자나 결정들의 자기적 성질에 기인한다. 암석은 전형적으로 소량의 자성 광물을 포함하고 있다. 따라서 특정한 암석의 자기적 성질은 매우 다양하며, 같은 암상의 암석이라고 할지라도 반드시 똑같은 자기적 성질을 갖지는 않는다. 따라서 자성물질마다 다르게 나타나는 대자율의 크기를 기준으로 자성물질들을 반자성(diamagnetism), 상자성(paramagnetism), 강자성(ferromagnetism)으로 나눌 수 있다.

(1) 반자성물질
외부 자기장이 없을 경우, 반자성물질의 자성 효과는 나타나지 않는다. 그런데 외부에서 자기장을 작용시키면 원자 속의 전자는 닫힌 궤도를 따라 운동하므로 전자 유도 법칙에 의해 전자의 운동이 변화하며 자기장은 외부 자기장과 반대방향으로 미약하게 나타난다. 따라서 전자운동이 상쇄되어 자성을 띠지 않게 되고, 이런 물질들은 자장 속에서 음의 대자율을 가지게 된다. 이 값은 너무 작아 자력탐사에서 그 효과가 거의 나타나지 않는다. 대표적인 반자성 광물에는 석영, 암염, 석고, 장석 등이 있다.

(2) 상자성물질
최외각 전자가 쌍을 이루지 않는 원자는 전자의 회전에 의해 자기모멘트가 존재하며 외부 자기장이 가해지면 자기 모멘트는 외부 자기장과 같은 방향으로 정렬되어 내부 자기장은 증가한다. 따라서 상자성물질은 양의 대자율을 가지지만 이 값 또한 대체적으로 매우 낮은 편이다. 또한 절대온도에 반비례하여 감소한다. 대표적인 상자성물질은 흑운모, 휘석, 각섬석, 감람석, 석류석 등 규산염광물들이 있다.

(3) 강자성물질
자화된 영역들이 상호작용에 의하여 일정한 방향으로 배열되려는 에너지가 열에너지보다 커서 외부자장을 걸어 주면 강한 자성을 띠게 된다. 따라서 매우 강한 대자율값을 보인다. 강자성물질은 주로 3가지로 분류할 수 있는데, 강자성과 페리자성, 반강자성이 이에 해당한다.
- 강자성: 이웃하는 원자의 자기모멘트가 서로 같은 방향으로 배열하는 것으로 니켈, 철, 코발트

등이 있다.

- 페리자성: 한 원자의 자기모멘트가 이웃 원자의 자기모멘트와 크기도 다르고 방향도 서로 반대로 배열되어 나타나는 자성이다. 자철석, 크롬철석, 자류철석 등이 있다.
- 반강자성: 한 원자의 자기모멘트가 이웃하는 원자와 크기는 같으나 방향이 반대로 배열되어 전체적으로 자기모멘트가 0이 된다. 따라서 대자율이 매우 낮다. 적철석, 티탄철석이 여기에 해당한다.

(4) 암석 또는 광물 자화와의 원리와 기본개념

다음은 암석 또는 광물이 자화와 관련된 몇 가지 원리와 기본개념들이다.

① 유도자기

유도자기(induced magnetism)는 암석의 자화에 의하여 나타나는 자기장 중 현재의 자기장에 의하여 자화된 자기이다. 자화 강도는 암석의 대자율에 좌우되며 자화 방향은 현재의 지자기장과 평행한다.

$$I_i = \frac{k_0 H_e}{1 + k_0 \lambda} \qquad 식 (9)$$

I_i: 유도자기강도, λ: 소자인자, H_e: 지자기장의 강도, k_0: 대자율

$$I = P I_i \qquad 식 (10)$$

I: 암석 전체 유도자기강도, I_i: 하나의 자성광물에서 유도자기강도,

p: 자성광물의 총부피(암석 내부)

② 육지와 해양에서의 자기 특성

암석은 퇴적암, 변성암, 산성화성암, 염기성화성암의 순으로 자화강도가 높다. 퇴적암은 대자율이나 잔류자화가 매우 낮기 때문에 육지나 해양에서의 자기이상은 주로 화성암이나 변성암에 기인한다. 육지의 암석은 많은 부분이 선캠브리아기의 화강암 또는 변성암이며, 유도자기가 잔류자기보다 훨씬 우세할 뿐만 아니라 잔류자기는 그 방향성이 매우 불규칙하기 때문에 전체적으로 자기이상은 주로 유도자기에 기인한다. 하지만 육상의 관입암체나 화산암체에서는 뚜렷한 잔류자기가 나타나기도 한다.

③ 잔류자기

잔류자기는 암석이나 퇴적물이 생성 당시의 자기장에 의해 자화된 것이 현재까지 보존되는 것으로 고지자기(paleomagnetism)를 연구하는 데 있어 중요한 역할을 한다. 이와 같이 암석이 잔류자

기를 갖는 현상을 자연잔류자화(Natural Remanent Magnetization: NRM)라고 하며, 일반적으로 화성암과 변성암이 큰 값을 가지며, 퇴적암에서는 작은 값을 갖는다.

- 등온잔류자화(Isothermal Remanent Magnetization: IRM): 일정한 온도하에서 일정한 시간동 안 존재하다가 없어지는 외부자기장에 의하여 암석이 잔류자기를 얻게 되는 현상이며, 국지적 으로 나타난다. 지자기장이 미약한 외부자기장일 경우 등온잔류자화에 의한 잔류자기의 강도 는 매우 미약하다.

- 열잔류자화(Thermo-Remanent Magnetization: TRM): 자성물질이 높은 온도에서 큐리 온도 를 거쳐 식어갈 때 외부 자기장에 의하여 강하고 안정된 잔류자기를 얻게 되는 현상이다. 화성 암류가 형성될 당시 지자기장의 방향을 알아내는 데 널리 이용된다.

- 퇴적잔류자화(Depositional Remanent Magnetization: DRM): 콜로이드 상태(1nm에서 100nm 사이의 크기를 가진 입자들의 혼합체)의 세립질이 퇴적되면서 당시 지구자기의 방향으 로 자화되는 현상이며 자철석 입자들은 퇴적 당시 지자기장의 방향과 평행하게 배열된다.

- 점성잔류자화(Viscous Remanent Magnetization: VRM): 암석이 약한 외부 자기장일지라도 오랫동안 영향을 받아서 잔류자기를 띠게 되는 현상으로, 암석의 생성 당시 지구자기장과는 관 련이 없어 고지자기 연구에서는 제외된다. 시간에 따라 로그(log) 함수로 증가하고 암석의 자 기 점성에 좌우된다.

- 화학잔류자화(Chemical Remanent Magnetization: CRM): 큐리 온도 이하에서 암석 내에서 의 화학 작용이 일어나 자성 광물이 성장하거나 또는 재결정되어 잔류자기를 얻게 되는 현상 이다.

④ 쾨니스버그(Konigsberger) 비

자연잔류자기와 현재의 지자기장에 의해 유도된 자기강도(유도자기)와의 비이며 보통 Q로 표시 한다.

$$Q = \frac{M_r}{M_i} = \frac{M_r}{kH_e} \qquad 식\ (11)$$

M_r: 자연잔류자기 강도, M_i: 유도자기 강도, H_e: 현재 지자장의 강도

3) 지구자기장

지구자기의 3요소에는 편각과 복각, 수평자기력이 있다. 편각은 진북(지리상 북극)과 자북(자기 북극)이 이루는 각이다. 복각은 어떤 곳에서 자침이 수평면과 이루는 각이고, 자극에서 최대이다.

수평자기력은 전 지구자기력의 수평 성분을 말한다. 수직 성분은 연직자기력이라고 한다. 또한 수평자기력은 적도에서 최대이고 자극에서는 0이다. 연직자기력과 전자기력은 적도에서 0이고 자극에서 최대이다. 전자기력은 수평자기력과 연직자기력의 합력이며 전자기력이 실제 지구자기이다. 지구자기 3요소는 〈그림 5-68〉과 같다.

해양자력탐사가 가능해진 것은 지구에 의한 자기장이 형성되어 있기 때문이다. 그렇다면 지구는 어떻게 자성을 가지게 되었을까? 여기에는 두 가지 대표적인 가설이 존재한다.

- 영구자화설(permanent magnetization hypothesis): 이 가설은 지구를 하나의 커다란 자석 덩어리로 보고 지구자기장을 설명하는 이론이다. 하지만 특정 온도 이상에서는 물질의 자성이 상실된다는 큐리 온도가 확인되고, 지구 내부의 온도는 수천℃로 철의 큐리 온도보다 훨씬 높아 영구 자석이 존재할 수 없다는 것이 밝혀진 후로는 가설의 힘을 잃었다.
- 다이너모 이론(dynamo theory): 이는 지구 내부에서 전류를 발생시킬 수 있는 물질이 움직이면서 지구 전체에 자기장을 형성한다는 이론이다. 탄성파 탐사 분야의 발달로 인해 지구 외핵이 양도체인 유체로 구성되어 있음이 밝혀진 후, 이를 근거로 외핵의 유체운동에 의해 자류가 발생한다는 가설이다. 다이너모 이론은 지구자기의 역전 현상을 잘 설명해 주며, 현재까지 지구자기장의 생성 원인을 설명하는 이론 중에서 가장 유력한 것으로 여겨진다.

지구자기장의 세기는 위치에 따라 약 $25\sim65\,\mu\text{T}(=250\sim650\text{mG})$ 정도이다. 매우 약한 세기지만 자기장도 역제곱법칙을 따르므로, 위치에 관계없이 어디서나 수십 μT의 자기장이 검출된다는 것은 지구가 얼마나 강력한 자석인지를 보여 준다.

이러한 지구자장은 지구 전체에 걸쳐 작용하며 지형적인 영향에 의해 상당히 복잡한 구조를 가진

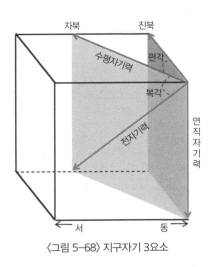

〈그림 5-68〉 지구자기 3요소

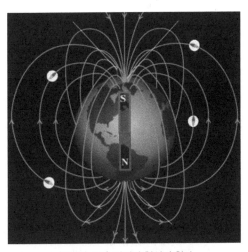

〈그림 5-69〉 자기장 형성의 원리

다. 해양자력탐사는 그 목적에 따라 측정하고자 하는 요소가 다르나 가장 근본적인 측정치는 관측 지역에서 실제 획득한 자력값에서 표준지자기장을 뺀 자기이상이 된다. 이때 표준지자기장은 이러한 지구 전체 지자기장의 구면 조화 함수 전개식에 근사하여 만들어진다. 따라서 해양자력 탐사를 위해서는 국제 지자기 및 초고층 물리학회에서 5년 단위로 발표하는 국제표준지자기장을 이용하여 관측 지역의 주 자기장을 계산하여 자기이상을 구해야 한다.

(1) 지구자기장의 특성

지구자기장에서 지배되는 공간을 자기권이라 한다. 즉, 지구의 자기력이 대전 입자의 운동에 뚜렷한 영향을 미치는 공간이다. 지구자기장의 모양은 태양 쪽은 태양풍에 눌려 납작하고, 태양 반대편은 자기장의 꼬리가 길게 늘어나 있는 비대칭 모양이다(그림 5-70).

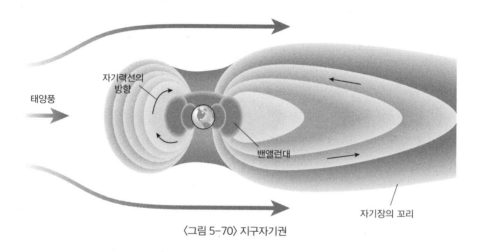

〈그림 5-70〉 지구자기권

(2) 지구자기장의 변화

지구자기장은 항상 일정하지 않으며, 다이너모 이론에 의한 극의 이동 및 역전을 포함하여 일변화 영년변화, 자기폭풍에 의한 변화 등이 나타난다. 극의 이동 및 역전에 의한 지자기장 변화는 고지자기학과 같은 특정분야에서 필요하며, 관측 시점에서 자력값에 바로 영향을 끼치는 요소는 아니기 때문에 일변화, 영년변화, 자기폭풍이 주된 변화이다.

- 일변화(diurnal variation): 일변화는 수 분 또는 시간마다 변화하는 것으로 변화량은 적으나 해양자력탐사 관측 내내 영향을 끼치기 때문에 매우 중요한 요소이다. 일반적으로 태양의 X선과 플라스마 등에 의한 전리층 입자들의 운동으로 발생한 자장이 변화를 일으킨다. 지구 내부적으로는 맨틀과 핵 내에서 발생한 유도전류의 영향으로 알려져 있으나 그 영향은 미미하다(그림 5-71).

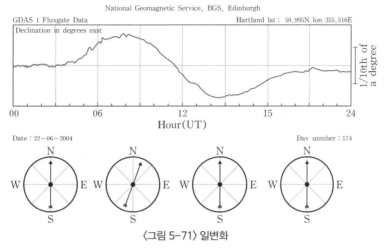

〈그림 5-71〉 일변화

출처: http://www.geomag.bgs.ac.uk/education/earthmag.html

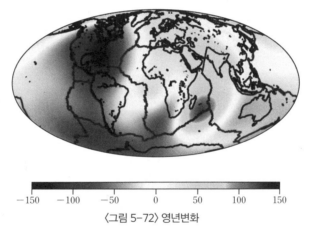

〈그림 5-72〉 영년변화

출처: http://geomag.org/info/mainfield.html

- 영년변화(secular variation): 수십에서 수백 년 주기로 변하며, 변화량은 일변화에 비해 매우 크다. 큰 의미에서는 지자기극의 이동 및 역전과 관련이 있으며, 일반적으로 외핵과 맨틀의 자 전각속도의 차이에 의해 나타나는 것으로 알려져 있다. 지금까지 조사된 바에 의하면, 매년 0.05%의 지자기장 세기의 감소가 나타나며, 지자기극은 매년 경도 0.05°씩 서쪽으로 이동하는 것으로 알려져 있다(그림 5-72).
- 자기폭풍에 의한 변화(magnetic storms): 수 시간 내지 수 일 동안 불규칙적으로 나타나며 일 변화에 비해 양적으로 매우 크게 변화한다. 태양흑점의 활동에 의해 나타나고 적도보다 극지방 에서 더 빈번히 발생한다(그림 5-73).

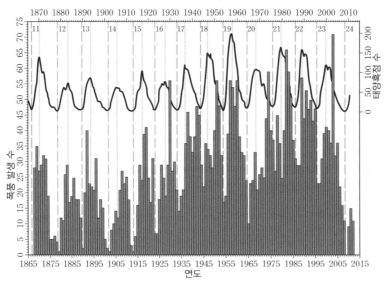

〈그림 5-73〉 자기폭풍에 의한 변화

출처: http://www.geomag.bgs.ac.uk/education/earthmag.html

5.3.2. 자력계

자력측정으로 지자기의 3요소 중 수평 및 수직성분과 총자기값이 측정되는데, 수평 및 수직성분의 측정은 탐사 지역에서 아주 작은 자기이상까지도 측정할 수 있는 장점이 있으나, 측정이 어려운 단점이 있다. 반면 총자기값은 측정 자체는 쉬우나 미세한 자기이상을 찾아내기가 어려운 단점이 있다. 따라서 측정하고자 하는 자기의 요소에 따라 측정방법과 기기가 다르다.

자력계(magnetometer)는 전자석이나 영구자석의 강도를 측정하거나 자성물질의 자화를 결정할 때 사용하는 기기로써 측정요소뿐만 아니라 측정원리에 의해서도 구분되며, 이는 눈금설정의 방식에 따라 상대식과 절대식의 2가지 종류로 나뉜다. 상대식 자력계는 정확한 값을 알고 있는 자기장에 대해서 눈금조정을 해야 하고, 절대식 자력계는 내장되어 있는 상수를 기준으로 눈금이 조정된다. 현재까지 가장 많이 알려진 자력계의 종류는 다음과 같다.

1) 천칭 자력계

슈미트(Schmidt)형 수직자기장 천칭이라고도 불리는 이 자력계는 막대자석에 거울과 칼날을 부착해 수평으로 균형을 맞춘 구조로 되어 있어 수직 성분의 상대적인 변화값을 용이하게 측정할 수 있는 상대식 자력계이다. 그 원리로는 막대자석을 자기자오선(magnetic meridian)과 직각이 되는 동서방향으로 놓고, 이를 무게중심으로부터 벗어난 곳에서 지지시켜 줌으로써 자기와 중력에 의한 기울어짐을 천칭의 형태로 측정하는 방법을 사용한다. 측정범위는 최소 lnT 정도이며, 경우에 따라 수평자기력, 총자기력, 혹은 복각 등을 측정하도록 고안된 것도 있다. 하지만 초기에 고안된 형태로서 현재는 거의 사용되지 않는다.

2) 핵 자력계

핵 자력계(Proton-precession)는 양성자의 세차운동을 이용한 것으로, 쌍극자 역할을 하는 양성자가 자기장 방향을 중심축으로 하여 세차운동을 할 때 발생하는 전류를 자기장으로 변환시키는 절대식 자력계이다. 핵 자력계의 원리는 물 또는 등유와 같이 양자(proton)가 많은 액체를 담은 병 주위에 코일을 감아 직류를 통하면 액체 속의 수소 원자핵은 코일에 발생한 자장에 의해 일정 방향으로 정렬하여 자기 모멘트를 갖게 된다. 이때 갑자기 전류를 끊어 버리면 수소이온은 일제히 지구자장의 둘레에서 세차운동을 일으키며, 이때 코일 속 세차운동의 주기율 측정은 코일의 방향과 무관하므로 측정 시 측정방향이나 고도를 고려할 필요가 없어 해상이나 항공탐사에 매우 유용하다. 자기장의 방향에 거의 관계없이 사용할 수 있고 사용이 쉬울 뿐만 아니라 빠른 속도로 측정이 가능하고 정량적 해석에 용이하다. 하지만 총자기측정만 가능하며, 방향성분에 대해서는 측정할 수 없다는 단점이 있다(그림 5-74).

3) 오버하우저 효과 자력계

핵 자력계의 원리에서 보다 발전된 오버하우저 효과(overhauser effect) 자력계는 풍부한 화학용액을 사용하며 분극장을 사용하는 대신 라디오(radio) 주파수의 전자기장을 이용하며 총성분만 분석이 가능하다. 핵 자력계의 양성자 회전공명방식을 이용해 뛰어난 정확성을 유지하면서 전력사용량을 크게 감소시켜 작은 배터리로 작동이 가능하게 하여 휴대성이 높아졌다. 또한 기존의 핵 자력계와 달리 자기장의 세기를 연속적으로 측정할 수 있으며 보다 빠르게 측정할 수 있는 장점이 있다. 따라서 국내 해양자력탐사에서 가장 많이 사용되고 있다.

4) 플럭스 게이트 자력계

플럭스 게이트(Flux-gate) 자력계는 포화철심형 자력계라고도 하며, 지자기장에 의하여 서로 자화가 가능할 정도로 투자율이 높은 강자성체의 자기유도와 자기이력 특성을 이용하여 측정하는 자력계이다. 물질에 코일을 감고 여기에 강한 교류를 보내서 주기적으로 변하는 자기장은 형성시켜 주면 이 자기장은 지자기장과 합성되고 합성된 자기장은 코일 중심에 있는 코어를 자화시켜 자기 이력 곡선에 나타는 포화상태에 이른다. 이 포화자화의 위상을 측정함으로써 자기장의 세기를 측정할 수 있다. 이 자력계는 자기장 3성분의 세기와 방향성을 동시에 측정할 수 있다는 장점이 있으나 비교적 민감도가 떨어지고 기기편차가 심하다는 단점이 있다.

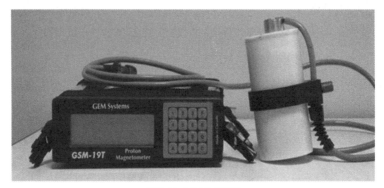

〈그림 5-74〉 핵 자력계

출처: http://www.mgps.mn/magnetometers/proton-magnetometers

〈그림 5-75〉 예인형 자력계

그 밖에 최근에는 고감도(0.001nT) 측정을 위한 알칼리 베이퍼(alkali-vapor) 자력계가 개발되었으며, 높은 자기이상을 내는 기반암 위에 존재하는 퇴적암의 미세한 자력변화까지 측정 가능한 세슘 자력계, 루비듐 자력계 등의 광펌핑 자력계도 실용화되어 있다. 해양자력탐사에서는 다른 자력계에 비해서 정밀도가 높고 측정방향과 고도에 상관없이 측정이 가능한 핵 자력계와 세슘형, 오버하우저 효과 자력계가 가장 많이 사용된다.

5.3.3. 자력탐사

해양자력탐사는 육상의 자력 탐사 원리를 적용한 탐사법으로 일련의 측점에서 지자기장 및 각 자기 성분을 측정하여 해수 아래의 지질구조나 지형특성을 규명하는 지구물리탐사이다. 해양자력탐사는 신속·간편·저렴하고 선박을 이용해 이동하면서 연속적으로 측정이 가능하며 그 이용 범위가 넓다는 장점이 있으나, 측정 자력값에 주변 환경의 영향이 크게 작용하므로 자료획득 시 많은 주의가 필요하고 상대적으로 복잡한 자료보정을 거쳐야 하는 단점을 가진다. 하지만 최근 장비의 성능 발달로 인해 보다 양질의 자료를 손쉽게 획득하는 것이 가능하게 되었다.

해양자력탐사는 육상에서 철광산과 같은 금속광산의 탐사에 이용되던 탐사법을 해양에 적용한 것으로, 1909년 미국의 카네기호에 의한 해양지자기탐사를 시초로 해양에서의 자력탐사가 널리 이용되었다. 해양자력탐사는 1950년 이후 지구물리학에서 매우 중요한 위치를 차지하는 고지자기학으로 발전하여 대륙이동설이나 해양저확장설과 같은 현대 지질학에 있어 중요한 학설들을 입증하는 정략적인 증거로 활용되었다

오늘날의 해양자력탐사는 해양에서의 지하자원 탐사, 열수광상 탐사, 해양지질 탐사, 해양자원 확보 차원에서 널리 이용되고 있으며, 과거에 침몰된 선박을 찾는 해양고고학 분야, 해양플랜트 건설과 같은 해양공학 분야, 오염퇴적물의 분포 범위 등을 확인하는 해양환경 분야 등에서도 유용하게 사용되고 있다.

1) 자력탐사의 원리 및 과정

자기장을 이용하는 자력 탐사의 기본적인 원리는 중력과 유사하지만 자기장을 생성하는 원인자(source)가 항상 쌍극자 방식(N극과 S극)을 취하며, 매개체가 밀도가 아닌 매질의 대자율이라는 차이가 있다. 즉 물체마다 특정 자기장에 놓이게 되면 자화되는 정도의 차이를 갖게 되고 이 차이에 의해 다시 2차적인 자기장을 형성하여 최초의 특정 자기장의 형태를 왜곡시키게 되는데, 이 왜곡된 형태를 통해 물체를 구분하는 방식이 자력 탐사의 기본 원리이다. 실제 자력 탐사의 경우는 잔류자기, 위경도, 조사 시기 등의 몇 가지 사항을 함께 고려하여 표준화하는 과정이 수반된다. 결국 자력 탐사는 지하 매질의 대자율 분포를 추정하여 원하는 지하 정보를 획득하게 된다.

자력탐사는 크게 〈그림 5-76〉의 순서로 진행되며 자력탐사에서 가장 중요한 과정은 현장자력탐사에서 자료를 취득하는 과정과 관측자료를 보정하는 과정이다. 보정은 크게 센서 위치보정과 일변화 보정, 정규보정이 있으며 보정을 한 후에 지자기이상이 있는 곳을 산출한 후 전자력치와 지자

기이상을 플로팅한다. 후에 오류데이터를 체크하고 전자력도와 지자기이상도를 작성하면 자력탐사는 끝이 난다.

자력탐사에서 자료를 취득하는 과정에서 자기이상 산출까지 큰 차지를 하므로 세 과정만 언급하도록 한다.

(1) 자료의 취득

취득된 자료의 처리과정은 보다 양질의 자료를 만들어내기 위한 과정으로 매우 중요한 역할을 하지만, 일차적으로 현장 탐사 시에 좋은 자료를 획득하지 못한다면 그 후 자료들을 처리할 때도 만족할 만한 결과를 얻지 못할 수가 있다. 따라서 처음 탐사 시부터 최적의 자료를 취득하기 위해 노력해야 한다. 탐사를 위한 야외 측정 시 항공 측정, 해상 측정, 육상 측정으로 나누어 수행한다. 항공 측정은 육상 측정용에 비해 감도가 높은 플럭스 게이트 자력계나 핵 자력계를 사용한다. 항공 측정 시 고려해야 할 사항은 비행기 내부의 전류나 날개 등의 와동전류의 영향을 최소화해 이격시켜 측정해야 한다는 것이다. 육상 측정은 광체 탐사와 주로 석유 탐사나 지구 물리학적 연정하고 비행의 안정도를 고려해야 한다. 해상 측정을 할 시에는 플럭스 게이트 자력계나 핵 자력계를 사용하며 주로 석유 탐사나 지구 물리학적 연구와 연관된 대규모

〈그림 5-76〉 자력탐사 과정

해상 탐사가 주목적이 되고 육상 측정은 광체 탐사와 같은 비교적 소규모의 탐사 작업에 주로 사용된다.

자력 탐사 시 대자율은 데이터 값을 좌우하는 데 큰 역할을 하는데, 이는 야외에서 채취한 시료와 대자율을 이미 알고 있는 표준시료와 대비하여 측정하며 솔레노이드 코일(solenoid coil)에 시료를 두고 인덕턴스(inductance)의 변화를 이용하여 대자율을 측정한다.

(2) 자기보정

보정작업은 위치에 따른 보정이 첫 번째로 이루어져야 한다. 지자기장의 각 성분은 위치에 따라 다르기 때문에 이에 대한 보정이 필수적이며 자기 분포도를 이용하여 각 측점에서의 측정치에서 그 지점의 표준치를 빼 준다. 다음은 지자기의 일변화와 기계 오차에 대한 보정으로 지자기장은 하루에 약 10~100야드 정도 변하므로 측정 시간 차에 따른 변화치를 보정한다.

(3) 자기이상 산출

자기이상 산출은 보정을 거친 데이터 중 주위 물질과 자성의 차가 있는 물질에 의하여 나타나는 매우 높거나 낮은 자기값을 산출해 내는 작업이다(그림 5-77). 주로 자기이상을 좌우하는 요인에는 4가지가 있는데, 자기이상의 근원이 되는 물질의 형태와 그 지역의 자기 위도에 따른 지자기장의 방향이 있다. 또한 물질의 자화 방향과 측선의 방향도 중요하다.

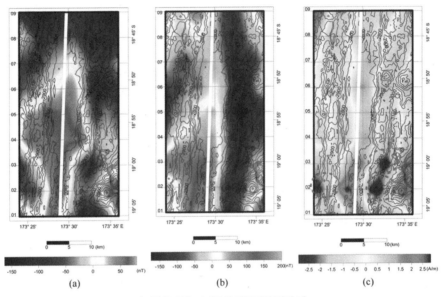

〈그림 5-77〉 자기이상 자료처리 결과 예

2) 자력탐사 활용 분야

자력탐사는 지구심부 구조 및 물질특성, 화산활동 연구, 지구의 판구조운동 등 거대 지구활동 연구를 비롯해서 자기장을 일으킬 수 있는 모든 지하 금속광물의 탐색, 지하수층 존재 및 구조, 지반변형을 일으키는 단층 연구 등과 같은 지질학 연구(그림 5-78)와 석탄, 석유, 가스 부존 구조 연구 등과 같은 자원탐사 연구, 지하 매설 파이프라인 및 구조물, 지하매몰 유적지, 하상수로, 매몰포탄, 해저침몰선 등의 탐색과 같은 여러 분야의 연구에 효과적으로 사용된다. 또한 최근에는 탐사장비의 정밀도가 향상됨에 힘입어 산업폐기물 등의 은폐 매몰지 등의 규명과 같은 환경 분야에도 활용하고 있다. 특히 자기장은 통신활동에 매우 큰 영향을 주기 때문에 태양활동 등 우주환경에 의한 자기장의 변화 및 예측기술의 연구도 중요한 분야로 대두되고 있다.

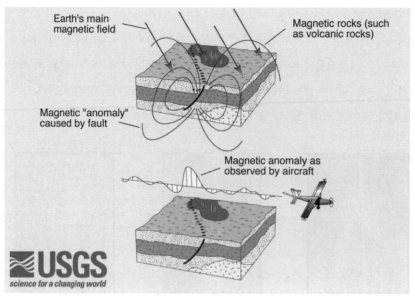

〈그림 5-78〉 자력탐사를 이용한 지하구조탐사

출처: USGS

5.3.4. 자료해석

해양자력탐사를 통해 자료를 취득하고 여러 보정의 과정을 거치면 총지자기도나 자기이상도를 작성할 수 있으며, 이는 지질학적으로 타당성 있고 조사목적에 맞게 해석해야 한다.

1) 목적에 따른 구분

(1) 광역적 탐사

광역 해양자력탐사는 지역의 암석 및 암상, 지질구조 등을 파악하는 데 그 목적이 있다. 따라서 중력탐사에서 사용되는 해석기법들을 많이 적용시켜 해석에 이용한다. 광역이상과 국지이상을 분리하고 2차미분법을 적용하면 국지이상을 강조하고 광역적인 경향을 제거하여 국지적인 특징들을 파악할 수 있다. 상향연속 작업은 천부 기원의 이상치를 제거하여 기반암의 깊이를 파악하는 데 유용하다. 반면 하향연속 작업은 천부 기원의 이상치를 보다 뚜렷하게 하여 인접된 천부구조들을 파악하는 데 도움이 된다. 이외에 자력탐사자료를 정량적으로 해석하는 데는 아래와 같은 기법들이 사용된다. 하지만 이와 같은 기법들은 궁극적으로 기반암 및 구조의 깊이와 범위를 파악하는 데 목적이 있으므로, 해양에서는 정확한 수심자료와 퇴적물의 두께를 파악해야만 한다.

- 반진폭법: 자기이상체 중심까지의 깊이와 자기이상의 최고치 및 이상곡선의 너비를 이용해 이상체의 깊이를 추정하는 방법으로, 이상체를 구형으로 가정했을 때 자기이상치 최댓값의 1/2이 이상치까지의 깊이가 된다.
- 경사법: 자기이상 곡선모양의 특성과 자기이상체의 매몰 깊이를 대략적으로 측정하는 방법이다.
- 컴퓨터 모델링: 탐사지역에 관한 지질학적 지구물리학적 제한요소에 입각하여 지하모델을 설정하고, 그 모델에 의하여 계산된 이상치를 측정값과 비교하는 것이다. 이들 둘 사이에 만족할 만한 일치가 이루어질 때까지 반복하여 지하구조를 대변하는 모델을 찾는다.

(2) 이상체 탐사

해저케이블, 해양구조물, 침몰선 등 이상체의 형태나 위치를 파악하기 위해 자력탐사를 수행했을 경우에는 해당 지역의 지역적 자력이상에서 이상체에 의한 자력이상을 찾아낼 수 있어야만 한다. 일반적으로 이상체의 자력이상은 기반암이나 지질구조에 의한 것보다 좁은 범위에서 강한 양과 음의 값으로 나타나기 때문에 존재의 파악은 비교적 쉽게 가능하다. 하지만 파악하고자 하는 목표를 정확히 진단하기 위해서는 해당 이상체의 대략적인 지자기 값을 알고 있어야 한다. 각 자력계 제작사에서는 대표적인 해양 이상체들의 특정 깊이에서의 자력값을 제시하고 있으므로 이를 참고하면 된다. 하지만 찾고자 하는 목표물의 크기와 존재할 수심은 언제든지 달라질 수 있으므로, 결론적으로 자료처리자의 경험에 의한 숙련도가 가장 중요시된다.

(3) 열수광상 탐사

열수광상 탐사는 일반적으로 강한 양의 자기이상을 주요 대상으로 하는 타 자력탐사와 달리, 작은 자기이상에 주목한다. 열수광상은 얕은 부존 수심, 황화물 형태의 금속결합, 단위 면적당 높은 금속함량(금, 은, 구리, 아연, 납) 등 개발에 유리한 여러 가지 장점을 갖추고 있어 가장 먼저 개발될 심해저 광물자원 집적지역으로 부각되고 있다. 이런 열수광상이 나타나는 곳은 대부분 중앙해령 부근에서 나타나며, 중앙해령은 용암이 해저면에 분출되면서 성장하게 되는데, 이때 분출된 용암이 해수에 의해 급격히 식게 되면 용암 내 자성광물은 그 당시 지구자기장에 의해서 자화된다. 특히 해저 상부 지각층은 풍부한 자성광물을 포함하여 전형적으로 강한 이상을 나타낸다. 그러나 열수분출대에서 해양지각을 통과하는 열수유체는 자성을 잃게 되는 큐리 온도 이상의 높은 온도를 가지며 자성광물을 부식시키는 특징이 있기 때문에, 열수유체가 자성광물과 접촉하는 경우 자성광물들이 자성을 잃거나 혹은 낮은 자성을 가진 광물로 변질된다. 따라서 해양지각에서는 열수유체를 따라 국지적으로 낮은 자기이상이 나타나게 되고, 이런 특성을 이용하여 자력탐사로 열수분출지역을 효과적으로 파악할 수 있다.

2) 자료해석

자력탐사 데이터의 해석은 주로 3가지 방법으로 이루어진다. 이는 데이터를 해석할 때 어떤 값을 얻고자 하느냐에 따라 이용하는 데이터의 종류도 다르고 알 수 있는 정보 또한 다르기 때문이다.

(1) 정성적 해석

자기이상 단면도나 평면도를 이용한 정성적인 해석으로 주로 자기이상도에 나타나는 주요 자기이상의 형태나 방향성을 중요시한다. 자기이상도에 나타나는 등자기선의 형태가 지하의 지질구조의 형태와 반드시 일치하지는 않는다.

(2) 특징적인 부분 해석

음의 이상과 양의 이상의 상대적인 위치와 크기를 나타내며 등자기 곡선에서 선형으로 나타나는 형태의 연장성을 보고 판단하며 등자기 곡선의 간격으로 표현되는 경사의 정도를 해석한다.

(3) 정량적 해석

자기이상도를 이용하는 정성적 해석보다 더 정확한 해석이 요구될 때 실시된다. 정량적 해석은 주로 두 가지 방법을 이용하여 해석하는데, 첫째는 자기장의 연속을 이용하는 방법이다. 자기장이 상향으로 연속되어 있다면 작은 구조들에 의한 영향을 최소화시킴으로써 전체적인 구조해석에 도움을 준다. 또는 하향으로 연속되어 있을 경우 여러 복잡한 구조에 의하여 나타나는 자기이상에 대한 분해능을 높여 퇴적층의 두께를 계산한다든지 작은 구조들을 나누어서 생각하는 데 도움을 준다. 두 번째는 모형에 의한 정량적 해석으로 적절한 모형을 설정하고 이에 의한 자기이상을 계산한 후 실제로 측정된 자기이상과 비교하면서 이들이 서로 일치할 때까지 모형을 변경한다.

그 외에 자기이상 곡선에 의한 심도 결정과 수치 해석법 등이 있으며 자기이상 곡선에 의한 심도 결정은 자기이상의 해석에서 자성체의 최상부까지의 깊이 결정이 매우 중요하다.

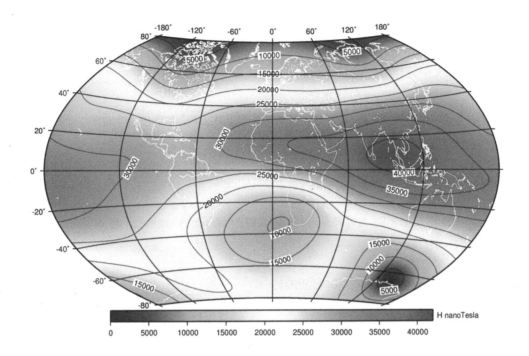

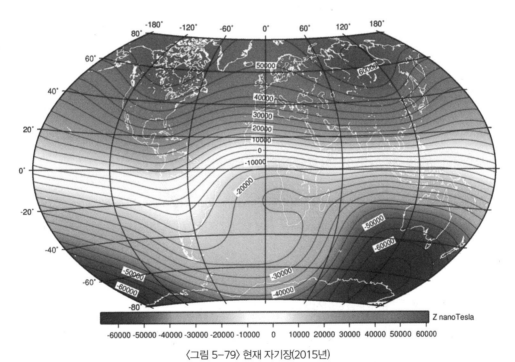

〈그림 5-79〉 현재 자기장(2015년)

출처: http://www.geomag.bgs.ac.uk/education/earthmag.html

.... 연습문제

1. 탄성파 탐사자료 처리단계 중 디컨볼루션에 대하여 설명하고, 디컨볼루션 처리 과정이 필요한 이유를 설명하시오.

2. 탄성파 자료의 투과심도와 해상도의 관계를 설명하시오.

3. 탄성파 자료상에 나타나는 음향 특징 중 하나인 음향혼탁층(acoustic turbidity)을 정의하고, 그 원인에 대하여 설명하시오.

4. 음향상(echo type) 분포도에 대하여 설명하시오.

5. 탄성파 탐사장비 중 고해상지층탐사기인 첩(chirp) 장비에 대하여 설명하시오.

6. 안정형 중력계의 원리에 대해 간략하게 설명하시오.

7. 지오이드(geoid)에 대해 간략하게 설명하시오.

8. 훅의 법칙(Hooke's Law)에 대해 식을 통해 설명하시오.

9. 중력보정 중 프리에어보정과 부게보정에 대해 간략하게 설명하시오.

10. 극중력이 적도 중력보다 큰 이유에 대해 간략하게 설명하시오.

11. 자기강도(magnetic pole strength: F), 자속밀도(magnetic flux density), 투자율(magnetic permeability: μ), 대자율(magnetic susceptibility: κ)에 대해 간략하게 설명하시오.

12. 반자성, 상자성, 강자성에 대해 간략하게 설명하시오.

13. 잔류자기에 대해 간략하게 설명하시오.

14. 지구자기의 3요소에 대해 간략하게 설명하시오.

15. 지구자기장 변화 중 일변화와 영년변화의 차이를 설명하시오.

참고문헌

국립해양조사원, 2012, 국가해양기본도를 통해 본 우리나라의 해양영토.

조민희·이은일·유학렬·강년건·유동근, 2013, 한국 황해 백령도 주변해역 후 제4기 퇴적작용, 지구물리와 물리탐사, 16(3), 145-153.

Chun, J. H., Ryu, B. J., Lee, C. S., Kim, Y. J, Choi, J. Y., Kang, N. K., Bahk, J. J., Kim, J. H., Kim, K. J., Yoo, D. G., 2012, Factors determining the spatial distribution of free gas-charged sediments in the continental shelf off southeatern Korea. Marine Geology, 332-334.

Gulunay, Necati, 1986, F-X decon and the complex Weiner prediction filter for random noise reduction on stacked data, Society of Exploration Geophysicists 56th annual international meeting, Houston, TX.

Gulunay, Necati, 1986, F-X decon and the complex Weiner prediction filter for random noise reduction on stacked data, Society of Exploration Geophysicists 56th annual international meeting, Houston, TX.

Hargreaves, N. D., 1992. Air-gun signatures and the minimum phase assumption, Geophysics, 57: 263-271.

Heggland, R., 1997. Detection of gas migration from a deep source by the use of exploration 3D seismic data. Marine Geology 137, 41-47.

Henry, S. G., 1997, Catch the (seismic) wavelet, Explorer(March).

Judd, A. G., Hovland, M., 1992. The evidence of shallow gas in marine sediments. Continental Shelf Research 12, 1081-1095.

Mitchum, R. M., Vail, P. R. and Sangree, J. B., 1977, "Seismic stratigraphy and global changes of sea level, Part 6: Stratigraphic interpretation of seismic reflection patterns in depositional sequences", AAPG Special Publ., 26, pp.117-133.

Rogers, J. N., Kelly, J. T., Belknap, D. F., Barnhardt, W.A., 2006, Shallow-water pockmark formation in temperate estuaries: A consideration of origins in the western gulf of Maine with special focus on Belfast Bay. Marine Geology 225(1), 45-62.

Yoo, D. G. and Park, S. C., 2000. High-resolution seismic study as a tool for sequence stratigraphic evidence of high-frequency sea-level changes: latest Pleistocene-Holocene example from the Korea Strait. Journal of Sedimentary Research, 70: 296-309.

부록

용어 정리

일러두기

– 용어 정리는 관련 분야별로 구분하였다.

– 표현형식은 국문(한문; 영문) 형태를 기본으로 하였으며 외래어가 들어가 있는 경우 원어 형태로 표현하거나 의도적인 한문 표현은 최소화하였다.

– 용어 정리 기준은 현재 통용되는 분야의 자료와 인터넷 표준 용어를 최대한 활용하여 작성하였다.

□ 수로측량학 분야

수로측량(水路測量; hydrographic survey)
해양공간상에서 위치를 결정하기 위한 기준을 정의하고 이를 바탕으로 해저·해상·해안의 특성을 조사·측량하여 도면, 수치 형태의 정보로 재현하는 것을 말한다.

수로기준점(水路基準點; hydrographic control points)
수로조사 시 해양에서의 수평위치와 높이를 결정하기 위한 기준점을 말하며, 수로측량기준점, 기본수준점, 해안선기준점으로 구분된다.

정표고(正標高; Orthometric Height)
지오이드면과 지표상의 측점 사이의 거리로서 평균해수면을 기준으로 하는 표고를 말한다.

지오이드고(Geoidal Height)
임의의 점에서부터 지오이드와 타원체 간의 수직거리를 의미한다.

타원체고(楕圓體高; Ellipsoidal Height)
타원체면으로부터 지표면의 측점까지의 수직거리로 GPS 측량에서 산출되는 높이가 타원체고가 된다.

전자해도표시정보시스템(電子海圖標示情報; Electronic Chart Display & Information System: ECDIS)
선박에서 사용하는 종이해도 대신 컴퓨터를 이용해 디지털화된 전자해도를 바탕으로 해도 정보와 주변 정보를 표시하는 시스템을 말한다.

기본수준면(基本水準面; Datum Level: DL)
해도의 수심 및 조석표 조고를 나타내는 수심의 기준면을 말하며, 어느 각 지점에서부터 조석간만의 차이로 얻은 연평균 해면으로부터 반조차의 합만큼 내려간 면을 의미한다.

평균해수면(平均海水面; Mean Sea Level: MSL)
어느 기간에서 해면의 평균 높이의 면을 의미하며, 평균해면이라고도 한다.

약최고고조면(Highest High Water Level)
하천의 수위 중에서 어떤 기간 중의 최고 수위를 말하며, 연 최고 수위, 월 최고 수위 등으로 구분한다. 해안선, 교량, 전력선 등을 설치하는 데 기준이 되고 선박의 통항이 가능한 높이의 기준으로 책정된다.

약최저저조면(Approximate Lowest Low Water Level)
주요 4대분조(M2, S2, K1, O1) 각각에 의한 최저 수위 하강치가 동시 발생했을 때의 면을 말하며, 우리나라의 해도 및 항만공사의 기준이 되는 해면이다.

최확치(最確值; Most Probable Value)
확률론적으로 가장 정확하다고 생각할 수 있는 값으로 일련의 측정값들로부터 얻을 수 있는 참값에 가장 가까운 추정값이라 할 수 있다. 최소 제곱법에서 최확값은 평균값이다.

각측량(角測量)
어떤 점에서 시준한 두 방향선이 이루는 각을 여러 가지 방법으로 구하는 것을 의미한다.

연직각(鉛直角; Vertical Angle)
수평면에 수직인 면에 있어서의 수평면과 이루는 각을 의미한다. 다른 말로 수평각이라고도 한다.

거리측량(距離測量)
두 점 사이의 거리를 재는 측량으로 거리측량에는 크게 직접거리측량과 간접거리측량이 있다.

초장기선간섭계(Very Long Baseline Interferometry: VLBI)
동일 전파원으로부터 방사된 전파를 멀리 떨어진 두 점에서 동시에 수신하여, 두 점에 전파가 도착하는 시간 차를 정확히 관측함으로써 두 점 사이의 거리를 구하는 기계이다.

구과량(球過量; Spherical Excess)
구면 삼각형의 내각의 합과 평면 삼각형의 내각의 합 180°와의 차이를 말한다.

편심(偏心; Eccentricity)
힘이 작용하는 축이 중심(도심)축에서 벗어나 있는 것을 말한다.

다각측량(多角測量; Traverse Surveying)
한 측점에서 나중 측점까지의 거리와 방향을 차례로 관측해서 각 측점의 평면위치를 결정하는 기준점 측량을 말한다.

기준점측량(基定點測量; Control Survey)
수평 및 수직위치 기준점을 측량지역 전체에 걸쳐 충분하게 설치하여 측량의 골격을 만드는 측량으로 뒤따르는 세부측량은 이러한 기준점들을 기준으로 하여 실시된다.

해안선측량(海岸線測量; Coast Line Survey)

해안선측량은 해안선의 형상과 그 종별을 확인하여 도면화하기 위한 측량을 말한다.

RTK-GPS(Real-Time Kinematic-GPS)

GPS를 이용하여 실시간으로 데이터를 처리하여 위치를 결정하는 방법으로 정지측량(static) 방식과 같이 후처리를 통해 위치를 결정하게 된다.

저조선(低潮禪; Low Water Line)

해면이 약최저저조면에 달하였을 때 육지와 해면의 경계를 나타내는 선을 말한다.

조위기준면(潮位基準面; Tidal Datum)

해수면 높이의 기준이 되는 면으로서 추산하는 경우의 조위는 기본수준면을 기준으로 하고 실측하는 경우 검조소에서 관측된 최저조면에 가까운 값을 기준으로 한다.

기본수준점(基本水準點; Tidal Bench Mark)

수심 측정의 기준으로 사용하기 위하여 기본수준면을 기초로 정한 기준점을 말한다.

공간보간법(空間補間法; Geographic Information System Interpolation)

공간에 대한 통계자료를 바탕으로 특정지점을 선정하여 관측값을 얻은 후 이를 바탕으로 알고자 하는 지점의 값을 예측하는 방법을 말한다.

ToF(Time of Flight)

신호(근적외선, 초음파, 레이저 등)를 이용하여 어떤 사물의 거리를 측정하는 기술을 말한다.

GNSS(Global Navigation Satellite System)

우주 궤도를 돌고 있는 인공위성을 이용하여 지상에 있는 물체의 위치, 고도, 속도에 관한 정보를 제공하는 시스템을 말한다.

GPS(Global Positioning System)

GPS 위성에서 보내는 신호를 수신해 사용자의 현재 위치를 계산하는 위성항법시스템을 말한다.

단독측위(單獨測位; Autonomous Positioning)

GPS 수신기 1대를 이용하여 측위하는 것으로서 가장 기본이 되는 측위방법을 말한다. 1점 단위의 위치 좌표 결정방법이며, '1점측위(Point Positioning)' 또는 '절대측위(Absolute Positioning)'라고도 한다.

상대측위(相對測位; Relative Positioning)

GPS 단독 측위에 대한 상대적인 측위 방법으로 기준점과 미지점 간의 좌표 차(기선벡터)를 구하는 방법을 말하며, 간섭측위와 위치 변경(trans location) 방법이 해당된다.

DGPS(Differential GPS)

두 수신기가 가지는 공통의 오차를 서로 상쇄시킴으로써 보다 정밀한 데이터를 얻기 위한 기술을 말한다.

사이클슬립(Cycle Slip)

GPS 반송파 위상 추적 회로(Phase Lock Loop: PLL)에서 반송파 위상치의 값을 순간적으로 놓침으로 인해 발생하는 오차이다.

지도투영법(地圖投影法; Map Projection)

위선과 경선으로 이루어진 지구상의 가상적 좌표를 평면상에 옮기는 방법을 가리킨다. 지구는 구체이기 때문에 아무리 작은 공간의 지도를 작성한다 할지라도 그 왜곡을 피할 수 없다. 따라서 투영법은 이 왜곡을 처리하는 방법이라고 정의할 수 있다.

편평률(扁平率; flattening)

편평률 또는 타원율은 회전타원체(즉, 3차원)의 편평한 정도, 즉 편평도를 나타내는 양이다.

정각도법(正角圖法; conformal Projection)

경선과 위선 간의 각도 관계가 정확하게 나타나는 도법이다. 대륙의 형태가 지구본과 비슷하게 나타나기 때문에 정형도법이라고도 부른다. 좁은 지역에서는 정형성이 유지되지만 대륙 단위 이상의 넓은 지역에서는 형태의 왜곡이 발생한다.

정적도법(正積圖法; Equal Area Projection)

넓이가 정확하게 나타나는 도법이다. 어느 지역에서건 지구상 면적과 지도상 면적이 동일하게 나타나지만, 지도의 중앙에서 주변부로 갈수록 왜곡이 심해진다. 분포도 작성에 주로 이용된다.

정거도법(正距圖法; Equidistant Projection)
중심점으로부터 거리가 정확하게 나타난 도법이다.

방위도법(方位圖法; Azimuthal Projection)
중심점으로부터 방향이 정확하게 나타나는 도법이다. 따라서 이 도법으로 그려진 지도에서는 중심과 다른 어떤 점의 직선 경로가 최단 경로와 같다. 방위는 정각성, 정적성, 정거성 중 하나의 성질과 함께 보전하도록 지도투영법을 만들 수 있다.

원통도법(圓筒圖法; Cylindrical Projection)
세계지도를 직사각형으로 그리며 적도를 중심에 놓을 때 경선은 간격이 같고 위선은 평행하게 그려지는 도법을 가리킨다. 이것은 지구본을 원통으로 둘러싸고 그 원통으로 옮긴 뒤, 원통을 펼치는 것으로 이해할 수 있다.

메르카토르 도법(-圖法; Mercator Projection)
1569년 네덜란드의 헤라르뒤스 메르카토르가 발표한 지도투영법으로서 벽지도에 많이 사용되는 대표적 도법이다. 원통중심도법과 원통정적도법을 절충한 이 도법은, 경선의 간격은 고정되어 있으나 위선의 간격을 조절하여 각도관계가 정확하도록(정각도법) 되어 있다.

횡축 메르카토르 도법(橫軸-圖法; Transverse Mercator Projection)
적도 대신 지구본을 옆으로 눕혀서 투영하는 메르카토르 도법이다. 그러나 실제로 지구는 타원체이기 때문에 여러 버전이 있다.

방위도법(方位圖法; Azimuthal Projection)
방위도법은 지구본과 투영면이 접하는 점이 중심이 된다. 이 중심에서 방사상으로 긋는 직선은 모두 대권과 일치하며 방향이 정확하다.

심사도법(心射圖法; Gnomonic Projection)
지구 중심에 시점을 두고 투시하는 도법이다. 반구 전체를 나타낼 수 없으며 주변부로 갈수록 축척 및 형태의 왜곡이 매우 심해진다. 그러나 임의의 두 점 간을 직선으로 연결하면 대권과 일치하기 때문에 항공용 지도로 많이 쓰인다. 대

권도법(大圈圖法)이라고도 한다.

정사도법(正射圖法; Orthographic Projection)
지구를 멀리서 바라볼 때와 같은 지도를 그릴 수 있는데, 반구 이상은 그릴 수 없다. 중심부에서는 대륙의 모양이 비교적 바르게 나타나지만, 주변부에서는 그 중심에 따라 극 중심일 경우 위선의 간격이 좁아지고, 적도 중심의 경우 경선과 위선의 간격이 모두 좁아지는 등 모양의 왜곡이 심해진다. 장식용 반구도를 그릴 때 주로 사용된다.

원추도법(圓錐圖法; Conical Projection)
원추도법 혹은 원뿔도법은 지구본의 중심에서 지구본에 씌운 원추에 경선과 위선을 투영하고 이를 다시 펼쳐 평면으로 만드는 도법이다.

람베르트 정각원추도법(-正角圓錐圖法; Lambert Conformal Conic Projection)
표준위선이 2개인 원추도법을 개량한 것으로 위선의 간격을 조절해 각도의 왜곡을 없앴다. 그리기 쉬우며 대축척 지도에서 개별 도엽들이 잘 맞춰진다. 지도상의 직선이 대권과 매우 유사하므로 항공용 지도로 사용된다.

지리 좌표계(地理座標系; Geographic Coordinate System)
지리 좌표는 일반적으로 지구를 회전타원체(지구타원체)로 간주하고 그 표면의 수평 위치를 나타내는 좌표와 수직 위치를 나타내는 고도와 함께 표현된다.

UTM 좌표계(Universal Transverse Mercator Coordinate System)
지구를 경도 6° 간격의 세로 띠로 나누어 횡축 메르카토르 도법으로 그린 뒤, 위도 8° 간격으로 총 60×20개의 격자로 나누어 세로 구역마다 설정된 원점에 대한 종·횡 좌표로 위치를 나타낸다.

□ 수로측량 분야

수치지형모형(數值地形模型; digital terrain model: DTM)
적당한 밀도로 분포하는 지점들의 위치 및 표고의 값을 수치화한 후 그 수치 값을 이용하여 지형을 수치적으로 근사

하게 표현하는 모형이다.

선박좌표계(船舶座標系; vessel coordinate system)
선수를 X(혹은 Y), 현측을 Y(혹은 X), 중력방향을 Z로 하며, 그 중심을 선박 내 측정 기준 혹은 무게중심(Center Of Gravity: C.O.G)이라 일컫는다. 선수축을 중심으로 좌우 회전하는 것을 롤(Rolling)이라 하며, 현축을 기준으로 회전하는 것은 피칭(Pitching)이라 한다. 배 전체가 Z축을 중심으로 상하 운동하는 것을 히빙(Heaving)이라고 하며, 수심 측량에서는 기준 높이의 변화를 야기하는 히브에 대한 보정이 특히 중요하다.

센서좌표계(sensor coordinate system)
센서가 가지고 있는 고유의 좌표계로 제조사마다 다르며 센서 좌표와 선박 좌표 간의 정렬은 관측 정보의 품질을 좌우하기 때문에 매우 중요한 품질관리 항목이다.

패치테스트(patch test)
다중빔 음향측심기를 사용할 때 센서 간 정렬 상태를 확인하기 위하여 수행하는 과정이다. 이를 통하여 트랜스듀서와 모션센서 그리고 GPS 간의 상호 정렬을 확인한다.

시간대(時間帶; Time Zone)
영국의 그리니치 천문대를 기준으로 (경도 0°) 지역에 따른 시간의 차이, 다시 말해 지구의 자전에 따른 지역 사이에 생기는 낮과 밤의 차이를 인위적으로 조정하기 위해 고안된 시간의 구분선을 일컫는다. 시간대는 협정세계시(UTC)를 기준으로한 상대적인 차이로 나타낸다.

한국 표준시(韓國標準時; Korea Standard Time: KST)
대한민국의 표준시로 UTC보다 9시간 빠른 동경 135°를 기준으로 하고 있다.

정밀도(精密度; precision)
어느 값을 측정하는 데 측정의 정교성과 균질성을 표시하는 척도이며, 측정값들의 상대적인 편차가 작으면 그 측정은 정밀하다고 하며, 반대로 크면 정밀하지 못하다고 말한다.

정확도(正確度; accuracy)
측정값이 참 값에 얼마나 일치되는가를 표시하는 척도이며, 측정의 정교성이나 균질성과는 아무 관계가 없다. 다만 측정의 결과에 관련된 사항으로서 정오차와 착오를 제거하기 위하여 얼마나 노력을 하였는가에 관련이 있다.

착오(錯誤; Mistake)
착각으로 인하여 발생되는 오차. 수심 측량 시 측량자의 부주의, 미숙 등으로 생기는 오차로서 제거가 가능하고 쉽게 발견할 수 있다.

정오차(定誤差: Systematic Error)
관측값이 일정한 조건하에서 같은 방향과 같은 크기로 발생하는 오차를 뜻하며, 정오차는 일정한 법칙에 따라 생기므로 원인과 상태만 알면 오차를 제거할 수 있다. 수심 측량시 기계, 기구 등에 의해서 일어나는 오차로서 원인을 조사하여 조정방법을 알아두면 제거 가능하다.

우연오차(偶然誤差; Accidental Error)
확인되지 않는 원인에 의해 일어나, 측정값의 불균일로 되어 나타나는 오차이다. 계통오차를 완전히 제거해도 일일이 확인할 수 없는 오차 등 다수의 원인에 의해 측정값이 일정하지 않고 규명할 수 없다. 수심 측량 시 너울, 내부파에 의한 음파의 굴절 등에 의해서 발생하므로 동일 지점에 대한 반복 관측을 통해 오차를 확인하여, 최확값으로 추정해야 한다.

최확치(崔確値, most probable value)
측량으로 얻어진 값이 다른 어떤 값보다 정확치에 가까울 확률이 가장 큰 값으로, 최소자승법의 이론으로 얻어지는 값이다. 즉 정도가 같은 관측치의 최확치는 어떤 양을 동일한 조건으로 반복 측정했을 때 측정치들의 산술평균값이다.

변환기(變換機; transducer)
전기적 신호를 소리로 변환하는 재료를 이용하여 구현되어 있으며, 특정 주파수와 의미로 변환된 전기적 신호를 음파로 변환하여 수중에 방사한 후, 해저면에서 반사 혹은 산란되어 되돌아온 음파를 다시 전기적 신호로 변환하는 기능을 한다.

디지털콤파스(digital compass)
진북을 기준으로 방위를 지시하는 계측 센서이다. 일반적으로 방향을 지시할 때 사용하는 나침판에서의 북쪽 방향은 자북이며, 실제 북쪽과는 차이가 있고, 그 차이는 계측하는 지점마다 다 다르다.

거동계측센서(Motion Sensor)

수심 측량 시 조사 선박의 움직임을 계측하는 센서이다. 해수면은 바람, 해류, 조류, 파도에 의해 끊임없이 움직인다. 이런 해수면 위에서 항행하는 모든 선박은 물의 움직임과 대응하며 이들 움직임에 따른 계측기가 장착된 플랫폼의 움직임을 동시 관측하고, 보상해 주어야 한다.

음압(音壓; Acoustic Pressure)

음파가 매질 속을 지날 때 매질의 각 질점에서 발생하는 압력의 변화량으로 단위는 파스칼(Pa) 등으로 표시한다.

음압강도(音壓强度; Sound Intensity)

음의 에너지 흐름 밀도, 음의 세기 밀도를 말한다.

음압준위(音壓准尉; Acoustic Level)

소리의 크기로 단위는 데시벨(decibels, dB), 음압과 음압강도의 비를 말한다.

음압감쇠(音壓減衰; Acoustic attenuation)

음원에서 거리가 멀어져 감에 따라 강도가 저하되는 것을 말한다.

공간해상도(空間解像度; Spatial Resolution)

센서로 구분할 수 있는 두 물체 사이의 최소각 또는 직선 간격을 측정하는 것이다.

빔포밍(Beamforming)

지향성 음향의 송신과 수신을 위해 음원 소자의 배열을 이용하는 신호처리 기술이다. 소자를 위상 배열(phased array) 방식으로 결합하여 특정 각도에서 신호의 보강간섭(constructive interference)을 얻고 그 외의 각도에서는 상쇄간섭으로(destructive interference) 신호를 약화시킴으로써 지향성 빔을 생성한다.

인터페로메트리(Interferometry)

파동을 중첩시키는 방법으로 파동에서 정보를 얻는 기술이다. 수심측량(bathymetry) 분야에서 인터페로메트리는 소나배열(sonar array)의 두 개의 개별 리시버에서 수신되는 신호 간의 위상차로부터 해저면의 대상의 수심을 산출할 각도(elevation angle)를 측정하는 방법을 말한다.

위상(位相; Phase)

반복되는 파형의 한 주기에서 첫 시작점의 각도 혹은 어느 한 순간의 위치

위상차(位相差; Phase difference(shift))

동일 시간대에 진행하는, 주파수가 동일한 두 개의 파동 간에 나타나는 시간 또는 각도의 차이이다. 위상차는 마치 두 명의 달리기 선수가 같은 속도로 원형 트랙을 달리지만 출발 지점이 서로 다른 상태와 유사하다. 어느 한 지점을 통과하는 두 선수의 시간 차는 항상 동일하다. 주기를 갖는 파동의 경우 때때로 시간이 곧 위상의 위치를 나타낸다. 위상의 시간 차가 곧 위상차이다. 음파의 경우 발신된 펄스가 서로 다른 경로를 통과해 리시버로 수신될 때 위상차가 발생한다.

측심분해능(測深分解能; Range Resolution)

얼마나 정밀하게 측심결과를 계측하는지를 밝혀 주는 기준을 말한다. 수직적으로 떨어져 있는 두 개의 물체를 분리해서 인식할 수 있는 최대 이격거리로 말할 수 있다. 측심분해능은 측심기가 가지고 있는 펄스의 길이 생성 성능과 수신된 신호를 탐지하는 샘플링 주파수에 따라 변화한다.

등속도(等速度; isovelocity)

음속이 모든 점에서 동일한 것을 말한다.

스마일페이스(smile face)

실제 지형은 평탄하나, 실제 현장의 음속구조보다 높은 음속프로파일 자료를 적용하여 자료를 취득하면 외곽 빔이 올라가는 현상을 말한다.

프라운페이스(Frown Face)

실제 지형은 평탄하나, 실제 현장의 음속구조보다 낮은 음속프로파일 자료를 적용하여 자료를 취득하면 외곽 빔이 내려가는 현상을 말한다.

주사폭(掃海幅; Swath Width)

다중빔 음파의 송수신으로 얻어지는 좌현과 우현의 최종단 빔이 이루는 영역을 말한다.

주사각(掃海角; Swath Angle)

다중빔 음파의 송수신으로 얻어지는 좌현과 우현의 최종단 빔이 이루는 최대 각도이다.

수치고도모델(Digital Elevation Model: DEM)

지리 정보 시스템(GIS) 구축을 위해 사용되는 3차원 좌표로 나타낸 자료의 통칭이다. DTM(Digital Terrain Model)과 DTD(Digital Terrain Data), DTED(Digital Terrain Elevation Data) 등이 있다. 수치지형모델은 지표면에 일정 간격으로 분포된 지점의 높이 값을 수치로 기록한 것을 컴퓨터를 이용하여 처리한 것이다.

하강보조기(下降補助器; depressor)

해저면영상조사기(side scan sonar)의 수중예인체의 예인 케이블에 붙이는 장치로서 수중예인체를 하강시키는 역할을 한다.

해저면분류(海底面分類; seabed(seafloor) classification)

수중의 음향장비를 이용하여 해저면의 지질을 분류하는 것을 말한다.

후방산란(後方散亂, backscatter)

입사파 방향의 반대 방향으로 반사되는 현상으로 특히 해저면에서 후방산란 특징은 해저면의 거칠기, 표층퇴적물의 입도 등 해저면의 특성에 따라 다르게 반영된다.

□ 탄성파 탐사 및 해저지질 분야

물리탐사(物理探査; geophysical exploration)

지구물리학적인 방법을 이용하여 지하구조나 매질을 해석하고 자원을 찾는 탐사기술의 총칭

탄성파탐사(彈性波探査; seismic survey)

인공지진파를 발생시켜 지진파의 전파시간이나 파형을 분석하여 지질구조를 해석하는 방법으로 크게 굴절법과 반사법으로 나뉜다.

굴절법(屈折法: refraction method)

탄성파 탐사 시 굴절파를 이용하는 방법으로 지층의 물성이 변하는 구간에서 굴절되어 돌아오는 음파를 이용하여 지하구조를 탐사하는 방법이다.

반사법(反射法; reflection method)

탄성파 탐사 시 반사파를 이용하는 방법으로 지층의 물성이 변하는 구간에서 반사되어 오는 반사파를 이용하여 지하구조를 탐사하는 방법이다.

음향기반암(音響基盤岩; acoustic basement)

탄성파 탐사에서 탄성파의 자료를 획득할 수 없는 것으로 생각되는 지각 내부의 기반을 이루고 있는 암반을 말한다.

탄성파(彈性波; elastic wave)

탄성매질을 통해 탄성 진동의 형태로 전파되는 모든 형태의 파동을 말한다.

수진기(受震機; geophone)

탄성파 에너지를 전기 신호로 변환시켜 주는 장치를 총칭하는 말로 육상에서 매질의 입자 운동을 측정하는 지오폰(geophone)과 해상에서 수진점의 압력 변동을 측정하는 하이드로폰(hydrophone)의 두 가지 종류가 있다.

스트리머(streamer)

하이드로폰이 배열되어있는 튜브로 부력 형성과 하이드로폰 보호를 위해 기름(oil)이나 겔(gel)로 채워져 있다.

프레넬대(fresnel zone)

1차 반사파의 반 파장 이내 거리에 있는 수진기에 반사파가 도달될 수 있는 반사면 의 부분을 말한다. 프레넬대는 반사법 탐사에서 수평 해상도와 밀접한 관계가 있으며, 프레넬대보다 작은 반사면들은 구분할 수 없다.

해저지층탐사기(海底地層探査機; sub-bottom profiler: SBP)

저주파의 음향 펄스를 사용하여 해저 지층의 구조를 자세하게 조사하는 음향장치를 말한다. 기본적인 구성은 음향측심기의 구성과 동일하지만, 사용하는 음파의 주파수가 수 kHz로 비교적 저주파이기 때문에 해저면을 관통하여 하부 100m 내외 지층의 영상화가 가능하다.

첩(chirp)

해저지층탐사기의 일종으로 시간에 따라 선형적으로 변하는 주파수 변조 펄스를 음원으로 사용한다. 수 kHz 대역의 주파수 범위를 가지며 엔지니어링 규모의 천부 탄성과 탐사에 주로 이용된다.

부머(boomer)

고전압을 순간적으로 방전시켜 음파를 발생시키는 해양 탄

성파 탐사용 음원이다.

스파커(sparker)

고전압의 전기를 캐피시터에 저장한 뒤 순간 방전하면 발생하는 고압 플라스마와 증기 버블이 만드는 저주파의 펄스를 이용하는 해양 탄성파 탐사용 음원이다.

에어건(air-gun)

압축공기를 급격히 방출해서 충격파를 발생시키는 해양 탄성파 탐사용 음원이다. 저주파를 쓰기 때문에 심부지층 탐사에 주로 이용된다.

자료처리(資料處理; data processing)

탄성파 탐사 자료의 품질을 향상시켜 해석이 용이하도록 처리하는 일련의 과정을 말한다.

신호 대 잡음비(信號對雜音比; signal to noise ratio: SN ratio)

신호와 잡음의 비를 말한다. 이 값이 클수록 유효 신호의 크기가 커 뚜렷한 지층 단면도를 얻을 수 있다.

잡음(雜音; noise)

신호에 포함되어 있는 불필요한 신호의 총칭으로 반사법 탐사에서는 지층이나 매질에 반사되어 오는 1차 반사파를 제외한 나머지 모든 신호들을 말한다.

단일채널 탄성파 탐사(single-channel seismic survey)

수진기를 한 개만 쓰거나 여러 개의 수진기를 쓰더라도 기록되는 신호를 합하여 하나의 신호로 수신하는 탄성파 탐사 방법이다.

다중채널 탄성파 탐사(multi-channel seismic survey)

여러 개의 수진기를 이용하여 거리별로 따로 신호를 수신하는 탄성파 탐사 방법이다.

공심점(common depth point: CDP)

다중채널 탄성파 탐사에서 여러 개의 트레이스에 대해서 음원과 수진기 사이의 공통 지층 반사점을 말한다.

다중반사(多衆反射; multiple)

탄성파 반사법 탐사에서 음파가 지층의 경계면 사이를 여러 차례 반복하여 반사되는 것을 말한다. 해양 탄성파 반사법 탐사에서는 해수층과 해저면을 왕복하여 반사되는 해저면 다중반사를 주로 말한다.

중합(衆合; stack)

여러 개의 탄성파 트레이스를 합하는 것을 의미한다. 주로 공심점 중합을 말하는 것으로 동일한 반사점을 갖는 공심점 트레이스들을 합하여 신호 대 잡음비를 높이는 방법이다.

주파수 필터(frequency filter)

기록된 탄성파 신호들 중 특정 대역폭의 진폭을 제거, 감쇠 또는 증폭시키는 필터를 말한다. 대역폭 통과 필터, 대역폭 제거 필터, 고주파 통과 필터, 저주파 통과 필터 등이 있다.

대역폭 통과 필터(band-pass filter)

탄성파 신호들 중 특정 범위의 주파수에 존재하는 신호는 감쇠 없이 통과시키고 이 범위를 벗어난 신호는 감쇠시키는 필터이다.

대역폭 제거 필터(band elimination filter)

탄성파 신호들 중 특정 범위의 주파수에 존재하는 신호를 감쇠시키고 이 범위를 벗어나는 신호는 감쇠 없이 통과시키는 필터이다.

노치 필터(notch filter)

특정 주파수 주위의 아주 좁은 주파수 영역의 진폭만을 감쇠시키기 위해 설계되는 필터이다.

고주파 통과 필터(high-pass filter)

탄성파 신호들 중 특정 주파수보다 높은 주파수 영역의 진폭만을 감쇠 없이 통과시키는 필터로 낮은 주파수 성분을 제거하거나 억제하기 위해 사용된다.

저주파 통과 필터(low-pass filter)

정해진 특정 주파수보다 낮은 주파수 영역의 진폭만을 감쇠 없이 통과시키는 필터로 높은 주파수 성분을 제거하거나 억제하기 위해 사용한다.

우세주파수(dominant frequency)

탄성파 신호를 주파수 분석하였을 때 진폭 스펙트럼이 제일 높은 주파수를 말한다.

이득조절(gain control)

탄성파 신호의 크기 변화를 보정하기 위해 사용되는 진폭의 증폭 및 감쇠 조절을 말한다.

고정 이득(constant gain)

프로파일 전체에 단일값으로 이득보정을 수행하는 방법으로 프로파일 전체 신호가 동일한 스케일로 변한다.

정규화(normalization)

각 트레이스의 RMS 평균 레벨의 역수 값을 이용하여 트레이스의 진폭을 조절하는 방법이다.

균등화(equalization)

프로파일 전체의 특정 윈도우에 대한 트레이스의 평균 레벨 또는 제곱 평균을 계산하여 스케일링값으로 사용한다. 전체 프로파일상의 진폭 변화를 보정할 수 있다.

자동 이득 조정(auto gain control: AGC)

특정 윈도우의 제곱 평균이나 평균 절댓값 등의 스케일링값을 이용하여 신호감쇠를 보정하는 방법으로 스케일링값을 도출할 방법과 윈도우의 길이를 변경하여 적절하게 신호 감쇠를 보정할 수 있다.

가변시간이득(time varying gain: TVG)

왕복주시의 변화에 따라 다른 이득값을 적용하여 진폭 감쇠를 보정하는 방법이다.

트레이스 뮤팅(trace muting)

탄성파 자료의 전산처리 과정의 하나로 프로파일상에서 직접파, 굴절파 등의 잡음이 나타나는 부분을 제거하는 작업을 말한다.

디컨볼루션(deconvolution)

프로파일의 파형이 최대진폭점을 중심으로 대칭 형태로 보이는 영위상 파형이나, 파형의 시작점에 대부분의 에너지가 모여 스파이크 형태를 이루는 최소위상 파형으로 탄성파 자료의 파형을 변환하는 과정을 말한다. 음원파형을 알고 있을 때 역필터를 설계하여 음원파형의 영향을 최소화하고 원하는 광대역의 파형을 얻는 것이 목적이다. 역필터 설계에 필요한 음원파형을 추출하는 방식에 따라 통계학적 디컨볼루션(statistical deconvolution)과 결정론적 디컨볼루션(deterministic deconvolution)으로 분류하며 통계학적 방법은 트레이스들을 통계학적으로 분석해 음원파형을 추측하고 결정론적 방법은 실제 음원파형을 측정하거나 역산(inversion)을 이용하여 제작한다.

중앙값 필터(median filter)

필터될 입력값을 중심으로 하는 적정 윈도우를 설정하여 입력값을 해당 윈도우 내의 중앙값으로 대치하는 필터이다. 윈도우 내에서 중앙값만을 취하기 때문에 주변과 아무런 관련성이 없는 무작위잡음을 제거하는 데 효과적이다.

컨볼루션(convolution)

입력 신호가 임펄스와 반응해서 출력신호가 나타나는 과정으로 서로 다른 두 신호의 합성을 의미한다.

위상(位相; phase)

특정한 시점이나 지점에서 파가 진행된 정도를 나타내거나 두 개의 파동을 비교하여 한 파동이 다른 파동에 비해서 얼마나 선행되었는가를 나타내는 각도를 말한다. 각의 크기로 나타낸 어떤 주기적인 함수의 어떤 특정한 순간을 말하며 한 주기는 $360°$이고, 한 조화 성분의 최대와 최소는 각각 $0°$와 $180°$이다.

영위상(zero-phase)

최대진폭점을 중심으로 대칭 형태를 보여 반사 경계면이 최대진폭점이 되는 위상을 말한다.

최소위상(minimum-phase)

파형의 시작점에 대부분의 에너지가 모여 스파이크 형태를 이루는 위상을 말한다.

스펙트럼(spectrum)

주파수나 파장의 함수로 나타내는 파동의 진폭 및 위상 특성을 말한다.

자기상관(autocorrelation)

어떤 무작위의 신호가 두 시각에 취하는 값의 상관 관계를 나타내는 함수로 탄성파 기록 단면도상에서 주기성을 갖는 정보의 유무를 판정하는 데 사용된다.

힐버트 변환(Hilbert-transform)

진폭 스펙트럼으로부터 최소위상 함수의 위상을 계산하는 방법으로 디컨볼루션 연산자계산에 이용된다.

최소위상 스파이킹 디컨볼루션(minimum-phase spiking deconvolution)

기본 탄성파 파형을 스파이크에 가깝도록 압축하고 파열의 잔향을 감쇠시켜 수직 해상도를 향상시키는 디컨볼루션 방법이다.

최소위상 예측 디컨볼루션(minimum-phase predictive deconvolution)

탄성파 트레이스의 초기 시간정보를 이용하여 후기 시간에 나타날 것으로 예측되는 다중반사파 등을 제거하는 전산처리 방법이다. 탄성파 기록상 나타나는 일차 다중반사가 나타나기 이전 부분의 시간 기록을 이용해 페그레그나 다중반사를 예측하고, 예측된 결과를 탄성파 기록에 가감하여 다중반사를 제거한다.

F-K 디컨볼루션(F-K deconvolution)

복소 예측 필터(complex prediction filter)의 하나로 주파수 도메인에서 예측 파형(predicted waveform)과 실제 파형(real waveform)을 비교하고 그 차이를 노이즈로 간주하고 제거하기 때문에 불규칙 잡음(random noise) 감쇠에 효과적이다.

종단패턴(termination pattern)

탄성파 단면상에서 반사면의 종단면 분석을 위해 정의되는 것으로, 반사면이 주변 반사면과 접하면서 만들어지는 관계를 의미한다. 종단패턴에는 탑랩(toplap), 침식절단(erosional truncation), 그리고 하부경계면에 위치하는 온랩(onlap), 다운랩(downlap)이 대표적이다.

탄성파상(seismic facies)

탄성파 단면에서 구분된 각 퇴적 단위 내부에서 확인되는 반사면의 형태를 구분한 것으로 탄성파상 해석을 통해 퇴적환경, 퇴적양상을 이해할 수 있다. 대표적인 탄성파상 변수로는 반사면의 연속성(continuity), 진폭(amplitude), 빈도수(frequency), 그리고 외부형태(external form) 등을 들 수 있다.

수평층리 탄성파상(parallel seismic facies)

수평적으로 퇴적되는 퇴적물의 양이 일정한 경우 주로 나타나는 탄성파상이다.

다이버전트 탄성파상(divergent seismic facies)

한 방향으로 향하면서 반사파가 기울어져 나타나는 형태의 탄성파상으로 퇴적 방향성은 동일하나 쌓이는 퇴적물이 양이 달라질 때 주로 나타나는 탄성파상이다.

전진하는 탄성파상(prograding seismic facies)

한쪽 방향에서 퇴적물이 공급되어 확산하면서 퇴적작용이 진행될 때 나타나는 탄성파상으로, 퇴적물이 육상하천에서 점차 바다로 유입되는 경우 전진하면서 퇴적체가 점진적으로 전진하면서 만들어진다.

캐오틱 탄성파상(chaotic seismic facies)

탄성파 단면상에서 특정 내부구조를 갖지 않고 불연속적인 반사파들이 불규칙하게 혼합된 형태의 탄성파상을 의미한다. 이러한 탄성파상은 짧은 시간 동안 갑작스런 퇴적작용으로 퇴적체가 특정한 층리면을 만들지 못하고 퇴적되는 경우에 주로 나타난다.

투명 탄성파상(transparent or reflection free seismic facies)

탄성파 단면상에서 특별한 내부 반사면을 볼 수 없는 투명한 탄성파상을 의미한다. 이러한 투명음향상은 수평, 수직적으로 암상의 변화가 없는 경우에 발달한다.

수로충진 탄성파상(channel fill seismic facies)

기존퇴적층을 삭박한 후에 재퇴적되면서 만들어지는 음향상을 말한다. 주로 단면상에서 U 혹은 V 형태의 삭박면을 보이고 이를 충진하는 형태로 나타난다.

음향혼탁층(音響混濁層: acoustic turbidity)

탄성파 단면상에서 음파가 퇴적층을 투과하지 못하고 그 하부의 반사면을 보여 주지 않거나 흐리게 만드는 현상이다.

탄성파 침니구조(seismic chimney)

퇴적층 내 가스나 유체의 수직적인 이동 또는 퇴적물의 수직적인 이동에 의해 변형된 반사면이 굴뚝과 같은 형태로 수직적으로 중첩된 탄성파상 구조이다.

포크마크(Pockmark)

해저면에서 나타나는 원형의 함몰 지형으로, 일반적으로는 퇴적물 내에서 수직적으로 이동하던 가스 혹은 가스함유 유체가 해저면을 따라 유출되면서 만든 붕락의 결과 생성되는 것으로 해석된다.

시간구조도(時間構造圖; time structure map)

시간 영역의 탄성파 단면의 반사면을 매핑하고 그 결과를 바탕으로 제작한 것으로 반사면의 깊이를 시간으로 표현한 3차원 구조도면이다. 매핑 대상이 되는 반사면의 형태를 보여 주는 도면으로 심도 영역으로 표현하기 위해서는 탄성파 자료의 시간-심도 관계식을 통해 변환 해석한다.

등시층후도(等時層後圖; isochron map)
시간 영역의 탄성파 자료에서 퇴적층의 두께를 보여 주는 단면으로, 대상 퇴적체의 상하부 경계면의 시간구조도의 차이를 통해 만들 수 있다. 등시층후도는 지층의 퇴적 이후 발생한 변형보다는 퇴적작용으로 만들어진 층의 두께 변화를 관찰하는 데 주로 활용된다.

해저퇴적물(海底堆積物; marine deposits)
해저에 퇴적한 물질로 해저침전물이라고도 한다. 퇴적된 수심의 차이에 따라서 해안선퇴적물, 천해퇴적물, 심해퇴적물로 나뉜다.

상자형 코어(box corer)
해저표층에서 넓은 면적의 퇴적물 시료나 많은 양의 퇴적물 시료를 채취하는 기구이다. 대부분의 상자식 채니기는 퇴적구조를 연구하는 데 사용되고 있다. 원통형 대신 육면체 상자모양의 채취기로 만들어서 회수하는 동안 교란되지 않은 퇴적물을 채취할 수 있게 고안되었다.

주상시추기(core sampler)
어떤 한 지점의 퇴적물을 퇴적된 상태로 채집하는 기구로 중추식(重錘式), 진공식, 피스톤식이 있다. 오늘날 해양지질학의 연구에 이용되는 방식이다.

입도분석(粒度分析; grain size analysis)
쇄설성 퇴적물의 입자의 크기를 측정하고 서로 다른 크기의 입자들의 상대적인 비율을 계산하는 분석법으로, 여러 가지 다른 구멍 크기를 가진 체들로 흙을 걸러내는 방법을 사용하며, 2mm 미만의 작은 입자를 대상으로는 주로 침강법 원리를 이용한다.

퇴적물 유형(堆積物類型; sediment type)
퇴적물을 분류하기 위해서 삼각도표를 사용하여 각기 변수(gravel, sand, mud)에 구성함량의 비율에 따라서 분류한다. mud가 많은 표품은 Sand, Silt, Clay의 세 가지 변수로 Gravel이 나타나고 Mud의 양이 적은 것은 자갈, 모래, 펄을 Pole로 하여 분류한다.

평균입도(平均粒度; mean grain size)
평균값이 어떤 표품을 대변해 주는 값으로 보다 유용하게 사용된다. 입도 분포에서 mm scale을 사용하는 것보다 표품이 정상로그 분포를 하지 않기 때문에 phi scale 값을 사용하는 것이 합리적이다.

분급도(分級度; degree of sorting)
퇴적물의 입도분포 범위와 그 분산 정도를 표현한 것으로 입도의 분산정도는 통계적으로 표시된다. 일반적으로 입도분포의 범위가 큰 것일수록 분급도는 낮은 것이다.

왜도(歪度: Skewness)
분포의 비대칭의 정도, 즉 분포가 기울어진 방향과 그 기울어진 정도를 나타내는 척도이다. 단봉분포에서 긴 꼬리가 왼쪽에 있으면 음(negative)의 왜도, 그 반대의 경우 양(positive)의 왜도를 가진다고 한다. 왜도 계산값이 '0'이면 좌우대칭분포를 가지고, '0'보다 작으면 음의 왜도를 가지고, '0'보다 크면 양의 왜도를 가진다. 왜도 계산값의 절댓값이 클수록 분포의 비대칭 정도가 커진다.

첨도(尖度; kurtosis)
측정치의 형상을 대수화(代數化)한 것으로, 첨도란 분포의 형태가 산(山)처럼 뾰족한 것을 가리킨다.

히스토그램(histogram)
측정치가 존재하는 범위를 여러 개의 구간으로 나누었을 때, 각 구간을 밑변으로 하고 그 구간에 속한 측정치의 출현 빈도수에 비례하는 면적을 갖는 기(직사각형) 나열한 그림을 말한다.

빈도곡선(頻度曲線; frequency curve)
계급별 빈도수 그래프에서 빈도수를 계급 순으로 연결한 곡선이다.

입도누적곡선(粒度累積曲線; grain size cumulative curve)
입자에 대한 분석을 위해 세로축에는 누적분포함량을, 가로축에는 직경을 대수로 하여 그 관계를 나타낸 곡선을 입도누적곡선이라 한다.

□ 중력 및 지자기 탐사 분야

중력탐사(重力探査; gravity survey)

측정한 중력의 값을 이용하여 지하의 밀도 분포를 추정하고, 이를 통하여 바다 밑의 지질구조나 광상·원유의 위치를 조사하는 탐사를 말한다.

중력장(重力場; gravitational field)

지구상에서 중력이 미치는 공간을 중력장이라 한다.

지오이드(geoid)

평균해수면에 가장 가까운 지구면으로 지표면보다는 단순하면서 회전타원체보다는 실제에 가깝게 지구 모양을 나타낸 지구면을 말한다. 지오이드 면은 어느 곳이든 중력 방향에 수직이며, 대륙 내부는 지형이나 지질에 의하여 중력이 영향을 받기 때문에 완만한 기복이 있지만 전체로는 회전타원체에 가까운 형태이다.

중력계(重力計; gravimeter, gravity meter)

중력의 상대적인 변화를 측정하는 장비다. 기본원리는 추가 매달린 스프링이 중력의 변화로 인해 변위되는 현상을 이용하는 것이다.

중력보정(重力補正; gravity correction)

여러 지점에서의 관측값을 비교하기 위하여 표준중력의 값으로 환산하는 것을 말한다. 측정중력값은 관측지 간의 고도·지형·물질분포 등이 상이하여 그 값의 크기를 서로 비교할 수 없다.

기조력(起潮力; tide-producing force)

조석을 일으키는 힘을 말한다. 기조력은 지구와 달의 두 천체가 그들의 공통 질량 중심의 주위로 회전운동을 할 때 생기는 원심력과 인력의 합에 의해 발생한다.

프리에어(free-air)보정

중력은 지구 중심으로부터의 거리에 따라 변한다는 전제하에 지구 중심으로부터 각 측점까지의 거리가 고도차만큼 다르기 때문에 나타나는 중력의 차이를 보정하는 것이다.

부게(bouguer)보정

측점과 기준면 사이에 존재하는 물질의 인력에 의해 나타나는 중력의 차이를 보정하여 주는 것으로 밀도가 균일한 무한 수평판(부게판)이 있다는 가정하에 고도가 기준면보다 높은 곳은 보정치를 빼 주고 기준면보다 낮은 곳은 보정치를 더한다.

중력이상(重力異常; gravity anomaly)

지구를 타원체로 보고 이론적으로 계산한 중력값과 실측한 중력값과의 차를 말한다. 중력이상 정보를 이용하여 지구 내부 물질의 밀도 분포를 알 수 있다.

중력이상도(重力異常圖; gravity anomaly chart)

해상중력계로 측정한 해저의 중력값을 중력이상 값으로 보정하여 중력이상이 같은 지점을 연결한 선을 표시한 도면을 말한다. 중력이상은 자료보정 단계에 따라 프리에어이상과 부게이상의 결과가 생산된다. 국가해양기본도에서는 프리에어이상을 도면으로 제작한다. 중력값은 해저 내부의 밀도 분포에 따라 좌우되므로 이를 분석하여 지질구조 연구, 해저자원탐사 등에 활용한다.

자력선(磁力線; magnetic line of force)

자력계의 상태를 나타내기 쉽게 하기 위하여 가상된 선으로, N극에서 나와 공간을 지나 S극으로 들어간다.

자기강도(磁氣强度; magnetic pole strength)

자극 사이에 작용하는 자력의 크기로, 두 자극의 자기량의 곱에 비례하고 자극 사이 거리의 제곱에 반비례한다.

자속밀도(磁束密度; magnetic flux density)

자기장에 수직인 단면을 지나는 자기력선의 총 수를 자기선속이라 하고, 단위 면적을 지나는 자기선속을 자속밀도(자기력 선속밀도)라고 한다.

투자율(透磁率; magnetic permeability)

자성물질이 자기장 내에서 자력선을 통과시키는 정도로, 두 극 사이에 존재하는 물질에 따라 달라지며 진공에서는 1, 자철석의 경우는 5 정도의 값을 가진다.

대자율(帶磁率; magnetic susceptibility)

물질의 자기적 특성을 결정하여 주는 상수로서 각 자성물질이 외부 자기장에 의해 자화되는 정도를 말한다.

자화강도(磁化强度; intensity of magnetization)

모든 자성물질은 자기장 내에서 자화되는데 이때 자화되는 정도를 말한다. 일반적으로 자화강도가 증가하면 자극의 밀도는 증가하고, 단위 면적당 자극의 세기가 커지게 된다.

자기모멘트(magnetic moment)

길이 l, 자극 ±m인 막대자성의 자극강도를 의미하며, M=ml로 정의된다. 따라서 자기강도는 단위 체적당 자기모멘트이다.

유도자기(誘導磁氣; induced magnetism)

암석의 자화에 의하여 나타나는 자기장 중 현재의 자기장에 의하여 자화된 자기이다. 자화 강도는 암석의 대자율에 좌우되며 자화 방향은 현재의 지자기장과 평행한다.

잔류자화(殘留磁化; remanent magnetization)

암석이나 퇴적물이 생성 당시의 자기장에 의해 자화된 것이 현재까지 보존되는 것으로 고지자기(paleomagnetism)를 연구하는 데 중요한 역할을 한다. 이와 같이 암석이 잔류자기를 갖는 현상을 자연잔류자화라고 하며, 일반적으로 화성암과 변성암이 큰 값을 가지며, 퇴적암에서는 작은 값을 갖는다.

등온잔류자화(等溫殘留磁化; isothermal remanent magnetization: IRM)

일정한 온도하에서 일정한 시간 동안 존재하다가 없어지는 외부자기장에 의하여 암석이 잔류자기를 얻게 되는 현상이며, 국지적으로 나타난다.

열잔류자화(熱殘留磁化; thermo-remanent magnetization: TRM)

자성물질이 높은 온도에서 큐리 온도를 거쳐 식어갈 때 외부 자기장에 의하여 강하고 안정된 잔류자기를 얻게 되는 현상이다. 화성암류가 형성될 당시의 지자기장의 방향을 알아내는 데 널리 이용된다.

퇴적잔류자화(堆積殘留磁化; depositional remanent magnetization: DRM)

콜로이드 상태(1nm에서 100nm 사이의 크기를 가진 입자들의 혼합체)의 세립질이 퇴적되면서 당시 지구자기의 방향으로 자화되는 현상이며 자철석 입자들은 퇴적당시 지구자기장의 방향과 평행하게 배열된다.

점성잔류자화(黏性殘留磁化; viscous remanent magnetization: VRM)

암석이 약한 외부 자기장일지라도 오랫동안 영향을 받아서 잔류자기를 띠게 되는 현상으로, 암석의 생성 당시 지구자기장과는 관련이 없어 고지자기 연구에서는 제외된다.

화학잔류자화(化學殘留磁化; chemical remanent magnetization: CRM)

큐리 온도 이하에서 암석 내에서의 화학 작용으로 자성 광물이 성장하거나 또는 재결정되어 잔류자기를 얻게 되는 현상이다.

쾨니스버그 비(Konigsberger ratio)

자연잔류자기와 현재의 지자기장에 의해 유도된 자기강도(유도자기)와의 비이며 보통 Q로 표시한다.

자력계(磁力計; magnetometer)

지구자기장의 수직성분과 수평성분을 측정하여 자자기의 세기와 방향을 재는 장비다.

열수광상(熱水鑛床; Hydrothermal deposit)

지하의 마그마에서 방출된 열수가 상승하면서 그 속에 포함되어 있던 유용광물이 침전하여 만들어진 광상이다. 지질구조, 모암의 성질, 열수용액의 온도 등에 따라 열수광상의 형태, 규모가 달라질 수 있다.

편각(偏角; declination)

지구자기력의 방향을 포함하는 연직면이 자오선면과 이루는 각을 편각이라 하며, 편각은 D로 나타낸다. 동쪽방향의 편각량을 (+)로 한다.

복각(伏角; inclination)

지구자기력의 방향이 수평면과 이루는 각을 복각이라 부르며, I로 나타낸다. 자력의 아래방향 복각을 (+)로 한다.

수평자기력(水平磁氣力; horizontal intensity)

전 지구자기력의 수평 성분을 말한다. 수직 성분은 연직자기력이라고 한다. 또한 수평자기력은 적도에서 최대이고 자극에서는 0이다.

지자기 3요소(地磁氣 3要素; three elements of geomagnetism)

지자기에 의한 자성 상태를 나타내기에 필요한 3요소를 말한다. 편각(D), 복각(I), 수평자력(H)을 지자기 3요소라 한다. 어떤 지점의 지자기 3요소를 알면 그 지점의 지구자기장을 파악할 수 있다. 편각과 복각은 각도로, 수평자력은 가우스(gauss) 단위로 표시한다.

큐리 온도(Curie temperature)
강자성체가 강자성 상태에서 상자성(常磁性, paramagnetism) 상태로 변하거나 그 반대로 변하는 전이온도를 말한다. 자석같은 강자성체를 큐리 온도 이상으로 가열하면 자석으로서의 성질을 잃는다.

□ 해수유동관측 및 라이다 분야

해수유동관측장비(High Frequency band Radar)
고주파 대역(High Frequency band)을 이용하며 전파를 해양에 발사하여 표층의 유속 및 유향을 관측하는 장비이다. 원격관측소에서 관측된 자료는 유·무선망을 이용하여 실시간으로 자료를 중앙처리시스템으로 전송해 해양 표층 흐름을 파악할 수 있다.

후방산란(backscatter)
HF Radar에서 후방산란이란 수직적으로 양극화된 HF 신호를 전기적으로 도체인 해수면에 발사하면 발사된 전파의 일부분은 산란하고 그중 일부는 전송된 지점으로 다시 되돌아오게 되는데 이것을 후방산란 신호라고 한다.

래디얼 벡터(Radial vector)
넓은 해역에 전파를 무 지향성으로 발사 후 반사되어 되돌아오는 신호를 분석한 벡터자료이다.

GDOP(Geometric Dilution Of Precision)
래디얼 벡터(Radial vector)와 합성벡터(Total vector)에서의 공간적인 불확실성의 척도를 나타내는 계수이다. 두 래디얼 벡터가 서로 교차할 때 평행선에 가깝고 안테나로부터 거리가 멀어질수록 계수 값이 커지며 계수 값이 클수록 부정확성이 높음을 의미한다.

안테나패턴 관측(Antenna Pattern Measurement)
안테나 설치 후 관측 자료의 정확도 및 신뢰도를 높이기 위한 방법 중 하나이다. 기본적으로 안테나를 설치할 때 주변에 안테나 패턴에 영향을 미칠 수 있는 장애물이 있을 시 설

치장소를 변경해야 하지만 부득이하게 설치해야만 하는 경우 패턴에 영향을 받을 수 있다. 이러한 안테나 패턴의 뒤틀림 현상을 사용자가 조정하여 이상적인 패턴으로 맞추어 줄 수 있는 방법이 안테나 패턴 관측이다.

안테나패턴 관측경로(Antenna Pattern observation path)
트랜스폰더를 보트에 장착하고 GPS를 이용하여 안테나 주위를 원형으로 돌면서 자료를 수집하는 것을 의미한다.

부표 뜰개(surface drifter)
해수유동 관측장비에서 관측하는 표층유속 자료와의 비교 검증을 위해 주로 사용한다. 부표 뜰개는 GPS를 이용하여 표층을 떠다니면서 위치정보를 저장 및 전송한다.

회귀분석(Linear Regression)
어느 한 관측자료를 기준으로 다른 관측자료를 비교하는 방식으로 상관관계를 분석하는 방법이다. 따라서 두 자료에서 서로 관련성이 없는 관측 오차가 포함될 경우 두 자료의 상관관계에 영향을 미칠 수 있다.

브래그 산란(Bragg scattering)
방사(송신)된 전파($f1$)는 해양파(sea wave) 중에서 전파 파장의 1/2에 해당하는 파장을 갖는 해양파에 의해 산란이 일어나는 것을 의미한다.

고도데이터포인트(masspoint)
비행방향에 직각방향으로 취득된 LIDAR를 이용해 취득한 고도 데이터를 말한다.

공간해상도(空間解像度 ; Spatial Resolution)
센서로 구분할 수 있는 두 물체 사이의 최소각 또는 직선 간격을 측정하는 것을 말한다.

디지털영상처리(digital image processing)
디지털로 취득한 원격탐사 데이터를 특별히 고안된 소프트웨어를 이용하여 전처리(방사 및 기하 보정), 영상 강조, 분류, 변화 탐지 등을 수행하는 것이다.

디지털화(digitization)
아날로그 지도, 영상, 도표 등을 디지털 정보로 변환하는 것을 말한다. GIS를 이용하여 다른 공간정보와 함께 보정하거

나 분석될 수 있다.

라만라이다(Raman LIDAR)

분자 에너지 상태에 따라 분산되는 레이저 빛의 주파수 변화 및 라만 밴드(Raman band) 내의 세기 분포 분석을 통하여 대기 중의 수증기 및 온도 분포 등의 측정에 활용되는 기술이다.

라이다시스템(LIDAR System)

레이저 펄스를 주사하여, 반사된 레이저 펄스의 도달시간을 측정함으로써 반사 지점의 공간 위치 좌표를 계산해내어 3차원의 정보를 추출하는 측량기법이다.

모바일레이저스캐닝시스템(Mobile Laser Scanning System)

차량에 Laser Scanner, GPS, INS를 장착하여 도로의 DEM, 도로경계선, 도로 시설물 등의 3차원 공간정보를 추출하는 시스템으로 LIDAR에서 구축하지 못한 도심지역의 정밀 DEM 및 도로의 DEM 취득에 효율적으로 활용이 가능하다.

방사해상도(放射解像度; radiometric resolution)

원격탐사 탐지기가 지표로부터 반사, 방출, 후방산란되는 복사속을 기록할 때, 신호의 강도 차를 구별할 수 있는 탐지기의 민감도를 의미한다.

분광해상도(分光解像度; spectral resolution)

원격탐사 장비가 감지하는 전자기파 스텍트럼에서 특정 파장 간격의 개수나 크기를 말한다.

시간해상도(時間解像度; temporal resolution)

특정 지역에 대한 현장조사 데이터나 원격탐사 데이터가 수집되는 시간 간격을 말한다.

항공레이저 측량(Airborne Laser Scanning)

LIDAR 시스템을 항공기에 장착하여, 레이저펄스를 지표면에 주사하고, 반사된 레이저 펄스의 도달시간을 측정함으로써 반사 지점의 공간 위치 좌표를 계산해 내어 지표면에 대한 지형정보를 추출하는 측량기법

지상레이저 측량(Terrestrial Laser Scanning)

항공레이저 측량과 동일한 원리를 사용한다. 다만 레이저측량 장비가 지상에 설치되어 각종 현황측량, 문화재측량, 체적측량, 터널측량 등에 사용된다.

정사사진(正射寫眞; orthophotograph)

기하학적 왜곡과 경사왜곡이 제거된 연직 사진의 종류

지오태킹(geotagging)

지상 사진이나 비디오 등을 이용한 다양한 미디어에 지리적 위치를 알 수 있는 메타데이터를 추가하는 것을 말한다.

탄성후방산란라이다(elastic-backscatter LIDAR)

레이저 파장의 변화 없이 입자들의 운동량에 따라 후방산란되는 빛의 스펙트럼선 분석(spectral broadening)의 특성을 이용하여 대기 중의 에어로졸 및 구름의 특성 측정 등에 활용 되는 기술이다.

차분흡수라이다(差分吸收 LIDAR; differential-absorption LIDAR)

각기 다른 레이저 파장을 가지는 레이저 빔들에 대하여 측정 대상 물질의 흡수 차이를 이용하여 대기 오염 물질 등의 농도 분포를 측정할 수 있는 기술이다.

집필진

강년건

한국지질자원연구원 석유해저연구본부 석유가스연구센터 선임연구원이다.

김재명

서경대학교 도시공학과 교수이다. 공간정보학, 측량 및 지형공간정보 기사 등 공간정보 분야의 다양한 교재를 집필하였고, 현재 한국수로학회 이사로 활동하며 수로측량학 분야에서 다양한 연구와 집필 활동을 하고 있다.

박요섭

한국해양과학기술원 책임기술원이다. 남태평양 지구과학위원회(South Pacific GeoSciecne Commission, SOPAC)에서 수로측량 기술지도위원(Technical Advisor)을 역임하였으며, 현재 한국수로학회 편집이사로 활동하고 있다.

서영교

지마텍(주)의 대표이사이다. 부경대학교 에너지자원공학과에서 해양지질 및 해양탐사 분야의 강의를 하고 있으며, 고용노동부 국가기술자격 정책심의위원회 위원으로 활동하고 있다. 지은 책으로는 『실무자를 위한 고해상 해양 지구물리탐사』(2012)가 있다.

유동근

한국지질자원연구원 석유해저연구본부 연구원이다. 과학기술연합대학원대학교(UST) 석유자원공학과에서 강의하고 있다.

이보연

한국지질자원연구원 석유해저연구본부 석유가스연구센터 선임연구원이다.

최윤수

서울시립대학교 공간정보공학과 교수이다. 한국공간정보학회 회장과 한국측량학회 부회장을 역임하였다. 지은 책으로는 『항공레이저측량 기초와 응용』(공저,2009), 『방재지도의 기초와 응용』(공역,2007), 『신GPS측량의 기초』(공역,2005), 『측량용어사전』(공저,2003), 『한국토목사』(공저,2001), 『토목공학개론』(공저,1996) 등이 있다.